Spuren
der Erdgeschichte
im Alpstein

Strahlholz
Rietli
Stoss
Warmesberg
Im Bächis
Kriessern
Gais
Schachen
Hinterforst
Bannriet
4 Kriessern
Gehrenberg
Zwislen
Rietaach
Rheintaler Binnenkanal
Hinterlehn
Hirschberg
Dreier
Hölzlisberg
Eichberg
Sammelplatz
Feusenalp
Au
Lehn
Meistersrüte
Süsswinkel
Dürrenbach
Montlingen
Auerbach
Hirschberg
Eggerstanden
Hard
Watt
Hub
Studen
Kobelwies
Eichenwies
Obere Steinegg
Bildstein
Kobelwald
Oberriet SG
Steinegg
Eggli
Chienberg
Moos
Befig
Fähnerenspitz
Schwamm
Stein
Oberdorf
Weissbad
Bachers
Freienbach
5 Oberriet
Resspass
Rehag
Dürrenegg
Rhein
Schwarzenegg
Hirschensprung
Meiningen
Stofel
Schwende
Berg
Rossberg
Brülisau
Rüthi
Kamor
Trestenkopf
Plona
Pfannenstiel
Ebenalp
Brüelbach
Hoher Kasten
Büchel
Wasserauen
Bre
Alp Sigel
Alp Soll
Rote Au
Lienz
Spiersbach
Schwendebach
Ror
Wald
Mans
Sämtisersee
Wis
Undersand
Bangs
Gisingen
Nofels
Appenzeller Sämtis
Marwees
Sennwald
Widderalp
Stauberenkanzel
Ägstisriet
Hundsteinh.-SAC
Riet
Forstegg
Bollenwees
Hochhus
6 Sennwald
Fresch
Saxerlücke
Büsmig
Hinterschellenberg
Fählenalp
Frümsen
Salez
Ruggell
Roslenalp
Tosters
Chruzberg
Hueb
Schellenberg
Chapf
Hinterschloss
Felse
Sax
Eschnerberg
Obetweid
Rofisbach
Hub
Tisis
Schwendeli
Gamprin
Bühel
Saxerriet
Gallmist
Loch
Bendern
Mauren FL
Schaanwald
Feldk
Gasenzen
Gamser-Riet
Werdenberger Binnenkanal
Haag
7 Haag
Vorde
Gamserberg
Gams
Simmi
Eschen
Nendeln
Frastanzersand
Au
Saroja
Hinteregg
Grabser Riet
Riet
Planken
Gafadurahütte LAV
Sattelköpfle
Grabs
Grabserberg
Rütti
Gaudenza
Lehn
Sarojasattel
Drei Schwestern
Oberplanken

Herausgegeben von
Peter Kürsteiner und
Adrian Pfiffner

SPUREN der Erdgeschichte im ALPSTEIN

Mit Beiträgen von
Peter Fux, Christian Klug, Peter Kürsteiner,
René Löpfe, Martina Pacher, Adrian Pfiffner,
Antoine Pictet, Leandra Reitmaier-Naef,
Michael Soom, Karl Tschanz, Fabio Wegmüller,
Stephan Wohlwend

FormatOst

Dieses Buch wurde in grosszügiger Weise finanziell unterstützt von folgenden Institutionen, Stiftungen und Gesellschaften, denen wir für ihr Entgegenkommen und kulturelles Engagement danken:

Stiftung Dr. med. Claus Hilsdorf und Josefine Hilsdorf-Fontana
Schweizerische Geologische Gesellschaft
Akademie der Naturwissenschaften Schweiz (SCNAT)
Schweizerische Paläontologische Gesellschaft
Bertold-Suhner-Stiftung

Das Verlagshuus wird vom Bundesamt für Kultur für die Jahre 2026 – 2028 mit einem Strukturbeitrag unterstützt.

Verlagshuus, Appenzeller Verlag AG
Windegg 5, CH-9100 Herisau
verlag@formatost.ch

Verlagsauslieferung in die EU:
HEROLD Fulfillment GmbH, Daimlerstrasse 14, DE-85748 Garching
service@herold-fulfillment.de

Umschlagbilder: Vorderseite: Peter Kürsteiner (oben), Andreas Butz (unten), Rückseite: Thomas Schüpbach (links), Museum Appenzell (rechts)

Gestaltung Umschlag und Inhalt: Brigitte Knöpfel
Gesetzt in ITC Stone Serif und Korolev
Herstellung: Verlagshuus, Herisau

ISBN 978-3-03895-052-3
formatost.ch

Inhalt

Einführung

Peter Kürsteiner und Adrian Pfiffner

Der Alpstein mit dem Säntis als dominierendem Hauptgipfel ist, bedingt durch seine vorgeschobene Lage am Alpennord-Kamm, selbst aus sehr grosser Distanz zu sehen und nicht nur äusserst bekannt, sondern auch viel besucht. Er befindet sich auf dem Gebiet der Kantone Appenzell Innerrhoden, Appenzell Ausserrhoden und St. Gallen. Die Grenzen treffen sich auf dem Gipfel des Säntis, der mit 2502 Meter über Meer höchsten Erhebung des Alpsteins. In nördlicher und nordwestlicher Richtung wird er von den Molasse-Bergen Hoher Hirschberg, Kronberg und Hochalp begrenzt, in südlicher bis südwestlicher Richtung von der Talung der Thur und gegen Osten vom St. Galler Rheintal. Im Zentrum dieses Gebiets befinden sich die drei nahezu parallel von Südwesten nach Nordosten verlaufenden Bergzüge des Alpsteins.

In diesem in sich geschlossenen Gebirge lässt sich auf relativ engem Raum der Schichtaufbau dieses Massivs gut studieren, was einen Einblick in die Gebirgsbildung ermöglicht. Nicht zuletzt aus diesem Grund nannte es Albert Heim, Altmeister der Schweizer Geologie und nach Arnold Escher von der Linth zweiter Geologieprofessor an der Eidgenössischen Technischen Hochschule in Zürich, das «schönste Gebirge der Welt».

Auch Hans Heierli, der Appenzeller Geologe und frühere Lehrer an der Kantonsschule Trogen, war begeistert von den Einblicken in die Geologie, welche der Alpstein ermöglicht. Er initiierte den Geologischen Wanderweg Hoher Kasten–Stauberen–Saxerlücke – den ersten Geologischen Wanderweg der Schweiz, eröffnet 1971. Zudem verfasste er, neben zahlreichen anderen Publikationen über die Geolo-

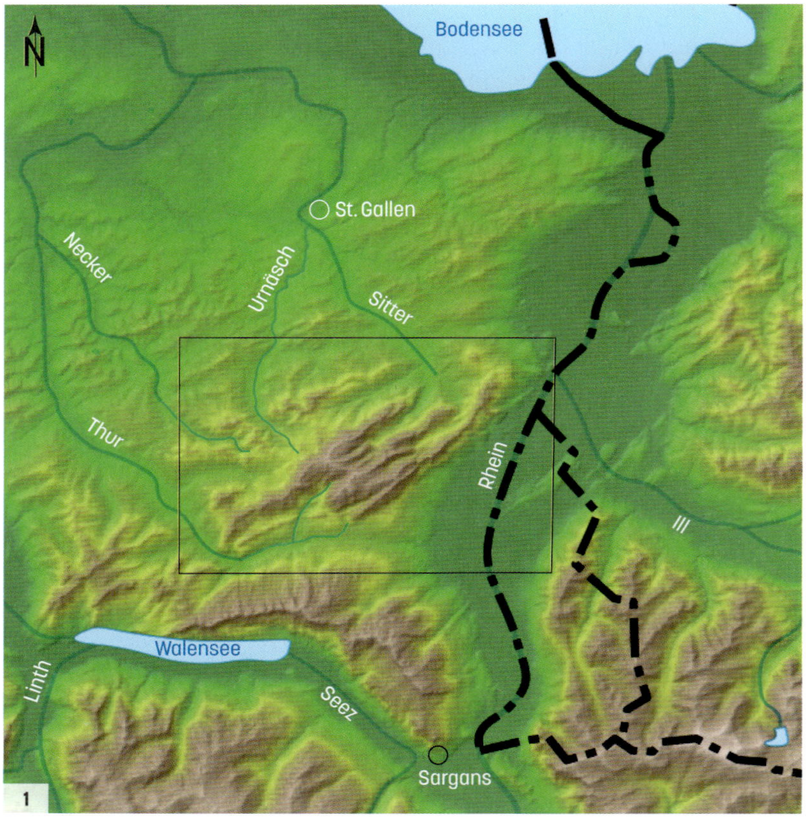

1 Im Geländemodell der Ostschweiz und angrenzenden Länder erkennt man den Gebirgszug des Alpsteins im Quellgebiet von Thur, Necker, Urnäsch und Sitter. Das Rechteck zeigt den Ausschnitt der Abb. 2.
Geländemodell: aus Atlas der Schweiz (2025), ergänzt von Adrian Pfiffner

2 Das digitale Höhenmodell des Alpsteins zeigt Höhenzüge mit scharfen Graten, die sich vom buckligen Gelände im Süden und dem fein ziselierten Gelände im Norden abheben. Neben den gestrichelt gezeichneten Kantons- und Landesgrenzen sind, zur besseren Orientierung, die vier Bergseen und die verschiedenen Luftseilbahnen eingezeichnet. 1: Säntis-Schwebebahn, 2: Bergbahn Stauberen, 3: Seilbahn Hoher Kasten, 4: Luftseilbahn Alp Sigel, 5: Luftseilbahn Ebenalp, 6: Luftseilbahn Kronberg.
Höhenmodell: © swisstopo, ergänzt von Adrian Pfiffner

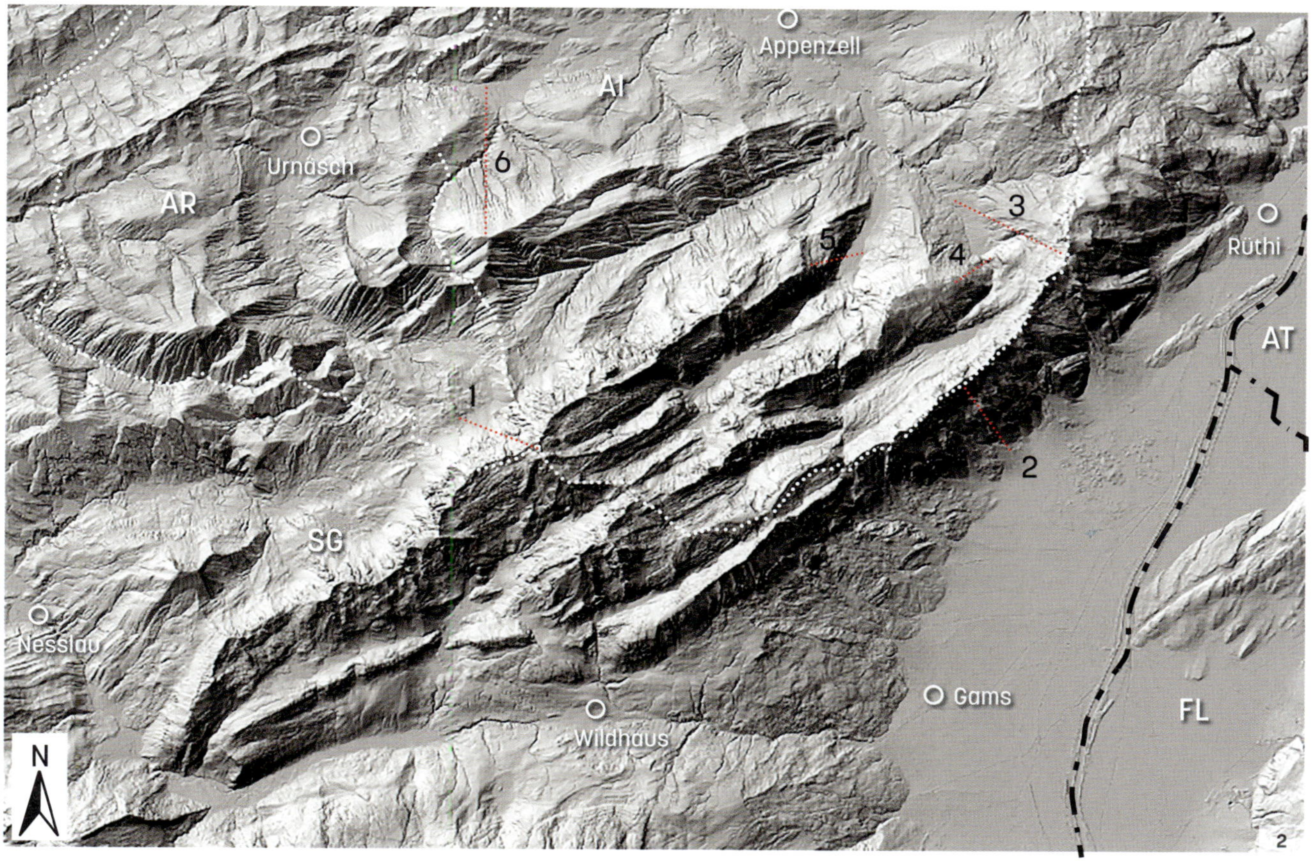

gie des Alpsteins, eine Begleitpublikation zu diesem Wanderweg (Heierli 1972). Gut 40 Jahre später, 2012, wurden die inzwischen verblassten Tafeln des Geologischen Wanderwegs inhaltlich und konzeptionell überarbeitet und neugestaltet (Löpfe und Landtwing 2015).

Der Alpstein wurde in das Bundesinventar der Landschaften und Naturdenkmäler von nationaler Bedeutung (BLN 1612 Säntisgebiet) aufgenommen. Dies, weil er mit seinen eingebetteten Seen ein exemplarisches Falten- und Deckengebirge darstellt und weil es sich durch ausserordentliche Lebensvielfalt auf kleinem Raum sowie durch mehrere Moorlandschaften mit Feucht- und Trockenbiotopen auszeichnet. Der reichhaltige glaziale Formenschatz ist kombiniert mit Karstverwitterung, Höhlen und Kluftmineralisationen. Schliesslich belegen auch Höhlen mit altsteinzeitlichen Funden, dass das Gebiet schon früh von Menschen aufgesucht wurde.

Die Schutzziele des BLN 1612 Säntisgebiet beinhalten den Erhalt der natürlichen und kulturgeschichtlichen Landschaften wie auch des tektonisch bedingten Formenschatzes. Letzterer gewährt Einblick in die Erdgeschichte, das zentrale Thema dieses Buches. Das BLN 1612 Säntisgebiet gliedert sich in vier Sektoren, die sich über die Kantone Appenzell Ausserrhoden, Appenzell Innerrhoden und St. Gallen erstrecken: Im Norden ist es die Kronbergkette mit Schwägalp und Fähneren, im Südosten das Rheintal, und der zentrale Teil umfasst den inneren Alpstein sowie das Thurquellgebiet.

Wer mit offenen Augen durch den Alpstein wandert, kann – oder eher: könnte – überaus tiefe Einblicke in dessen Naturgeschichte erhalten. Voraussetzung dazu sind aber gewisse Kenntnisse der Ereignisse, die im Verlaufe der Erdgeschichte stattgefunden haben und weiterhin stattfinden. Das vorliegende Buch soll Laien wie Fachpersonen die Gelegenheit geben, die heute sichtbaren Spuren dieser Geschehen im Gelände zu erkennen und zu verstehen.

Unter dem Begriff Erdgeschichte ist in diesem Buch nicht nur die eigentliche geologische Geschich-

te gemeint. Auch Spuren von Fachgebieten, die mit der Geologie verwandt sind, wie Archäologie, Archäozoologie, Glaziologie, Hydrogeologie, Hydrologie, Klimatologie, Mineralogie, Paläontologie und Speläologie sind im Alpstein vielerorts zu erkennen. Dies etwa in Form von einstigen Vergletscherungen, in unterirdischen Bachläufen, von Zwergwuchs als Folge von Permafrost, von Mineralien und Fossilien oder von Höhlen und vielem mehr.

3 Der Alpstein vom Brisi aus, Blick gegen Norden.
Foto: Adrian Pfiffner

3

Für die Bearbeitung dieser breit gefassten Themen wurden verschiedene Fachpersonen hinzugezogen. Diese erzählen in für Laien verständlichen Beiträgen, was sich im Verlauf der Erdgeschichte im Alpstein abgespielt hat – von der Gesteins- und Gebirgsbildung über Vereisungen bis hin zur jüngeren Vergangenheit. Dabei zeigen die Autorinnen und Autoren auf, der Erdgeschichte folgend, wo entsprechende Spuren zu finden und zu erkennen sind, verbunden mit anschaulichen Erklärungen. Auch wenn sich das vorliegende Buch mit dem Alpstein befasst – analoge Beobachtungen zu den Spuren der Erdgeschichte können auch ausserhalb des Alpsteins, im übrigen Alpenraum etwa, gemacht werden.

Das Buch richtet sich in erster Linie an Personen, die mit den Themen weniger vertraut sind, wie Besuchende des Alpsteins, Wandernde, Naturfreunde, Lehrpersonen, Schülerinnen und Schüler, bietet aber

4 Der Blick von Norden auf den Säntis zeigt schroffe Felswände und scharfe Grate im Alpstein, die in Kontrast stehen zu den weichen vegetationsbedeckten Geländeformen von Kronberg, Petersalp und Spitzli (von links) im Vordergrund.
Foto: Peter Kürsteiner

5 Blick von der Alp Wald in die Talung des Seealpsees; im Hintergrund (von rechts): Zisler, Schäfler, Altenalptürm, Hängeten, Girenspitz, Säntis, Lisengrat.
Foto: Peter Kürsteiner

6 Blick in den östlichen Alpstein, mit (von links) Alp Sigel, Bogartenfirst, Marwees, Ebenalp, Schäfler, Altenalptürm, Säntis, Öhrli und Girenspitz.
Foto: Andreas Butz

5

6

auch Fachpersonen wertvolle Einsichten. Zur Vertiefung der einzelnen Themen gibt es eine grosse Anzahl Publikationen. Diese sind im Anhang in einem umfassenden Literaturverzeichnis aufgelistet. Zudem werden in einem Glossar die verwendeten Fachbegriffe erklärt.

Unser Dank richtet sich an sämtliche Co-Autorinnen und -Autoren, die durch ihre Arbeit das vorliegende Buch erst ermöglicht haben. Personen, die Fotografien und Illustrationen zur Verfügung gestellt haben, sind in den Bildlegenden aufgeführt – auch ihnen danken wir herzlich. Unser Dank geht auch an Museen und private Sammler, von welchen wir Mineralien und Fossilien abbilden durften. Weiter bedanken wir uns beim Verlagshuus, Herisau für die Gestaltung und für die Herausgabe der Publikation. Teile der Produktionskosten wurden in grosszügiger Weise von der Schweizerischen Geologischen Gesellschaft, der Akademie der Naturwissenschaften Schweiz (SCNAT), der Schweizerischen Paläontologischen Gesellschaft, der Stiftung Dr. med. Claus Hilsdorf und Josefine Hilsdorf-Fontana sowie der Bertold-Suhner-Stiftung übernommen. Für ihr finanzielles Engagement danken wir herzlich.

Sedimente und Lebensräume

Karl Tschanz, Antoine Pictet und Christian Klug

Die Oberfläche der Erde ist in weiten Teilen durch Gesteine und Gesteinsformationen geprägt, welche aufgrund ihrer Entstehungsprozesse in drei Gruppen unterteilt werden. Magmatische Gesteine entstehen bei der Abkühlung geschmolzener Magmen im Erdinnern und nahe der Oberfläche, sowie Laven (Ergussgesteine) an der Erdoberfläche. Die zweite Gruppe bilden die Sedimentgesteine. Sie entstehen überwiegend durch Ablagerung von Gesteinsfragmenten und Verwitterungsprodukten. Die dritte Gruppe umfasst die metamorphen Gesteine. Diese entstehen, wenn an der Erdoberfläche vorhandene Gesteinsformationen durch plattentektonische Prozesse in die Tiefe der Erde verlagert werden. Die ursprünglichen Gesteine werden dabei unter hohem Druck und erhöhten Temperaturen deformiert, teilweise oder ganz aufgeschmolzen, und ihre Komponenten umkristallisiert.

Sedimente und ihre Bildung

Karl Tschanz und Antoine Pictet

Kreislauf der Sedimente

Die Gesteine des Alpsteins sind Sedimente, die seit Beginn der Kreidezeit (vor rund 145 Millionen Jahren) bis ins Paläogen (vor 35 Millionen Jahren) in einem Meer, der Tethys, abgelagert wurden. Dieses Meer erstreckte sich während der Kreidezeit zwischen dem europäischen und adriatischen Kontinent.

Die Entwicklung der Sedimentgesteine lässt sich vereinfacht in drei zeitlich aufeinanderfolgende Phasen gliedern (Marthaler und Schlup 2023). Die erste Phase des Kreislaufs umfasst die Bildung geschichteter Ablagerungen am Meeresboden, welche sich zwei Hauptgruppen zuordnen lassen: klastischen und biogenen Sedimenten.

Bei der ersten Hautgruppe, den klastischen Sedimenten, handelt es sich um Ablagerungen von Verwitterungsresten, die unter dem Einfluss der jeweils vorherrschenden klimatischen Bedingungen entstanden sind, zum Beispiel Tonsteine und Sande. An der Landoberfläche liegende Gesteine wurden mechanisch aufgebrochen, zerkleinert und danach abgetragen. Bei der Verwitterung wurden die im Ursprungsgestein enthaltenen Minerale gelöst und zum Teil neue Verbindungen gebildet wie etwa Tonminerale oder Eisenhydroxide. Die durch Verwitterung entstandenen Sand- und Tonpartikel wurden durch Wasser oder Winde in Senken transportiert und dort abgelagert.

7 Kreislauf der Sedimente. Schematische Darstellung auf der Grundlage von Marthaler und Schlup (2023).
Illustration: Karl Tschanz

Die zweite Hauptgruppe umfasst biogene Sedimente wie Kalksteine. Sie bestehen vor allem aus Kalkschalen und Kalkgerüsten abgestorbener Meeresorganismen, insbesondere von planktonisch lebenden Organismen, Foraminiferen, Calpionellen und Coccolithophoriden. Letztere bilden den Hauptbestandteil der Schreibkreide, die beispielsweise auf der Ostseeinsel Rügen zu finden ist. Biogene Sedimente enthalten oft Reste von Muschel- und Schneckenschalen oder Korallen, die durch Wellengang und Gezeitenströmungen oder durch Fressfeinde (Fische) mechanisch zerkleinert und zerrieben wurden.

Im Alpstein finden sich neben reinen Sandsteinen wie in der Garschella-Formation oder biogenen Kalksteinen wie in der Öhrli- und Schrattenkalk-Formation auch Mischformen der oben aufgeführten Sedimenttypen. Bei Veränderungen der Ablagerungsbedingungen, etwa einem Anstieg des relativen Meeresspiegels oder der Zunahme des Sedimenteintrags infolge Klimawandels, verändert sich auch die Zusammensetzung der Sedimente. Im Alpstein weisen wiederkehrende Abfolgen von Tonsteinen/Mergeln und Mergelkalken/Kalken (Wechsellagerungen) im Drusberg-Member der Tierwis-Formation auf solche Veränderungen hin.

Neben Umweltfaktoren wie Klima, Meeresspiegelschwankungen oder Meeresströmungen haben auch die Bewegungen der Erdplatten einen direkten Einfluss auf die Sedimentbildung. Sedimentation ist meist kein kontinuierlicher Prozess, sondern geprägt von schubweiser Sedimentbildung, abgelöst durch Perioden von Stagnation oder gar Erosion. Diese sind als Unterbrechung (Diskontinuität) im sonst gleichmässigen Aufbau der Sedimentablagerungen sichtbar. Eine niedrige Sedimentationsrate oder die Verfrachtung feiner Sedimentpartikel durch Meeresströmungen (Winnowing) kann zur Bildung eines Kondensationshorizonts führen. In solchen Horizonten finden sich oft Anhäufungen von Fossilien, die einen deutlich grösseren Zeitraum abdecken, als man aufgrund der geringen Schichtdicke erwarten würde. Im Extremfall, wenn gar kein Sediment abgelagert wird, kann sich eine Schichtlücke (Hiatus) ausbilden. Schichtlücken entstehen jedoch auch, wenn der Ablagerungsraum über das Meeresniveau angehoben und trockengelegt wird oder das ursprüng-

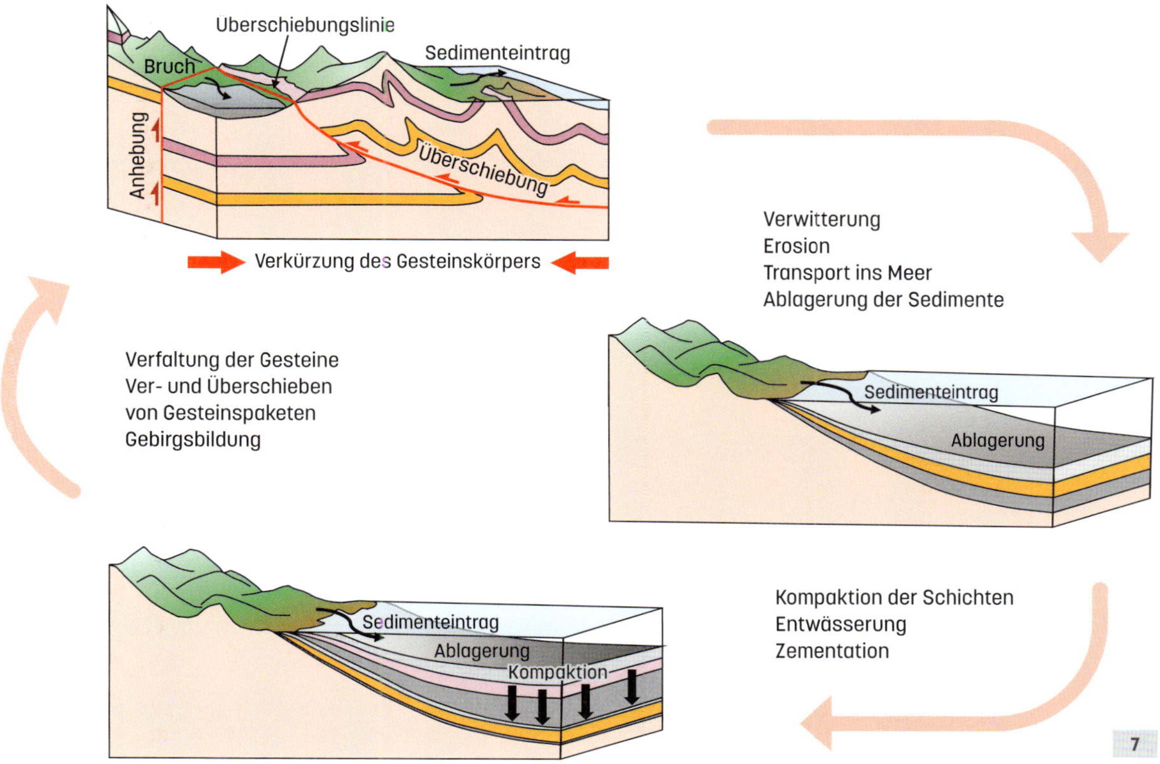

7

lich abgelagerte Sediment zu einem späteren Zeitpunkt wieder abgetragen wird. Eine solche Schichtlücke findet sich zum Beispiel zwischen der Oberkante der Schrattenkalk-Formation, die teilweise bereits während der Trockenlegung zur Kreidezeit verkarstet wurde, und der Garschella-Formation.

Die zweite Phase des Kreislaufs der Sedimente spielt sich im tieferen Untergrund ab, unter der kombinierten Wirkung von Druck und Temperatur. Die am Meeresboden abgelagerten Sedimente unterscheiden sich je nach Ursprung der Sedimentpartikel, der Art und Weise ihres Transports und dem Ort der Ablagerung. Durch die Überlagerung von jüngeren Schichten werden ursprünglich lockere Sedimente wie Sand oder Kalkschlamm im Laufe der Zeit verfestigt. Die Sedimentauflast führt zu einer kontinuierlichen Entwässerung und Kompaktion der abgelagerten Schichten. Durch die Auflast wird die Temperatur im Sediment leicht erhöht (etwa 1 °C pro 100 Meter Auflast). In noch bestehenden Hohlräumen (Poren) können neue Minerale gebildet werden, welche die Sedimentpartikel einbetten und verfestigen beziehungsweise zementieren. Durch die Diagenese entsteht so aus weichem oder fast flüssigem Kalkschlamm ein Kalkmergel oder Kalkstein, aus lockerem Sand ein fester Sandstein.

Die dritte und letzte Phase des Kreislaufs umfasst die Bildung eines Gebirges durch plattentektonische Prozesse. Die Erdoberfläche besteht aus verschiedenen, sich gegeneinander verschiebenden Platten. Wo zwei Platten aufeinanderstossen, entstehen Gebirge. Werden Gesteinspakete in grössere Tiefen der Erdkruste verfrachtet und somit höheren Temperaturen und erhöhtem Druck ausgesetzt, verändern sich Struktur und chemische Zusammensetzung der Sedimentgesteine (Metamorphose). Bewegen sich die Kontinentalplatten, werden die Gesteine zusammengeschoben, verfaltet und vom ursprünglichen Ablagerungsraum wegtransportiert. Die Gesteine werden während der Gebirgsbildung angehoben und somit der Verwitterung ausgesetzt – der Kreislauf beginnt von Neuem.

Die wichtigsten Sedimentgesteine im Alpstein

Sandstein

Sandsteine sind feinkörnige Ablagerungen mit Korngrössen von 0.2 bis 2 Millimeter, die durch Verwitterung bereits vorhandener Gesteine und durch Zerkleinerung von Gesteinspartikeln beim Transport entstanden sind. Auf dem Weg vom Ursprung bis zur Ablagerung im Meer werden wenig widerstandsfähige Minerale nach und nach zerstört und weggelöst, sodass oft nur noch Quarzkörner, Tonminerale und Eisenoxide erhalten bleiben und abgelagert werden. Bei der Verfestigung (Diagenese) von Lockersanden zu Sandstein findet eine Verkittung der Sandkörner statt. Dabei werden in Hohlräumen (Poren) zwischen einzelnen Sandkörnern Minerale ausgefällt: Minerale, die bereits im Gestein enthalten sind (vor allem Calcit) oder mit dem Porenwasser zugeführt und innerhalb des Gesteins daraus ausgeschieden werden, beispielsweise der noch während der Sedimentbildung gebildete (authigene) Quarz des Helvetischen Kieselkalks (Funk 1975).

Die Sandsteine und Kalksandsteine der Garschella-Formation weisen oft eine Grünfärbung auf, die durch den hohen bis sehr hohen Anteil des Minerals Glaukonit zustande kommt. Glaukonit bildet sich sekundär innerhalb des Sediments, das heisst nach der Ablagerung der Sedimentpartikel am Meeresboden. Durch bodennahe Meeresströmungen können Glaukonitkörner aufgearbeitet, sortiert, konzentriert und im Sediment wieder abgelagert werden. Die Bildung von Phosphaten und Phosphoritknollen im Gestein ist häufig mit der Bildung von Glaukonit verknüpft und folgt einem ähnlichen Prozess. Ansammlungen und Lagen von Phosporitknollen und phosphatisierten Fossilresten sind Anzeichen für niedrige Sedimentationsraten und typisch für die Garschella-Formation. Die Alterung des Glaukonits beziehungsweise seine Umwandlung in Eisenoxid ist verantwortlich für eine zuweilen gelbliche bis rötliche Färbung der Gesteine.

8 Feinkörniger, glaukonitischer Mergel-Sandstein. Gebiet Grüeband am Wanderweg Tierwis–Spitzbergli.
Foto: Karl Tschanz

9 Sturzblock aus Helvetischem Kieselkalk mit Kieselknauern (Cherts) und Bewuchs mit weissen Krustenflechten. Gebiet Rossegg am Wanderweg Muschelenberg–Säntis. Breite des abgebildeten Ausschnitts: 40 Zentimeter.
Foto: Karl Tschanz

Kieselkalk

Der Helvetische Kieselkalk ist charakterisiert durch ein schwammartiges Skelett aus Kieselsäure (Quarz und Chalcedon, SiO_2), das den tonig-mergeligen bis sandigen Kalkstein durchzieht. Der ursprünglich von kieseligen Schwammnadeln und Schwammskeletten stammende amorphe Quarz wurde während der Diagenese aufgelöst und im Sediment wieder als fein verteilter kristalliner Quarz ausgefällt (Funk 1975). Im Gelände ist der 40 bis 70 Meter mächtige Helvetische Kieselkalk meist deutlich zu erkennen wegen der sehr dunklen Färbung und lagenweise auftretenden, unregelmässig geformten und weisslich anwitternden Kieselknauern (sogenannte Cherts) sowie dem charakteristischen Bewuchs mit weissen Flechten.

Biogener Kalkstein

Kalkstein besteht weitestgehend aus Calciumkarbonat ($CaCO_3$), das in zwei kristallografischen Strukturen vorkommen kann. Calcit, die bei Raumtemperatur stabilere Form, bildet ein rhomboedrisches, und Aragonit ein prismatisches Kristallgitter. Obwohl weniger stabil, bilden kalkschalige Organismen (die meisten Muscheln, Schnecken und Kopffüsser) sowie die heute lebenden Korallen (Hexacorallia) ihre Schalen oder Skelette aus Aragonit. Schalen aus Calcit findet man bei Austern, den ausgestorbenen rugosen Korallen sowie den meisten Kleinstorganismen, die frei in der Wassersäule schweben (planktonisch) oder am Meeresboden leben (benthisch), wie Foraminiferen und Coccolithophoriden. Nach dem Absterben der Organismen und der Ablagerung der Schalen als Kalkschlamm wird der Aragonit während der einsetzenden Diagenese meist in Calcit umge-

8

9

wandelt. Dabei kann ein Grossteil der ursprünglichen Schalenstruktur verloren gehen.

Im Gelände wirken Kalksteine häufig homogen und massig. Betrachtet man die Kalke genauer, offenbart sich eine grosse Vielfalt (Heterogenität). Diese hängt ab vom Energieniveau, das am Ort der Ablagerung herrschte. Ein feinkörniger, dichter Kalkstein weist darauf hin, dass sich Kalkschlamm abgelagert hat. Dies in grösserer Wassertiefe, in einer ruhigen, nicht oder nur gering durch Wellengang beeinflussten Umgebung. Ein grober Kalkstein wurde meist in einer von Wellen- oder Strömungsenergie stark beeinflussten Umgebung abgelagert. Die einzelnen Partikel wie Trümmer von Kalkschalen oder kleine Kalkpartikel mit zwiebelschaligem Aufbau (Ooide und Oncoide, die in bewegtem Meerwasser geformt wurden) können sehr unterschiedliche Grössen aufweisen.

Mergel/Mergelstein

Mergel oder Mergelstein ist eine feinkörnige Sedimentablagerung, welche aus einer Mischung von Tonmineralen und Kalk besteht. Je nach Mischungsverhältnis unterscheidet man Tonmergel (hoher Anteil an Tonmineralen), Mergel und Kalkmergel (hoher Anteil an Kalk).

10

11

10 Biogener Kalkstein (Biomikrit) mit Schalenresten von Muscheln (Rudisten). Schrattenkalk-Formation bei der Stütze der Säntis-Schwebebahn am Wanderweg Tierwis–Säntis. Breite des abgebildeten Ausschnitts: 15 Zentimeter.
Foto: Karl Tschanz

11 Wechsellagerung von Mergel und Kalkmergel. Drusberg-Member der Tierwis-Formation am Weg Ebenalp–Gartenalp. Höhe des abgebildeten Ausschnitts: 4 Meter.
Foto: Karl Tschanz

12 Steinbruch Rhomberg, Unterklien bei Hohenems (Vorarlberg/Österreich) im Jahr 2022. Die Gesteinsschichten sind verkehrt gelagert. Abgebaut wurden Kalke der Schrattenkalk-Formation, Brisi-Sandstein der Garschella-Formation und Kalke der Seewen-Formation.
Foto: Karl Tschanz

Tonmergel und Mergel sind weniger verwitterungsresistent als Kalkmergel und Kalke. In einer Wechsellagerung von Mergeln und Kalkmergeln treten deshalb die Kalkbänke deutlich hervor, während die Lagen mit Tonmergeln und Mergeln zurückwittern.

Nutzung der Gesteine

Wie diverse kleine und einzelne grössere Steinbrüche rund um den Alpstein zeigen, wurden im Gebiet anstehende Gesteine abgebaut und verschiedenen Verwendungszwecken zugeführt (Fröhlicher 1960). Heute sind die meisten dieser Steinbrüche nicht mehr in Betrieb. Einige wurden mit Deponiematerial verfüllt sowie renaturiert, beispielsweise der Steinbruch Unterkobel bei Oberriet.

Kieselkalk

Helvetischer Kieselkalk wurde in grösserem Umfang im St. Galler Rheintal abgebaut, so in den Steinbrüchen Unterkobel bei Oberriet und Winkla am Kummenberg bei Koblach (Vorarlberg/Österreich). Aufgrund seiner Härte, Festigkeit und Spaltbarkeit wird Kieselkalk in erster Linie als Schotter für den Strassen- und Bahnbau eingesetzt, teilweise aber auch als Pflasterstein verwendet (Heim und Seitz 1934). Helvetischer Kieselkalk wird heute noch im Steinbruch Starkenbach im Toggenburg abgebaut und zu Brechsand und Split verarbeitet. Grosse Bruchsteine (Vorlegesteine) werden zur Befestigung von Hängen und Flussufern genutzt.

Kalk

Kalk der Schrattenkalk-Formation wurde in verschiedenen kleinen Steinbrüchen abgebaut und in der Regel in der näheren Umgebung für den Bau von Mauern und Einfriedungen verwendet. Der im Steinbruch Kolbenstein bei Oberriet in grösserem Stil abgebaute Kalk wurde für die Rheinverbauung genutzt. Die grossen Steinblöcke eigneten sich für die Verbauung am Dammfuss (Wuhrfuss), wo sie bis heute dafür sorgen, dass die Dämme nicht unterspült werden (Madlener 1992). Zwischen 1900 und 1934 wurden rund 400 000 Kubikmeter Fels abgebaut und, nach einer vorübergehenden Schliessung des Steinbruchs, ab dem Zweiten Weltkrieg bis ins Jahr 1959 nochmals rund 200 000 Kubikmeter.

In einzelnen Fällen wurde Kalk der Schrattenkalk-Formation auch als dekoratives Element in Innenräumen eingesetzt. Gemäss Winfried Röder, dem ehemaligen Mesmer und Sakristan der Klosterkirche Neu St. Johann, bestehen Brüstung und Aufgang zwischen Kirchenschiff und Chor sowie der Träger der Kanzel aus sogenanntem Säntis-Marmor (Aargauer Zeitung 2017). Dies gilt auch für den aus dem Jahr 1684 stammenden Taufstein in der evangelisch-reformierten Kirche Nesslau (Anderes 1991). Der Be-

13

14

15

13 Wetzstein aus Sandstein mit Gebrauchsspuren sowie Köcher (Länge: 31 Zentimeter) aus der ersten Hälfte des 20. Jahrhunderts.
Foto: Karl Tschanz

14/15 Träger der Kanzel (14) in der Klosterkirche Neu St. Johann und Taufstein (15) in der evangelisch-reformierten Kirche Nesslau aus poliertem Kalk.
Fotos: Karl Tschanz

griff Säntis-Marmor ist wohl bau- und kulturhistorisch begründet, da es sich beim verwendeten Gestein aus dem Alpstein um behauenen, geschliffenen und polierten Kalk und nicht um eigentlichen Marmor, ein metamorphes Gestein, handelt.

Sandstein

Sandsteine der Garschella-Formation, insbesondere Brisi-Sandstein, wurden in einem grossen Steinbruch bei Unterklien (Vorarlberg, Österreich) sowie in Steinbrüchen am Buchserberg und bei Sevelen abgebaut. 1891 wurde der Steinbruch Unterklien von der Internationalen Rheinregulierung gepachtet. Die 218 000 Kubikmeter Sandstein, die dort sowie in den benachbarten, zusätzlich eröffneten Steinbrüchen Rührkübel und Diemscher Bruch abgebaut wurden, dienten dem Bau des zwischen 1895 und 1900 erstellten Fussacher Durchstichs (Madlener 1992).

Im Zusammenhang mit der Rheinregulierung wurde als Ersatz für den Steinbruch Kolbenstein bei Montlingen (Schrattenkalk-Formation) im Steinbruch Oberbüchel bei Rüthi mit dem Abbau begonnen. Dort wurden zwischen 1956 und 1982 rund 150 000 Kubikmeter Kieselsandstein der Garschella-Formation abgebaut (Madlener 1992).

In historischen Zeiten wurden Sandsteine zudem als Wetzstein (Schleifstein) genutzt (Heim und Seitz 1934). Nach Escher von der Linth (1878) soll der an der Fähneren aufgeschlossene Flyschsandstein dazu verwendet worden sein. Der Abbau, wohl hauptsächlich von Fucoidenschiefer, gleiche jedoch «mehr einem Raubbau als einem geordneten Grubenabbau». Letzterer weist gemäss Deicke (1862) «ein feines Korn und ein nicht zu festes Bindemittel» auf und eignet sich deshalb besonders zum Schleifen von feinen «Schneidewerkzeugen, zum Beispiel Rasiermesser und chirurgische Instrumente».

Stratigrafie

Karl Tschanz und Antoine Pictet

Der Begriff Stratigrafie umfasst die Beschreibung der Gesteinsschichten und deren zeitliche Abfolge bei der Ablagerung. Eine grundlegende Annahme dabei ist, dass die zuunterst abgelagerte Sedimentschicht generell älter ist als die darüber folgenden Schichten.

Einordnung von Sedimentablagerungen

Bei der Beschreibung der Gesteinsschichten stehen zwei Elemente im Vordergrund. Einerseits die Art des Sedimentgesteins (Lithologie, Lithostratigrafie), die Auskunft darüber gibt, in welcher Umgebung (beispielsweise nahe der Küste) und unter welchen Bedingungen (zum Beispiel strömungsbeeinflusst) ein Sediment abgelagert wurde. Andererseits ist der Fossilinhalt einer Schicht von grosser Bedeutung, da er ebenfalls Informationen über die Umwelt liefert und eine relative zeitliche Einordnung der Schichtfolgen ermöglicht (Biostratigrafie). Zentrales Element der Biostratigrafie sind die Leitfossilien, welche grossräumig verbreitet und zudem in einem engen Zeitabschnitt von höchstens 100 000 Jahren lebten. Als Leitfossilien eignen sich besonders Foraminiferen (kalkschalige Einzeller) und Ammoniten (Kopffüsser mit Kalkschale). Mithilfe von Leitfossilien lassen sich Schichtfolgen, die an verschiedenen Lokalitäten und in unterschiedlichen Ablagerungsräumen abgelagert wurden, zeitlich miteinander korrelieren.

Gesteinsabfolge im Alpstein

Die Sedimentgesteine des Alpsteins wurden über einen Zeitraum von rund 110 Millionen Jahren abgelagert. Die insgesamt rund 600 Meter mächtige Schichtfolge wird aufgrund der Lithologie und des

Periode	Epoche	Alter in Millionen Jahren	Formation	Member / Bank	Gestein
Paläogen	Eozän	34	Flysch	Wildflysch	Mergel Sandige Mergel
Paläogen	Eozän		Stad-Formation		Feinsandige Mergel / Sandkalke
Paläogen	Eozän		Bürgen-Formation	Scharti-Member	Glaukonitische Sandkalke
Paläogen	Eozän		Euthal-Formation	Einsiedeln-Member	Nummulitenkalk
Paläogen		56			
Kreide	Späte Kreide	66	Wang-Formation	Schörgisknorren-Bank	Kieselige, feinsandige Kalke
Kreide	Späte Kreide		Amden-Mergel		Siltige Mergel
Kreide	Späte Kreide		Seewen-Formation	Choltal-Member	Dichter, gut gebankter Kalk
Kreide	Frühe Kreide	100	Garschella-Formation	Kamm-Bank	Glaukonitische Knollenkalke mit Phosphoritknollen Glaukonitische Sande
Kreide	Frühe Kreide		Schrattenkalk-Formation		Biogene Kalke
Kreide	Frühe Kreide			Rawil-Member	Orbitolinenkalk
Kreide	Frühe Kreide				Biogene Kalke
Kreide	Frühe Kreide		Tierwis-Formation	Drusberg-Member	Wechsellagerung von Mergeln / Mergelkalken
Kreide	Frühe Kreide			Altmann-Member	Mergel und sandige Kalke mit lagenweise Glaukonit
Kreide	Frühe Kreide		Helvetischer Kieselkalk	Lidernen-Member Gemsmättli-Bank	Sandig-kieselige Kalke
Kreide	Frühe Kreide		Betlis-Formation	Pygurus-Member	Grobsandige Kalke
Kreide	Frühe Kreide				Kalke mit lagenweise Kieselknauern
Kreide	Frühe Kreide		Vitznau-Mergel		Mergel
Kreide	Frühe Kreide		Öhrli-Formation	«Oberer Öhrli-Kalk»	Biogene Kalke, zum Teil mit Oncoiden und Ooiden
Kreide	Frühe Kreide			«Oberer Öhrli-Mergel»	Sandige und tonige Kalkmergel / Mergelkalke
Kreide	Frühe Kreide			«Unterer Öhrli-Kalk»	
Kreide	Frühe Kreide	145	Palfris-Formation		Siltig-sandige Tonmergel

16

Fossilinhalts (Leitfossilien) stratigrafischen Einheiten zugeordnet (Formation, Member). Diese Einheiten werden in der Regel nach der Lokalität benannt, an der eine gut ausgebildete, ungestörte Schichtfolge vorliegt und deren stratigrafischen Unter- und Obergrenzen sichtbar sind.

Verringert sich aufgrund der Veränderung des Klimas oder bodennaher Meeresströmungen die Zufuhr von Sedimenten oder wird die Sedimentation gar über einen langen Zeitraum (mehrere Hunderttausend bis Millionen Jahre) unterbrochen, bilden sich ungleichmässige Schichtfolgen (Diskontinuitäten) und Schichtlücken aus. Beide Phänomene sind meist Zeugnisse eines markanten ökologischen Wandels.

Auch tektonische Prozesse wie die Faltung, die Verschiebung von Gesteinsformationen an Bruchsystemen oder die Überschiebung ganzer Schichtpakete übereinander können zu Diskontinuitäten und Lücken in der Schichtabfolge führen. So kommen einst zeitgleich nebeneinander abgelagerte Gesteinsschichten bei einer Überschiebung nun übereinander zu liegen und bilden an der Überschiebungsfläche einen tektonischen Kontakt.

Typlokalitäten

An einigen Orten im Alpstein finden sich über einen längeren Zeitraum kontinuierlich und ungestört abgelagerte Sedimentschichten. Sind an solchen Orten detailliert beschriebene Schichtabfolgen (Profile) repräsentativ für eine Gesteinsformation, bilden sie als Typusprofile die Grundlage zur Benennung von Gesteinseinheiten (Member, Formation). In der Regel werden solche Gesteinseinheiten nach dem Ort (Typlokalität) benannt, an dem das Typusprofil beschrieben wurde. Im Alpstein gibt es mehrere Typlokalitäten und Typusprofile, die dem überregionalen Vergleich und der übergeordneten Korrelation der Sedimentablagerungen dienen.

Typlokalität der Öhrli-Formation

Die Typlokalität der Öhrli-Formation (Mittleres bis Spätes Berriasien) befindet sich im Gebiet Öhrlikopf–Muschelenberg (Grasmück-Pfluger 1962). Es handelt sich um helle, teilweise onco- und oolithische Kalke, die sehr fossilreich sein können (Korallen, Muscheln, Gastropoden, Brachiopoden und Bryozoen). Im Gebiet der Hinteren Öhrligrueb finden sich im Gesteinsschutt häufig Muscheln der Art *Rastellum rectangularis* (Roemer 1839).

An der Typlokalität haben Heim (1907) sowie später Grasmück-Pfluger (1962) vier Schichtglieder unterschieden: den «Unteren Öhrli-Mergel», den «Unteren Öhrli-Kalk», den «Oberen Öhrli-Mergel» und den darüber liegenden «Oberen Öhrli-Kalk». Die letzteren drei Schichtglieder werden heute in der Öhrli-Formation zusammengefasst, welche den

16 Schematische Abfolge der im Alpstein vorkommenden kreidezeitlichen und paläogenen Ablagerungen. Illustration: Karl Tschanz

17 Auster *Rastellum rectangularis* (Roemer 1839). Die Klappenränder sind verfaltet und bilden einen kammartigen Verschluss. Schutthalde des «Oberen Öhrli-Kalks». Hintere Öhrligrueb. Breite des abgebildeten Ausschnitts: 7 Zentimeter. Foto: Karl Tschanz

18

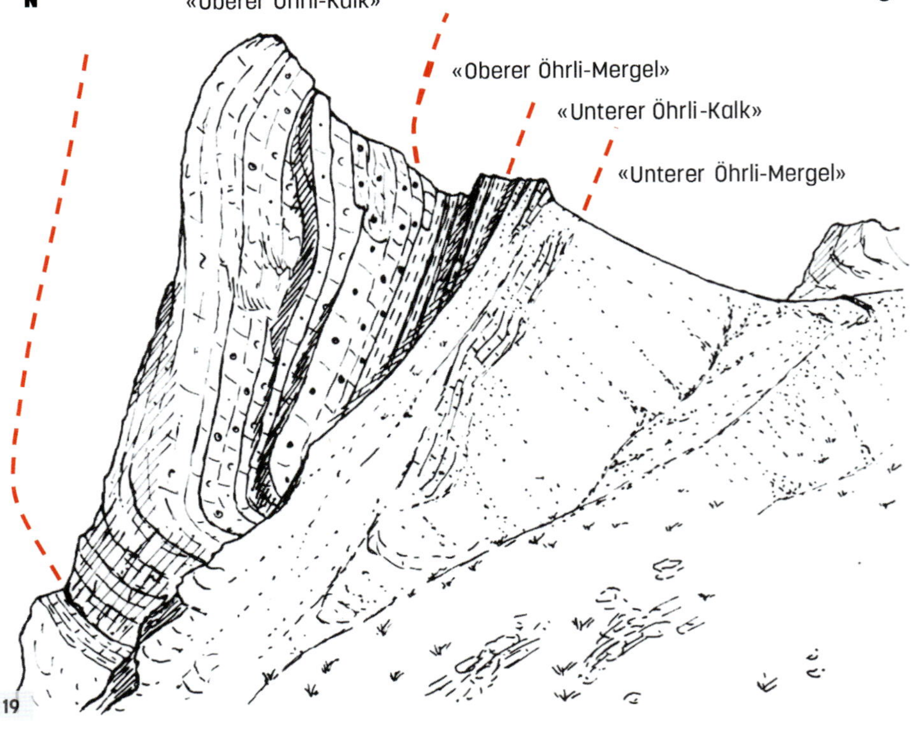

19

18 Typlokalität der Öhrli-Formation. Links im Bild der Öhrlikopf und rechts der Muschelenberg. Beide Gipfel sind aus «Oberem Öhrli-Kalk» aufgebaut.
Foto: Andreas Butz

19 Westwand des Öhrlikopfs mit vollständiger Schichtfolge der Öhrli-Formation.
Illustration: aus Grasmück-Pfluger (1962), Beschriftung angepasst, Copyright Schweizerische Geologische Gesellschaft

20 Fossilreiche Schichtfolge der Tierwis-Formation an der südwestlichen Flanke des Altmasattels.
Foto: Antoine Pictet

Hauptteil des Öhrlikopfs und des Muschelenbergs aufbaut, während der «Untere Öhrli-Mergel» gemäss der aktuellen Nomenklatur (www.strati.ch) der Palfris-Formation zugeordnet wird.

Typlokalität des Altmann-Members (Tierwis-Formation)

Die für das Altmann-Member namensgebende Lokalität befindet sich am Altmasattel, ebenso wie das von Arnold Escher von der Linth bereits im Jahre 1878 beschriebene Profil. Die am Nordostgrat des Altmasattels sichtbare Schichtfolge wurde später von Hantke (1966) als Typusprofil des Altmann-Members (damals als Altmann-Schichten bezeichnet) in das Lithostratigraphische Lexikon aufgenommen. Da sich dieses Profil aufgrund eines Sedimentationsunterbruchs (Diskontinuität) an der Grenze zum Helvetischen Kieselkalk jedoch nicht als Typusprofil eignet, hat Funk (1969) für das Altmann-Member ein Paratypusprofil definiert, welches eine ungestörte Schichtabfolge zeigt. Dieses Profil befindet sich am Wanderweg Tierwis–Silberplatten, unweit des Berggasthauses Tierwis.

Beim Altmann-Member handelt es sich um eine Wechsellagerung feinsandiger, glaukonitischer Kieselkalke mit knolligen, phosphathaltigen Mergelkalken und Grünsanden. Einzelne Schichten sind fossilreich (Ammoniten, Nautiliden, Belemniten, Kieselschwämme, Korallen, Bryozoen, Muscheln, Brachiopoden, Seeigel). Neueste Untersuchungen und Ammonitenfunde zeigen, dass das Paratypusprofil bei der Tierwis und das Profil am Altmasattel nicht dasselbe stratigrafische Intervall abdecken (Pictet et al. 2022). Grund dafür sind dynamische Ablagerungsprozesse wie die Erosion von Sedimentschichten durch Strömungen und die Ablagerung von Sedimenten in untermeerischen Kanälen (channels).

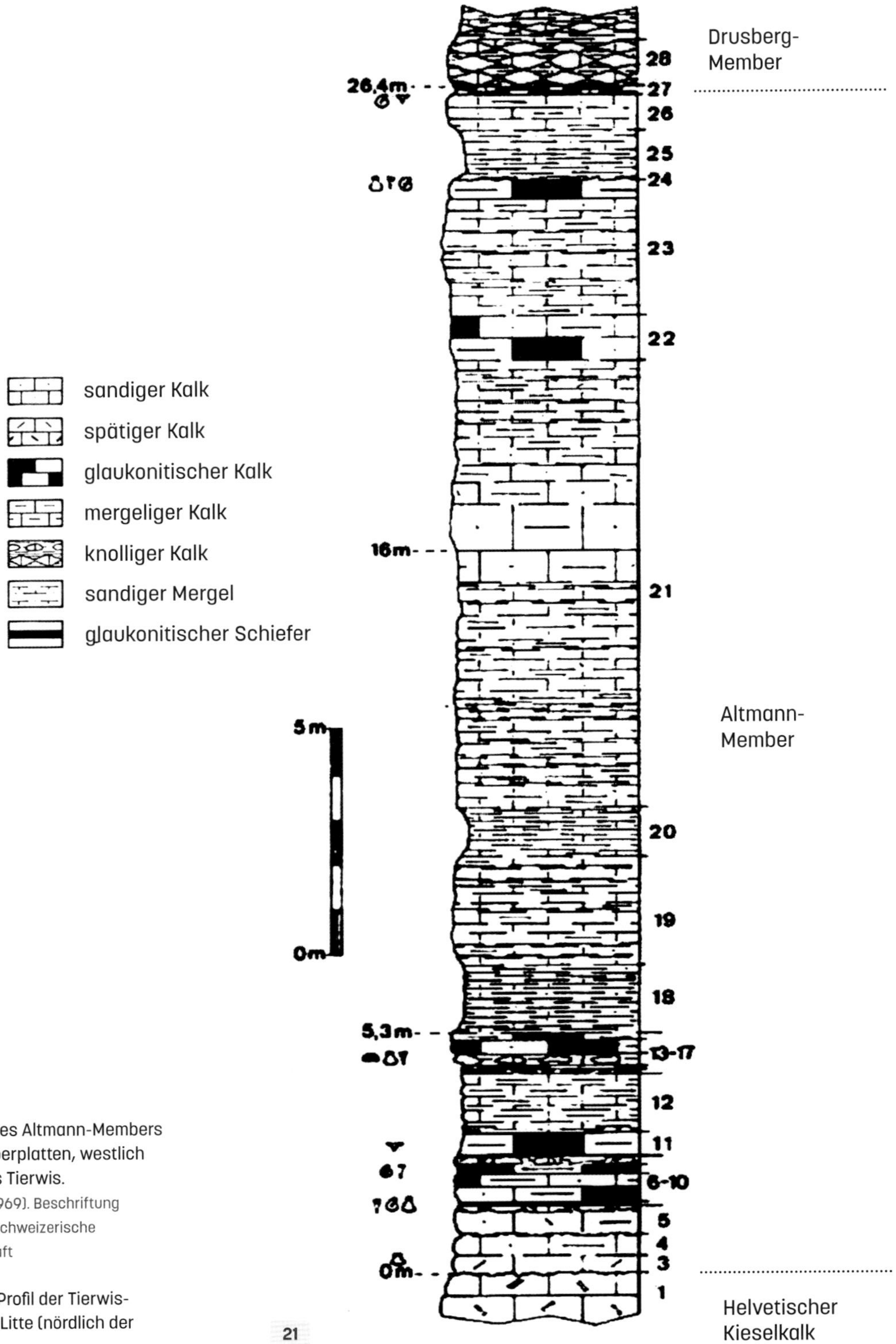

21

21 Paratypusprofil des Altmann-Members am Weg Tierwis–Silberplatten, westlich des Berggasthauses Tierwis.
Illustration: aus Funk (1969). Beschriftung angepasst, Copyright Schweizerische Geologische Gesellschaft

22 Schematisches Profil der Tierwis-Formation im Gebiet Litte (nördlich der Teselalp).
Illustration: Karl Tschanz, vereinfacht nach Pictet et al. (2022), Copyright Schweizerische Geologische Gesellschaft

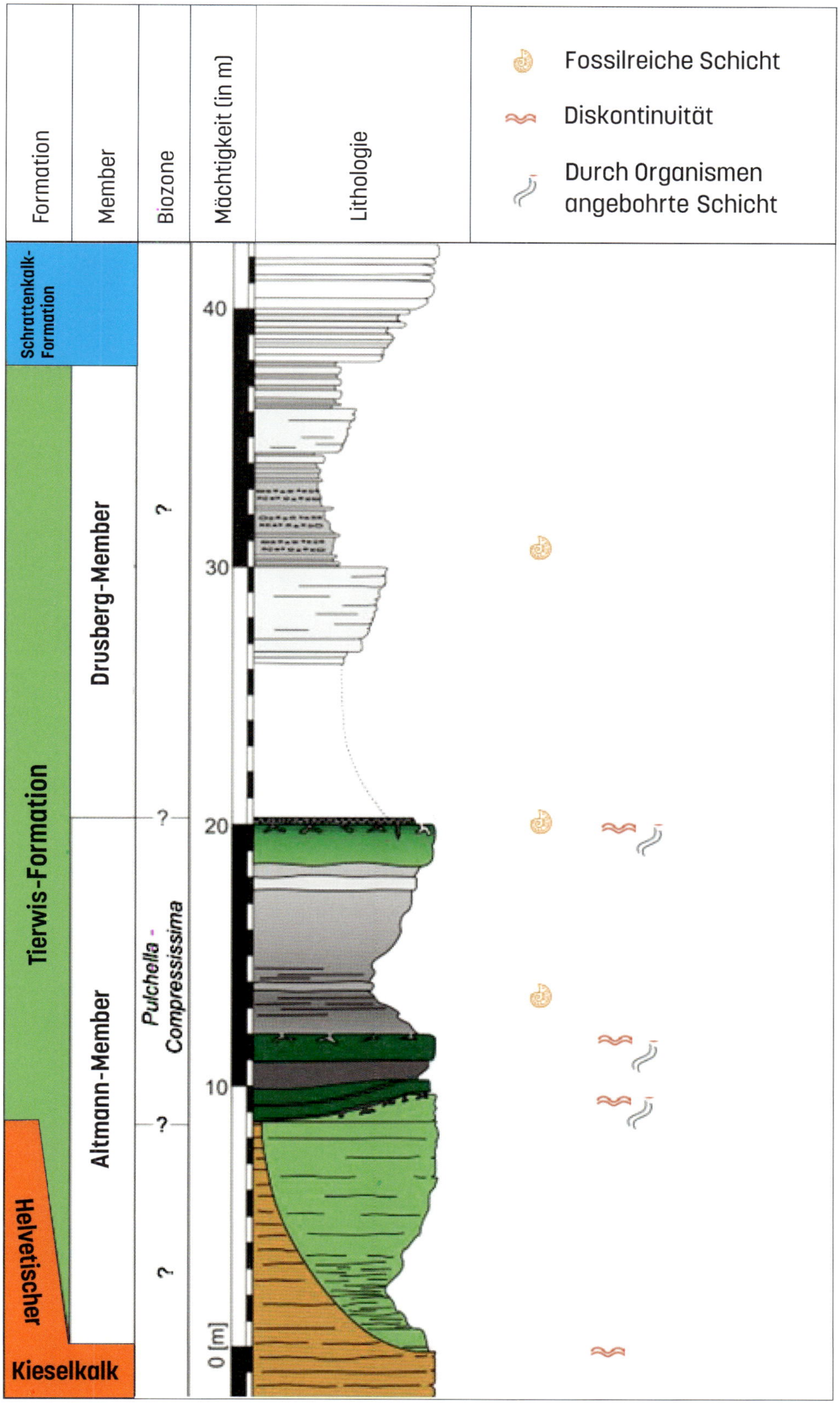
Formation
Member
Biozone
Mächtigkeit (in m)
Lithologie
Fossilreiche Schicht
Diskontinuität
Durch Organismen angebohrte Schicht
Schrattenkalk-Formation
Tierwis-Formation
Helvetischer Kieselkalk
Drusberg-Member
Altmann-Member
Pulchella - Compressissima
?
40
30
20
10
0 [m]

22

Schrattenkalk-Formation
Drusberg-Member
Altmann-Member
Helvetischer Kieselkalk
23

Neuenalpspitz
Seewen-Formation
Garschella-Formation
Schrattenkalk-Formation
Neuenalpkamm
24

Typlokalität der Kamm-Bank im Dach der Garschella-Formation

Die Garschella-Formation liegt mit einer scharfen Trennfläche der Schrattenkalk-Formation auf und stellt einen abrupten Wechsel der Sedimentablagerungen von hellen, biogenen Kalken hin zu dunklen, glaukonit- und phosphoritreichen Sandsteinen mit Mergellagen und Knollenkalken dar. Die Garschella-Formation wird in eine grössere Zahl geringmächtiger Schichtglieder unterteilt, welche jedoch meist nur kleinräumig ausgebildet sind.

In den nördlichen Gebirgsketten des Alpsteins findet sich in den obersten Schichten der Garschella-Formation, am Übergang zur darüberliegenden

23 Channel-Struktur innerhalb des Altmann-Members an der Litte. Blick von der Zwinglipasshütte Richtung Westen. Es sind zwei Channel-Horizonte sichtbar (gepunktete Linien, nach Pictet et al. 2022).
Foto: Karl Tschanz

24 Blick von Oberstofel auf den Neuenalpspitz sowie auf den Neuenalpkamm, bei dem es sich um die Typlokalität der Kamm-Bank handelt.
Foto: Karl Tschanz

25 Blick von der Alp Tal auf den Neuenalpspitz. Die fossilreiche Kamm-Bank findet sich im Dach der Garschella-Formation, im Übergang zur Seewen-Formation.
Foto: Karl Tschanz

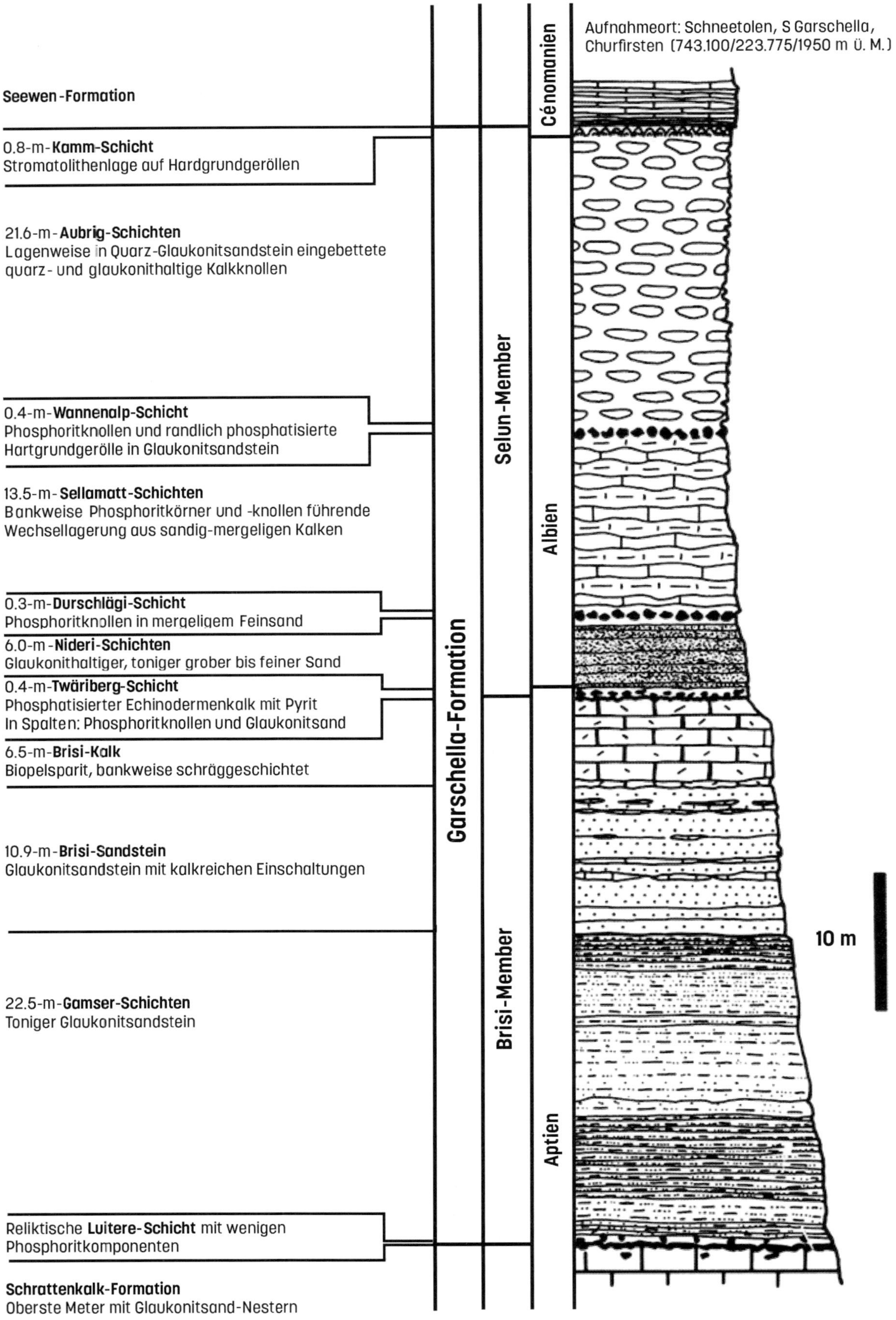
Aufnahmeort: Schneetolen, S Garschella, Churfirsten (743.100/223.775/1950 m ü. M.)
Cénomanien
Albien
Aptien
Selun-Member
Brisi-Member
Garschella-Formation
10 m
Seewen-Formation
0.8-m-Kamm-Schicht
Stromatolithenlage auf Hardgrundgeröllen
21.6-m-Aubrig-Schichten
Lagenweise in Quarz-Glaukonitsandstein eingebettete quarz- und glaukonithaltige Kalkknollen
0.4-m-Wannenalp-Schicht
Phosphoritknollen und randlich phosphatisierte Hartgrundgerölle in Glaukonitsandstein
13.5-m-Sellamatt-Schichten
Bankweise Phosphoritkörner und -knollen führende Wechsellagerung aus sandig-mergeligen Kalken
0.3-m-Durschlägi-Schicht
Phosphoritknollen in mergeligem Feinsand
6.0-m-Nideri-Schichten
Glaukonithaltiger, toniger grober bis feiner Sand
0.4-m-Twäriberg-Schicht
Phosphatisierter Echinodermenkalk mit Pyrit
In Spalten: Phosphoritknollen und Glaukonitsand
6.5-m-Brisi-Kalk
Biopelsparit, bankweise schräggeschichtet
10.9-m-Brisi-Sandstein
Glaukonitsandstein mit kalkreichen Einschaltungen
22.5-m-Gamser-Schichten
Toniger Glaukonitsandstein
Reliktische Luitere-Schicht mit wenigen Phosphoritkomponenten
Schrattenkalk-Formation
Oberste Meter mit Glaukonitsand-Nestern

26

Seewen-Formation, eine fossilreiche Schicht mit vielen Resten heteromorpher, nicht planspiral aufgerollter Ammoniten. Der Name dieser Schicht, die Kamm-Bank, bezieht sich auf die Lokalität Neuenalpkamm unterhalb des Neuenalpspitzes, anhand derer Heim und Seitz (1934) dieses Schichtglied benannten: «Die in dieser Arbeit vorgeschlagene Bezeichnung Kammschichten ist entnommen dem Kamm (Neuenalpkamm) im westlichen Teil des Säntisgebirges, wo der Turrilitenhorizont einen Kragen rings um den pyramidenförmigen Gipfelgrat bildet und besonders fossilreich ist. Dort hat schon A. Escher v. d. Linth Fossilien gesammelt und den Turrilitenhorizont ausgeschieden. Die Bezeichnung Kamm ist auch insofern günstig, als der Horizont des Turrilites bergeri und T. puzosianus gewissermassen den Kamm, das Dach des Gaults (heute Garschella-Formation) bilden.»

In den südlichen Ketten des Alpsteins (beispielsweise am Wildhuser Schofberg sowie am Kamor) und vor allem in den Churfirsten befindet sich im Dach der Garschella-Formation eine wenige Zentimeter mächtige Mikrobenmatte (Stromatolithen) (Ouwehand 1987), welche eine scharfe Grenze zur darüberliegenden Seewen-Formation bildet.

Spuren einer diskontinuierlichen Sedimentbildung

Die Bildung von Sedimenten ist oft kein kontinuierlicher Prozess, sondern geprägt von schubweiser Ablagerung und Perioden von Stagnation oder gar Erosion. Verringerung der Sedimentationsrate oder Sedimentationsunterbrüche sind als Diskontinuitäten im ansonsten gleichmässigen Aufbau der Ablagerungen sichtbar.

Kondensationshorizont

Erfolgt über einen Zeitraum von mehreren Hunderttausend Jahren eine verlangsamte oder geringere Sedimentablagerung als in den Zeitintervallen davor und danach, bildet sich in der Schichtfolge ein Kondensationshorizont aus. Solche Horizonte entstehen, wenn feine Sedimentpartikel durch Strömungen, zum Beispiel im Bereich einer Schwelle am Meeresboden, ausgeschwemmt werden oder die Sedimentproduktion nicht mit einem raschen Anstieg des relativen Meeresspiegels mithalten kann. Ein Kondensationshorizont von wenigen Dezimeter Mächtigkeit kann damit dieselbe Zeitspanne repräsentieren wie eine mehrere Hundert Meter mächtige Ablagerung von Plattformkalken. Kondensations-

27

26 Schematisches Profil der Garschella-Formation.
Illustration: aus Föllmi und Ouwehand (1987), Beschriftung gekürzt, Copyright Schweizerische Geologische Gesellschaft

27 Sturzblock der stellenweise fossilreichen Kamm-Bank (Garschella-Formation). Auf dem Block befinden sich mehrere phosphatisierte Bruchstücke von Ammoniten (*Mantelliceras* sp.) sowie Belemniten. Schutthalde unterhalb des Berggasthauses Alter Säntis.
Foto: Karl Tschanz

horizonte sind oft fossilreich. Entsprechend der Bildung des Horizontes repräsentieren die darin angereicherten Fossilien wie etwa Ammoniten mehrere biostratigrafische Zeitzonen.

Die in den nördlichen Ketten des Alpsteins das Dach der Garschella-Formation bildende Kamm-Bank wird als Kondensationshorizont interpretiert (Föllmi und Ouwehand 1987).

Firmground und Hardground (Hartgrund)

Sedimentäre Diskontinuitäten wie Firmgrounds und Hardgrounds sind oft mit der Bildung von Kondensationshorizonten assoziiert. Ein Firmground besteht aus einem noch wenig kompaktierten, eher weichen Sediment, nahe an der Grenze zur Wasseroberfläche (Droser et al. 2002). Werden die darüberliegenden, unverfestigten Sedimente erodiert, kann der zwar verfestigte, aber noch weiche Firmground von grabenden Organismen wie Würmern oder Krebsen besiedelt und durchwühlt werden. Wird ein Sediment stärker kompaktiert und verfestigt (zementiert), bildet die Sedimentoberfläche einen Hardground, auf dem sich am Meeresboden aufsitzende oder aufliegende Organismen ansiedeln können. Liegt ein solcher bei geringer Sedimentation über einen längeren Zeitraum offen, bilden sich oft Krusten aus Hämatit und/oder Phosphaten. Aufgrund der Härte des Untergrunds finden sich in Hardgrounds meist nur Spuren von Organismen, die sich mechanisch oder chemisch in den Untergrund bohrten, wie Bohrmuscheln, Bohrschwämme und Seeigel.

Im Dach des Altmann-Members findet sich ein fossilreicher Komplex von Firmground/Hardground-Sedimenten, gut zu sehen an der südwestlichen Flanke des Altmasattels (Pictet et al. 2022). Eine von Organismen durchwühlte Schicht ist an der Oberfläche mit dunklen Hämatit- und Phosphatkrusten bedeckt. Die Grabgänge sind mit einem glaukonitreichen Kalkstein ausgefüllt. Über dieser Einheit folgen zwei dezimeterdicke glaukonitische Schichten, welche eine reichhaltige Fossilgemeinschaft beinhalten, insbesondere Schwämme, Ammoniten, Nautiliden und Belemniten.

28 Ausschnitt der fossilreichen Schicht im Bereich des Übergangs vom Altmann- zum Drusberg-Member. Sichtbar sind mehrere phosphatisierte Bruchstücke von Ammoniten (?*Barremites* sp.) sowie Bruchstücke von Belemniten und Kieselschwämmen. Weg Zwinglipasshütte–Altmasattel. Breite des abgebildeten Ausschnitts: 25 Zentimeter.
Foto: Antoine Pictet

Ablagerungsraum Schelfmeer

Karl Tschanz und Antoine Pictet

Schelf- und Randmeere liegen am Kontinentalrand über kontinentaler Kruste. Dies im Gegensatz zu den tieferen Bereichen des offenen Meeres, deren Untergrund aus ozeanischer Kruste besteht. Schelfmeere bieten aufgrund ihrer Vielfalt an Lebensräumen gute Bedingungen für die Ansiedlung unterschiedlichster Meeresorganismen.

Helvetischer Schelf

Das Gebiet der heutigen Alpen erstreckte sich im Erdmittelalter (Mesozoikum) in einem mehrere Hundert Kilometer breiten Meeresbecken, der alpinen Tethys (Heierli 1984, Weissert und Stössel 2015 sowie Pfiffner 2015). Dieser Ozean entstand beim Auseinanderdriften der eurasischen Kontinentalplatte im Norden und der adriatischen Platte im Süden. Die sich gegen Osten zum Pazifik verbreiternde Tethys war im Westen mit dem sich öffnenden Atlantik verknüpft. Während der Kreidezeit (vor 145 bis 66 Millionen Jahren) wurden am nordwestlichen Rand der alpinen Tethys, in einem mehr oder weniger untiefen Schelfmeer, die Sedimente des heutigen Alpsteins abgelagert. Aufgrund seiner geografischen Lage wird dieser ursprüngliche Ablagerungsraum als Helvetikum bezeichnet.

Die untiefen, küstennahen Bereiche eines Schelfmeeres sind lichtdurchflutet. Die Zufuhr von Nährstoffen durch Flüsse (Verwitterungsprodukte) und Meeresströmungen, die am Schelfrand an die Meeresoberfläche umgeleitet werden (Upwelling), ermöglichen das Wachstum und die Ausbreitung einer artenreichen Meeresfauna.

Die Ablagerung von Sedimenten in einem Meeresbecken ist von vielen Faktoren abhängig. Die Zusammensetzung der Sedimente wird von der Ein-

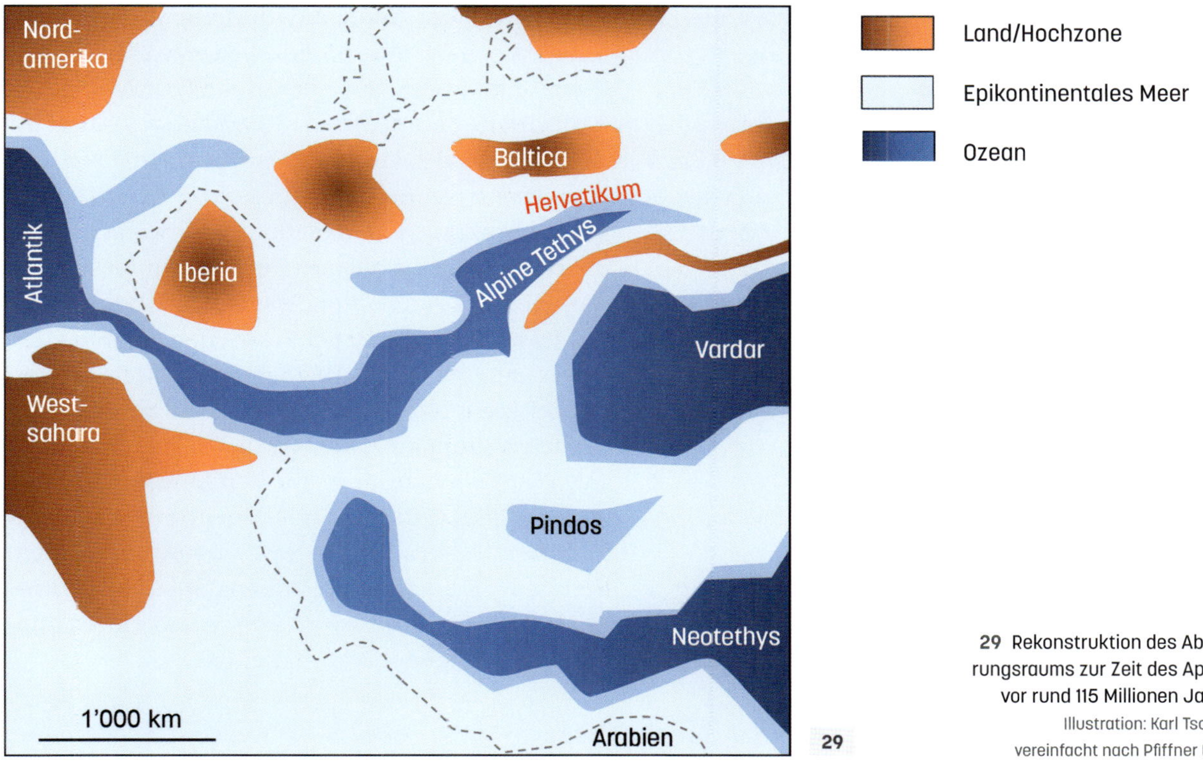

29

29 Rekonstruktion des Ablagerungsraums zur Zeit des Aptiens vor rund 115 Millionen Jahren.
Illustration: Karl Tschanz, vereinfacht nach Pfiffner (2015)

30

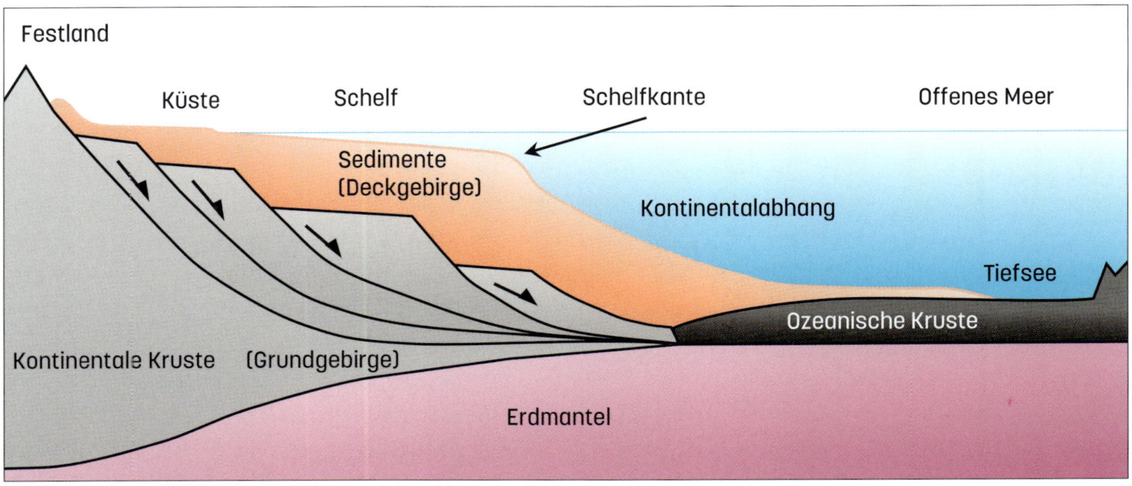

schwemmung von Verwitterungsprodukten vom Festland her sowie von der Kalkproduktion der Meeresorganismen bestimmt. Die Mächtigkeit (Schichtdicke) der Sedimentablagerungen in einem küstennahen Schelfmeer ist denn auch meist deutlich grösser als die Mächtigkeit der im offenen Meer abgelagerten Sedimentschichten. Die im Schelfmeer abgelagerten Sedimente können jedoch auch leicht abgetragen werden, sei es durch Trockenlegung und Erosion als Folge von Schwankungen des Meeresspiegels oder durch strömungsbedingte Umlagerung.

In untiefen Ablagerungsräumen, etwa im Strandbereich oder auf einer Karbonatplattform, sind Veränderungen der Sedimentabfolge meist Folge einer Verschiebung der Küstenlinie in Richtung Land (Transgression). Der absolute, globale (eustatische) oder der relative (regionale) Meeresspiegel steigt und überdeckt ehemaliges Festland mit Wasser. Zieht sich die Küstenlinie zum offenen Meer hin zurück (Regression), wird ehemaliger Meeresboden freigelegt. Das Wachstum des Sedimentkörpers in Richtung des offenen Meeres wird Progradation genannt.

Veränderungen des Meeresspiegels können unterschiedliche Ursachen haben. Die Dynamik des globalen (eustatischen) Meeresspiegels wird in erster Linie durch plattentektonische Bewegungen hervorgerufen. Diese Bewegungen verändern das Volumen der Ozeanbecken. Ein anderer Grund liegt in der Bindung von Wasser in den Landeismassen der Polregionen und ihrem Abschmelzen. Meeresspiegelschwankungen sind in der Grössenordnung bis zu 200 Metern möglich. Während der Kreidezeit herrschte ein ausgeprägtes Treibhausklima und die polaren Eismassen waren wahrscheinlich meist vollständig abgeschmolzen. Aufgrund plattentektonischer Bewegungen in den Ostalpen begann sich die alpine Tethys zu schliessen, der Atlantik jedoch öffnete sich weiter. Für die Zeit von vor 110 Millionen Jahren sind im Bereich der Russischen Plattform, der Britischen Inseln und der Arabischen Platte Meeresspiegelschwankungen von mehr als 50 Metern nachgewiesen (Immenhauser 2005). Diese werden auch mit Vergletscherungen in Verbindung gebracht (Maurer et al. 2013). Solche Meeresspiegelschwankungen können auch den Schelfbereich der alpinen Tethys beeinflusst haben. Absenkungen und Anhebungen des Meeresbodens sind jedoch meist Auswirkungen plattentektonischer Prozesse.

30 Schematischer Schnitt durch einen Kontinentalrand.
Illustration: Karl Tschanz, vereinfacht nach Pfiffner (2015)

31 Transgression, Progradation und Regression.
Illustration: Karl Tschanz, verändert nach Schlunegger und Garefalakis (2023)

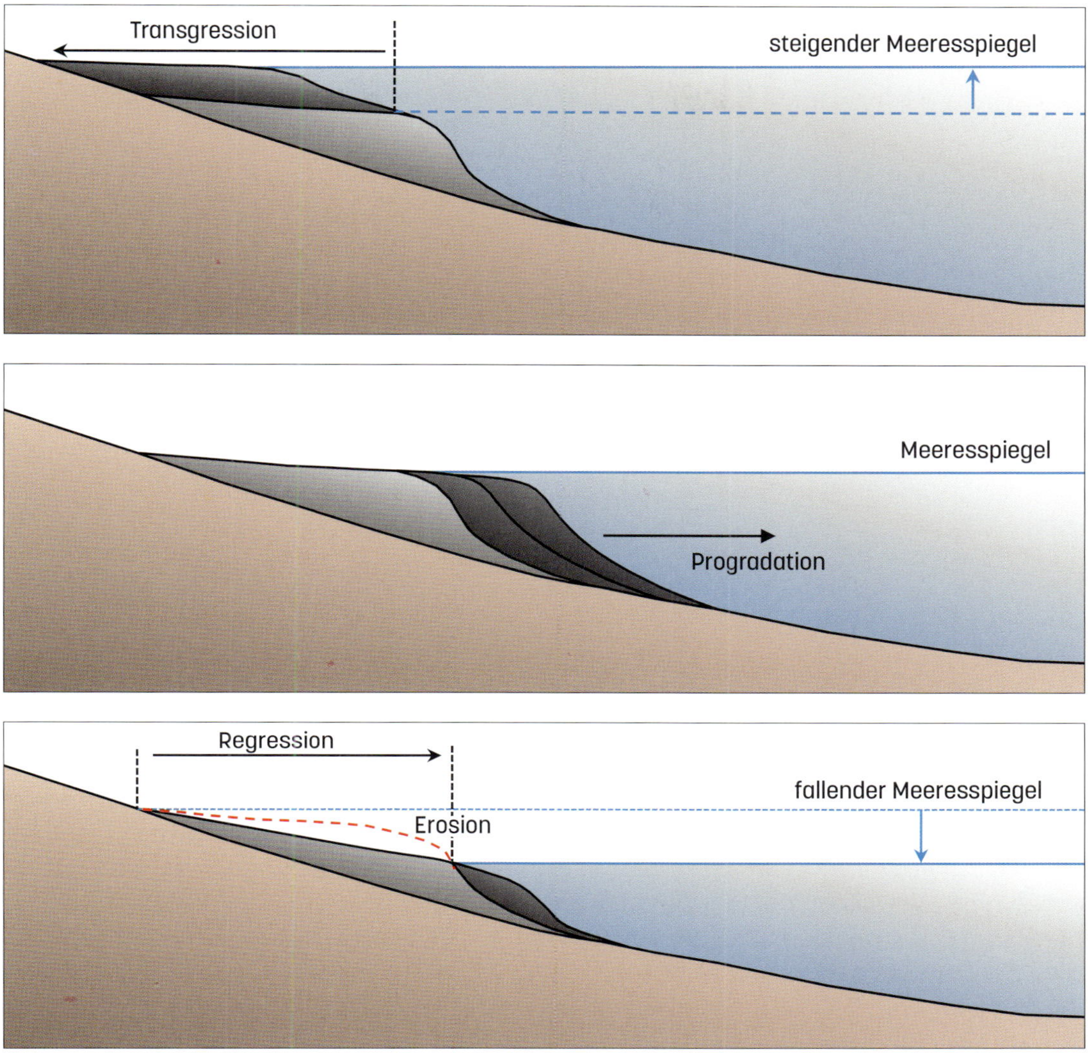

31

Karbonatplattform

Kalksteine können in unterschiedlichen Ablagerungsbereichen entstehen. Zentral für ihre Bildung ist jedoch die biogene Produktion von Aragonit und Calcit durch Meeresorganismen. Bei idealen Bedingungen kann die Bildung von Kalkpartikeln und Kalkgesteinen rasch und effizient ablaufen. Man spricht deshalb oft von einer Kalkfabrik.

Die Karbonat- oder Kalkplattform ist das bekannteste Modell einer Kalkfabrik mit unterschiedlichen Ablagerungsräumen (Abb. 32 und Abb. 73). Bei der Karbonatplattform handelt es sich um einen Ablagerungsraum in einem flachen Schelfmeer, in dem Kalkpartikel gebildet, um- und abgelagert werden. Sie hat meist einen dem offenen Meer zugewandten Plattformrand und einen vom offenen Meer abgeschnürten Bereich (Lagune), in welchem Kalkschlamm abgelagert werden kann. Im Alpstein finden sich zwei Riffbereiche einer Kalkplattform, der «Obere Öhrli-Kalk» der Öhrli-Formation und die Schrattenkalk-Formation. In den massigen Kalken der Öhrli-Formation und der Schrattenkalk-Formation finden sich kleine, flächenartige Korallenriffe (Biostrome), welche die Lagune vom Kontinentalabhang trennten.

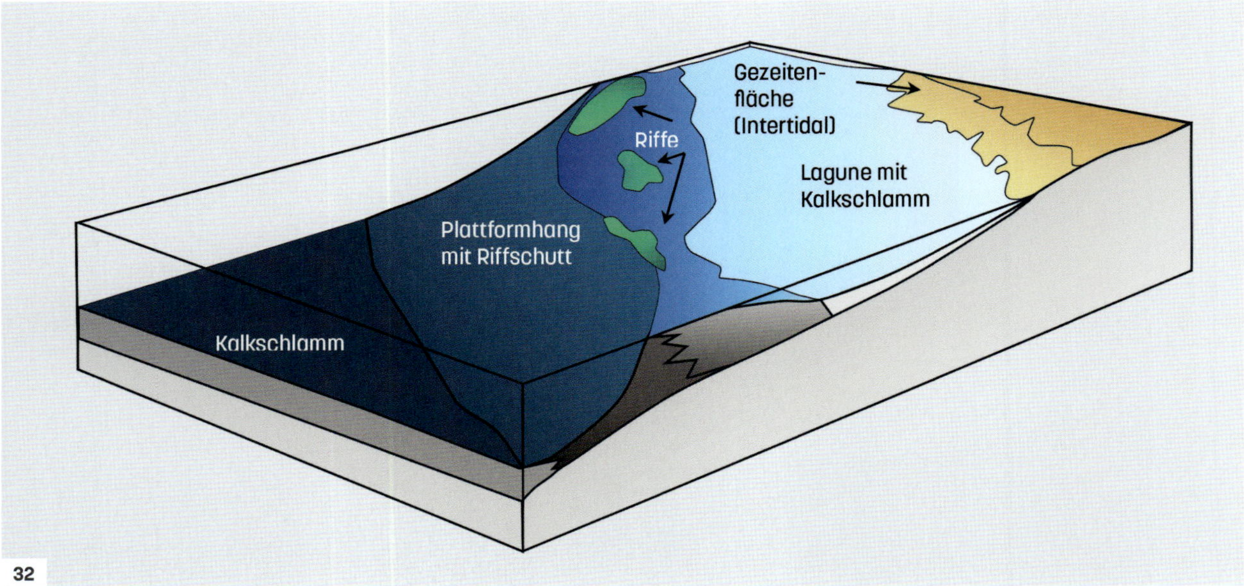

32

Im Alpstein lassen sich in den während der Kreidezeit gebildeten Karbonatplattformen mehrere Abfolgen mit Übergängen von biogenen Kalken zu tonig-mergeligen oder sandigen Sedimenten – und umgekehrt – beobachten. Diese sind Zeugen der Veränderungen des Ablagerungsraums. Ein abrupter Übergang von biogenem Kalk zu Mergel- oder Sandsteinablagerungen deutet auf drastische Veränderungen des Klimas oder eine Versauerung des Meerwassers hin. Eine aufgrund klimatischer Veränderungen bedingte Zunahme von Niederschlägen führt zu einem erhöhten Eintrag von Verwitterungsprodukten ins Meer. Eine Zunahme von Kohlendioxid (CO_2) in der Atmosphäre kann den Chemismus des Meerwassers verändern und die Bildung von Kalkschalen durch Meeresorganismen reduzieren. Solche Wachstumskrisen beziehungsweise markante Störungen der Kalkproduktion in Schelfmeeren fallen zeitlich oft mit der Bildung kohlenstoffreicher Schwarzschiefer in Meeresbecken und einer weltweit erhöhten vulkanischen Aktivität zusammen (Weissert und Stössel 2015). Als Ursachen kommen neben einer Eutrophierung (Anreicherung von Nährstoffen) der küstennahen Meeresbereiche und hohen Wassertemperaturen eine Veränderung der Wasserchemie infrage.

Das marine Karbonatsystem spielt eine wichtige Rolle bei der Bildung von Kalkschalen durch Meeresorganismen. Das Karbonatsystem reguliert den Säuregehalt (pH-Wert) des Meerwassers sowie den Austausch von Kohlendioxid (CO_2) zwischen Atmosphäre, Wasser (Hydrosphäre), Gestein (Lithosphäre) und den Meeresorganismen (Biosphäre). Steigt der Kohlendioxidgehalt (CO_2) in der Atmosphäre an, wird im Meerwasser mehr CO_2 gelöst. Das gelöste Kohlendioxid reagiert im Meerwasser zu Kohlensäure (H_2CO_3), die chemisch in Hydrogenkarbonationen (HCO_3^-), Karbonationen (CO_3^{2-}) und Wasser-

32 Räumliche Anordnung der wichtigsten Ablagerungsräume einer Karbonatplattform.
Illustration: Karl Tschanz, vereinfacht nach Schlunegger und Garefalakis (2023)

33 Vereinfachtes Schema des Karbonatsystems und der chemischen Reaktionen von Kohlendioxid (CO_2) im Meerwasser.
Illustration: Karl Tschanz

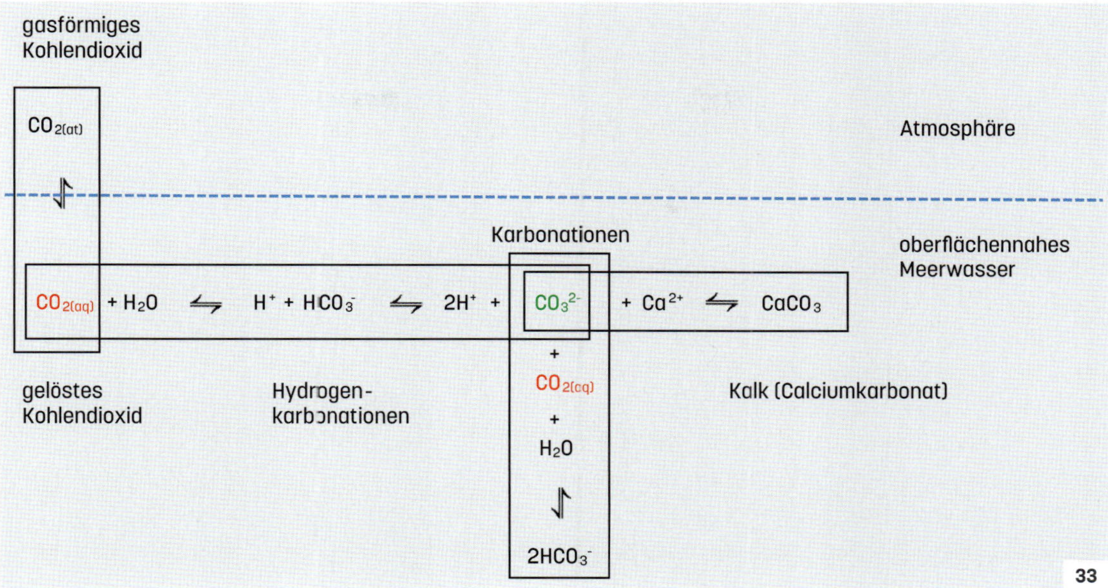

33

stoffionen (H^+) aufgespalten wird. Ein Überschuss an Wasserstoffionen (Übersäuerung) hat eine kurzfristige Verschiebung der chemischen Reaktionsgleichgewichte und eine Reduktion des Karbonatgehalts im Oberflächenwasser des Meeres zur Folge. Da die Verfügbarkeit von Karbonationen (CO_3^{2-}) eine zentrale Voraussetzung für die Bildung von Kalkschalen ($CaCO_3$) durch Meeresorganismen darstellt, erschwert oder verhindert ein reduzierter Karbonatgehalt im Meerwasser die Kalkbildung (Wissler et al. 2003): die Kalkfabrik im Schelfmeer kommt zum Erliegen.

Eine solche Wachstumskrise beziehungsweise das Ende einer aktiven Karbonatplattform repräsentiert der abrupte Wechsel von der biogenen Schrattenkalk-Formation zu den sandig-kalkigen Ablagerungen der Garschella-Formation. Es ist jedoch anzumerken, dass die Oberkante der Schrattenkalk-Formation im Alpstein zum Teil durch Erosion oder fehlende Ablagerung der obersten Schichten des Schrattenkalks geprägt ist. Dass Schichtglieder nicht abgelagert, umgelagert oder erodiert wurden, zeigen teilweise auch die ausgeprägten Mächtigkeitsunterschiede der Garschella-Formation innerhalb des Gebiets (Föllmi 1986, Ouwehand 1987). Während der Bildung der Garschella-Formation wurden die Sedimente zudem im Übergangsbereich zwischen Schelfkante und dem tiefer liegenden Meeresbereich abgelagert, was ebenfalls dazu führt, dass die Garschella-Formation grosse Mächtigkeitsunterschiede aufweist.

Die Veränderung der Sedimente im Laufe der Entwicklung der Schrattenkalk-Karbonatplattform lässt sich im Gebiet zwischen Säntis und Tierwis gut beobachten. In Abb. 34 sind folgende Ablagerungsräume sichtbar (nach Pictet et al. 2023):

Schrattenkalk-Formation S1: Lagunäre Kalke mit vielen Korallen und Rudisten (Muscheln). Das Dach zeigt eine stark verkarstete Oberfläche und einen fossilen Boden (Palaeosol).

Rawil-Member: Kalke mit sehr vielen Grossforaminiferen (Orbitolinen). Über den ersten Kalkbänken mit Schnecken (*Harpagodes*) und Muscheln (Rudisten) folgt ein Mergel, der im Brackwasser abgelagert wurde. Darüber folgen Ablagerungen mit Holzresten und Oogonien (Eiknospen) von im Brackwasser oder Süsswasser lebenden Charophyten (Armleuchteralgen). Über diesen Strandablagerungen folgen wieder lagunäre, korallenführende Schichten. Die oberste Bank ist stark durchwühlt und von einer Mergellage mit massenhaft Grossforaminiferen überdeckt.

Schrattenkalk-Formation S3: Der massige Schrattenkalk mit Muscheln (Rudisten) weist auf eine lagunäre Ablagerung hin. Die Oberfläche der obersten Bank ist korrodiert und von Eisen- und Phosphatkrusten bedeckt. Die darüberliegende Garschella-Formation mit sandigen Kalken weist auf einen abrupten Klimawandel und einen gestiegenen Meeresspiegel hin, die den Untergang der Karbonatplattform verursachten.

Garschella-Formation: Im Gebiet Tierwis ist die Garschella-Formation lediglich 5 bis 7 Meter mächtig. Dies im Gegensatz zu den östlichen Churfirsten, wo sie eine Mächtigkeit von bis zu 200 Metern aufweist (Föllmi und Ouwehand 1987). Der untere Teil des Schichtpakets wurde nicht abgelagert oder aber erodiert, sodass eine markante Schichtlücke (Diskontinuität) zur Schrattenkalk-Formation ausgebildet ist.

Seewen-Formation: Rund 1 Meter über der Grenze zur Garschella-Formation findet sich eine Schicht mit grossen (Durchmesser bis zu 60 Zentimeter), jedoch schlecht erhaltenen Ammoniten der Gattung *Puzosia*. Dies weist, zusammen mit den im Gestein enthaltenen planktonisch lebenden Foraminiferen, auf eine Ablagerung der Kalke der Seewen-Formation in einem uferfernen Meeresbecken hin (Funk 2000).

Vereinzelt lassen sich Veränderungen oder Diskontinuitäten in der Sedimentablagerung mit überregionalen und/oder globalen Ereignissen (Events) in Verbindung bringen (Weissert et al. 1998). So entspricht die auf einer Erosionsfläche des Helvetischen Kieselkalks einsetzende Sedimentation eines glaukonitreichen Sandsteines einer ersten Transgressions-

34 Wechselnde Sedimentablagerungen bei Veränderungen des relativen Meeresspiegels. Blick von unterhalb der Stütze der Säntis-Schwebebahn in Richtung Tierwis.
Foto: Karl Tschanz

Garschella-Formation
Schrattenkalk-Formation (S3)
Rawil-Member
Schrattenkalk-Formation (S1)

35 Grosser, schlecht erhaltener Ammonit in der Seewen-Formation. Unterhalb des Wanderwegs Tierwis–Säntis, südlich des Grauchopf. Durchmesser des Ammoniten: 45 Zentimeter.
Foto: Peter Kürsteiner

36 Bruchstück eines phosphatisierten Ammoniten in der fossilreichen obersten Schicht des Altmann-Members. Südwestliche Flanke des Altmasattels. Breite des abgebildeten Ausschnitts: 20 Zentimeter.
Foto: Antoine Pictet

phase innerhalb des Altmann-Members. Die darüberliegende, deutlich mergeligere Schicht ist stark durchwühlt und wird als Horizont interpretiert, welcher der maximalen Überflutung (Transgression) entspricht (Pictet et al. 2022). Aufgrund der in dieser mergeligen Schicht gefundenen Ammoniten korreliert dieser Horizont mit der in der Tethys nachgewiesenen Phase eines sauerstoffarmen Meeres, dem Faraoni-Event (Bodin et al. 2006). Sowohl innerhalb der Tierwis-Formation als auch innerhalb der Schrattenkalk-Formation lassen sich mehrere solcher Abfolgen und Events nachweisen (Pictet et al. 2022 und Pictet et al. 2023).

Lebewelten

Karl Tschanz und Christian Klug

36

In Sedimentgesteinen eingebettete Fossilien (Versteinerungen) sind Zeugnisse einstiger Lebewesen. Die in den Kalken, Sand-, Mergel- und Tonsteinen des Alpsteins enthaltenen Fossilien belegen eindrücklich, dass diese Gesteine einst den Boden eines Meeres bildeten. In der während der Kreidezeit existierenden Tethys lebte eine artenreiche Tier- und Pflanzenwelt. Deren Reste sind als Fossilien erhalten und geben Auskunft über die damaligen Lebensräume und Lebewelten, aber auch über die Entwicklung des damaligen Klimas und des Meeresbodens.

Ein Meeresbecken umfasst unterschiedliche Ablagerungsräume wie Küsten, einen untiefen Schelf (wasserbedeckte Bereiche der kontinentalen Kruste), eine mehr oder weniger stark in die Tiefe abfallende Schelfkante sowie das offene Meer. In den verschiedenen Bereichen leben unterschiedliche Gemeinschaften von Tieren. Deren Reste wie Muschelschalen, Fischzähne oder andere Hartteile sinken auf den Meeresboden, wo sie mehr oder weniger rasch vom Sediment bedeckt werden. Die Art des Sediments und seine Zusammensetzung wird durch den Eintrag von Verwitterungsprodukten vom Festland her (Sande, Tone), durch Überreste abgestorbener Kleinstlebewesen (kalkschaliges Plankton) sowie durch die Ausfällung von Calcit ($CaCO_3$) aus dem Meerwasser geprägt.

Altmann-Member vor 130 Millionen Jahren

Die Gesteinsschichten des Altmann-Members (Hauterivien bis frühes Barrémien) bestehen aus meist gelblich-braun anwitternden sandigen Kalken und Mergeln. Einzelne Schichten enthalten einen wechselnd hohen Anteil an Glaukonitkörnern, die dem Gestein eine grünliche Färbung verleihen. Die Mächtigkeit (Dicke) des Altmann-Members schwankt je nach Gebiet zwischen wenigen Dezimetern bis zu mehr als 25 Metern, was auf unterschiedliche Ablagerungsbedingungen hinweist.

In einzelnen Lagen des Altmann-Members sind Fossilien recht häufig, beispielsweise im Gebiet des Altmasattels. In den Schutthalden sind Reste von Ammoniten, Nautiliden, Brachiopoden (Armfüsser), Schnecken, Seeigeln und Schwämmen zu finden. Die fossilreiche oberste, geologisch jüngste Schicht des Altmann-Members ist dort als grobkörniges, mit abgerundeten und teilweise phosphatisierten Knollen durchsetztes Sediment (phosphatisches Konglomerat) ausgebildet. Dieses Gestein liegt über einer stark von Grab- und Fressbauten durchwühlten Schicht, die teilweise mit einer dunklen, eisen- und phosphathaltigen Kruste bedeckt ist. Dies weist darauf hin, dass der ursprüngliche Meeresboden zur Zeit der Besiedelung bereits gut verfestigt war.

37 Rekonstruktion der marinen Lebewelt im Barrémien vor gut 130 Millionen Jahren (Altmann-Member). Gross dargestellt sind ein Vertreter der Gattung *Emericiceras*, ein heteromorpher Ammonit, und oben links ein Nautilide der Gattung *Cymatoceras*.
Illustration: Christian Klug

38 *Holcodiscus caillaudianus* (D'Orbigny 1850). Präpariertes Exemplar eines kleinen weitnabligen (evoluten) Ammoniten (Durchmesser: 3 Zentimeter) aus der Schutthalde des Altmann-Members beim Altmasattel.
Foto: Andreas Butz

39 *Barremites* sp. Unpräpariertes Exemplar eines grösseren engnabligen (involuten) Ammoniten (Durchmesser: 13 Zentimeter) aus der Schutthalde des Altmann-Members beim Altmasattel.
Foto: Andreas Butz

In den Schichten des Altmann-Members finden sich vor allem Reste von einst aktiv im Meer schwimmenden Organismen wie Ammoniten, Nautiliden und Belemniten (Tajika et al. 2017). Zusammen mit der Zusammensetzung des Gesteins deuten fossile Faunen darauf hin, dass die Ablagerung der Sedimente in einem tieferen und gegen den Ozean offenen Bereich des Schelfmeeres erfolgte. Etwas weniger häufig sind Reste von auf und im Boden lebenden Organismen wie Muscheln, Schnecken, Bryozoen, Röhrenwürmern oder Seeigeln. Einzelne Schichten sind von diesen Bodenbewohnern stark durchwühlt. Die erhaltenen Wohn- und Fressbauten zeigen, dass am Meeresboden ausreichend Sauerstoff vorhanden war, um ein Bodenleben zu ermöglichen.

In den Altmann-Schichten sind Ammoniten häufig zu finden. Dazu gehören Vertreter der Gattungen *Holcodiscus*, meist kleinere Formen mit einer Skulptur aus feinen oder aber kräftigen Rippen, und *Barremites*, engnablige, scheibenförmige Formen mit meist schwach ausgeprägten Rippen und Durchmessern bis über 20 Zentimeter.

Auch Wohn- und Fressbauten der im Meeresboden lebenden Organismen können erhalten bleiben. Bei den im Altmann- und Drusberg-Member häufig auftretenden Spurenfossilien handelt es sich um nach dem Tod der Tiere mit Sediment verfüllte Gang- oder Röhrensysteme. Die ursprünglich dreidimensionalen Bauten wie zum Beispiel von Maulwurfkrebsen (Spurenfossil: *Thalassinoides*) sind aufgrund der später erfolgten Kompaktion der Sedimente meist nur stark zerdrückt erhalten.

Schrattenkalk-Formation vor 125 Millionen Jahren

Die Schrattenkalk-Formation (spätes bis spätestes Barremién), die mit ihren hohen und steilen Felswänden das Landschaftsbild des Alpsteins prägt, hat eine Gesamtmächtigkeit von 70 bis 200 Metern. Beim weiss bis hellgrau anwitternden Schrattenkalk handelt es sich um einen biogenen Kalk, der mehrheitlich aus den Resten von Kalkschalen von Kleinstorganismen (Plankton) und fein zerriebenen Schalenresten anderer kalkschaliger Tiere besteht. Insbesondere im nördlichen Teil des Alpsteins sind zwischen den dickbankigen Kalken mehr oder weniger mächtige mergelig-siltige Lagen des Rawil-Members eingeschaltet.

Der Schrattenkalk ist stellenweise reich an Fossilien, vor allem an Muscheln und Schnecken. In einzelnen Schichten sind zudem Korallen häufig. Äusserst selten sind hingegen Reste von Ammoniten.

In den mergelig-siltigen Schichten des Rawil-Members treten Grossforaminiferen der Gruppe der Orbitolinen häufig auf und sind dort gesteinsbildend. Deshalb wurde das Rawil-Member früher auch als Obitolinen-Schicht bezeichnet. Neben den Grossforaminiferen finden sich in diesem auch Seeigel und Brachiopoden sowie Muschelreste.

38

39

In den Gesteinen der Schrattenkalk-Formation dominieren die fossilen Reste bodenbezogen (benthisch) lebender Organismen wie Muscheln, grosse Schnecken, riffbildende Korallen, Schwämme und Moostierchen (Bryozoen). Besonders häufig kommen dort Rudisten vor. Bei diesen handelt es sich um dickschalige Muscheln, deren eine Schale kegelförmig ist, während die andere Schale eine Art Deckel bildet. Diese Muscheln sind mit der kegelförmigen Schale auf einem festen Untergrund angeheftet und damit in der Lage, ganze Muschelriffe aufzubauen. Vereinzelt wurden auch Reste von Krebsen gefunden sowie als Einzelfund ein Seestern.

Die Anwesenheit riffbildender Korallen, die in ihrem Gewebe Grünalgen einlagerten, weist auf ein seichtes, tropisch-warmes Schelfmeer als Lebens-

40 Längs- (A) und Querschnitt (B) grosser Schnecken (*Harpagodes* sp.). Schrattenkalk-Formation. Wanderweg Tierwis–Stütze der Säntis-Schwebebahn. Durchmesser der Fossilien: je 6 Zentimeter.
Fotos: Karl Tschanz

41 Kalkbank der Schrattenkalk-Formation mit Korallenstock. Bei den hellen ovalen Strukturen innerhalb des Korallenstocks handelt es sich um Bohrlöcher von Bohrmuscheln, die mit Kalksediment gefüllt sind. Wanderweg nahe der Stütze der Säntis-Schwebebahn. Breite des abgebildeten Ausschnitts: 40 Zentimeter.
Foto: Karl Tschanz

42 Korallenstock in der Schrattenkalk-Formation am Wanderweg auf dem Chreialpfirst. Länge des Korallenstocks: 30 Zentimeter.
Foto: Karl Tschanz

40 A

40 B

41

42

43 Seestern in der Schrattenkalk-Formation, nahe der Tierwis. Breite des abgebildeten Ausschnitts: 15 Zentimeter.
Foto: Karl Tschanz

44 Rekonstruktion der marinen Lebewelt im Barrémien vor 120 bis 130 Millionen Jahren (Schrattenkalk-Formation). Dargestellt sind ein für den Schrattenkalk typischer Korallenrasen (rechts), Schnecken der Gattungen *Nerinea* (Mitte links) und *Harpagodes* (rechts unten) sowie eine Ansammlung grosser Rudisten (Muscheln) im Hintergrund.
Illustration: Christian Klug und Beat Scheffold

45 Längs- und Querschnitte von Rudisten. A: *Agriopleura* sp., Wanderweg Teselalp-Wildhuser Schofberg, B: *Requienia* sp., Wanderweg Tierwis-Stütze der Säntisbahn. Breite der abgebildeten Ausschnitte: je 15 Zentimeter.
Foto A: Antoine Pictet; Foto B: Karl Tschanz

raum hin. Gelegentliche Funde von Holzresten im Rawil-Member belegen die Nähe zum Land.

Die Gesteine der Schrattenkalk-Formation und die darin eingebetteten Fossilien lassen sich entlang des Wanderwegs von der Tierwis zur Stütze der Säntis-Schwebebahn sehr gut beobachten. Auffällig sind vor allem die auf den Gesteinsoberflächen sichtbaren Längs- und Querschnitte grosser Muscheln (Rudisten) und Schnecken.

44

45 A

45 B

46 Garschella-Formation am Wanderweg Tierwis–Thurwis im Gebiet Grüeband. Links die Kalke der Schrattenkalk-Formation, rechts die Kalke der Seewen-Formation. Dazwischen die mit Gras bewachsene Garschella-Formation mit der fossilreichen Kamm-Bank am Übergang zur Seewen-Formation.
Foto: Karl Tschanz

47 Detailansicht der Kamm-Bank (Garschella-Formation) im Gebiet Lochtem–Grüenböhl, mit bräunlich gefärbten Phosphoritknollen und Ammoniten (in der Mitte *Mariella* sp., ein schneckenartig aufgewundener heteromorpher Ammonit, Mitte unten ?*Mantelliceras*, rechts gegen den Rand ?*Puzosia*). Breite des abgebildeten Ausschnitts: 25 Zentimeter.
Foto: Karl Tschanz

Garschella-Formation vor 100 Millionen Jahren

Die Gesteine der Garschella-Formation (spätes Aptien bis frühes Cénomanien) treten im Alpstein als dunkel gefärbtes und stark bewachsenes Band zwischen den hellen Kalksteinen der Schrattenkalk- und der Seewen-Formation in Erscheinung. Es handelt sich um Sandsteine mit Mergellagen und Knollenkalken. Verantwortlich für die dunkelbraune bis dunkelgrüne Farbe des Gesteins ist der hohe Gehalt an Phosphorit (braun) und Glaukonit (grün). Die Mächtigkeit der über einen Zeitraum von rund 30 Millionen Jahren abgelagerten Sedimente schwankt zwischen 3 und 5 Metern im Norden und 30 Metern im Süden des Alpsteins.

Die Garschella-Formation wird in zahlreiche Schichtglieder unterteilt. Einige dieser Horizonte

sind durch lagen- oder linsenförmige Anreicherungen von Phosphoritknollen gekennzeichnet, die bei genauem Hinsehen auch als mehr oder weniger gut erhaltene Reste verschiedenster Fossilien erkennbar sind. Die fossilreichste Schicht, die Kamm-Bank, findet sich am Übergang zur darüberliegenden Seewen-Formation.

Die Meeresfauna der Garschella-Formation besteht hauptsächlich aus im offeneren Meer lebenden Organismen wie Ammoniten, Nautiliden und Belemniten (Tajika et al. 2017). Auffällig ist das häufige Vorkommen heteromorpher, lose aufgerollter oder wie ein Schneckenhaus schraubenartig gewachsener Ammoniten, wie zum Beispiel die Vertreter der Familie *Turrilitidae*. Daneben finden sich oft auch gut erhaltene Reste bodenbezogen lebender Organismen wie Muscheln, Schnecken, Armfüsser (Brachiopoden) und Seeigel sowie Einzelkorallen (Kürsteiner und Klug 2018). Dies weist darauf hin, dass am Meeresboden sauerstoffreiches Wasser vorhanden war. Die Zusammensetzung der fossilen Lebensgemeinschaft kann sich je nach Fundschicht und Fundort stark unterscheiden. Vereinzelt kommen in den mergelig-sandigen Gesteinslagen auch Haifischzähne vor. In der Kamm-Bank wurden auch Wirbel und Knochenreste von Haifischen und sogar von Fischsauriern nachgewiesen.

Die Lebewelt der Garschella-Formation unterscheidet sich deutlich von jener des untiefen Flachmeeres der Schrattenkalk-Formation. Die Gesteine der Garschella-Formation sind unter dem Einfluss starker Wasserströmungen ab- und umgelagert worden. Diese Strömungen wurden im Bereich der Plattformränder des Schelfmeeres an die Meeresoberflä-

che umgeleitet (Upwelling) (Delamette 1988 und Föllmi 1989a). Sie waren stark genug, um die Ablagerung feinster Tonpartikel zu verhindern und bereits abgelagerte Sedimente aufzuwirbeln und umzulagern. In einzelnen Fossilhorizonten der Garschella-Formation finden sich deshalb Fossilien von Lebewesen, die einst zu unterschiedlichen Zeiten lebten und deren bereits fossilisierte Reste durch die starke Wasserströmung freigelegt und zusammen mit zeitlich jüngeren Fossilien wieder abgelagert wurden (Föllmi 1989b).

48 Rekonstruktion der Lebewelt im späten Albien (Kamm-Bank der Garschella-Formation) vor gut 102 Millionen Jahren. Gross dargestellt ist ein Ammonit der Gattung *Mortoniceras*.
Illustration: Christian Klug und Beat Scheffold

49 Oberfläche der Kamm-Bank (Garschella-Formation) mit Bruchstücken heteromorpher Ammoniten (*Mariella* sp.). Hinterhorn. Breite des abgebildeten Ausschnitts: 30 Zentimeter.
Foto: Karl Tschanz

Heteromorphe Ammoniten der Kreidezeit

Ammoniten gehören zu den Kopffüssern (Cephalopoden). Sie besitzen ein kalkiges Gehäuse mit einem gekammerten Teil (Phragmokon) und einer nach aussen offenen Wohnkammer. Die Wohnkammer beherbergte die Weichteile des Tieres. Mit Ausnahme der ursprünglichsten Formen im Erdaltertum (Paläozoikum) ist das Gehäuse der meisten Ammoniten in einer Ebene aufgerollt (planspiral), wobei sich die einzelnen Windungen berühren und seitlich geringfügig (evolut) bis stark (involut) überlappen. Während des Erdmittelalters, dem Mesozoikum, entwickelten sich zu unterschiedlichen Zeiten Formen, deren Gehäuse nur noch lose aufgewunden, gestreckt oder gar schneckenförmig geformt waren. Alle vom planspiralen Gehäuse abweichenden Formen werden als heteromorph bezeichnet. Diese waren in der Kreidezeit überaus häufig. Im Rahmen systematischer Untersuchungen der Schichtfolgen im Alpstein konnten zahlreiche heteromorphe Ammoniten nachgewiesen werden (Tajika et al. 2017), darunter sogar neue Arten (Tajika et al. 2018).

Es stellt sich die Frage, warum sich während der Kreidezeit besonders viele, sehr unterschiedliche und teilweise sehr unregelmässige Gehäuseformen entwickelten und sich die heteromorphen Ammoniten über eine sehr lange Zeit erfolgreich behaupten konnten. Eine Rolle spielte wohl die Tatsache, dass während der gesamten Kreidezeit ein meist sehr warmes Treibhausklima herrschte. Der Meeresspiegel war entsprechend hoch und die Ausdehnung der Meere maximal: Vor 100 Millionen Jahren war der globale Meeresspiegel gegen 200 Meter höher als heute. Grosse Teile der kontinentalen Platten waren von tropisch warmen Schelfmeeren bedeckt. Insbesondere im Bereich der nördlichen Tethys hatte sich eine Mischung aus Schelfmeeren, Binnenmeeren und kleinen Landmassen etabliert, mit entsprechend unterschiedlichen und vielfältigen Lebensräumen für verschiedenste Meeresorganismen. Entsprechend vermutet die Wissenschaft, dass andere Faktoren als eine für das Schwimmen optimale Form für die Evolution der Ammoniten während der Kreidezeit eine wichtigere Rolle spielten (Lukeneder 2015). So etwa die überaus grosse Vielfalt an Lebens-

49

50 *Honnoratia thiollierei* (Astier 1851), ein crioconer Ammonit. Unten: Fundsituation. Oben: nach der Präparation. Der Ammonit wurde mit Photoshop mit dem Nabel eines anderen Exemplars ergänzt. Altmann-Member beim Spitzbergli. Durchmesser des Ammoniten: 75 Zentimeter.
Foto oben: Christian Klug,
Foto unten: Antoine Pictet

51

räumen und ein grosses Nahrungsangebot. Die Lebensweise heteromorpher Ammoniten wurde oft als bodennah oder bodenbezogen beschrieben. Die vielen Funde in tonig-mergeligen Sedimenten weisen darauf hin, dass sie sich wohl eher, abhängig von der Tageszeit, vertikal zwischen dem Meeresboden und der Wasseroberfläche bewegten.

Im Alpstein sind heteromorphe Ammoniten vor allem in den Gesteinen der Tierwis-Formation (besonders im Altmann-Member) und der Garschella-Formation zu finden. Fünf Gruppen von Gehäuseformen sind häufig vertreten: turriliticon (schneckenartig aufgewundenes Gehäuse), criocon (lose planspiral, die Windungen berühren sich nicht), orthocon (langgestrecktes, gerades bis leicht gebogenes Gehäuse), hamiticon (gestrecktes oder leicht gebogenes Gehäuse mit hakenartigem Bogen) sowie scaphiticon (planspirales Gehäuse, bei dem sich die letzte Windung loslöst und einen zum Gehäuse hin orientierten Haken ausbildet).

51 *Mariella bergeri* (Brogniart 1822), ein turriliticoner Ammonit. Garschella-Formation zwischen der Stütze der Säntis-Schwebebahn und der Tierwis. Höhe: 4.5 cm. Rechts: rekonstruiertes Lebensbild.
Foto: Karl Tschanz, Illustration: Beat Scheffold

52

53

54

52 *Glaucoceras renevieri* (Oster 1860), ein orthoconer Ammonit. Altmann-Member. Schutthalde beim Altmasattel. Länge des Bruchstücks: 7.5 Zentimeter.
Foto: Peter Kürsteiner

53 *Hamites* sp., ein hamitoconer Ammonit. Schutthalde des Altmann-Members beim Altmasattel. Gesamthöhe des Bruchstücks: 5 Zentimeter.
Foto: Karl Tschanz

54 Holotyp von *Eoscaphites kuersteineri* (Tajika et al. 2018), einem Erstfund im Alpstein. Die scaphitoconen Ammoniten sind durch eine gegen den planspiralen Phragmokon (gekammerter Teil der Ammonitenschale) zurückgebogene Wohnkammer gekennzeichnet. Garschella-Formation, Semelenberg. Gesamthöhe: 3.2 Zentimeter. Unten: rekonstruiertes Lebensbild eines ähnlich grossen *Scaphites hugardianus* (D'Orbigny 1842).
Foto: Andreas Butz, Illustration: Beat Scheffold

Grossforaminiferen

Foraminiferen sind marine einzellige Organismen, die bis auf wenige Ausnahmen ein Gehäuse ausbilden. Dieses besteht aus Calcit oder Quarz. In das vom Organismus gebildete Gehäuse werden aber zum Teil auch Materialien aus der Umgebung eingebaut, beispielsweise kleine Sandkörnchen (agglutinierte Formen). Die Gehäuseformen sind vielgestaltig und meist gekammert. Neben einfachen, geraden oder planspiralen Gehäusen finden sich auch verästelte Formen.

Die meisten Foraminiferen sind mit einer Grösse von 0.1 bis 1 Millimeter sehr klein. Die im offenen Wasser lebenden Einzeller haben oft eine kugelige Form und weisen lange, dünne Stacheln auf, was den Auftrieb im Wasser vergrössert. Dadurch wird ein rasches Absinken auf den Meeresboden verhindert und das Schweben in der Wassersäule ermöglicht (planktonische Lebensweise). Planktonische Foraminiferen finden sich auch in den Ablagerungen der Tiefsee, da sie durch Wasserströmungen weit in das offene Meer hinaus transportiert werden können.

Neben den kleinwüchsigen Foraminiferen gibt es sehr grosse Formen (Grossforaminiferen), die einen Gehäusedurchmesser von bis zu 12 Zentimetern erreichen können, ein für einen Einzeller erstaunliches Mass. Dieses Grössenwachstum wird dadurch ermöglicht, dass Grossforaminiferen Algen in ihr Zellplasma aufnehmen, insbesondere Kieselalgen, Rotalgen oder Dinoflagellaten, die ihnen Energie liefern und Nährstoffe abgeben. Für ihre photosynthetische Aktivität benötigen diese Algen Licht und eine Wassertemperatur von mindestens 15 °C (Langer und Hottinger 2000). Grossforaminiferen sind deshalb an warme, lichtdurchflutete Flachwasserbereiche von Schelfmeeren gebunden.

Grossforaminiferen können massenhaft und stellenweise sogar gesteinsbildend auftreten. Im Alpstein sind im Rawil-Member (innerhalb der Schrattenkalk-Formation) bis zu 5 Millimeter grosse flache, hütchenförmige Gehäuse von Orbitolinen häufig. Das Rawil-Member lässt sich im Bereich der Stütze der Säntis-Schwebebahn, unterhalb des Weges zur Tierwis, gut beobachten.

Im Alpstein, besonders im Gebiet der Fähneren, sind kleinräumig Gesteinspakete des Eozäns aufge-

55 Gestein des Rawil-Members mit einer Vielzahl hütchenförmiger Grossforaminiferen. Stütze der Säntis-Schwebebahn. Durchmesser der einzelnen Foraminiferen: 5 bis 10 Millimeter.
Foto: Karl Tschanz

56 Aus dem Schrattenkalk herausgelöste hütchenförmige Grossforaminiferen der Familie der *Orbitolinidae*, mit Durchmessern bis 5 Millimeter. Stiefelwaldschacht.
Foto: Peter Kürsteiner

57 Gestein des Einsiedeln-Members (Eozän) mit Grossforaminiferen der Gattung *Nummulites*. Steinbruch Äbischrut, Fähneren. Durchmesser des grossen Nummuliten in Bildmitte unten: 1.5 Zentimeter.
Foto: Karl Tschanz

58 Quer- (A) und Längsschnitt (B) aufgebrochener Grossforaminiferen der Gattung *Nummulites*. Scharti-Member, Eozän. Gfell bei Brülisau. Durchmesser: 1.5 Zentimeter.
Foto A: Andreas Butz; Foto B: Peter Kürsteiner

schlossen, die in der Erdneuzeit (Känozoikum) abgelagert wurden. Diese 48 bis 54 Millionen Jahre alten Gesteine enthalten oft Grossforaminiferen der Gattung *Nummulites* und seltener der Gattung *Assilina* oder der Familie *Discocyclinidae*. Die hinsichtlich der Innenstruktur komplex gestalteten Gehäuse dieser Grossforaminiferen können im Alpstein Durchmesser bis zu 1.5 Zentimeter erreichen. Der Name der Gattung *Nummulites* leitet sich von ihrer scheiben- bis linsenförmigen Gestalt ab, welche an Münzen erinnert (lateinisch *nummulus* = Geldstück).

Riffe

Riffe sind Erhebungen auf dem Meeresboden, die durch Lebewesen aufgebaut sind. Diese waren auf dem Boden oder auf Schalenresten anderer Organismen aufgewachsen. Das Gerüst eines Riffs ist somit organischen Ursprungs. Heutige Riffe wie das Great Barrier Reef vor der Ostküste Australiens sind vorwiegend durch Korallen aufgebaut. Korallen sind jedoch nicht die einzigen Meeresorganismen, die (im Laufe der Erdgeschichte) an der Bildung von Riffen beteiligt waren. Im Erdaltertum (Paläozoikum) waren Schwämme (Archaocyathiden, Stromatoporen oder Chaetetiden) sowie rugose Korallen, Moostierchen (Bryozoen) und Algen bedeutende Riffbildner. Während des Erdmittelalters (Mesozoikum) waren es oft Kalkschwämme und Kieselschwämme, die Riffstrukturen bildeten. Mit der Zeit wurden diese jedoch immer mehr von den modernen Korallen (Scleractinia) als wichtigste Organismen der Riffbildung abgelöst. Während der Kreidezeit bildeten auch Muscheln (Rudisten) Riffstrukturen, und in der Erdneuzeit (Känozoikum) zudem vermehrt Rotalgen.

Das Wachstum riffbildender Organismen ist von vielen Faktoren abhängig, vor allem vom Angebot an Nährstoffen, Sauerstoff und Licht. Hinzu kommen Wassertemperatur und Salzgehalt des Meerwassers (Salinität) sowie die Toleranz der Organismen gegenüber Veränderungen dieser Faktoren. Für die Bildung, die Form und das Verschwinden einer Riffstruktur sind zudem weitere Faktoren von Bedeutung. Dazu zählen Gezeiten, Meeresströmungen und Wellenenergie, die Häufigkeit und Intensität von

Stürmen oder der Eintrag von Schwebestoffen durch Flüsse (Wassertrübung).

In den kreidezeitlichen Gesteinsschichten des Alpsteins sind es drei Organismengruppen, die Riffstrukturen bilden: scleractine Korallen, Muscheln (Rudisten) und Rotalgen.

Korallenriffe

Korallenriffe sind im Alpstein aus zwei Schichtgliedern der Frühen Kreide bekannt: aus der Öhrli-Formation («Öhrli-Kalk», Berriasien) und aus der Schrattenkalk-Formation (Barrémien–Aptien). Es handelt sich jeweils um kleinere Fleckenriffe oder Riffrasen (Biostrome) und nicht um eigentliche, deutlich in die Höhe wachsende Korallenriffe (Bioherme), wie sie aus den heutigen Meeren bekannt sind. Riffbildende Korallen sind auf tropisch warme und mehr oder weniger stabile Wassertemperaturen, einen konstanten Salzgehalt des Wassers und auf Sonnenlicht angewiesen. Das Vorkommen von Korallen ist auch ein Hinweis darauf, dass die Gesteine des «Öhrli-Kalks» und des Schrattenkalks in einem tropisch warmen, nicht allzu tiefen Meer abgelagert wurden.

59 Flache Riffstruktur (Biostrom) in der Schrattenkalk-Formation. Der Korallenstock am linken Bildrand misst 15 Zentimeter in der Breite. Wanderweg Tierwis–Säntis, unterhalb der Stütze der Säntis-Schwebebahn.
Foto: Karl Tschanz

60 Korallenstöcke aus dem Riffschutt des «Oberen Öhrli-Kalks». Links *Fungiastrea moeschi* (Koby 1887), rechts (kugelförmig) *Heliocoenia minima* (Sikharulidze 1979). Rotsteinpass. Durchmesser des kugeligen Korallenstocks rechts oben: 3 Zentimeter.
Foto: Karl Tschanz

61

62

63

64

Ein Vergleich der Wuchsformen der Korallen in den beiden Schichtgliedern zeigt deutliche Unterschiede: Während im «Öhrli-Kalk» vor allem kompakte Formen vorkommen, sind an einzelnen Stellen des Schrattenkalks auch bäumchenartig verzweigte Formen zu finden, zum Beispiel in den direkt am Wanderweg von der Tierwis zum Säntis anstehenden Gesteinsschichten. Verästelte Korallen weisen darauf hin, dass diese in einem ruhigen, dem Wellenschlag wenig ausgesetzten Bereich des Schelfmeeres gewachsen sind, während massive Korallen auf eine eher dynamische Umgebung hinweisen.

Auch im Vitznau-Mergel gibt es Funde von Korallen. Diese sind von besonderem wissenschaftlichem Interesse, da weltweit nur wenige Fundorte von Korallen aus diesem geologischen Zeitfenster (Valanginien, vor 139 bis 134 Millionen Jahren) bekannt sind. Neueste Untersuchungen zeigen eine enorme Artenvielfalt der von aussen meist unscheinbaren, kleinwüchsigen Korallen (Baron-Szabo et al. 2022).

Muschelriffe

Während der Kreidezeit haben auch speziell geformte Muscheln (Rudisten) riffartige Strukturen gebildet. Im Wesentlichen lassen sich zwei Formengruppen unterscheiden: Die Gattung *Requienia* umfasst Rudisten mit schneckenartig aufgewundenen Schalen. Bei diesen Formen ist die linke Klappe lose gewunden, während die rechte, meist etwas kleinere Klappe deckelartig ausgebildet ist. Die zweite Formengruppe ähnelt eher einer Einzelkoralle. Bei der Gattung *Agriopleura* bildet die rechte Klappe einen mehr oder weniger gebogenen Trichter und die linke Klappe einen Deckel.

Rudisten bilden zum Teil richtige Muschelpflaster, welche kleinen Riffstrukturen entsprechen. Agriopleuren sind in Lebensstellung oft büschelförmig gruppiert (Scholz 1984). Auf der Arabischen Halbinsel dienen Rudistenriffe infolge ihrer porösen Struktur als wichtige Erdölspeicher.

Algenriffe

Kalkrotalgen bestehen aus dicht nebeneinanderliegenden Zellfäden. Sie sind auf einen harten Untergrund angewiesen, auf dem sie aufwachsen und

Krusten bilden. Die Krusten von Rotalgen sind oftmals der Kitt, der die heutigen Korallenriffe stabilisiert. Rotalgen können jedoch ebenso eigenständig Riffkörper aufbauen, ohne die Beteiligung anderer Riffbildner.

Ist wenig oder kein harter Untergrund vorhanden, können auch kleine Gesteins- oder Muschelfragmente ausreichen, damit Algen aufwachsen. Werden diese Fragmente in einer Wasserströmung regelmässig bewegt und gedreht, können die Algenfäden lagenweise konzentrisch um das Kernstück anwachsen und kleine bis grössere Knollen bilden, sogenannte Rhodolithe. An der Bildung der Rhodolithe sind oft auch weitere inkrustierende (krustenbildende) Organismen beteiligt, wie Foraminiferen der Gruppe der Acervuliden, Korallen, Bryozoen oder Röhrenwürmer (Rasser 2018).

61 Polierter Anschliff eines Korallenstocks (?*Heliocoenia* sp.). Öhrli-Formation, Rotsteinpass. Die einzelnen Korallite, in denen jeweils ein Korallenpolyp sass, weisen einen Durchmesser von 1 bis 1.5 Millimetern auf.
Foto: Andreas Butz

62 *Requienia ammonia* (Goldfuss 1838), ein Rudist mit schneckenförmig aufgewundener linker Klappe. Schrattenkalk-Formation. Wildhuser Schofbode. Breite der Muschel: 11 Zentimeter.
Foto: Peter Kürsteiner

63 *Agriopleura marticensis* (D'Orbigny 1850), ein Rudist mit zylindrischer rechter Klappe. Schrattenkalk-Formation. Alpstein. Länge der Muschel: 9 Zentimeter.
Foto: Peter Kürsteiner

64 Gesteinsstück aus Rhodolithenkalk. Die Knollen (Rhodolithe) bestehen aus konzentrischen Lagen von Kalkrotalgen. Steinbruch Äbischrut, Fähneren. Durchmesser der Rhodolithe: 2.5 bis 3.5 Zentimeter.
Foto: Karl Tschanz

65 Riffartige Ansammlung von Rudisten (?*Requienia* sp.) in der Schrattenkalk-Formation. Am Wanderweg Tierwis–Säntis im Bereich der Stütze der Säntis-Schwebebahn. Breite des abgebildeten Ausschnitts: 40 Zentimeter.
Foto: Karl Tschanz

66

66 Riffartige Struktur aus Rhodolithenkalk. Steinbruch Äbischrut, Fähneren.
Foto: Karl Tschanz

67 Frassspuren der Ichnogattung *Chondrites*. Flyschsandstein des Eozäns beim Resspass, Fähneren. Breite des abgebildeten Ausschnitts: 5 Zentimeter.
Foto: Andreas Butz

68 Längsschnitt der Wohnbaute des Spurenfossils *Ophiomorpha*. Drusberg-Member beim Berggasthaus Tierwis. Länge der Spur: 80 Zentimeter.
Foto: Karl Tschanz

69 Querschnitt der Wohnbaute des Spurenfossils *Ophiomorpha*. Drusberg-Member beim Berggasthaus Tierwis. Durchmesser: 5 Zentimeter.
Foto: Christian Klug

70 Polierter Anschliff eines von Bohrmuscheln angebohrten Gesteins (Ichnogattung *Gastrochaenolites*). Altmann-Member. Vorder Weesen. Breite des abgebildeten Ausschnitts: 3 Zentimeter.
Foto: Andreas Butz

Eine riffartige Struktur, die vor allem aus einem verkitteten Gemenge aus Rhodolithen und dazwischenliegenden Grossforaminiferen besteht, ist in einem alten Steinbruch bei Äbischrut im Gebiet der Fähneren aufgeschlossen.

Spurenfossilien

Neben den kalkigen Gehäusen von Muscheln, Schnecken oder Kopffüssern (Ammoniten, Nautiliden), den Kalkskeletten von Korallen oder den phosphatischen Zähnen oder Knochen von Fischen und Reptilien können in Sedimentgesteinen Spuren der einst auf und im Meeresboden lebenden Organismen erhalten bleiben. Spurenfossilien (Ichnotaxa), die von

Organismen wie Würmern (ohne Hartteile) oder Krebsen erzeugt werden, erlauben Aussagen über die Beschaffenheit des ursprünglichen Meeresbodens (Weichboden, Hartboden oder Felsuntergrund).

Die eigentlichen Erzeuger von Spurenfossilien sind oft nicht bekannt oder können lediglich ansatzweise einer Tier- oder Pflanzengruppe zugeordnet werden. Die Zuordnung der von Organismen erzeugten Frassspuren und Grab- oder Wohnbauten erfolgt durch den Vergleich mit Spuren, die heute auf dem Meeresboden zu finden sind. Häufig wurde das gesamte Sediment von den im Boden lebenden Organismen durchwühlt. Dieser Prozess wird als Bioturbation bezeichnet und zeigt an, dass am Meeresboden ausreichend Sauerstoff für Bodenleben vorhanden war.

In den kreidezeitlichen Sedimentgesteinen des Alpsteins lassen sich vielerorts Spuren des einstigen Bodenlebens entdecken. Im während der Alpenbildung in grosser Meerestiefe abgelagerten Flyschsandstein finden sich oft fein verzweigte Spurenfossilien der Gattung *Chondrites*. Die ursprünglich röhrenförmigen, von einem zentralen Gang abzweigenden Tunnelbauten wurden wahrscheinlich von sedimentfressenden Würmern erzeugt.

In den Gesteinen des Altmann-Members finden sich auch Schichten, die von einem einst dreidimensionalen Tunnelsystem durchzogen sind. Diese horizontal verlaufenden Netzstrukturen sind zuweilen durch vertikale Röhren mit der Sedimentoberfläche verbunden. Als Urheber des Spurenfossils *Thalassinoides* werden Maulwurfskrebse vermutet, deren Reste nur vereinzelt in solchen Röhrensystemen gefunden wurden. Heute lebende Maulwurfskrebse graben bis zu 1 Meter tiefe Gänge, die auf dem Meeresboden im Strandbereich lediglich durch trichterförmige Eingänge und kegelartige Auswurfshügel zu erkennen sind. Sehr ähnlich sehen die dem Ichnotaxon *Ophiomorpha* zugeordneten, röhrenartigen Grabbauten aus, welche in den Schichten des Drusberg-Members in unmittelbarer Umgebung des Berggasthauses Tierwis zu sehen sind. Diese zeigen eine grobkörnige Auskleidung mit verfestigten Kotpillen, welche die Bauten stabilisierten, sodass diese offen blieben und über längere Zeit als Wohnbauten genutzt werden konnten.

67

68

69

70

71 Eine durch bodenlebende Organismen vollständig durchwühlte Sedimentoberfläche. Altmann-Member am Wanderweg Tierwis–Thurwis, im Gebiet Langtal–Spitzbergli. Breite des abgebildeten Ausschnitts: 1.5 Meter.
Foto: Antoine Pictet

Einzelne Gesteinsschichten, beispielsweise die obersten Schichten des Altmann-Members, wurden von im Boden lebenden Organismen richtiggehend durchwühlt. Solche Meeresböden, bei denen der Urheber meist nicht genauer bestimmt werden kann, finden sich am Wanderweg von der Tierwis zur Thurwis, im Gebiet Langtal–Spitzbergli.

Die Grabspuren bodenlebender Organismen und die Bohrspuren von Bohrmuscheln in einem Hartgrund sind meistens mit einem deutlich unterscheidbaren Sediment verfüllt. Dies lässt sich dadurch erklären, dass die Organismen die angelegten Röhren mit ihren Fressrückständen verfüllten oder dass die Bauten erst nach dem Tod der Tiere mit später abgelagertem Sediment ausgefüllt wurden.

Der Alpstein wird zum Gebirge

Adrian Pfiffner

Die geologischen Prozesse, welche die Entstehung eines Gebirges begleiten, sind auf die Bewegungen von ganzen Kontinenten, den sogenannten tektonischen Platten, zurückzuführen. Diese Bewegungen verursachen im Innern des wachsenden Gebirges eine zunehmende Unordnung: Gesteinsschichten werden gefaltet und zerbrochen. Nach der Erklärung dieser Phänomene wird die geologische Geschichte des Alpsteins aus dem urzeitlichen Meer zum heutigen Gebirge aufgezeigt.

Plattentektonik – Wechselspiel zwischen Europa und Adria

Adrian Pfiffner

Die heutige Erde besteht aus mehreren grossen tektonischen Platten, die sich ständig bewegen. Die einzelnen Platten sind rund 100 Kilometer dick und verschieben sich mehrere Zentimeter pro Jahr. Sie bestehen meist sowohl aus kontinentalen als auch aus ozeanischen Teilen. So beinhaltet beispielsweise die Nordamerikanische Platte den Kontinent Nordamerika sowie den westlichen Teil des Nordatlantiks, die Eurasische Platte Europa und Asien sowie den östlichen Teil des Nordatlantiks. Nordamerika und Europa entfernen sich pro Jahr 2 Zentimeter auseinander und lassen den Nordatlantik grösser werden. Gebirge entstehen dort, wo sich zwei Platten aufeinander zubewegen. Dabei muss eine Platte unter die andere eintauchen, ein Prozess, der als Subduktion (Verschluckung) bezeichnet wird. So verschiebt sich die Nazca-Platte des östlichen Pazifiks mit 10 Zentimetern Bewegung pro Jahr unter Südamerika. Auch der Alpstein verdankt seine Entstehung solchen Plattenbewegungen.

In der Kreidezeit, vor 115 Millionen Jahren, befand sich das Territorium des Alpsteins auf einem flachen Schelfmeer am Südrand des europäischen Kontinents (Abb. 72). Dieses Meer war im Süden, im Wallis-Trog und im Piemont-Ozean bedeutend tiefer. Beide Meeresbecken entstanden, als die Europäische und die Adriatische Platte auseinandergerissen wurden und auseinanderdrifteten. In den sich öffnenden Meeresbecken drangen lokal von unten, aus dem Erdmantel, Schmelzen und breiteten sich auf dem neuentstandenen Meeresboden aus. Der Piemont-Ozean öffnete sich in der Jurazeit, der Wallis-Trog erst in der Kreidezeit. Aber noch in der Kreidezeit bewegte sich die Europäische Platte auf die Adriatische Platte zu, und der Piemont-Ozean wurde dabei sukzessive unter dieser verschluckt beziehungsweise subduziert.

Europa bestand aus einer Hochzone, dem Böhmischen Massiv, dem zeitweise vom Meer überflute-

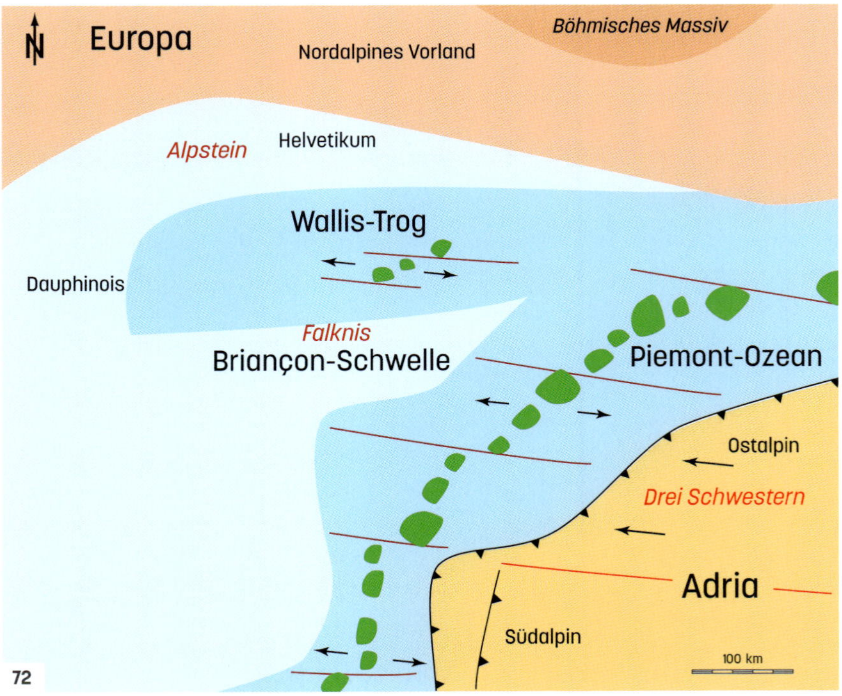

72 Paläogeografische Karte der Alpen während der Kreidezeit. Die Pfeile zeigen die Relativbewegungen zwischen den einzelnen Plattenteilen an. Die Meeresbecken werden breiter und sinken gegen Osten unter die Adriatische Platte ein. Die grünen Flecken stellen am Meeresgrund ausgelaufene Basaltschmelzen dar. Die roten Linien stellen Bruchzonen dar. Am Südrand von Europa erstreckte sich ein flaches Schelfmeer (Helvetikum–Dauphinois, mit dem Gebiet des künftigen Alpsteins).
Illustration: Adrian Pfiffner

73 Profilschnitt durch einen passiven Kontinentalrand mit den typischen, dort abgelagerten Sedimentschichten.
Illustration: Adrian Pfiffner, umgestaltet nach Pfiffner et al. (2016)

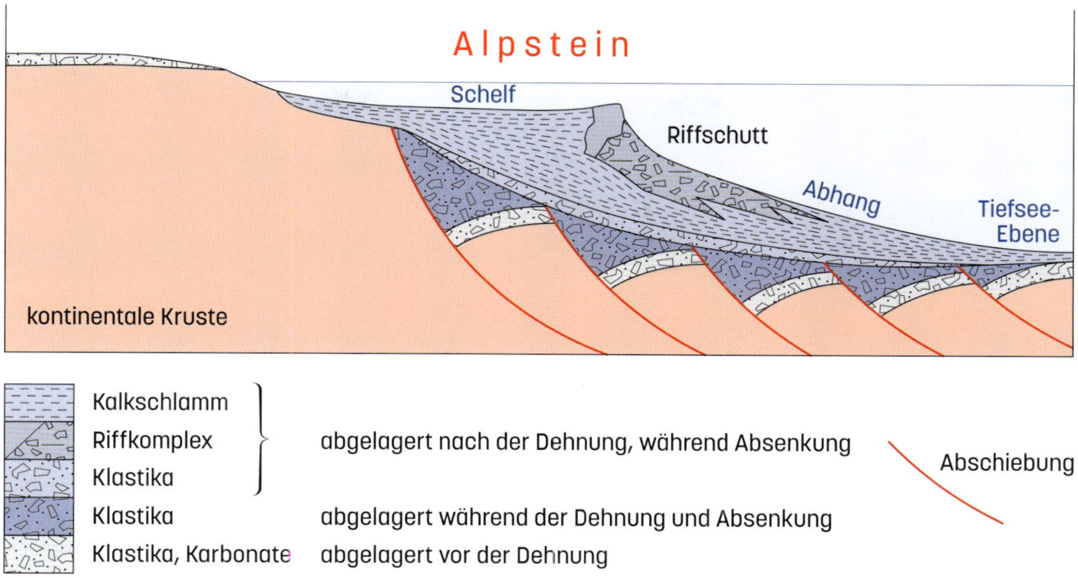

73

ten Nordalpinen Vorland sowie dem Schelfmeer Helvetikum (Schweiz und Österreich), Dauphinois (Frankreich) und der Briançon-Schwelle. Auf der Adriatischen Platte war zu dieser Zeit im Ostalpin von Österreich ein Gebirge am Entstehen, und am Nordwest-Rand des Südalpins wurden Teile in grosser Tiefe subduziert. Auf der Briançon-Schwelle wurden die Kalke und Sandsteine des heutigen Falknis abgelagert, und im Ostalpin befanden sich zu dieser Zeit die Sedimente, die heute in den Drei Schwestern im Fürstentum Liechtenstein anzutreffen sind. Sowohl Falknis als auch die Drei Schwestern waren noch viele Hundert Kilometer vom Alpstein entfernt.

Der Südrand von Europa war vor 200 bis 100 Millionen Jahren ein passiver Kontinentalrand – ein Kontinentalrand, der durch das Auseinanderdriften passiv gestreckt und ausgedünnt wurde. Die Dehnung verursachte Abschiebungen, welche die Oberkante des Kontinents absenkte, was zu einer Überflutung durch das Meer führte (eine sogenannte Transgression). Der Meeresboden senkte sich dabei sukzessive ab. Abb. 73 zeigt einen Querschnitt durch einen passiven Kontinentalrand und die damit verknüpften Sedimentbildungen. Die ältesten Sedimente lagerten sich auf dem noch nicht gedehnten Kontinentalrand ab, lagen also horizontal zuoberst auf der kontinentalen Kruste. Durch die Dehnung entwickelten sich Abschiebungen, welche diese ältesten Sedimente absenkten und kippten. An den steilen Flanken der Abschiebungen wurden klastische Sedimente (Sandstein, Brekzien) geschüttet. Durch die Ausdünnung senkte sich der Kontinentalrand ab, und es etablierte sich eine Karbonatplattform, in welcher Kalkschlamm abgelagert wurde. Riffkomplexe vermochten mit der Absenkung des Meeresbodens Schritt zu halten, weil sie in die Höhe wachsen konnten. Dadurch entstanden Riffkanten zwischen Schelf und Kontinentalabhang. Auf dem Kontinentalabhang sammelte sich der Riffschutt, und in der Tiefsee-Ebene wurden die Gehäuse von abgestorbenen planktonischen (im Wasser schwebenden) Lebewesen (Foraminiferen, Radiolarien) angehäuft. Die Sedimentschichten des Alpsteins wurden auf der Karbonatplattform eines Schelfmeeres abgelagert.

Vor 100 Millionen Jahren änderten sich die Bewegungsrichtungen. Die Adriatische Platte bewegte sich nach Norden und kollidierte mit der Europäischen Platte. Der Piemont-Ozean und der Wallis-Trog verschwanden südwärts in die Tiefe, gefolgt vom Nordalpinen Vorland mit dem Gebiet des künftigen Alpsteins. Die Gesteine des Alpsteins gerieten schliesslich in eine Tiefe von etwa 5 Kilometern unter der damaligen Erdoberfläche und wurden auf knapp 200 °C erwärmt. Wie die paläogeografische Karte von Abb. 74 zeigt, erstreckte sich der Alpenbogen von Nizza bis in den Raum südlich von Wien, wobei die frühen West-, Zentral- und Ostalpen bereits als Hochgebirge vorhanden waren. Südlich der frühen Alpen reichte das Adriatische Meer bis ins Po-Becken von Mailand. Südlich von Nizza driftete Korsika weg von Europa. Unter der Nord-Süd gerichteten Kollision zerbrach der europäische Kontinent: Der Schwarzwald und die Vogesen drifteten in Ost-West-Richtung auseinander und liessen den Rhein-Graben entstehen. Dieser setzte sich versetzt zwischen den Westalpen und dem Massif central als Rhone-Graben nach Süden fort. Die Rhone nahm zu dieser Zeit im Norden der Alpen noch einen anderen Weg: Sie floss wie alle nach Norden entwässernden Flüsse nach Osten in das Wiener-Becken, das mit dem Schwarzen Meer verbunden war.

Ein Vertikalschnitt durch die frühen Alpen veranschaulicht die Auswirkungen der Kollision zwischen der Europäischen und der Adriatischen Platte. Abb. 75 zeigt die Situation vor 19 Millionen Jahren. Die Europäische Platte verschob sich nach Süden unter die Adriatische Platte und verschwand infolge ihres Gewichts fast senkrecht in den Erdmantel. Vom Piemont-Ozean zeugen dünne, diskontinuierliche Linsen, die ebenfalls in der Tiefe verschwanden. Von der europäischen Kruste wurde der obere Teil abgeschert und als Krustenpakete aufeinandergestapelt. Dies, weil die spezifisch leichten Krustengesteine infolge Auftriebs nicht in die Tiefe verfrach-

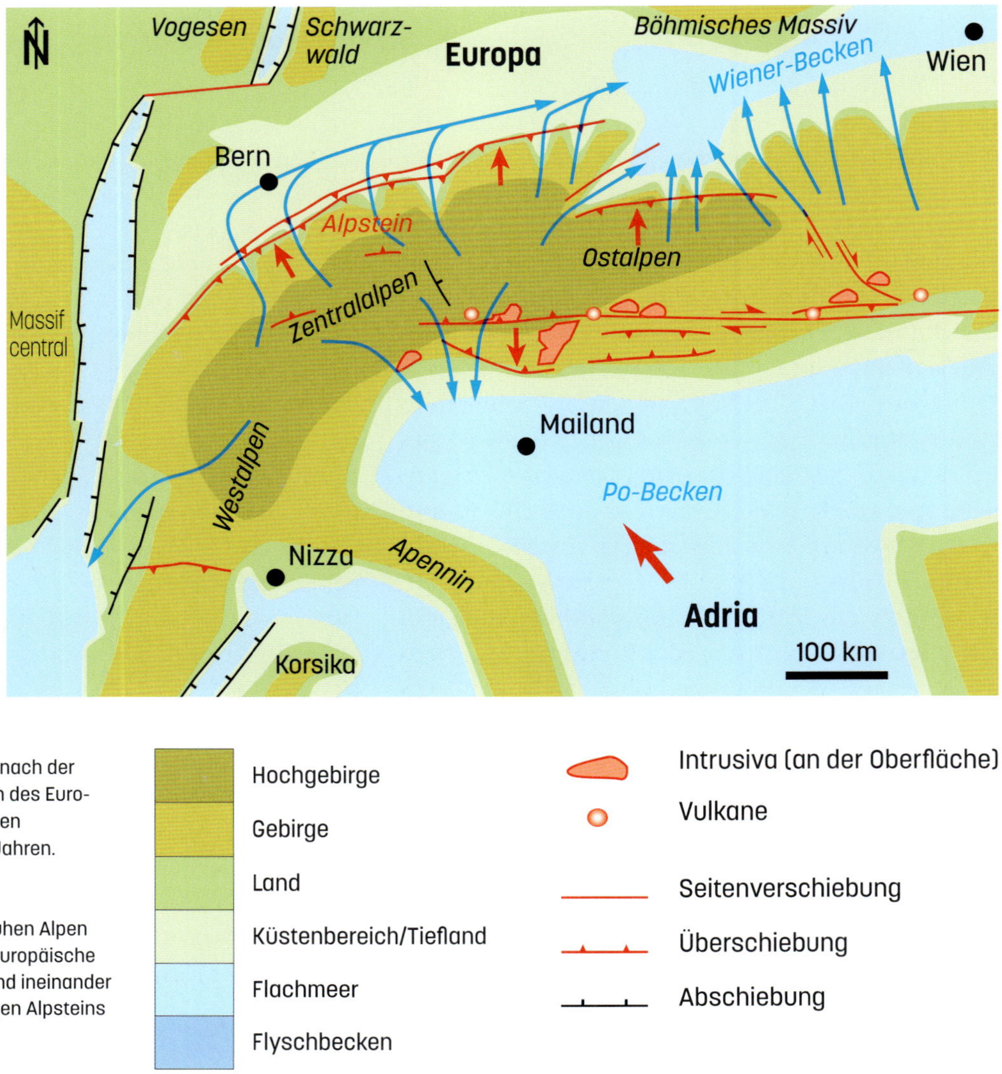

74

74 Paläogeografische Karte nach der Kontinent-Kontinent-Kollision des Europäischen und des Adriatischen Kontinents vor 22 Millionen Jahren.
Illustration: Adrian Pfiffner

75 Profilschnitt durch die frühen Alpen vor 19 Millionen Jahren. Die Europäische und die Adriatische Platte sind ineinander verkeilt. Die Lage des künftigen Alpsteins ist mit einem Stern markiert.
Illustration: Adrian Pfiffner

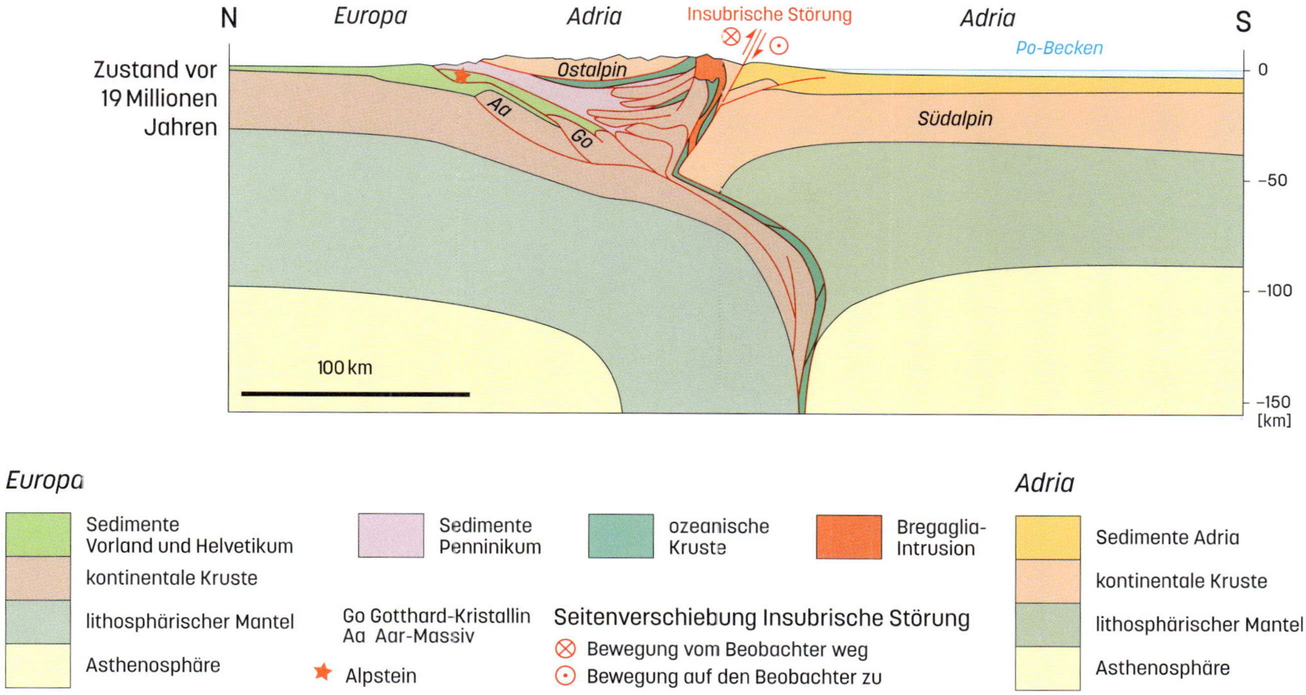

75

tet werden konnten. Die Adriatische Platte verkeilte sich mit der Europäischen Platte. An ihrem Nordrand entstand eine gewaltige Störung, die Insubrische Störung, an welcher der Deckenstapel der Europäischen Platte steil nach oben entweichen konnte. Das dabei entstehende Gebirge war sofort der Erosion unterworfen, sodass das Ostalpin der Adriatischen Platte sukzessive abgetragen wurde.

Die Sedimentgesteine des Alpsteins wurden ursprünglich auf dem Gotthard-Kristallin abgelagert, von diesem aber während der Kollision abgeschert und nach Norden und nach oben geschoben. Vor 19 Millionen Jahren waren diese Gesteine noch in einer Tiefe von etwa 5 Kilometern und von Sedimenten des Penninikums bedeckt. In den folgenden Millionen Jahren wurde das Gotthard-Kristallin auf das Aar-Massiv geschoben, und auch das Aar-Massiv wölbte sich auf. Der durch diese Hebung einsetzende Abtrag führte dazu, dass der Alpstein allmählich an die Erdoberfläche gelangte.

Falten – starre Schichten werden verbogen

Adrian Pfiffner

Der Alpstein ist von zahlreichen kilometerlangen Falten durchzogen. Diese wurden schon von Albert Heim (1905) intensiv studiert und durchnummeriert. Spätere Arbeiten von Rutishauser (1920), Schlatter (1941) und Kempf (1966) präzisierten die Geometrie der Falten und hoben die Rolle von Überschiebungen hervor. Bei diesen handelt es sich vielfach um Antiklinalen (Gewölbe), die sich in der Landschaft als Höhenzüge manifestieren. Beispiele

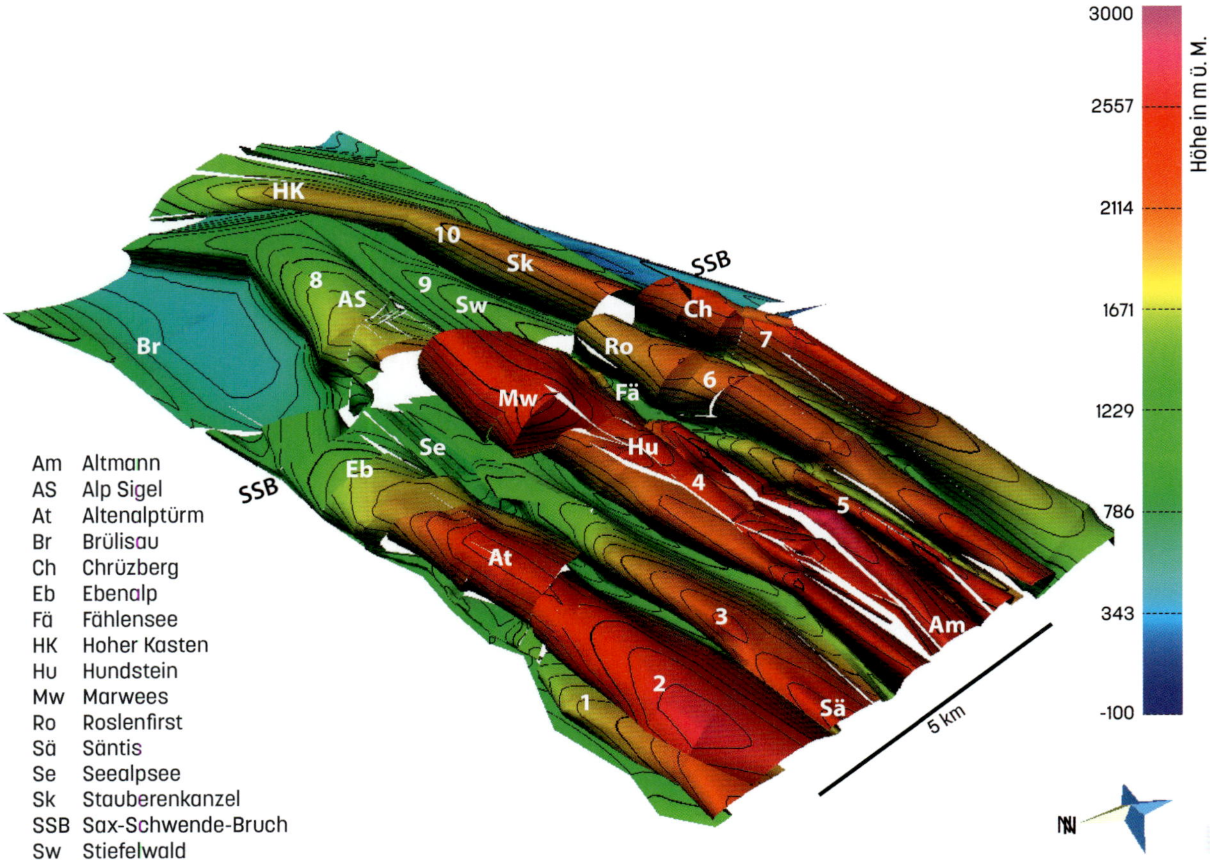

76

sind Alp Sigel, Hoher Kasten–Stauberenkanzel oder Roslenfirst. Synklinalen (Mulden) andererseits verstecken sich in den vegetationsbedeckten Tälern. Die Falten sind mechanisch von den mächtigen Kalken des Helvetischen Kieselkalks und der Schrattenkalk-Formation geprägt. Diese kontrollieren zusammen mit den Kalken der Öhrli-Formation die Wellenlänge und Amplitude der Falten. Um die Faltenzüge darzustellen, wurde ein Referenzhorizont in einem dreidimensionalen Blockmodell erstellt (Sala et al. 2014). Als Referenzhorizont wurde die Garschella-Formation gewählt. Diese gut sichtbare und einfach kartierbare dunkle Schicht über der Schrattenkalk-Formation ist häufig nahe an der heutigen Geländeoberfläche aufgeschlossen und somit eine zuverlässige Datenquelle. Das Blockmodell in Abb. 76 zeigt den dreidimensionalen Verlauf der Obergrenze der Schrattenkalk-Formation.

Im Blockmodell sind die Antiklinalen nummeriert: 1 bis 7 westlich und 8 bis 10 östlich der Diskontinuität des Sax-Schwende-Bruchs. Insgesamt lassen sich die Antiklinalen über grössere Distanzen verfolgen, beispielsweise die Antiklinalen 2, 3, 6, 7 und 10. Einige der Antiklinalen tauchen ab in Richtung Ostnordost, so etwa Antiklinale 1 bei der Schwägalp, Antiklinale 3 beim Seealpsee und Antiklinale 5 beim Fählensee. Die Antiklinalen 8 und 9 verschwinden beim Hohen Kasten unter der Antiklinale 10, welche sich ihrerseits nach Norden ver-

76 3D-Modell des Alpsteins. Die einzelnen Falten (Antiklinalen) sind von 1 bis 10 durchnummeriert.
Illustration: Adrian Pfiffner, ergänzt nach Sala et al. (2014)

77 Enge Falten mit runden Umbiegungen in den gebankten Kalken der Seewen-Formation in den Silberplattenchöpf.
Foto: Fredy Zirn (www.appenzellerlinks.ch)

biegt. Der Sax-Schwende-Bruch stellt eine tiefgreifende Störung dar, denn die Falten östlich und westlich dieses Bruchs bildeten sich völlig unabhängig voneinander. Weitere Querstörungen geringeren Ausmasses sind in den Falten 2, 4, 6, 7 und 8 zu verzeichnen. Generell gesehen sind die Kulminationen der Antiklinalen im Südwesten am höchsten und werden nach Nordosten sukzessive tiefer. Dies zeigt sich an der roten Farbe in Abb. 76 im Gebiet von Säntis und Altmann. Würde man das Blockmodell in das Gebiet weiter im Südwesten, in Richtung Lütispitz und Starkenbach ergänzen, so ergäbe sich ein Abtauchen der Kulminationen nach Südwesten.

Betrachtet man die Faltenstrukturen im Detail, sind sehr unterschiedliche Faltenstile festzustellen. In den Silberplattenchöpf (Abb. 77) liegen runde Falten in einer gebankten Serie von Kalken der Seewen-Formation vor. Demgegenüber sind am Moor (Abb. 78) in denselben Kalken spitze Falten zu erkennen. Die langen Faltenschenkel biegen dort abrupt um und bilden ein spitzes Faltenscharnier. Runde Falten zeigen sich in den gebankten Kalken der Schrattenkalk-Formation im Gipfelbereich des Wildhuser Schofbergs (Abb. 79). Auch der Helvetische Kieselkalk (bewachsen) und der Betlis-Kalk darunter sind in runde Falten gelegt. Die ganze Serie ist aber verdoppelt durch eine Überschiebung: Links am Fusse des Wildhuser Schofbergs liegt eine Normalserie von Betlis-Kalk, Helvetischem Kieselkalk und Kalken der Schrattenkalk-Formation vor. Im Profilschnitt der Abb. 80 ist diese Überschiebung eingezeichnet. Ebenfalls runde Falten erkennt man am Chessiloch auf der Fählenalp (Abb. 81). Hier zeigen die kaum gebankten, massigen Kalke der (Oberen) Schrattenkalk-Formation eine runde Umbiegung.

Abkürzungen der Gesteinsschichten

Se	Seewen-Formation
Ga	Garschella-Formation
Sr	Schrattenkalk-Formation
T	Tierwis-Formation
K	Helvetischer Kieselkalk
Bk	Betlis-Kalk
Öm	Öhrli-Mergel
Ök	Öhrli-Kalk
Ö	Öhrli-Formation

78 Spitzfalten in den gebankten Kalken der Seewen-Formation in der Südost-Wand vom Moor. Der Schichtverlauf ist durch eine weisse Linie hervorgehoben.
Foto: Karl Tschanz

79 Runde Falten in der Ostwand des Wildhuser Schofbergs. Die Überschiebung ist rot markiert.
Foto: Adrian Pfiffner

80 Runde Falten und Überschiebungen im Gebiet Wildhuser Schofberg in einem Profilschnitt gesehen.
Illustration: Adrian Pfiffner

81 Runde Falte in den kaum gebankten Kalken der Oberen Schrattenkalk-Formation im Chessiloch südlich der Fählenalp.
Foto: Karl Tschanz

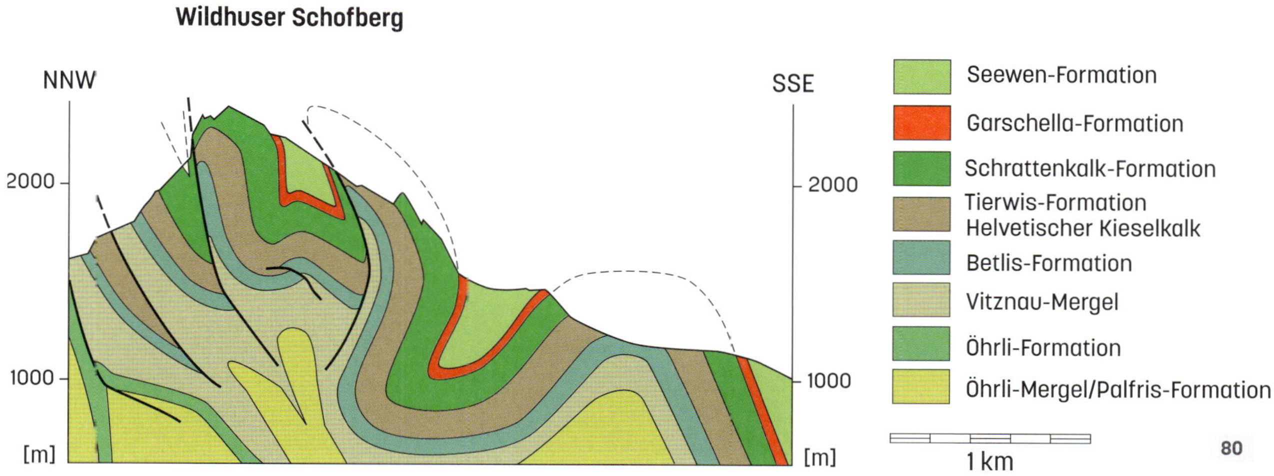
Wildhuser Schofberg
NNW
SSE
2000
1000
[m]
2000
1000
[m]
Seewen-Formation
Garschella-Formation
Schrattenkalk-Formation
Tierwis-Formation
Helvetischer Kieselkalk
Betlis-Formation
Vitznau-Mergel
Öhrli-Formation
Öhrli-Mergel/Palfris-Formation
1 km

80

Chreialpfirst
Sr

81

82 Die Schrattenkalk-Formation der Stauberenkanzel zeigt eine Gewölbestruktur an. Die Kalke biegen von der horizontalen Lage kontinuierlich in Richtung Nordwest und Südost um.
Foto: Carmen Wueest

83 Eng gepresste Antiklinale bei den Altenalptürm. Mergel der Öhrli-Formation sind im Kern der Falte, die Kalke der Öhrli-Formation bilden zwei Faltenschenkel mit spitzem Zwischenwinkel ohne Umbiegung.
Foto: Claudia Melottti

In der Landschaftsgestaltung des Alpsteins spielen die Antiklinalen eine wichtige Rolle. In vielen Fällen verlaufen die Bergrücken streng parallel zu den Antiklinalen. Die Faltenstruktur der erosionsresistenten Kalke der Schrattenkalk-Formation paust sich in der grossräumigen Landschaftsform durch. Ein eindrückliches Beispiel hierfür ist die Kette Hoher Kasten–Stauberenkanzel (Falte 10 in Abb. 76). An der Stauberenkanzel (Abb. 82) liegt die Schrattenkalk-Formation im Gipfelbereich horizontal, biegt dann aber nach Nordwesten (Appenzeller Sämtis) und Südosten (Rheintal) ab in die Tiefe und offenbart die Gewölbestruktur. Im Fall der Falte 2 von Abb. 76 ist die Antiklinale eng gepresst (Abb. 83). Die Kalke der Öhrli-Formation der Altenalptürm ste-

83

hen quasi vertikal und schmiegen sich eng an den steil südfallenden Faltenschenkel aus denselben Kalken. Im Kern der Falte sind die Mergel der Öhrli-Formation anstehend. Eine Umbiegung in den Kalken ist nicht sichtbar. Vielmehr sind die Kalke in der Umbiegung stark zerbrochen und herausgewittert, wodurch der Durchgang zum Lötzlisälpli entstand.

An mehreren Stellen wird die Landschaft im Alpstein durch herauswitternde, steilstehende Schichten geprägt. Feine Unterschiede in der Erodierbarkeit lassen kompaktere Kalkschichten als mauerartige Rücken hervortreten. Ein Beispiel findet sich im Gebiet des Fählenschafbergs. Steil stehende Kalke der Schrattenkalk-Formation prägen den Kamm Nadeln–Fählenschafberg (Abb. 84) und treten als Türme in Erscheinung. Die enge Faltung zeigt sich im Betlis-Kalk südlich der Freiheit. Ein weiteres Beispiel hierfür ist der Altmann (Abb. 85), bei welchem die Schrattenkalk-Formation die Garschella-Formation, die den Rässeggsattel durchzieht, überragt Schliesslich prägen die vertikal stehenden Kalke der Schrattenkalk-Formation auch in den Chrüzberg die Landschaft nachhaltig (Abb. 86). Diese «Kalkmauer» erstreckt sich über mehr als einen Kilometer bis zum Mutschen. Im Nordwesten schliesst sich eine Synklinale an, deren Kern aus leichter erodierbaren Kalken der Seewen-Formation besteht. Noch weiter nordwestlich bilden die Kalke der Schrattenkalk-Formation eine offene Falte. Hier widerspiegelt die Geländeform des Roslenfirsts direkt die Faltenstruktur.

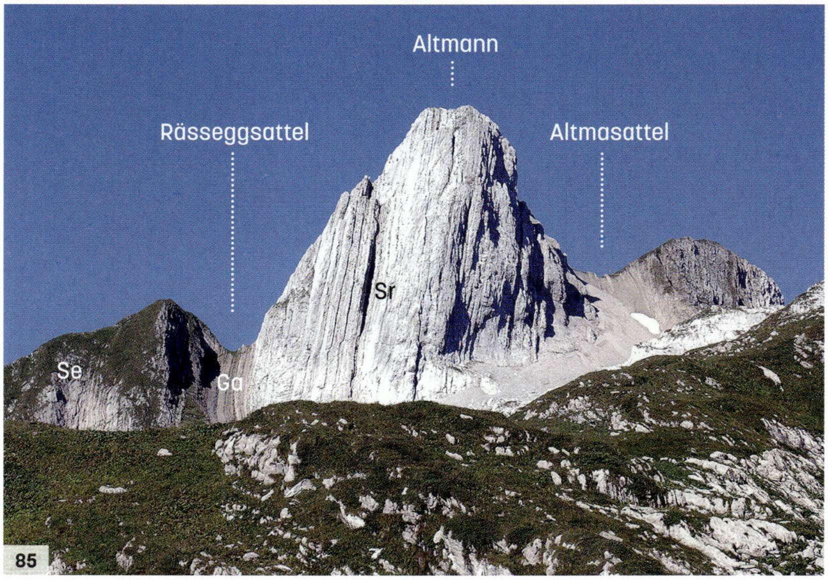

84 Vertikal stehende Kalke der Schrattenkalk-Formation am Fählenschafberg und in den Türmen der Nadlenspitz-Kette. Blick in Richtung Westen.
Foto: Adrian Pfiffner

85 Der Altmann von Osten betrachtet mit den steil stehenden Kalken der Schrattenkalk-Formation.
Foto: Karl Tschanz

86 Der Blick aus der Gegend südlich vom Hochhus (Groggs) in Richtung Südwesten zeigt vertikal stehende Kalkbänke der Schrattenkalk-Formation in den Chrüzberg. Nördlich der Chrüzberg folgt eine enge Synklinale und dann eine offene Antiklinale, angezeigt von der Schrattenkalk-Formation am Roslenfirst.
Foto: Andreas Butz

Die Antiklinalen korrelieren ziemlich genau mit den Bergrücken. Analog dazu ergibt sich eine Korrelation der Synklinalen mit den Tälern. Diese sind aber meist mit Vegetation bedeckt und lassen deswegen keine direkten Beobachtungen zu. Trotzdem sind einige Synklinalen auch in höheren Lagen vorhanden. Ein schönes Beispiel ist am Neuenalpspitz zu beobachten (Abb. 87). Der Kern der Synklinale wird von den Kalken der Seewen-Formation gebildet. Diese bauen die Gipfelregion des Neuenalpspitzes auf. Die darunterliegende Garschella-Formation (mit der Kamm-Bank) ist im Norden und Süden an den vegetationsbedeckten, in der Tiefe zusammenlaufenden Bändern zu erkennen.

87 Synklinale am Neuenalpspitz. Die Garschella-Formation ist grasbedeckt. Die weissen Linien zeigen das Einfallen der Schichten an.
Foto: Karl Tschanz

88 Geologische Karte des Querbruchs zwischen Freiheittürm und Freiheit. Man beachte das abrupte Ende der Schichtgrenzen am Querbruch. Die Antiklinalen sind mit A, die Synklinale ist mit S bezeichnet.
Illustration: © swisstopo, ergänzt von Adrian Pfiffner

Brüche – starre Schichten zerbrechen

Adrian Pfiffner

Wenn Kalkschichten zusammengepresst werden, können sie sich in Falten legen oder zerbrechen. Bruchhafte Deformation ist typisch unter geringen Druck- und Temperaturverhältnissen, können aber gleichzeitig mit Faltungen auftreten. Brüche werden aufgrund ihrer Orientierung drei Bruchtypen zugeordnet. Bei vertikalen Brüchen werden die Gesteinsschichten beidseits des Bruchs meist horizontal gegeneinander verschoben. Bei geneigten Brüchen wird das obenliegende Paket hinuntergeschoben oder aber hinaufgeschoben. Im Alpstein kommen alle drei Bruchtypen vor und werden nachstehend anhand von konkreten Beispielen näher erläutert.

Querbrüche – zerschnittene Schichten

Vertikale Brüche im Alpstein schneiden quer durch Falten und werden deshalb als Querbrüche bezeichnet. Bei diesen ist zu erwähnen, dass sie gleich alt sind wie die Faltungen und nicht ein fertiges Faltengebilde durchtrennen und verschieben. Die Gesteine in der Bruchzone wurden durch die Beanspruchung des Gesteins zerrieben und witterten heraus. Dadurch treten die Brüche im Gelände prägnant als Runsen oder Lücken in Erscheinung.

Abb. 88 zeigt einen Ausschnitt der geologischen Karte im Gebiet Freiheittürm–Freiheit nördlich des Fählensees. Der Felsrücken der Freiheittürm besteht aus Kalken der Tierwis- und Schrattenkalk-Formation, die eine enge Synklinale bilden. Südlich davon erkennt man innerhalb des Helvetischen Kieselkalks einen schmalen Rücken aus Betlis-Kalk, welcher eine enge Antiklinale bildet. Gegen Osten werden diese Falten von einem Querbruch abgeschnitten. Östlich dieses Bruchs stehen hauptsächlich Kalke der Tierwis- und Schrattenkalk-Formation an, überlagert von einer Klippe aus Gesteinen der Garschella-Formation auf dem Gipfel der Freiheit. Im Norden des Bruchs ist der Helvetische Kieselkalk und im Süden die Garschella-Formation am Bruch versetzt. Der unterschiedliche Bau der Falten beidseits des Bruchs beweist, dass der Querbruch nicht jünger als die Faltung ist und zwei identische Falten gegeneinander verschoben hat, sondern dass er gleichzeitig mit der Faltung aktiv war.

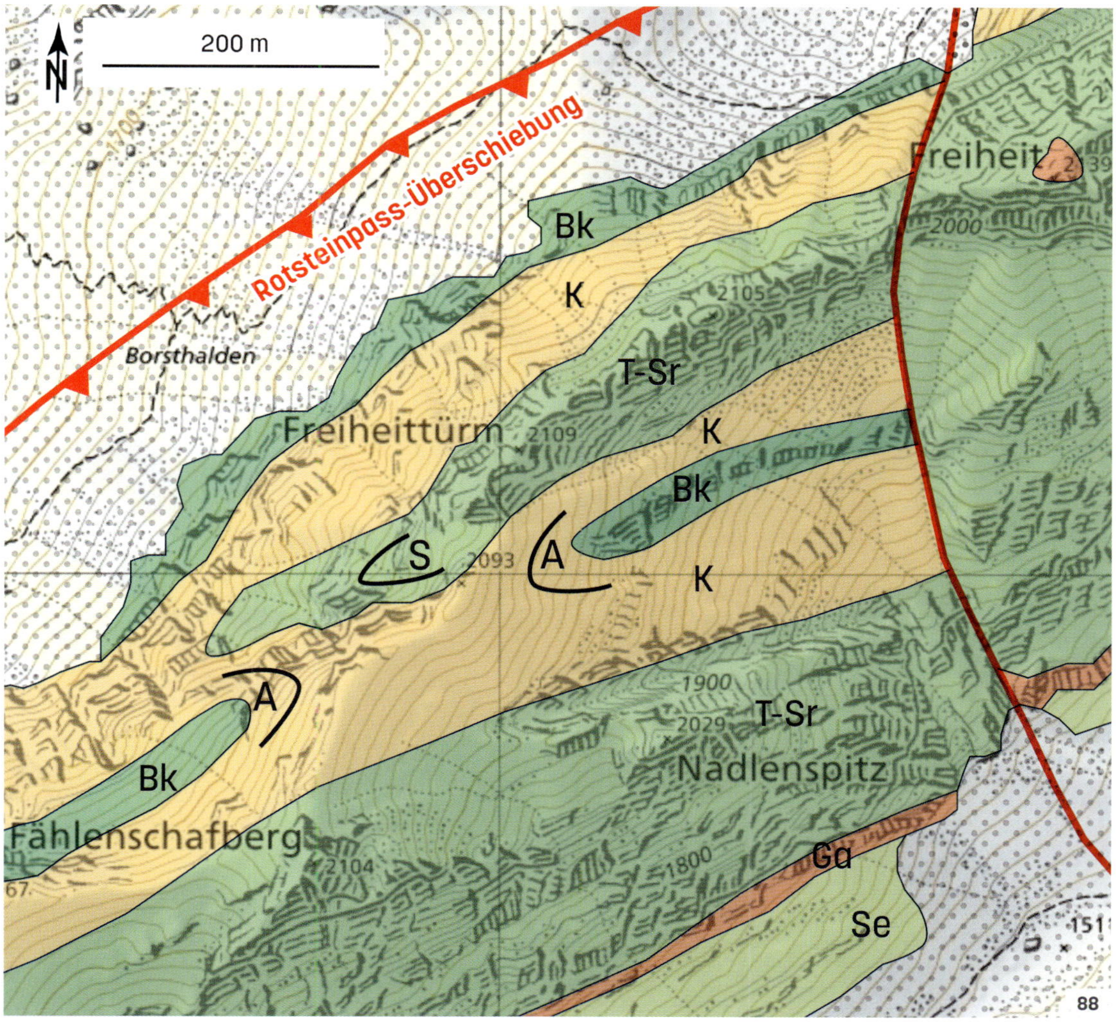

88

89 Sax-Schwende-Bruch: Blick von Wasserauen nach Süden auf die Bogartenlücke und auf die Runse längs des Bruchs.
Foto: Brigitte Knöpfel

90 Sax-Schwende-Bruch: Blick nach Norden zur Bogartenlücke. Die Spuren des Hauptbruchs und der Bruchschar sind als weisse Linien markiert.
Foto: Jolanda Spengler

91 Blick nach Süden zur Saxerlücke, mit eingezeichnetem Sax-Schwende-Bruch.
Foto: Peter Kürsteiner

92 An der Säntis-Überschiebung auf der Potersalp und der Schwägalp (rote Linie) sind Kreidekalke der Säntis-Decke auf viel jüngere Schichten der Subalpinen Molasse überschoben. Innerhalb der Säntis-Decke sind die Kreidekalke an zwei Überschiebungen (weisse Linien) dreifach übereinandergestapelt.
Foto: Marcel Steiner

Ein eindrückliches Beispiel eines Querbruchs ist der Sax-Schwende-Bruch, der sich von der Bogartenlücke über die Bollenwees zur Saxerlücke gut verfolgen lässt. Dieser Bruch zeigt sich in der Landschaft durch eine 20 Meter breite Runse, welche in die Landschaft eingeschnitten ist (Abb. 89). Die Breite der Runse rührt daher, dass nicht nur ein singulärer Bruch vorliegt, sondern eine Schar subparalleler Brüche, die das Gestein zertrümmerten und dem Abtrag Vorschub leisteten. Abb. 90 zeigt den landschaftlichen Ausdruck des Bruchs in der Bogartenlücke, von der Saxerlücke aus aufgenommen. Die dicke weisse Linie stellt den Hauptbruch dar, die gepunkteten Linien die Bruchschar. Im umgekehrten Blick nach Süden zur Saxerlücke (Abb. 91) markieren wiederum die dicken Linien den Hauptbruch, unterbrochen am Gebäude des Berggasthauses Bollenwees.

Überschiebungen – aufeinandergestapelte Schichten

Bei Überschiebungen sind Gesteinspakete aufeinandergeschoben, wodurch vielfach ältere Schichten auf jüngeren zu liegen kommen. Die wichtigste Überschiebung im Alpstein ist die Säntis-Überschiebung. Längs dieser sind der gesamte Alpstein und die südlich angrenzenden Churfirsten um viele Kilometer nach Norden auf die Molasseablagerungen geschoben worden. Die Säntis-Überschiebung ist ein Ableger der berühmten Glarner Hauptüberschiebung, welche auch ältere Gesteinsschichten erfasste. Insgesamt ist der Alpstein um nahezu 50 Kilometer nach Norden verschoben worden. Einst lag der Alpstein südlich der gleichaltrigen Kalke der Kette Calanda–Flimserstein.

In der Säntis-Nordwand sind gleich drei Überschiebungen vorhanden (Abb. 92): Öhrli-Formati-

on, Helvetischer Kieselkalk und Schrattenkalk-Formation sind zwei Mal übereinander anzutreffen. Zusätzlich ist im Gipfelbereich die Schrattenkalk-Formation ein drittes Mal vorhanden. Die Säntis-Überschiebung am Fusse der Nordwand, auf der Schwägalp, verläuft in den Mergeln der Öhrli-Formation. Diese mechanisch weiche Schicht bildete den Abscherhorizont für die Säntis-Decke, zu welcher der Alpstein gehört. Die eigentliche Überschiebung ist am Dunkelberndli am Fuss der Altenalptürm und des Öhrlikopfs direkt zugänglich. Dort liegen Kreidekalke der Säntis-Decke auf einem Gemisch von Sandsteinen und Mergeln der Subalpinen Molasse (Untere Süsswassermolasse) (Abb. 92 und Abb. 93).

Zwischen Säntis und Girenspitz bilden die Kalke der Seewen-Formation eine enge Synklinale. Demgegenüber bilden die älteren Gesteinsschichten (Schrattenkalk-Formation) unter dem Säntisgipfel eine Antiklinale. Die Schrattenkalk-Formation liegt an einem Überschiebungskontakt der Seewen-Formation auf. Abb. 94 zeigt die Situation im Westen, Abb. 95 jene im Osten. In beiden Fällen klingt die Überschiebung nach oben in der Seewen-Formation aus und wird durch Falten ersetzt. Dies ist ein klassisches Beispiel, bei dem Faltung und Überschiebung gleichzeitig aktiv waren. Die Überschiebung entwickelte sich aus Falten in den älteren Schichten und breitete sich dann sukzessive in die jüngeren Schichten aus. Man bezeichnet solche Strukturen als «fault-propagation-folds».

Ein weiteres Beispiel von Faltungs- und Überschiebungstektonik ist auf der Nordflanke des Wildhuser Schofbergs zu erkennen (Abb. 96). Hier folgt

93 Säntis-Überschiebung am Dunkelberndli. Die Unterkante der Kalke weist lineare Vertiefungen auf, die beim Überschiebungsprozess entstanden sind. Die Sedimente der Subalpinen Molasse weisen eine chaotische Innenstruktur auf.
Foto: Adrian Pfiffner

94 Säntisgipfel-Überschiebung mit assoziierter Synklinale in der Seewen-Formation zwischen Säntis und Girenspitz, Westseite. Die Schichtgrenzen sind weiss, die Überschiebung ist rot eingezeichnet.
Foto: Toni Bürgin

95 Schichtgrenzen (weisse Linien) und Überschiebung (rote Linie) auf der Ostseite von Säntis und Girenspitz.
Foto: Andreas Butz

Säntis
Girenspitz
Se
Sr
Se
Sr
Sr
Se
Sr
94

95
Säntis
Girenspitz
Bösegg
Se
Se
Sr
T
K

96 Überschiebung mit Falten am Wildhuser Schofberg. Die Schichtgrenzen und Falten sind weiss, die Überschiebung ist rot eingezeichnet.
Foto: Clemens Eigenmann

97 Abschiebungen in der Südwand der Ebenalp. Die Oberkante der Schrattenkalk-Formation zeigt die Versätze besonders deutlich. Schichtgrenzen sind weiss, Abschiebungen rot markiert.
Foto: Peter Kürsteiner

98 Blick von der Alp Spicher in Richtung Südosten auf die markante Steilstufe an der Front des Alpsteins. Die Schichten der Subalpinen Molasse bei Nosshalden und Hochfläschen tauchen unter die Kalke der Säntis-Decke ein. Die Säntis-Überschiebung ist als rote Linie markiert. Sie verläuft am Fusse der Steilstufe von der Schwägalp nach Nordosten bis Schwende und nach Südwesten bis Stein SG.
Foto: Andreas Butz

über einer Normalserie von Kreidekalken eine schichtparallele Überschiebung. Darüber folgt unter dem Gipfel des Wildhuser Schofbergs eine nach Osten sich schliessende Antiklinale. Die Überschiebung wird ganz im Osten von einer Falte, einer Synklinale, abgelöst. Im Kern dieser Synklinale befinden sich Kalke der Seewen-Formation.

Abschiebungen – auseinandergerissene Schichten

Abschiebungen entstehen bei horizontaler Dehnung von Gesteinsschichten. Sie sind meist steil einfallend. In der Südwand der Ebenalp befinden sich mehrere, zum Teil gegenläufige Abschiebungen (Abb. 97). Letztere senken den zentralen Teil zu einem Graben ab. Interessant an diesen Abschiebungen ist der Umstand, dass die Dehnung in Richtung Südwest–Nordost erfolgte, also parallel zur Faltenachse der Ebenalp-Antiklinale und senkrecht zur Verkürzung, welche die Antiklinale bildete.

Gebirgsbildung, ein Prozess in vielen kleinen Schritten

Adrian Pfiffner

Die oben beschriebenen Falten und Überschiebungen entstanden im Verlauf der Abscherung der mesozoischen Sedimente von ihrer kristallinen Unterlage. Sie widerspiegeln die interne Verkürzung und Faltenbildung während der Deckenbildung. Die Säntis-Decke des Alpsteins wurde mehr als 50 Kilometer nach Norden überschoben und kam auf den Molasseschichten zu liegen. Letztere sind das Abtragungsprodukt der werdenden Alpen: Die Molassesedimen-

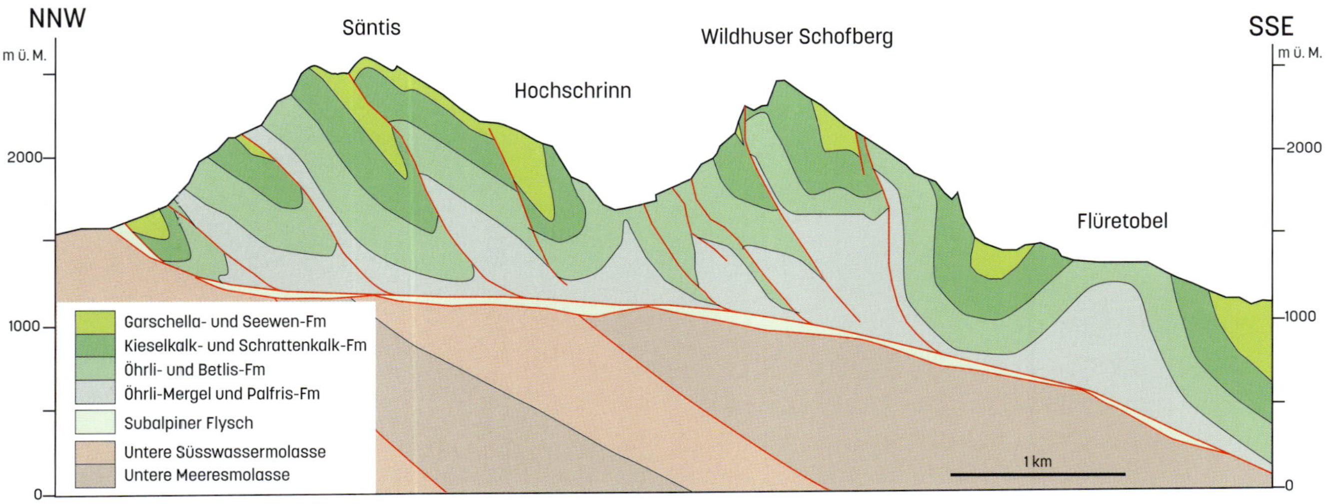

99

te wurden vor rund 20 Millionen Jahren aus dem Gebirge ins Vorland geschüttet. Mit der Platznahme der Säntis-Decke wurden diese Molasseschichten zusammengestaucht, aufeinandergestapelt, schräg gestellt und von der Säntis-Decke schliesslich überfahren. Sie werden aufgrund ihrer Lage unter den alpinen Decken als Subalpine Molasse bezeichnet. Der Abtrag in den Alpen ging aber weiter und erfasste sowohl die Subalpine Molasse wie auch die Säntis-Decke. Infolge der Erosionsresistenz der Kalke im Alpstein manifestiert sich die Grenze zwischen Subalpiner Molasse und Säntis-Decke als imposante Steilstufe (Abb. 98).

Der interne Bau der Säntis-Decke zeigt sich am besten in einem Vertikalschnitt (Abb. 99). Im Norden, im Untergrund des Säntis, erkennt man drei Überschiebungen, welche die Kreideschichten mehrfach übereinanderstapelten. Die Überschiebungen verlaufen innerhalb der Öhrli-Mergel, einer mechanisch weichen, leicht deformierbaren Schicht, welche eine Entkopplung der Kreideschichten von ihrer Unterlage erlaubte. Im Gegensatz dazu bilden die Kreidekalke im Flüretobel eine einfache Falte (Antiklinale), in deren Kern die Palfris-Mergel angehäuft sind. Der Wildhuser Schofberg nimmt eine Zwischenstellung ein. Hier können sowohl Falten als auch Überschiebungen beobachtet werden (Abb. 96). Die unterschiedlichen Geometrien sind grossenteils auf primäre Unterschiede in den Kreideschichten zurückzuführen. Es ist dies namentlich die Mächtigkeit der Vitznau-Mergel und der Palfris-Formation, welche im Süden beträchtlich grösser sind.

Der Profilschnitt (Abb. 99) illustriert auch, wie weit die Säntis-Decke über die Subalpine Molasse überschoben wurde und wie die Subalpine Molasse zusammengestaucht und aufeinandergestapelt wurde.

Harte Kalkschichten konnten in Falten gelegt werden, da diese Kalke einst in grössere Tiefen versenkt, aufgeheizt und dadurch biegsamer wurden. Geologische und mineralogische Untersuchungen zeigen, dass die Gesteine des Alpsteins etwa 5 Kilo-

99 Profilschnitt durch den Alpstein. Der innere Bau ist gekennzeichnet durch Falten und Überschiebungen. Dachziegelartig gestapelte Kreidekalke bilden einen Schuppenbau, während im Süden ein einfacher Faltenbau dominiert. Im Wildhuser Schofberg sind Falten sowie Überschiebungen vorhanden. Auch in der Subalpinen Molasse sind zwei Überschiebungen zu verzeichnen.
Illustration: Adrian Pfiffner

100 Profilschnitt durch die Ostschweiz, rekonstruiert nach einer Zeit, als Überschiebungen und Faltungen aktiv waren. Das Kristallin der Europäischen Platte tauchte nach Süden unter den Deckenstapel der werdenden Alpen. An der Front der abtauchenden Platte wurden die Kristallinblöcke Gotthard, Tavetsch und Aar zusehends zusammengestaucht. Die Sedimentbedeckung vom Gotthard- und Tavetschkristallin wurden früh abgeschert und bilden die helvetischen Decken. Die Pfeile zeigen die Hauptrichtungen der Bewegungen an.
Illustration: Adrian Pfiffner

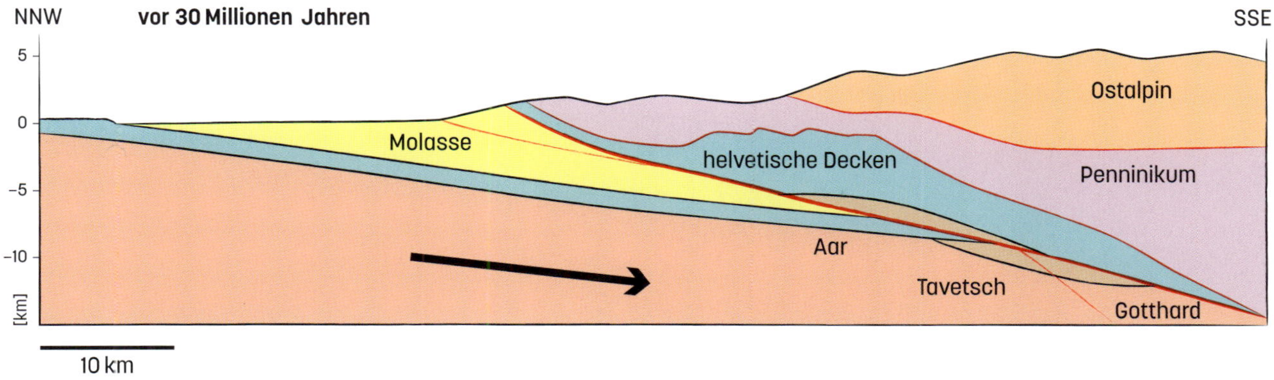
NNW
vor 30 Millionen Jahren
SSE
5
0
-5
-10
[km]
Ostalpin
Molasse
helvetische Decken
Penninikum
Aar
Tavetsch
Gotthard
10 km

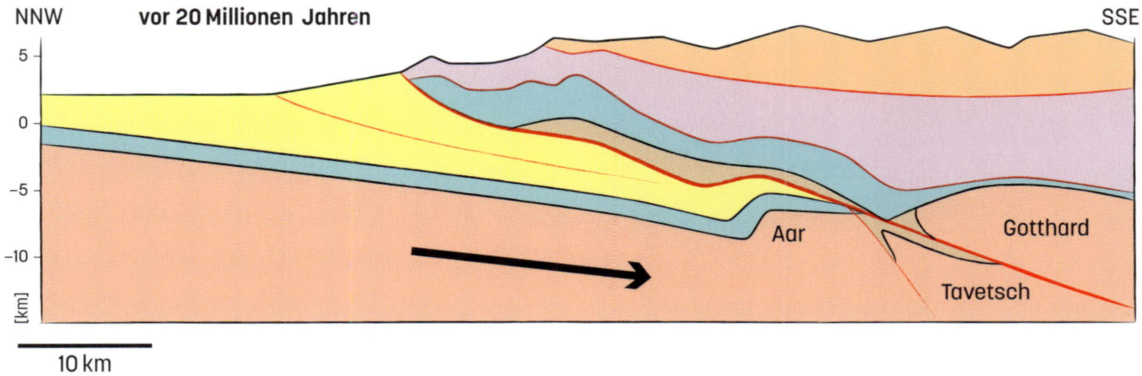
NNW
vor 20 Millionen Jahren
SSE
5
0
-5
-10
[km]
Aar
Gotthard
Tavetsch
10 km

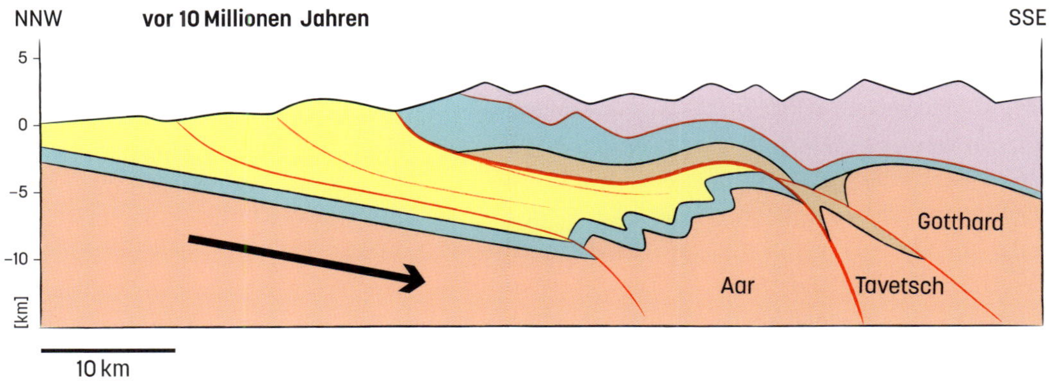
NNW
vor 10 Millionen Jahren
SSE
5
0
-5
-10
[km]
Gotthard
Aar
Tavetsch
10 km

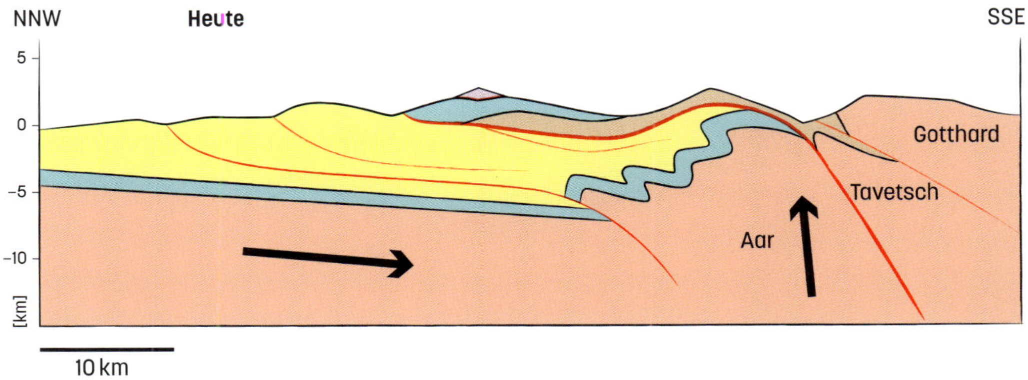
NNW
Heute
SSE
5
0
-5
-10
[km]
Gotthard
Tavetsch
Aar
10 km

100

meter tief versenkt und dabei auf 150 bis 200 °C erwärmt wurden. Den Prozess der Versenkung und der anschliessenden Hebung veranschaulicht Abb. 100.

Vor 30 Millionen Jahren tauchte die Europäische Platte unter die Adriatische Platte und unter die bereits früher angelegten Decken des Penninikums und des Ostalpins. Der Alpstein als nördlichstes Element der helvetischen Decken war in einer Tiefe von etwa 5 Kilometern, die südlichen Teile der helvetischen Decken in gar 10 Kilometer Tiefe. Die helvetischen Decken lagen einst auf einem kristallinen Sockel, dem Gotthard-Kristallin, der zu jener Zeit 15 Kilometer tief versenkt war. Längs einer flach nach Süden einfallenden Überschiebung, der sogenannten Glarner Hauptüberschiebung, wurden die Sedimente vom Kristallin abgetrennt. Letzteres wurde rascher versenkt, die Sedimente blieben zurück. Auch das Aar-Kristallin tauchte ab unter den steckengebliebenen Sedimenten der helvetischen Decken. Diese Relativbewegung wird in der Fachliteratur auch als Überschiebung der helvetischen Decken auf das Aar-Kristallin beschrieben.

Vor 20 Millionen Jahren begann sich das Aar-Kristallin aufzubäumen. Auch die darüberliegende Überschiebung mit den helvetischen Decken wurde von dieser Bewegung erfasst. Dadurch wurde es immer schwieriger, auf dieser verbogenen Überschiebungsbahn das Aar-Kristallin weiter in die Tiefe zu bewegen. In der Folge wurde das Kristallin selbst weiter zusammengeschoben und bildete eine Antikli-

101 Blick nach Osten auf den Fähnerenspitz. Die Gipfelpartie ist eine Klippe (Erosionsrest) der Üntschen-Decke (Unterpenninikum), aufgelagert auf das Paläogen des Wildhaus-Mélanges.
Foto: Peter Kürsteiner

102 Tektonische Karte des Alpsteins und benachbarter Gebiete.
Illustration: Adrian Pfiffner

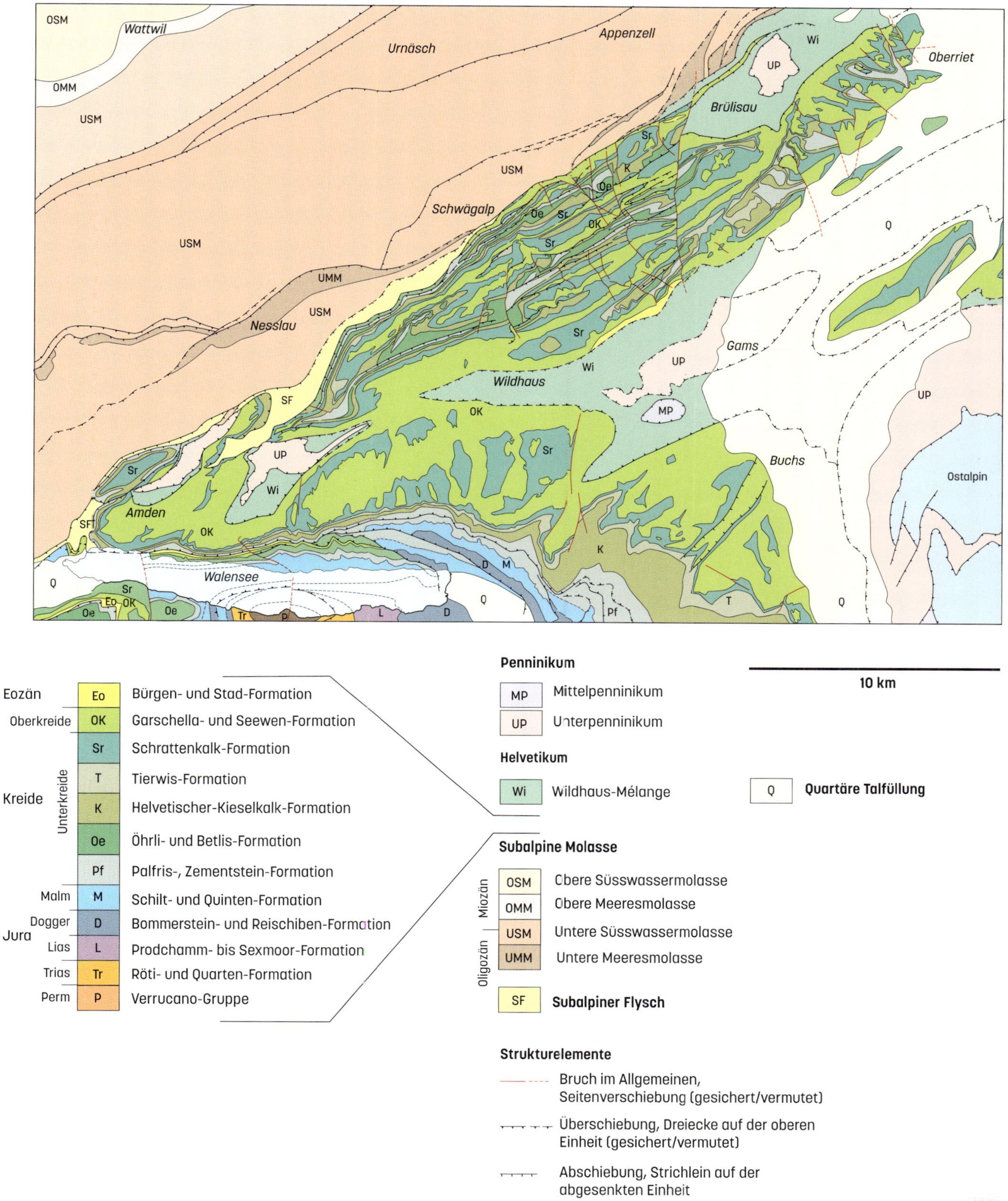
Wattwil
Urnäsch
Appenzell
Oberriet
Brülisau
Schwägalp
Nesslau
Gams
Wildhaus
Buchs
Amden
Walensee
Ostalpin
OSM
OMM
USM
UMM
SF
SFT
UP
MP
Wi
Q
Sr
OK
Oe
K
T
Eo
D
M
L
Tr
P
Pf
10 km
Eozän
Oberkreide
Kreide
Unterkreide
Jura
Malm
Dogger
Lias
Trias
Perm
Eo Bürgen- und Stad-Formation
OK Garschella- und Seewen-Formation
Sr Schrattenkalk-Formation
T Tierwis-Formation
K Helvetischer-Kieselkalk-Formation
Oe Öhrli- und Betlis-Formation
Pf Palfris-, Zementstein-Formation
M Schilt- und Quinten-Formation
D Bommerstein- und Reischiben-Formation
L Prodchamm- bis Sexmoor-Formation
Tr Röti- und Quarten-Formation
P Verrucano-Gruppe
Penninikum
MP Mittelpenninikum
UP Unterpenninikum
Helvetikum
Wi Wildhaus-Mélange
Q Quartäre Talfüllung
Subalpine Molasse
Miozän
Oligozän
OSM Obere Süsswassermolasse
OMM Obere Meeresmolasse
USM Untere Süsswassermolasse
UMM Untere Meeresmolasse
SF Subalpiner Flysch
Strukturelemente
Bruch im Allgemeinen, Seitenverschiebung (gesichert/vermutet)
Überschiebung, Dreiecke auf der oberen Einheit (gesichert/vermutet)
Abschiebung, Strichlein auf der abgesenkten Einheit

102

nale, welche als Aar-Massiv bezeichnet wird. Die helvetischen Decken waren damals noch vom Penninikum und Ostalpin bedeckt.

Die Aufwölbung des Aar-Massivs verstärkte sich weiter und im Norden davon wurden die Molassesedimente zusammengestaucht und übereinandergestapelt. Dadurch wurden die helvetischen Decken ebenfalls gehoben, und das darüberliegende Ostalpin vollständig, das Penninikum weitgehend abgetragen. Vor 10 Millionen Jahren war die Front der helvetischen Decken, zu welcher der Alpstein zählt, an der damaligen Erdoberfläche entblösst.

Hebung und Abtrag schritten weiter, sodass heute die gesamten helvetischen Decken an der Erdoberfläche entblösst sind. Nur ein kleiner Rest vom Penninikum, eine Erosionsklippe, blieb im Alpstein erhalten. Diese Klippe baut die Gipfelpartie des Fähnerenspitzes auf (Abb. 101).

Als Folge der Gebirgsbildung kamen im Alpstein sehr verschiedene Gesteinsserien nebeneinander zu liegen. Dies kann am besten in einer tektonischen Karte dargestellt werden, welche den Alpstein und seine Umgebung umfasst (Abb. 102). Im Nordwesten ist der Alpstein auf die Subalpine Molasse aufgeschoben. Diese enthält Konglomerate, Sandsteine und Mergel, welche den Abtragungsschutt der werdenden Alpen darstellen. Im Zeitintervall von vor 30 und 20 Millionen Jahren sammelte sich dieser Schutt im Vorland der werdenden Alpen, wurde dann aber selbst von den wachsenden Alpen einverleibt. Dies zeigt sich daran, dass die Molasseschichten ebenfalls durch Überschiebungen aufeinandergestapelt wurden, wie dies der heutige und der Zustand vor 10 Millionen Jahren zeigen (Abb. 100).

Im Alpstein dominieren die Kreidekalke des Helvetikums, wobei das Muster mit länglichen schmalen Zonen aus Oberkreidekalken neben breiteren Flächen aus Unterkreidekalken den Faltenbau abbildet. In drei Regionen, und zwar bei Amden, Wildhaus und Brülisau, sind Kalke und Mergel von Kreide- und Paläogenalter vorhanden. Die interne Struktur dieser Sedimente ist teilweise ein chaotisches Über- und Nebeneinander. Die ganze Einheit wird deshalb zusammenfassend als Wildhaus-Mélange bezeichnet. Das Mélange ist eine eigentliche Decke, die von weit südlich des Alpsteins stammt und über einer Überschiebung auf der Säntis-Decke zu liegen kam. Diese Überschiebung ist durch die Faltung im Alpstein mitgefaltet worden; das Wildhaus-Mélange war also schon vor der Faltung des Alpsteins auf die noch flach liegenden Kreidekalke aufgeschoben worden. In den drei Regionen Amden, Wildhaus und Brülisau findet man «Inseln» von Gesteinen des Penninikums. Diese «Inseln» sind Erosionsreste des Penninikums, welche bis vor 20 Millionen Jahren den gesamten Alpstein überdeckten. Solche Erosionsreste werden als Klippen bezeichnet, der Fähnerenspitz ist ein anschauliches Beispiel dafür.

Im Süden, am Nordrand des Walensees, finden sich ältere Sedimente: Verrucano, Trias und Jura (Abb. 102). Hauptsächlich die Juragesteine am Ostende des Walensees liegen mehrfach gestapelt übereinander. Die Malmkalke sind wegen Überschiebungen viermal vorhanden. Auf diesen Malmkalken lagen einst die Kreidekalke des Alpsteins. An einem wichtigen Abscherhorizont, den Mergeln der Palfris-Formation, sind die Kreidekalke von ihrer Unterlage abgetrennt und etwa 10 Kilometer nach Norden verschoben worden. Der Abscherhorizont wird als Säntis-Überschiebung bezeichnet und trennt die Säntis-Decke des Alpsteins vom Glarner Deckenkomplex. Vor 30 Millionen Jahren, zur Zeit der Deckenbildung, tauchten die Säntis-Überschiebung wie auch die Glarner Hauptüberschiebung nach Süden ein (Abb. 100). Sie wurden erst später durch weitergehende Zusammenstauchung des europäischen Kontinents aufgewölbt und durch den Abtrag an der Oberfläche sichtbar.

Das Relief des Alpsteins mit tiefen Tälern und von Felswänden begrenzten Bergrücken kam erst in jüngster Zeit zustande. Falten mit zum Teil vertikal gestellten Schichten waren bereits vorhanden und wurden durch den Abtrag modelliert. Im Gegensatz zu den resistenten Kalken wurden Mergelschichten bevorzugt abgetragen. Bei wenig geneigten Schichten bildeten sich dadurch Felswände, welche durch flachere Bänder getrennt sind, wie dies etwa in der Säntis-Nordwand (Abb. 92) oder am Neuenalpspitz (Abb. 87) zu beobachten ist. Bei steilstehenden Schichten wittern die Mergel heraus und Kalkbänke bilden «Mauern», wie dies in den Altenalptürm zu sehen ist (Abb. 83).

Klüfte und Mineralien

Peter Kürsteiner und Michael Soom

In den Kalkgesteinen des Alpsteins dominiert das Mineral Calcit, das an vielen Lokalitäten vorkommt. Andere Mineralarten sind dort nur vereinzelt zu finden. Bestens bekannt von diesem Gebiet sind aber Funde sogenannter «Öhrli-Diamanten» und grüner Fluorite. Auch die Zahl der Mineralfundstellen ist klein im Vergleich zu Gebieten mit kristallinen Gesteinen. Auf die 15 Mineralarten und auf die 4 bedeutendsten Mineralfundstellen des Alpsteins wird im folgenden Kapitel kurz eingegangen, ebenso auf die Themen Kluftbildung und Mineralentstehung.

Mineralien

Peter Kürsteiner und Michael Soom

Als Minerale werden natürliche Bestandteile der festen Erdkruste mit einer homogenen chemischen Zusammensetzung bezeichnet. Sie liegen in der Regel in fester Form vor. Mineralien wiederum sind fast ausnahmslos kristallisierte Formen von Mineralen und nur selten amorph, also ohne Kristallgitter. Minerale wie auch Mineralien wachsen von einem Kristallisationskeim ausgehend in alle drei Raumrichtungen. Sie unterscheiden sich in ihren physikalischen Eigenschaften wie Dichte, Härte, Glanz und Spaltbarkeit. Die meisten Mineralien des Alpsteins treten in Hohlräumen des Gesteins auf. Einige davon wurden vor Jahrmillionen in grösserer Tiefe aus einer heissen, wässrigen Lösung auskristallisiert. Verschiedene Faktoren wie Temperatur, Druck oder Chemismus beeinflussen das Wachstum der Mineralien sowie deren chemische Zusammensetzung und Form.

Mineralien weisen eine definierte chemische Zusammensetzung auf. Die chemischen Formeln in den Tabellenwerken geben Aufschluss über den Anteil der verschiedenen im Mineral enthaltenen Elemente. Einige Mineralien bilden eine Mischkristallreihe, wenn Elemente mit einem ähnlichen Atomradius einander im Kristallgitter ersetzen und zwischen zwei reinen Endgliedern der Reihe beliebige Mengenverhältnisse vorkommen.

Bei Kristallen handelt es sich um Festkörper mit einem gesetzmässigen inneren Aufbau der Atome. Diese regelmässige Struktur wird durch Bindungskräfte der einzelnen Atome im Kristallgitter erzeugt. Bedingt durch ihren atomaren Aufbau zeigen Kristalle Regelmässigkeiten in der Anordnung der Kristallflächen.

Die verschiedenen Mineralarten und ihre Formen unterscheiden sich bezüglich Tracht und Habitus. Die meisten Mineralien besitzen eine für sie typische Kombination der ausgebildeten Flächen, eine repräsentative Kristalltracht. Es sind aber nicht nur diese die Tracht bestimmenden Flächen eines Minerals, die sein Äusseres prägen. Ebenso entscheidend ist die individuelle Ausbildung der einzelnen

103

Mineralklasse	Mineralart	Chemische Formel
Sulfide	Markasit	FeS_2
	Pyrit	FeS_2
	Pyrrhotin	$Fe_{1-x}S$
	Realgar	AsS
Halogenide	Fluorit	CaF_2
Oxide	Chalcedon	SiO_2
	Hämatit	Fe_2O_3
	Quarz	SiO_2
Karbonate	Aragonit	$CaCO_3$
	Calcit	$CaCO_3$
	Dolomit | Ankerit	$CaMg(CO_3)_2$ | $Ca(Fe_xMg_{1-x})(CO_3)_2$
	Strontianit	$SrCO_3$
Sulfate	Baryt	$BaSO_4$
	Gips	$CaSO_4{\cdot}2H_2O$
Silikate	Dickit	$Al_2(Si_2O_5)(OH)_4$

103 Systematische Einteilung der im Alpstein vorkommenden Mineralarten. Innerhalb der Mineralklasse sind die einzelnen Mineralien in alphabetischer Reihenfolge aufgeführt.
Tabelle: ergänzt nach Kürsteiner und Soom (2007)

104 Büschelförmiger Aragonit auf skalenoedrisch ausgebildetem Calcit. Kessiloch, Oberrieter Kienberg. Breite des abgebildeten Ausschnitts: 7 Millimeter.
Foto: Thomas Schüpbach

105 Schneeweisser Baryt neben gelbem Dolomit, büscheligem Strontianit und farblosem Calcit. Steinbruch Montlingerberg, Oberriet. Breite des abgebildeten Ausschnitts: 6 Millimeter.
Foto: Thomas Schüpbach

106 Baryt tritt häufig in der tafeligen Form auf; die tafelig-pseudorhomboedrische Form und die rhombenförmige Ausbildung kommen seltener vor.
Illustration: Michael Soom

Flächen eines Kristalls, der Kristallhabitus. So können Kristalle eine völlig unterschiedliche Gestalt besitzen, je nachdem, wie gross einzelne Flächen ausgebildet sind. Ebenso können spitzere oder stumpfere Ausbildungen dem Kristall ein unterschiedliches Aussehen verleihen.

Der Alpstein zählt nicht gerade zu den klassischen Mineralfundgebieten. In seinen Kalkgesteinen und den Sandsteinen der nördlich anschliessenden Molasse kommen – entsprechend der Gesteinszusammensetzung – nur wenige Mineralarten vor, und auch die Zahl der mineralführenden Klüfte ist gering. Bisher konnten im Alpstein insgesamt 15 verschiedene Mineralarten nachgewiesen werden. Diese sind in Tabelle Abb. 103 aufgeführt.

Im Folgenden werden die im Alpstein vorkommenden Mineralarten aufgeführt. Die Beschreibung hält sich weitgehend an das Buch «Mineralien im Alpstein» (Kürsteiner und Soom 2007), das detaillierte, weiterführende Informationen enthält.

Aragonit

Aragonit gehört in die Klasse der Karbonate und hat die gleiche chemische Zusammensetzung wie Calcit, aber andere Symmetrieeigenschaften, eine grössere Dichte und Härte sowie eine weniger ausgeprägte Spaltbarkeit als dieser. Die Aragonitkristalle sind radialstrahlig, büschelförmig, spiessig, nadelförmig, aber auch stalaktitisch, ästig oder korallenartig ausgebildet.

Aragonit konnte im Alpstein bisher lediglich an einer einzigen Lokalität nachgewiesen werden. In der Seewen-Formation des Kessilochs konnten auf Calcitkristallen weisse, feine büschelförmige Überzüge gefunden werden, bei denen es sich um Aragonit handeln dürfte.

Baryt

Baryt ist ein Vertreter der Sulfate. Das Mineral kommt formenreich vor: pulverförmig sowie als schuppige Aggregate und Blättchen, zudem in rhombenförmiger sowie tafeliger oder stängelförmiger Ausbildung. Barytkristalle sind jeweils nur wenige Millimeter lang. Die Farbe des Minerals ist

104

105

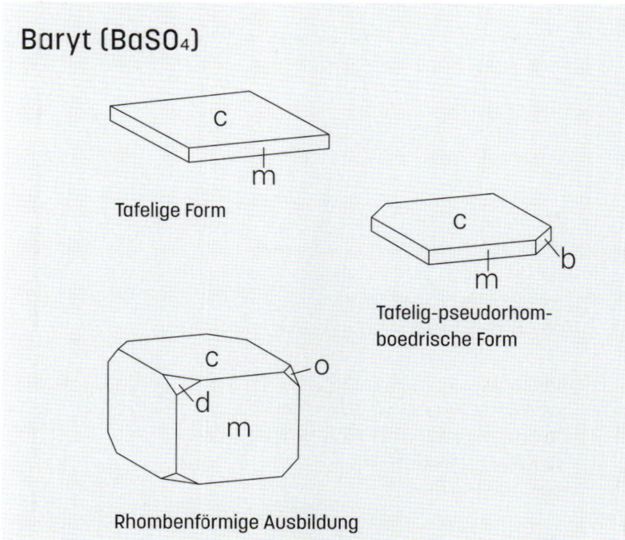

106

107 Weisse, tafelige Barytkristalle auf Calcit. Waldhus bei Eggerstanden. Breite des abgebildeten Ausschnitts: 1.5 Zentimeter.
Foto: Thomas Schüpbach

108 Tropfsteine im hinteren Teil der Kristallhöhle Kobelwald.
Foto: Peter Kürsteiner

weiss bis milchigweiss; auch glasklare, farblose Kristalle kommen vereinzelt vor. Baryt konnte im Alpstein an mehreren Stellen in den Kreideschichten der Säntis-Decke, im eozänen Flysch und den Sandsteinen der Subalpinen Molasse gefunden werden.

Calcit

Calcit, ein Karbonat, ist im Alpstein das Mineral mit der grössten Verbreitung. Er findet sich oft in Form derber Calcitadern oder als Spaltenfüllung ohne ausgebildete Kristallflächen. In Kluftrissen und grösseren Klufthohlräumen, in denen zur Kristallisation genügend Platz vorhanden war, kann das Mineral aber als Kristall ausgebildet sein. Daneben wird Calcit als Tropfstein (Stalagmiten und Stalaktiten) oder als Sinter ausgeschieden. Calcit kommt vielfach als alleiniges Mineral vor; zuweilen ist er vergesellschaftet mit anderen, nur spärlich vorkommenden Begleitmineralien.

Calcit ist im Alpstein das formenreichste Mineral. Meist ist der Calcit als Rhomboeder oder als Skalenoeder auskristallisiert. Nicht selten sind Zwillingsbildungen anzutreffen. Die Grösse der einzelnen Calcitkristalle variiert zwischen wenigen Millimetern und maximal 30 Zentimetern. Die grössten Kantenlängen finden sich bei den Rhomboedern und Skalenoedern. Calcite in der flachrhomboedrischen «Fingernagel»-Form haben höchstens 10 Zentimeter lange Kanten. Sie sind meist weiss oder grau; gelegentlich finden sich auch gelbbraune oder rötlichbraune Kristalle. Calcite, welche durch Lehm vor der Verwitterung geschützt blieben, haben einen schönen Oberflächenglanz.

Farblose Calcite werden auch Doppelspat genannt, da bei diesen die physikalische Eigenschaft der Doppelbrechung des Lichtes gut beobachtet werden kann. Das Mineral hat die Eigenschaft, einen einfallenden Lichtstrahl in zwei Strahlen zu zerlegen, welche dann auf getrennten Wegen den Kristall durchlaufen und wieder verlassen. Legt man ein klares Spaltrhomboeder auf ein mit einer Linie versehenes Papier, erscheint diese Linie, durch den Calcit betrachtet, doppelt. Die Distanz der beiden beobachteten Linien ist abhängig von der Dicke des

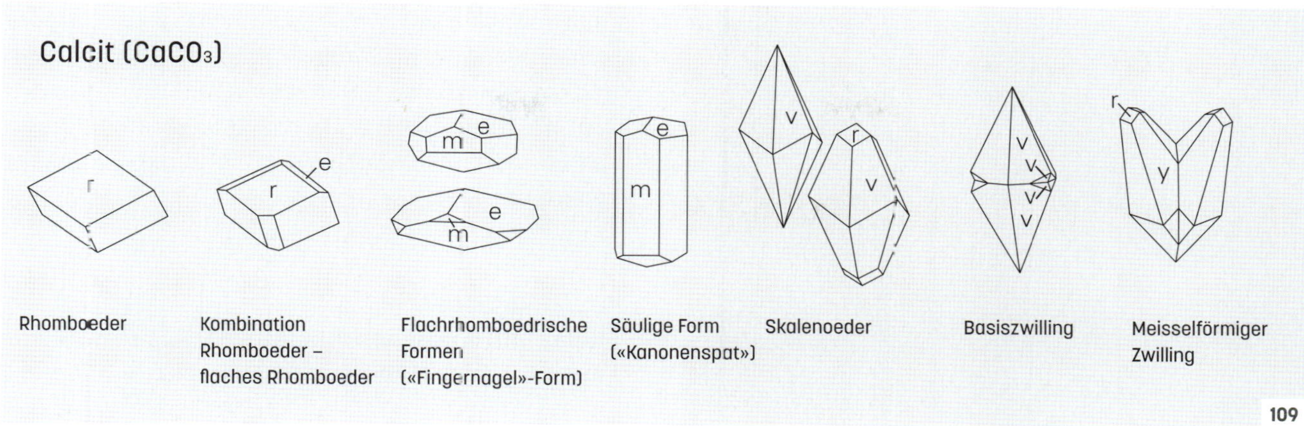

109

110

111

112

109 Oft tritt Calcit in der Form des Rhomboeders oder dieses kombiniert mit einem flachen Rhomboeder auf. Die flachrhomboedrischen Kristalle werden als Calcit in der «Fingernagel»-Form bezeichnet. Die säulige Ausbildung entspricht der Form des «Kanonenspates». Häufig findet sich der Calcit als Skalenoeder. Weiter kommen Basiszwillinge und meisselförmige Zwillinge vor.
Illustration: Michael Soom

110 Calcit-Skalenoeder, Doppelender. Cholloch, Eggerstanden. Breite: 4 Zentimeter.
Foto: Thomas Schüpbach

111 Frei ausgebildeter Calcit-Basiszwilling. Cholloch, Eggerstanden. Breite: 7.5 Zentimeter.
Foto: Thomas Schüpbach

112 Doppelbrechung des Lichts bei einem farblosen Calcitkristall (Spaltrhomboeder). Kristallhöhle Kobelwald. Breite: 4.5 Zentimeter.
Foto: Thomas Schüpbach

113 Weisser Chalcedon auf Quarz. Blattenberg, Oberriet. Breite des abgebildeten Ausschnitts: 1.2 Zentimeter.
Foto: Thomas Schüpbach

114 Aufschluss im Ibachtobel südöstlich Steinegg mit der Dickit-Fundstelle (Pfeil).
Foto: Michael Soom

115 Dickit auf Calcit. Ibachtobel. Breite des abgebildeten Ausschnitts: 2.5 Zentimeter.
Foto: Thomas Schüpbach

Kristalls: Je dicker der Kristall, umso weiter auseinander kommen die beiden Linien zu liegen. Die eine liegt im Kristall höher als die andere. Wenn dieser auf seiner Unterlage gedreht wird, bleibt die eine Linie an Ort und Stelle, während die zweite eine kreisende Verschiebung erfährt.

Chalcedon

Beim Mineral Chalcedon handelt es sich um eine mikrokristalline, feinstfaserige Varietät von Quarz, mit gleicher chemischer Zusammensetzung wie dieser. Beide Mineralarten gehören zur Klasse der Oxide. Das Mineral konnte im Alpstein an wenigen Lokalitäten in den Kreideschichten der Säntis-Decke nachgewiesen werden.

Speziell ist das Vorkommen von Chalcedon im Schrattenkalk des Blattenbergs bei Oberriet. Im Calcit eingelagert finden sich dort unregelmässig verteilte Konkretionen aus weissem Chalcedon. Diese Chalcedongebilde bilden nach Mullis (1982) die Aufwachsbasis für später auskristallisierte Sternquarze und sind für deren Form verantwortlich.

Dickit

Dickit ist ein Vertreter der Klasse der Silikate. Im Alpstein konnte Dickit bisher lediglich an einer einzigen Lokalität nachgewiesen werden: Im Ibachtobel nahe Steinegg findet sich das hellbraun-beige Mineral in feinkörniger Ausbildung als Überzug von Calcit in Kluftrissen innerhalb von Sandsteinen der Unteren Meeresmolasse. Unter dem Rasterelektronenmikroskop zeigt Dickit eine tafelige Ausbildung (Hofmann et al. 2014 und Kürsteiner und Soom 2015).

Dolomit und Ankerit

Die Mineralien Dolomit und Ankerit gehören zur Klasse der Karbonate, wobei Ankerit zusätzlich einen Eisengehalt aufweist. Ankerit ist je nach Eisengehalt weiss, hell- oder orange-gelb. Häufig ist er stark angewittert und nimmt eine limonengelbe oder rostbraune Farbe an. Die Kristalle sind meist als Rhomboeder ausgebildet; häufig finden sich auch sattelförmige Aggregate.

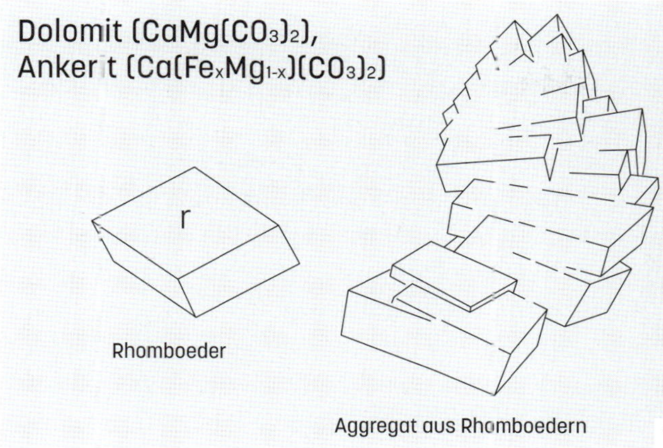

116

117

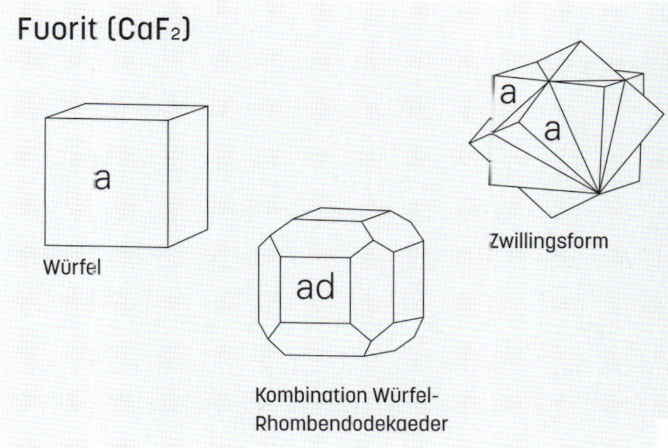

118

119

Dolomit und Ankerit finden sich im Alpstein an verschiedenen Lokalitäten in der Schrattenkalk- und Seewen-Formation. Beide Mineralarten kommen meist in der Form von 1–2 Millimetern, selten bis maximal 10 Millimeter grosser sattelförmig gekrümmter Aggregate vor. Man kann sie aber auch in der Form kugeliger Aggregate mit einem Durchmesser von höchstens 5 Millimetern finden. Sie sind jeweils dem Kluftnebengestein oder den Mineralien Calcit sowie seltener Quarz aufgelagert.

Fluorit

Die Mineralart Fluorit gehört in die Klasse der Halogenide. Im Alpstein ist Fluorit von mehreren Lokalitäten in den Kreideschichten der Säntis-Decke bekannt. Spektakuläre Mineralstufen stammen von der Dürrschrennenhöhle und aus der Chobelwand. Diese Fluoritkristalle weisen eine Qualität auf, wie sie andernorts in der Schweiz nur selten auftreten. Die

116 Die Grundform des Dolomits ist das Rhomboeder. Häufig finden sich Dolomit-Aggregate, die aus einzelnen, gegeneinander leicht verdrehten Rhomboedern bestehen.
Illustration: Michael Soom

117 Gelber Dolomitkristall mit verbogenen Flächen neben weissem Baryt und büscheligem Strontianit. Steinbruch Montlingerberg, Oberriet. Breite des abgebildeten Ausschnitts: 3 Millimeter.
Foto: Thomas Schüpbach

118 Oft tritt Fluorit in der Form des Würfels auf, seltener als Kombination Würfel-Rhombendodekaeder. Auch Zwillingsformen kommen vor.
Illustration: Michael Soom

119 Würfelförmiger, grüner Fluorit. Chobelwand. Kantenlänge: 8 Zentimeter.
Foto: Peter Kürsteiner

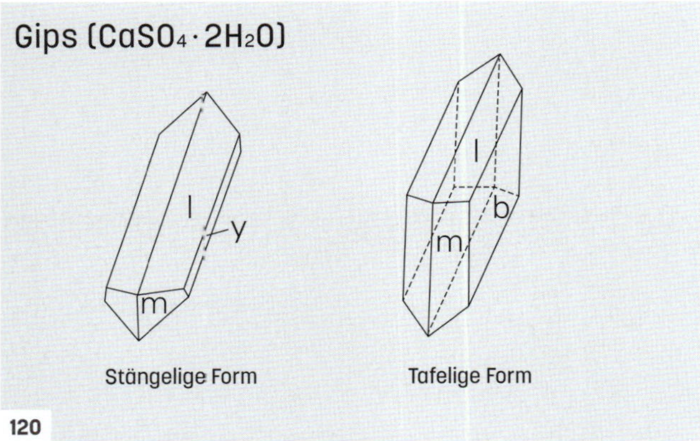

120

121

120 Gips findet sich in der Form stängeliger oder tafeliger Kristalle.
Illustration: Michael Soom

121 Stängelförmige Gipskristalle. Aulenbachbrücke, nordwestlich von Brülisau. Breite des abgebildeten Ausschnitts: 7 Millimeter.
Foto: Thomas Schüpbach

Fluorite dieser Fundstellen sind meist als Würfel oder als Kombinationen von Würfel und Rhombendodekaeder auskristallisiert.

Fluorit ist das farbenprächtigste der im Alpstein vorkommenden Mineralien. Die Fluorite des Säntisgebiets zeigen meist verschiedene Grüntöne; seltener finden sich hell- bis dunkelviolette oder rosarote Farbtöne. Auch graue, gräulich blaue, weisse sowie fast farblose Fluorite kommen gelegentlich vor. Grosse Kristalle sind fast durchwegs hell- bis dunkelgrün, während die übrigen Farbtöne fast ausschliesslich bei den kleineren Fluoriten oder bei jüngeren Generationen beobachtet werden können.

Gips

Das Mineral Gips gehört in die Klasse der Sulfate. Gips konnte im Alpstein bisher nur von zwei Stellen bestimmt werden. Bei der Lokalität Kamm bei Plona SG findet sich Gips auf teilweise oxidierten Pyritkugeln sowie in schmalen Rissen des Nebengesteins. Die Gipskriställchen sind stängel- oder nadelförmig ausgebildet, höchstens wenige Millimeter gross und von weisser oder rostbrauner Farbe.

Bei der Aulenbachbrücke nordwestlich von Brülisau kommt das Mineral in Gesteinsrissen des dort anstehenden Mergels sowie dem Pyrit aufgelagert vor. Er ist entweder als weisse, kugelige Aggregate oder in der Form einzelner stängelförmiger Kristalle von höchstens 1 Millimeter Länge anzutreffen.

Es handelt sich beim Gips der beschriebenen Vorkommen um eine sekundäre (rezente) Mineralbildung, welche bei der Zersetzung des Eisensulfids Pyrit entstanden ist.

Hämatit

Im Alpstein tritt Hämatit, ein Vertreter der Oxide, in erdigen, feinkörnigen Massen auf. Es handelt sich durchwegs um feinkristalline Erzimprägnationen entlang tektonischer Bruchzonen, ohne ausgebildete Kristallformen. Im Raum Schaienegg–Brülisau–Fähneren kommen an verschiedenen Stellen hämatitisch vererzte Sandkalke vor. Bereits Kenngott (1866) kannte und beschrieb «schuppigen Eisenglanz oder Eisenglimmer bis hellrothen Eisenrahm auf Nummulitenkalkstein an der Schienegg am Fusse des Alpsiegels in der Säntiskette». Der Hämatit, als rötliches, schuppiges Mineral ausgebildet, tritt meist zusammen mit weissem Calcit auf.

Markasit

Markasit gehört wie die weitaus häufigere Mineralart Pyrit in die Klasse der Sulfide. Im Alpstein konnte Markasit bisher nur in einigen Konkretionen einer Geröllhalde westlich der Seealp nachgewiesen werden. Markasit tritt dort als bis 50 Mikrometer grosse Einschlüsse in Pyrit auf. Die Form der verschiedenen Einschlüsse deutet darauf hin, dass es sich beim Markasit um ehemalige Hohlraumfüllungen von Fossilien handeln dürfte.

Pyrit

Pyrit, im Volksmund oft auch Katzengold genannt, ist das häufigste Sulfidmineral und kommt im Alpstein in den meisten Gesteinseinheiten verbreitet vor. Pyritkristalle können in verschiedenen Formen ausgebildet sein; besonders häufig ist die Würfelform. Die Kristalle sind jeweils einzeln oder auch gruppiert im Gestein eingebettet. Sie haben Kantenlängen von höchstens 1 Zentimeter. Vereinzelt ist der Pyrit stängelförmig ausgebildet.

122

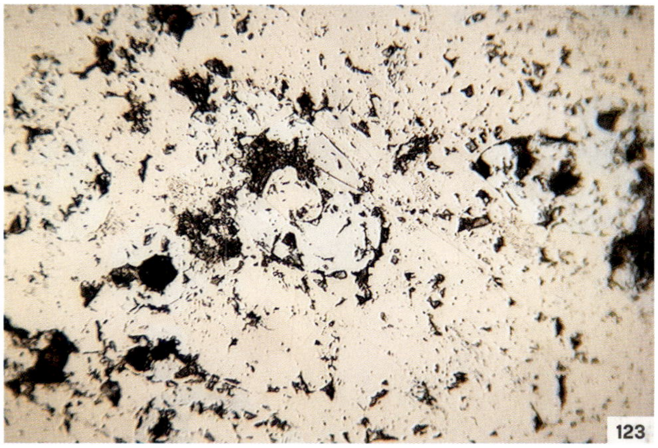
123

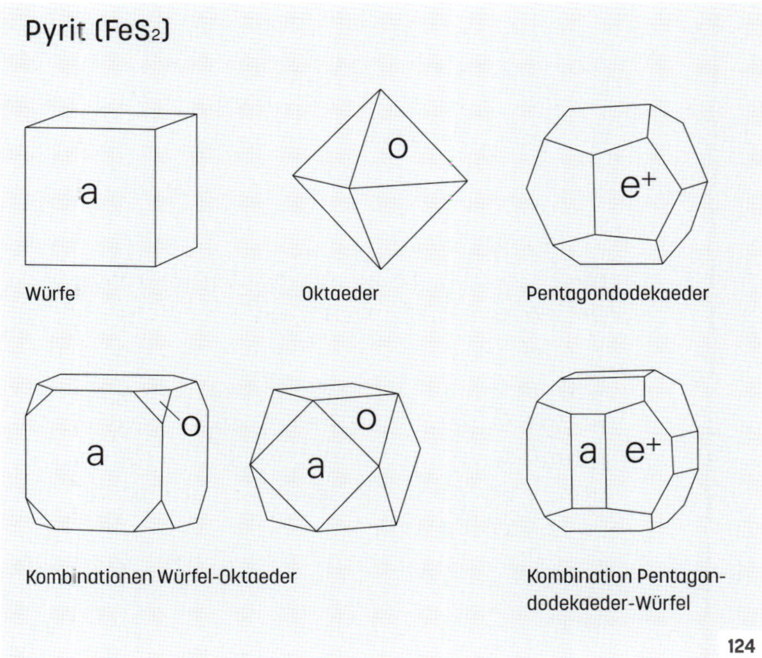

124

122 Rötlicher, schuppig ausgebildeter Hämatit. Schaienegg westlich Brülisau. Breite des abgebildeten Ausschnitts: 12.5 Zentimeter.
Foto: Thomas Schüpbach

123 Erzanschliff einer Pyrit-Konkretion mit Einschlüssen von Markasit. Im normalen Auflicht ist der Pyrit messinggelb und der Markasit grau gefärbt. Horsthalde, Seealp. Markasit bis 50 µm breit.
Foto: Beda Hofmann

124 Oft tritt Pyrit in der Form des Würfels oder als Kombination Würfel-Oktaeder auf. Als weitere Kristallformen kommen das Pentagondodekaeder und eine Kombination Pentagondodekaeder-Würfel vor.
Illustration: Michael Soom

In den Gesteinspartien sind manchmal wenige Zentimeter grosse goldfarbene, dunkelbraune oder schwarze Pyritkugeln eingebettet. Zuweilen werden diese Mineralbildungen von den Einheimischen «Blitzkugeln» oder «Donnerkugeln» genannt. Im Innern zeigen die kugelförmigen Aggregate gewöhnlich einen radialstrahligen Aufbau.

Frisch aufgeschlagene sowie aus dem Gestein herausgelöste Pyritkugeln, die zuvor nicht der Verwitterung ausgesetzt waren, haben eine messinggelbe Farbe. Meistens findet man sie aber, als Folge der Verwitterung, mit schwarzer oder rostbrauner Oberfläche.

Pyrrhotin

Pyrrhotin ist ein Mineral aus der Klasse der Sulfide. Im Alpstein konnte Pyrrhotin lediglich in Kluftrissen des Helvetischen Kieselkalks des Steinbruchs Unterkobel, Oberriet, gefunden werden. Das Mineral ist dort bronzegelb und tritt in Form dicktafeliger, pseudohexagonaler Aggregate mit einer Länge von höchstens 3 Millimetern auf.

Pyrrhotin ($Fe_{1-x}S$)

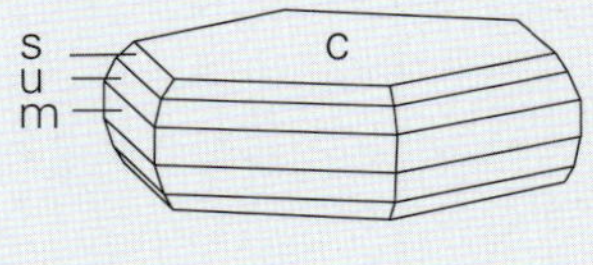

125 Pyritwürfel. Öhrlisattel. Kantenlänge grösster Kristall: 8 Millimeter.
Foto: Thomas Schüpbach

126 Golden glänzende Pyritkugel. Säntis. Durchmesser: 2.5 Zentimeter.
Foto: Thomas Schüpbach

127 Pyrrhotin in der Form eines pseudohexagonalen, tafeligen Kristalls.
Illustration: Michael Soom

128 Pyrrhotin-Aggregat auf Calcit. Steinbruch Unterkobel, Oberriet. Kristallbreite: 3 Millimeter.
Foto: Thomas Schüpbach

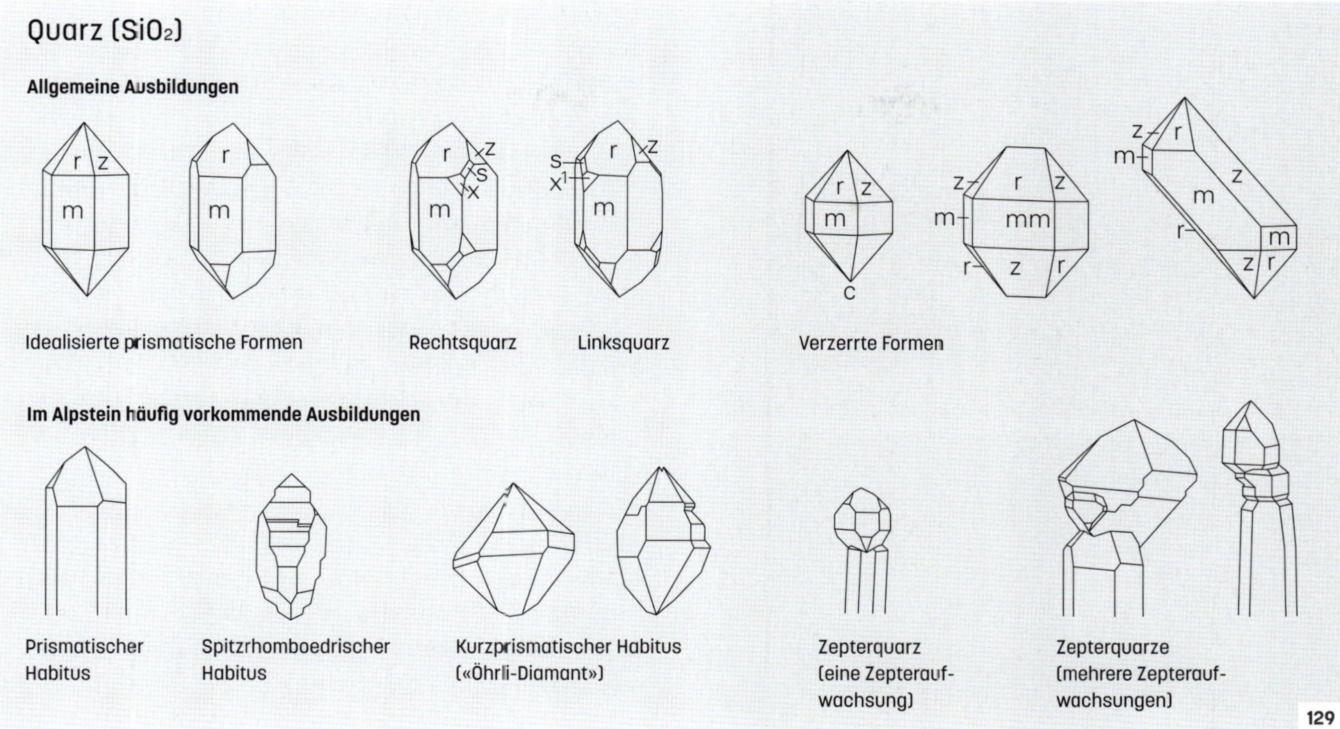

129

Quarz

Quarz, ein Vertreter der Oxide, ist im Alpstein nach Calcit und Pyrit das häufigste Mineral. Er findet sich in Rissen und Klüften der meisten Gesteinsarten. Die Quarz-Kristalle des Alpsteins sind meist farblos. Zuweilen enthalten sie Einschlüsse von Erdöl, was dem Mineral eine Braunfärbung verleiht. Nicht selten sind auch Einschlüsse von anderen Flüssigkeiten sowie von Gas zu beobachten. Quarz kommt im Alpstein in verschiedenen Ausbildungsformen vor, die im Folgenden kurz beschrieben werden.

Prismatischer Habitus

Häufig findet sich Quarz in prismatischer bis langprismatischer Ausbildung. Bei diesen Kristallen dominieren – im Gegensatz zum kurzprismatischen Typ – die Prismenflächen m gegenüber den Hauptrhomboederflächen r und z. Die einzelnen Kristalle dieses Typs sind höchstens 9 Millimeter lang; häufig liegen Doppelender vor.

129 Allgemeine Ausbildungen: idealisierte prismatische Quarz-Kristalle, «Rechtsquarz» und «Linksquarz». In der Natur treten oft verzerrte Kristalle auf. Im Alpstein häufig vorkommende Ausbildungen: prismatischer Habitus, spitzrhomboedrischer Habitus und kurzprismatischer Habitus vom Typ «Öhrli-Diamant». Zepterquarze bestehen aus einem meist schmaleren Unterbau und einer oder mehreren Zepteraufwachsungen.
Illustration: Michael Soom

130

131

130 Quarz-Doppelender, sogenannte «Öhrli-Diamanten». Vordere Öhrligrueb. Höhe längster Kristall: 6 Millimeter.
Foto: Thomas Schüpbach

131 Quarz-Aggregat mit mehrfacher Zepterbildung: Einem langprismatischen Kristall sind an beiden Enden bis zu drei Zeptergenerationen aufgewachsen. Ruine Blatten, Oberriet. Länge Quarz-Aggregat: 6 Millimeter.
Foto: Thomas Schüpbach

Spitzrhomboedrischer Habitus

Zuweilen finden sich Quarz-Kristalle mit spitzrhomboedrischem Habitus: Durch Alternieren der Prismenflächen m mit unterschiedlich steilen Rhomboederflächen r und z verjüngen sich die Kristalle zur Spitze hin. Die Rhomboederflächen treten stark zurück und bilden vereinzelt nur noch die Kristallspitze.

Quarz in der Form des «Öhrli-Diamanten»

Am bekanntesten sind die sogenannten «Öhrli-Diamanten». Bei diesen handelt es sich um kurzprismatische, höchstens 2.5 Zentimeter lange Quarze, bei welchen die Hauptrhomboederflächen r und z gegenüber den untergeordnet ausgebildeten Prismenflächen m dominieren. Die Kristalle sind fast ausschliesslich als Doppelender ausgebildet. Im Innern ist manchmal eine frühere, einschlussreiche Generation zu erkennen. Bei grösseren Exemplaren ist auf den Kristallflächen eine Fensterbildung zu erkennen. Es besteht ein gradueller Übergang zum Zepterquarz. Bei den Fensterquarzen wurden während des Wachstums die Kristallbausteine bevorzugt an den Kristallkanten und weniger stark an den Flächenzentren angelagert. Dies verlieh den Kristallen eine an Fensterrahmen erinnernde Form.
Die «Öhrli-Diamanten» erhielten ihren Namen wegen ihres ausgeprägten Oberflächenglanzes und ihrer grossen Durchsichtigkeit; Eigenschaften, welche an facettierte Edelsteine erinnern. Sie finden sich am häufigsten in der Palfris-Formation in der Umgebung des Öhrli. Quarze dieser Form kommen im Alpstein aber auch an verschiedenen anderen Lokalitäten vor.

Zepterquarz

Zepterquarze sind Quarz-Kristalle, die auf einem schmaleren Unterbau einen zepterförmigen Aufbau tragen. Der Unterbau kann im Alpstein aus einem Quarz mit spitzrhomboedrischem oder prismatischem Habitus bestehen; der Aufbau entspricht oft einem Quarz in der Form des «Öhrli-Diamanten». Bei grösseren Kristallen ist beim zepterförmigen Aufbau oft eine Fensterbildung erkennbar, welche auf ein beschleunigtes Wachstum entlang der Kristallkanten hinweist. Zepterquarze bestehen meist aus mehreren Wachstumsgenerationen. Im Alpstein wurden sie unter anderem im Gebiet Öhrli, im Bergsturzgebiet Salez und am Blattenberg bei Oberriet gefunden.

Sternquarz

Vom Blattenberg bei Oberriet stammen sogenannte Sternquarze. Es handelt sich bei diesen um 1 bis 2 Zentimeter grosse, kugelige oder rosettenartige Gruppierungen von wenige Millimeter langen Quarz-Kriställchen, welche jeweils einer Schicht Chalcedon aufgewachsen sind.

Realgar

Realgar, ein Vertreter der Sulfide, kommt im Säntisgebiet nur an einer einzigen Lokalität vor: am Bachlauf der Sitter, etwas nördlich der Brücke bei Ebni, Haslen AI. Es handelt sich dort um höchstens 3 Millimeter lange, stängelförmig ausgebildete Einzelkristalle von blutroter Farbe in winzigen Hohlräumen von Calcit.

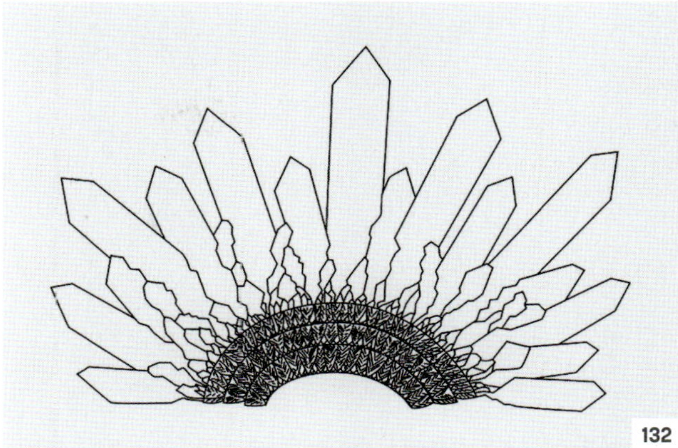
132

133

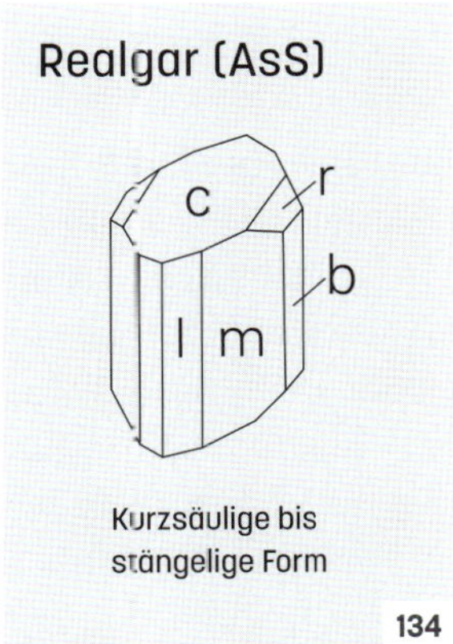

134

135

132 Schnitt durch ein Sternquarz-Aggregat. Die Quarz-Kristalle sind sternförmig dem Chalcedon aufgewachsen.
Illustration: Michael Soom, nach Mullis (1982)

133 Sternquarz-Aggregat, bestehend aus unzähligen, radialstrahlig gewachsenen Einzelkristallen. Blattenberg, Oberriet. Breite des abgebildeten Ausschnitts: 1.1 Zentimeter.
Foto: Thomas Schüpbach

134 Realgar tritt in der Form kurzsäuliger bis stängelförmiger Kristalle auf.
Illustration: Michael Soom

135 Blutroter, stängelförmiger Realgarkristall mit weissem Calcit. Ebni, Haslen AI. Länge des Realgars: 1 Millimeter.
Foto: Thomas Schüpbach

136

137

Strontianit

Strontianit ist ein Vertreter der Karbonate. Strontianit konnte im Alpstein an verschiedenen Lokalitäten in den Kreideschichten der Säntis-Decke und im Wildhaus-Mélange nachgewiesen werden. Er findet sich in Form farbloser oder weisser, spiessiger bis büschelförmiger Kristallaggregate von 4 Millimeter Grösse. Zuweilen kommt er auch sinterartig sowie kugelförmig ausgebildet mit einem Durchmesser von höchstens 5 Millimetern vor. Strontianit ist jeweils mit Calcit vergesellschaftet.

Dopplerit

Da es sich beim Dopplerit um keine heute anerkannte Mineralart handelt, sondern um ein Gemenge verschiedener Huminsäuren (Kürsteiner et al. 2024), wird er in dieser Zusammenstellung der Mineralien zuletzt aufgeführt. Diese Gemenge wurden als weiche Massen unter Luftabschluss aus Torf gebildet, die erst an der Luft zu einer Festsubstanz aushärteten. Trotzdem ist Dopplerit der Vollständigkeit halber in die Mineralogischen Tabellen von Jim Ferraiolo und Mitarbeitern (Strunz-mindat 2025) aufgenommen worden.

Die asphaltähnliche, organische Verbindung findet sich im Torfmoos von Gontenbad. Dieses Vorkommen wurde in der Literatur schon früh erwähnt (Tschudy 1850): «Vor vierzehn Tagen übergab mir der, den Reisenden in der Schweiz durch sein Hotel auf der höchsten Spitze des Sentis sehr bekannte Rathsherr Dörig in Appenzell beifolgende Stücke von Dopplerit, die er in seinen Torflagern beim Bade Gonten, eine halbe Stunde vom Dorfe Appenzell gefunden hat. Nach seinen Angaben durchsetzt dieses Fossil die Torflager in vielen Gängen, von denen der stärkste fünf Zoll breit ist und schon neun Fuss tief zu Tage liegt. Die Gänge sind so zahlreich, dass in diesem Lager binnen Kurzem mehrere Wagen damit beladen werden könnten. Das Ausgraben hat nicht die geringste Schwierigkeit, indem der Dopplerit ohne irgend ein Instrument, bloss mit der Hand aus den ihm umgebenden Torfe gelöst werden kann.»

136 Büschelförmiger Strontianit auf Calcit, neben bräunlichem Dolomit. Steinbruch Unterkobel, Oberriet. Breite des abgebildeten Ausschnitts: 1.2 Zentimeter.
Foto: Thomas Schüpbach

137 Dopplerit. Torfmoor von Gontenbad. Es handelt sich bei diesem um keine einheitliche Verbindung, sondern um ein Gemenge verschiedener Huminsäuren. Deshalb erscheint nach heutigem Wissensstand eine Zuordnung als Mineral nicht gerechtfertigt. Höhe: 2.8 Zentimeter.
Foto: Thomas Schüpbach

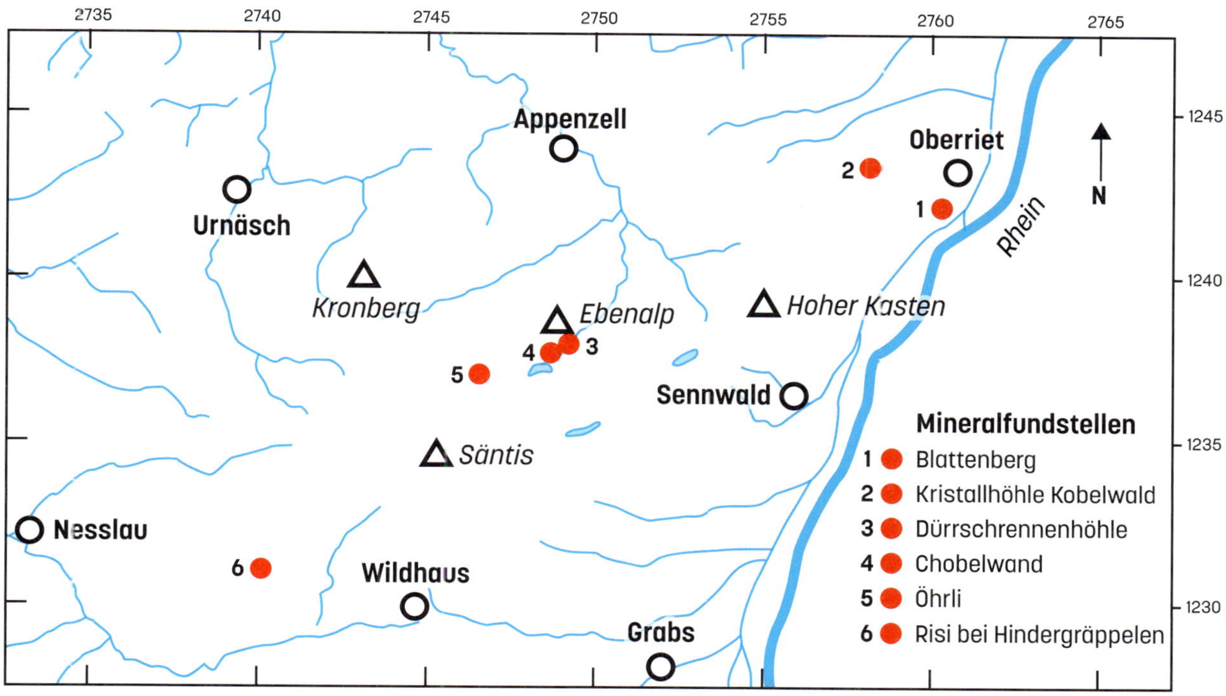

138

Mineralvorkommen

Peter Kürsteiner und Michael Soom

In den klassischen Mineralfundgebieten der Schweizer Alpen wie zum Beispiel in den Kristallingesteinen des Aar- und des Gotthardmassivs sind die Kluftdichte sowie die Anzahl vorkommender Mineralarten gross. Im Alpstein hingegen dominieren Kalkgesteine, weshalb sowohl die Anzahl Mineralvorkommen als auch die Mineralienvielfalt bescheiden ist. Vorherrschend sind Kluftrisse und Klüfte mit Calcit. Calcit kommt vielfach als alleiniges Mineral vor; zuweilen ist er vergesellschaftet mit anderen, nur spärlich vorkommenden Begleitmineralien.

Eine besondere Stellung nehmen zwei Mineralfundstellen ein: die Dürrschrennenhöhle und die Chobelwand. In diesen konnten vorwiegend grüne Fluorite in grosser Menge und in herausragender Qualität gesammelt werden. Fluorite von grünem Farbton kommen im alpinen Raum nur an wenigen Lokalitäten vor und sind entsprechend gesucht. Deshalb ist der Alpstein als Mineralfundgebiet hauptsächlich wegen dieser Fluorite bekannt.

Kristallhöhle Kobelwald

Die grössten Calcit-Lager des Alpsteins befinden sich in der bei Oberriet gelegenen Kristallhöhle Kobelwald. Diese begehbare Schauhöhle zieht jedes Jahr Tausende Besuchende an. In dieser Schauhöhle lassen sich speläologische, geologische, hydrologische

138 Übersichtskarte des Alpsteins mit den im Text erwähnten Mineralfundstellen.
Illustration: Joëlle Soom

139 Calcit-Kristalle in der Ersten Halle der Kristallhöhle Kobelwald.
Foto: Pius Vorburger

140 Wandpartie der Ersten Halle der Kristallhöhle Kobelwald mit vielen Calcit-Kristallen.
Foto: Thomas Kühnis

141 Calcit-Stufe aus den Bodensedimenten der Ersten Halle der Kristallhöhle Kobelwald. Breite: 90 Zentimeter.
Foto: Thomas Kühnis

und mineralogische Aspekte studieren – was sie für die Schweiz einzigartig macht (Kürsteiner et al. 2004). Sie ist als Geotop von nationaler Bedeutung im Geotopinventar des Kantons St. Gallen (Keller 2012) sowie im Schutzplan der Gemeinde Oberriet aufgeführt. Die Höhlenatmosphäre, die Kristalle, die Tropfsteine, das rauschende Wasser sowie die Lichtverhältnisse üben eine grosse Faszination aus. Es handelt sich um die einzige touristisch erschlossene, wasserführende Höhle mit einem grossen Calcit-Vorkommen der Schweiz.

Der Hauptgang der Höhle bis zum Siphon 2 im hinteren Bereich ist 367 Meter lang. Höhlentaucher sind daran, den weiteren Höhlenverlauf zu erforschen: Nach dem 96 Meter langen Siphon 2 folgt ein 50 Meter langer Trockenteil, gefolgt vom rund

140

141

20 Meter langen Siphon 3. Die Gesamtlänge der Höhle, das heisst die Summe aller bisher bekannten Ganglängen, beträgt mehr als 800 Meter. Der unregelmässig verlaufende Hauptgang wird fast auf der ganzen Länge von einem Bach durchflossen. Die ersten 128 Meter des Hauptgangs sind ausgebaut und touristisch erschlossen.

Calcit findet sich hauptsächlich im vorderen Teil der Höhle, während Sinterbildungen wie Tropfsteine vor allem im hinteren Höhlenteil vorkommen. Der Calcit ist vorwiegend als Rhomboeder mit Kantenlängen bis über 20 Zentimeter ausgebildet und überzieht ganze Wand- und Bodenpartien der Höhle. Ebenfalls recht häufig sind Skalenoeder bis zu 30 Zentimeter Länge. Die Calcite sind weiss oder zeigen verschiedene Grautöne. Auch farblos-durchsichtige Kristalle mit Doppelspat-Charakter kommen vor.

142 Zwei ineinander verwachsene Calcit-Rhomboeder. Kristallhöhle Kobelwald. Breite: 3.5 Zentimeter.
Foto: Thomas Schüpbach

143 Calcit-Skalenoeder. Kristallhöhle Kobelwald. Länge: 15 Zentimeter.
Foto: Thomas Schüpbach

144 Calcit-Kristall mit Überzug von Höhlensinter: Der Sinter ist in feinen Schichten oder blumenkohlartig ausgebildet und entstand in unterschiedlich rasch bewegtem Wasser des Höhlenbachs. Kristallhöhle Kobelwald. Höhe: 11 Zentimeter.
Foto: Thomas Schüpbach

Dürrschrennenhöhle

Seit weit über hundert Jahren sind Mineralfunde der Dürrschrennenhöhle bekannt. Diese Höhle ist sicher die bekannteste und bedeutendste Mineralfundstelle des Alpsteins. Sie befindet sich im Gebiet Dürrschrennen, nördlich des Weges (Seealpsee–)Kobel–Äscher. Sie liegt in einem Querbruch einer circa 50 Meter hohen, horizontal verlaufenden und beinahe senkrechten Felswand aus Helvetischem Kieselkalk. Die Höhle ist 34 Meter tief, bis zu 9.5 Meter breit und 18.5 Meter hoch. Aus ihr stammen besonders schöne Fluorit- und Calcitstufen.

Der Fluorit kommt sowohl in Drusen im Gestein als auch als gangartige Füllung vertikaler Spalten vor. Er ist meist als Würfel mit Kantenlängen von bis zu 11.5 Zentimetern auskristallisiert, seltener als Kombination Würfel-Rhombendodekaeder mit geringerer Kantenlänge. In der Regel zeigt er hell- bis satt-

145 Rhomboedrisch ausgebildeter Calcitkristall, teilweise eingebettet in knollenförmigem Sinter. Kristallhöhle Kobelwald. Breite: 16 Zentimeter.
Foto: Thomas Schüpbach

146 Alter, rekristallisierter Höhlensinter mit rhythmischem Wachstum, hervorgerufen durch verschiedenfarbige Fremdeinlagerungen; in der Bildmitte Negativ-Abdruck eines Calcit-Kristalls. Kristallhöhle Kobelwald. Breite: 13 Zentimeter.
Foto: Thomas Schüpbach

147 Dürrschrennenhöhle, im oberen Drittel eines senkrechten Bruchsystems gelegen.
Foto: Bernhard Lämmler

148

149

148 Fluoritstufe, aufgebaut aus unzähligen Würfeln. Dürrschrennenhöhle. Breite: 21 Zentimeter.
Foto: Peter Kürsteiner

149 Mineralstufe mit hellgrünen und lila Fluoritkristallen sowie mit weissem Calcit. Dürrschrennenhöhle. Breite: 11 Zentimeter.
Foto: Thomas Schüpbach

grüne Farbtöne; nur selten tauchen hell- bis dunkelviolette oder rosarote Farbvarietäten auf. Auch graue, weisse sowie fast farblose Fluorite kommen gelegentlich vor. Grosse Kristalle sind fast durchwegs dunkelgrün. Die interessantesten Stufen sind wohl diejenigen, auf denen grüne und violette Farbtöne neben- oder gar übereinander vorkommen.

Neben Fluorit enthält die Dürrschrennenhöhle Calcit. Dieser ist jünger als der Fluorit, sitzt er doch häufig Letzterem auf. Der Calcit ist durchwegs als Skalenoeder ausgebildet. Er ist schneeweiss, gräulich oder hellgelblich bis rötlich-braun. Besonders schön sind diejenigen Mineralstufen, bei denen schneeweisse Calcitkristalle in mehreren Gruppen, häufig sternförmig oder radialstrahlig angeordnet, sattgrünem Fluorit aufsitzen. Calcit-Zwillinge kommen ebenfalls vor. Die Grösse der Kristalle übersteigt kaum 5 Zentimeter.

Wo der Fluorit dem Kalkstein aufsitzt, ist dieser stark zersetzt und besteht aus einer rostbraunen Mas-

150

se, welche viele, nur millimeterlange Quärzchen enthält. Zuweilen sind auch die Zwischenräume der verschiedenen Fluoritwürfel mit dieser Masse gefüllt.

Die Dürrschrennenhöhle steht seit dem Jahr 1959 unter Naturschutz und ist auf der Liste der Geotope nationaler Bedeutung aufgeführt. Das Betreten der Höhle ist daher verboten.

Chobelwand

Die Mineralfundstelle Chobelwand ist die zweite bedeutende Fluorit-Lagerstätte des Alpsteins und liegt in der rund 130 Meter westlich der Dürrschrennenhöhle gelegenen, ins Tal hinunterziehenden Felswand. Eine markante Bruchspalte enthält mehrere Ausweitungen, in welchen Fluorit, Calcit und Quarz gesammelt werden konnten.

Die Fluorite der Chobelwand, welche seit 1980 unter Naturschutz steht, imponieren durch ihre Grösse und durch ihre bläulichen bis sattgrünen

150 Fluorit-Stufe mit aufgewachsenen Calcit-Kristallen. Dürrschrennenhöhle. Breite: 15 Zentimeter.
Foto: Stefan Rohner

151

152

153

151 Chobelwand: Aus mehreren Ausweitungen der grossen, senkrechten Bruchspalte etwas rechts der Bildmitte stammen Fluorite und Calcite.
Foto: Bernhard Lämmler

152 Würfelförmig ausgebildeter Fluorit. Chobelwand. Breite: 6 Zentimeter.
Foto: Thomas Schüpbach

153 Fluorit-Stufe. Chobelwand. Höhe: 9 Zentimeter.
Foto: Thomas Schüpbach

Farbtöne. Das Mineral kommt als derbe Gangfüllung vor und ist meistens von einer braunen Masse von nur selten mehr als 1 Millimeter langen Quärzchen umgeben. Der Fluorit ist entweder als Würfel mit höchstens 5 Zentimeter langen Kanten oder als Kombination Würfel-Rhombendodekaeder mit Kantenlängen von höchstens 3 Zentimetern ausgebildet.

154

155

Calcit ist dasjenige Mineral, das in der Chobelwand weitaus am häufigsten vorkommt. Man findet das gelblich-weisse oder vereinzelt auch hellgraue bis weisse Mineral entweder den Kluftwänden aufgelagert und meist mit lehmiger Erde bedeckt oder als Überzug von Gesteinsbruchstücken im Lehm. Der Calcit ist bezüglich seiner Form sicher das interessanteste Mineral dieser Fundstelle. Es können zwei Ausbildungsformen unterschieden werden: bis zu 10 Zentimeter lange Skalenoeder, die das Muttergestein (Kluftwände oder lose Gesteinsbrocken) wie ein Rasen überziehen und sehr schöne Platten bilden, und bis zu 40 Zentimeter lange keulenförmige (gekrümmte) Zwillinge nach dem negativen Rhomboeder f, die gegen die Aufwachsstelle hin eine auffallende Verjüngung aufweisen (Federcalcite). Es wurden dabei Zwillingskristalle beobachtet, die an der Spitze einen v-förmig einspringenden Winkel zeigen, und solche, deren Spitze geschlossen ist (sogenannte lanzettförmige Zwillinge).

154 Calcit-Stufe mit rundherum aufgewachsenen Skalenoedern. Chobelwand. Breite: 33 Zentimeter.
Foto: Michael Soom

155 V-förmiger Calcit-Zwilling. Chobelwand. Länge: 6.5 Zentimeter.
Foto: Thomas Schüpbach

156 Lanzettförmiger Calcit-Zwilling. Chobelwand. Länge: 5.5 Zentimeter.
Foto: Thomas Schüpbach

157 Kurzprismatische Quarz-Doppelender vom Typ «Öhrli-Diamant». Öhrlisattel. Länge des grossen Kristalls: 18 Millimeter.
Foto: Thomas Schüpbach

158 «Öhrli-Diamanten»: bipyramidale, kurzprismatische Quarz-Kristalle. Vordere Öhrligrueb. Länge: bis zu 15 Millimeter.
Foto: Michael Soom

Öhrli und Umgebung

Das Öhrli ist namengebend für die sogenannten «Öhrli-Diamanten». In den Mergeln der Palfris-Formation im Gebiet Vordere Öhrligrueb–Öhrlisattel–Öhrlikopf finden sich diese kleinen Quärzchen da und dort.

Die mineralführenden Klüfte treten vorwiegend in den kalkigeren, gebankten Gesteinsschichten auf. Es handelt sich meist um Dehnungsklüfte mit einer leichten, seitlichen Einschnürung; die Kluftebenen verlaufen annähernd horizontal. Die Klüfte sind bis zu 1.5 Zentimeter hoch und 30 bis 60 Zentimeter lang. Die Quärzchen finden sich nicht nur dem Muttergestein aufgewachsen, sondern auch häufig von ihrer Unterlage losgelöst im Gesteinsschutt. Besonders in der Vorderen Öhrligrueb lassen sich diese stark glänzenden Kriställchen zuweilen finden.

Die Quarze sind jeweils dem Calcit aufgewachsen, kurzprismatisch und meist 5 bis 10 Millimeter, nur selten bis zu 2.5 Zentimeter lang. Es sind zumeist Doppelender; Zepterquarze sind seltener. Die Quärzchen enthalten teilweise Einschlüsse von braunem Erdöl sowie von Methangas.

Als weitere Mineralien treten im Öhrli-Gebiet skalenoedrisch ausgebildeter Calcit sowie stark verwitterter, limonengelber, immer dem Calcit aufgelagerter Dolomit auf. Die höchstens 4 Millimeter langen Skalenoeder sind stark eisenhaltig und von der Basis zur Spitze hin abnehmend mit Eisen gesättigt. Erdöl ist relativ häufig, aber unregelmässig im Calcit eingeschlossen. Der Dolomit ist höchstens 2 Millimeter lang ausgebildet und infolge der Oxidation häufig dunkelbraun gefärbt.

Kluftbildung und Mineralentstehung

Michael Soom

Die verschiedenen Mineralarten des Alpsteins unterscheiden sich voneinander bezüglich ihrer Entstehung. Die Mehrzahl der Mineralien stammt aus Gesteinsklüften, die sich vor Jahrmillionen während der Gebirgsbildung in Tiefen von mehreren Kilometern unter der damaligen Erdoberfläche öffneten. Infolge fortlaufender Hebung und Abtragung befinden sich die Mineralvorkommen heute an der Erdoberfläche. Davon unterscheiden sich die sogenannten Sekundärmineralien, die sich durch Verwitterungsprozesse der primär gebildeten Mineralien unter Einwirkung von Grund- und Porenwässern in geringer Tiefe bilden. Typische Sekundärmineralien des Alpsteins sind Aragonit und Gips. Aragonit entsteht durch Verwitterung von eisenreichem Dolomit und Ankerit, während Gips durch Oxidation aus dem Eisensulfid Pyrit hervorgeht. Gleichzeitig wird Eisenhydroxid («Limonit») ausgefällt.

Tektonische Bewegungen, bedingt durch die Kollision der Adriatischen und der Europäischen Kontinentalplatte, führten zu Brüchen im Gestein und zur Öffnung von Hohlräumen, in welchen verschiedene Mineralarten auskristallisierten. Während der Überschiebung der Säntis-Decke wurden die mergelig-tonigen Gesteine mehrheitlich plastisch deformiert; die sandig-kalkigen Gesteine hingegen verhielten sich vergleichsweise spröde und reagierten mit der Bildung von Rissen und Klüften. Infolge einer Überdeckung durch später wegerodierte Gesteinseinheiten fanden die Deformationen bei in Bezug auf die heutigen Verhältnisse erhöhten Temperaturen und Drücken statt. Im Gestein zirkulierten heisse, mit Mineralstoffen angereicherte Wässer – sogenannte Fluide. Aus diesen Fluiden kristallisierten bei Gesteinstemperaturen von generell mehr als 100 °C verschiedene Minerale. Die gelösten Mineralstoffe wurden direkt aus dem umgebenden Gestein mobilisiert und/oder aus grösserer Distanz zugeführt. Während des Kristallwachstums wurden winzige Mengen der an der Mineralbildung beteiligten fluiden Phase eingeschlossen. Diese liefern Anhaltspunkte über die Entstehung der Mineralvorkommen. Hierzu liegen aus dem Gebiet des Alpsteins umfangreiche Untersuchungen vor (Mullis et al. 1994, Mullis et al. 2017 sowie Mangenot et al. 2021), deren Ergebnisse im Folgenden zusammengefasst werden.

In den gebankten Gesteinen der Tierwis-, der Palfris- und weiterer Formationen treten räumlich begrenzte, kleine Dehnungsklüfte auf (Kürsteiner und Soom 2021). Die Kluftflächen sind oft senkrecht zu den Faltenachsen orientiert und verlaufen generell in nordwest-südöstlicher Richtung. In diesen Klüften finden sich Quarze mit prismatischem und spitzrhomboedrischem Habitus, die teilweise auch eine Zepterform zeigen, sowie die sogenannten «Öhrli-Diamanten».

Eine frühe Generation von Quarz-Kristallen, welche die prismatische oder spitzrhomboedrische Form zeigt, ist reich an Einschlüssen aus Erdöl, die aus höheren Kohlenwasserstoffen (HKW) bestehen. Zudem weisen die Einschlüsse etwas Methangas auf. Der Anteil an HKW beträgt mehr als 1 mol% (Mullis 1979). Die HKW bestehen oft aus nicht-mischba-

ren flüssigen Phasen (Erdöl) und aus einer oder mehreren festen, bitumenartigen Phasen, welche dem Kristall eine braune Farbe verleihen. Im gleichen Kristall können Einschlüsse mit einem stark variablen Anteil an HKW beobachtet werden. Dieser Sachverhalt deutet darauf hin, dass die fluide Phase bereits während des Kristallwachstums entmischt war (Mullis et al. 2017). Das Erdöl wurde vielerorts wahrscheinlich direkt aus dem umgebenden Gestein, welches organisches Material enthält, mobilisiert. Dadurch könnte das verbreitete Auftreten erdölhaltiger Quarze in den bituminösen Schichten der Palfris-Formation, des Helvetischen Kieselkalks und der Tierwis-Formation erklärt werden. Im Helvetischen Kieselkalk tritt Erdöl auch frei in Klüften auf, so zum Beispiel im Steinbruch Unter Kobel bei Oberriet (Alean 1971).

Einschlussuntersuchungen an erdölhaltigen Quarzen von Risi bei Hindergräppelen, vom Öhrli, von der Chreialp und von Wildhaus ergaben Homogenisationstemperaturen zwischen 56 und 182 °C (Mullis et al. 2017), welche nahe an den Bildungstemperaturen der Quarze liegen dürften.

159 Kalkbänke mit Zwischenlagen aus Mergel, Tierwis-Formation. Gartenalp. Die Kalkbänke sind durch Dehnungsbewegungen in brotlaibförmige Einheiten zerfallen, in deren Zwischenräumen kleine Klüfte mit erdölhaltigem Quarz vorhanden sind. Breite des abgebildeten Ausschnitts: 1.4 Meter.
Foto: Michael Soom

160 Mehrphasiger Einschluss in Quarz mit Flüssigkeit, Gasphase und winzigen schwarzen Partikeln aus Bitumen. Breitläuibach, Frümsner Berg. Durchmesser der Gasblase: 0.6 Millimeter.
Foto: Thomas Schüpbach

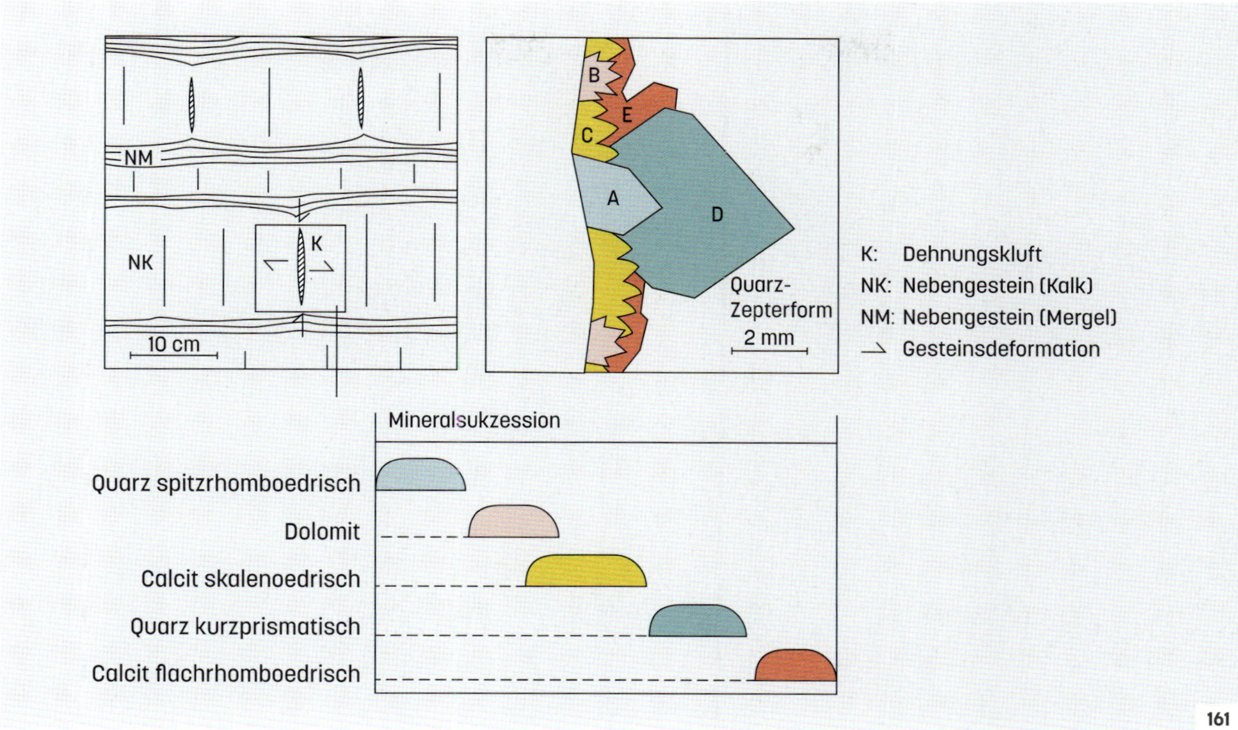

161

Die glasklaren «Öhrli-Diamanten» werden einer späteren Generation zugeordnet. Sie sind der früheren Generation zuweilen als Zepterbildungen aufgewachsen. Die spätere Quarz-Generation ist reich an Methan. Sie ist eher schnell aus einer entmischten, methanreichen Lösung kristallisiert. An einem «Öhrli-Diamanten» vom Alpstein konnte nachgewiesen werden, dass die gasförmige Phase neben Stickstoff, Ethan und einigen weiteren Kohlenwasserstoffen aus 77 % Methan besteht (Mullis 1983). Das Vorhandensein einer methanreichen Phase in der späteren Generation deutet auf ein Zuströmen von Erdgas gegen Ende der Mineralbildung hin (Mullis et al. 1994).

Das Methan war durch thermische Einwirkung bei Gesteinstemperaturen von mehr als 200 °C aus tieferliegenden Gesteinseinheiten hervorgegangen, welche organische Bestandteile enthalten. Als mögliche Herkunft des Methans kommen bituminöse Gesteine wie die spätjurassischen Kalke über dem kristallinen Sockel infrage, welche unter dem schweizerischen Mittelland und unter dem alpinen Vorland vorkommen. Während der maximalen Überdeckung der helvetischen Decken im späten Oligozän bis frühen Miozän vor 30 bis 20 Millionen Jahren kam es in Tiefen von 6.5 bis 9.5 Kilometern zur Bildung von Methangas (Mangenot et al. 2021). Im Verlauf des Miozäns stieg das Erdgas entlang von Klüften, Brüchen und Störzonen aus dem tieferen Untergrund auf. In der methanreichen fluiden Phase bildete sich in den höher liegenden Gesteinen der Säntis-Decke die spätere Quarz-Generation. Die Gesteinsdeformationen und die Anlegung der Störzonen waren Folgen einer intensiven Deformation des Untergrunds.

161 Dehnungsklüfte mit zwei verschiedenen Quarz-Generationen und deren Begleitmineralien: spitzrhomboedrischer Quarz mit Einschlüssen aus Erdöl und Zepteraufwachsung einer späteren, kurzprismatischen Quarz-Generation mit Methan-Einschlüssen. Schematische Darstellung der Mineralbildung in den Bergsturzblöcken bei Salez.
Illustration: Michael Soom, vereinfacht nach Kürsteiner und Soom (2007)

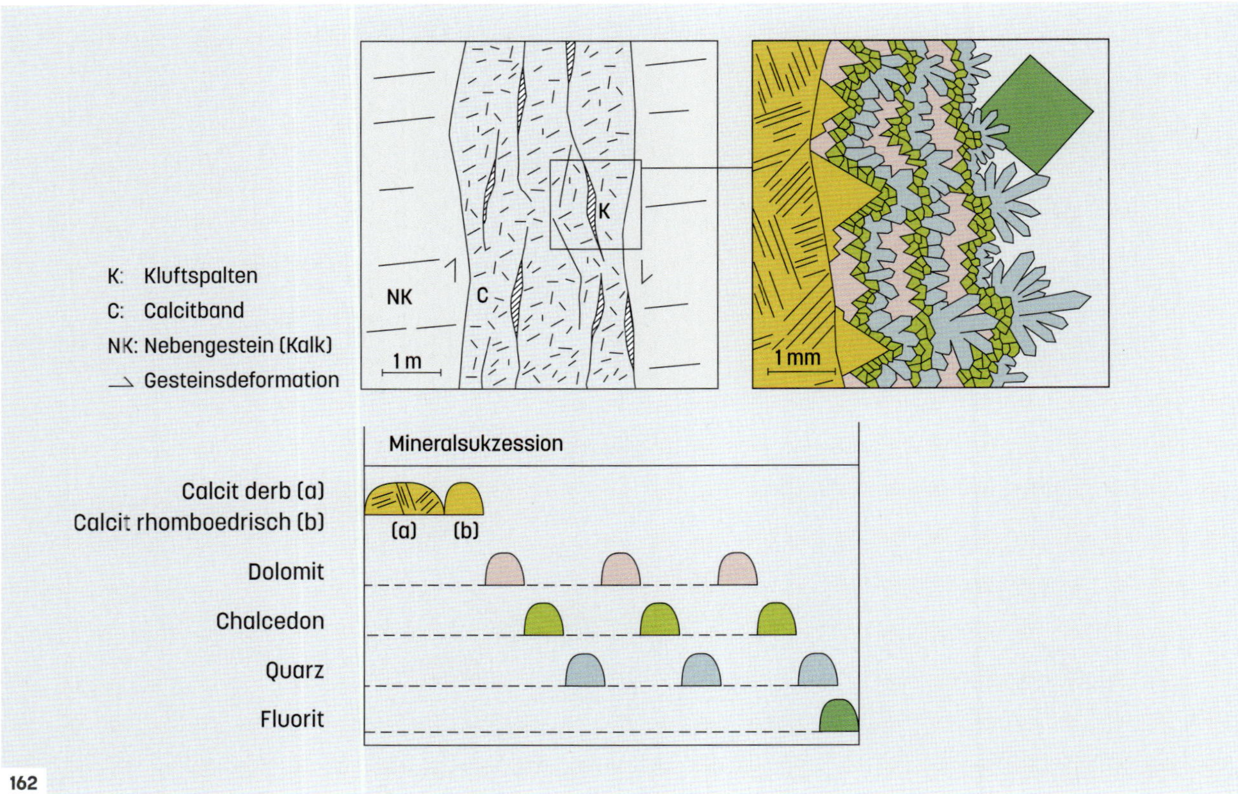

Die Bildung der Sternquarze ergibt ein differenziertes Bild. Diese Quarz-Varietät konzentriert sich auf ein enges Gebiet am Blattenberg im St. Galler Rheintal, in welchem in der Schrattenkalk-Formation steilstehende, Nord-Süd orientierte Bruchsysteme vorhanden sind. Diese sind vorwiegend mit derbem Calcit gefüllt. Die Gangfüllung aus Calcit wurde im Verlauf der Mineralabscheidung zerbrochen (brekziiert) und später mit Chalcedon und Quarz teilweise wieder zementiert. Als erste Mineralphase kristallisierte rhomboedrischer Calcit aus, der im weiteren Verlauf der Kristallisation teilweise von einem Rasen rhomboedrischer Dolomitkristalle überzogen wurde. Anschliessend kamen Chalcedon und Quarz zur Ausscheidung, wobei sich eine rhythmische Anordnung von bis zu vier Chalcedon- und Quarz-Lagen ergab. Chalcedon bildet sich bei relativ tiefen Temperaturen aus einem Kieselsäure-Gel. Wie bereits Mullis (1982) feststellte, dienten die mikrokristallinen Chalcedonfasern beim Quarz-Wachstum als Kristallisationskeime. Sporadisch auftretender Fluorit am Schluss der Mineralbildung weist bezüglich der Mineralparagenese auf eine gewisse Ähnlichkeit mit den Fluorit-Vorkommen im Gebiet Dürrschrennen und Chobelwand hin.

Bei Dürrschrennen und in der Chobelwand treten grüner Fluorit zusammen mit Quarz, Calcit und verrostetem Pyrit in steilstehenden, Nordnordwest-Südsüdost orientierten Brüchen auf (Bächler 1905 und Büchi und Hofmann 1954). In aufgeweiteten Bereichen der Brüche sind Mineralien auskristalli-

162 Schematische Darstellung der Mineralbildung am Blattenberg. Steil verlaufendes Bruchsystem mit derbem Calcit und zahlreichen Klüften mit rhomboedrischem Calcit. Als Begleitmineralien treten Dolomit, Chalcedon und Quarz auf, die in einer regelmässigen Anordnung auskristallisiert sind, gefolgt von Fluorit.
Illustration: Michael Soom, vereinfacht nach Kürsteiner und Soom (2007)

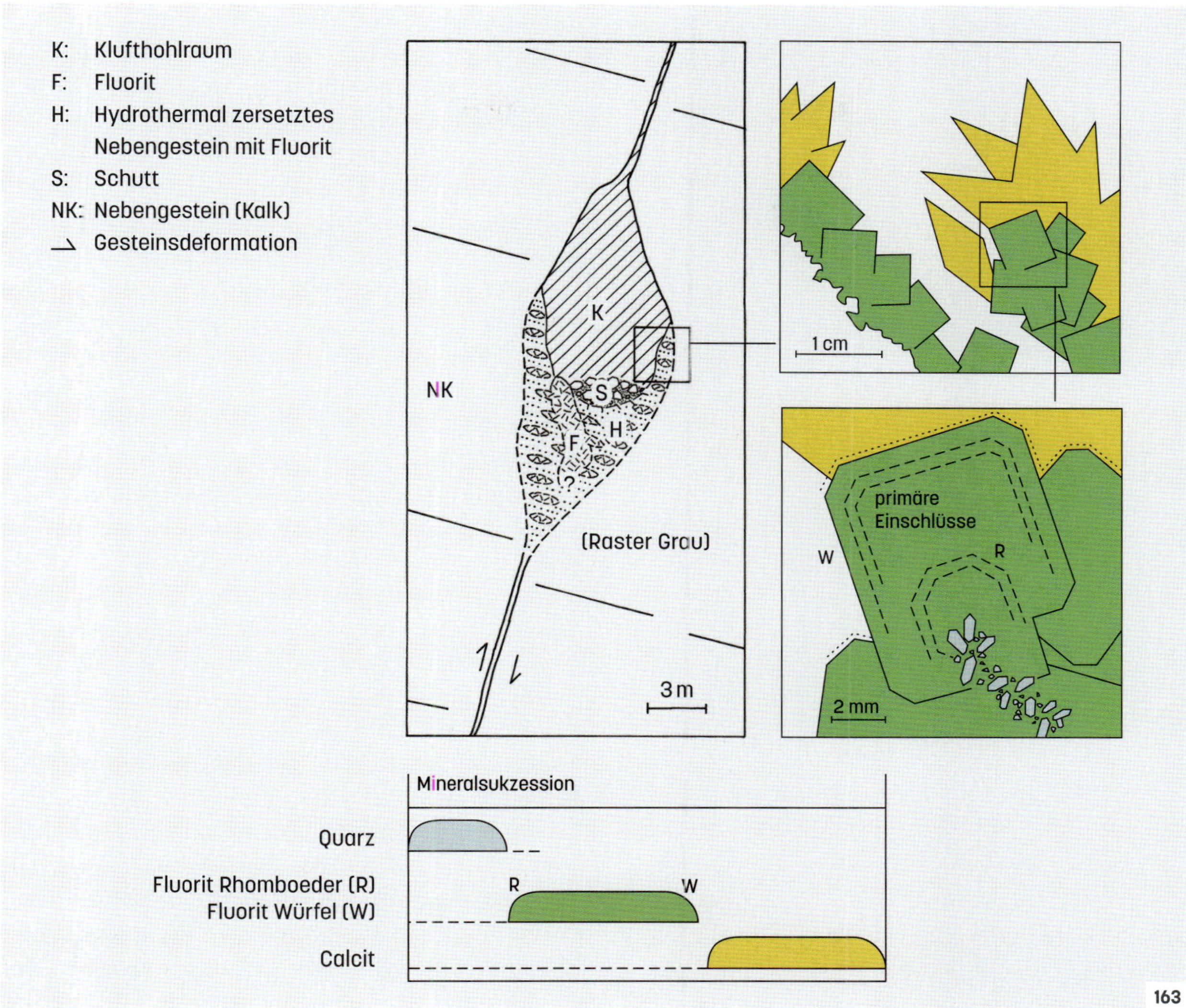

163

siert. Das teilweise poröse Nebengestein aus Helvetischem Kieselkalk wurde von heissen Wässern während der Mineralbildung umgewandelt. Es besteht aus kleinen idiomorphen Quarz-Kristallen, in deren Kern ein detritisches Quarzkorn aus dem Nebengestein erkennbar ist. Das Nebengestein ist zudem oft zerbrochen (brekziiert) und mit Fluorit und Calcit verkittet. Die während der Mineralbildung zuströmende fluide Phase stand nicht im Lösungsgleichgewicht mit dem Nebengestein und führte zu Aufweitungen der Brüche und einer hydrothermalen Umwandlung des Nebengesteins. Aus Gesteinsanalysen von Bächler (1905) geht hervor, dass unter Ein-

163 Schematische Darstellung der Mineralbildung in der Dürrschrennenhöhle in Anlehnung an Bächler (1905). In einem steil verlaufenden Bruchsystem im Helvetischen Kieselkalk befindet sich eine Aufweitung, in der Fluorit und Calcit auskristallisiert sind. Das Nebengestein ist rostig verfärbt und hydrothermal ausgelaugt. Es enthält zahlreiche kleine Quarz-Kristalle und oxidierten Pyrit.
Illustration: Michael Soom, ergänzt nach Kürsteiner und Soom (2007)

164

wirkung der fluiden Phase eine Zufuhr von Kieselsäure, Fluor und Eisensulfid, verbunden mit einer Abnahme des Kalziumkarbonats stattfand. Betreffend Abfolge der methanreichen, späteren Quarz-Generation und der Fluorit-Paragenese nimmt die Gartenalp eine Schlüsselstellung ein. Diese liegt 450 Meter nordwestlich der Dürrschrennenhöhle. Aus Mineralstufen von dieser Lokalität geht hervor, dass das Wachstum der Fluorit-Paragenese nach der Quarz-Kristallisation erfolgt ist (Kürsteiner und Soom 2007).

Das Mineralvorkommen in der Chobelwand stimmt weitgehend mit demjenigen der Dürrschrennenhöhle überein. Einschlussuntersuchungen an einem Fluorit-Kristall von der Lokalität Chobelwand zeigen Homogenisationstemperaturen von 157 bis 160 °C, welche nahe der Bildungstemperaturen der Kristalle liegen dürften (Kürsteiner und Soom 1986). Der Salzgehalt der eingeschlossenen wässrigen Phase variiert zwischen 1.5 und 2.9 Äquivalent-Gewichtsprozent und ist relativ tief, was auf eine wenig mineralisierte fluide Phase hinweist.

Die Mineralvorkommen entstanden in einer späten Phase der Gebirgsbildung, während der entlang von Bruchsystemen aus dem tieferen Untergrund fluorhaltige, heisse Wässer aufstiegen. Die Säntis-Decke dürfte damals noch viel weiter im Süden und in einer Tiefe von etwa 5 Kilometern unter der Erdoberfläche gewesen sein, positioniert über den Gesteinspaketen, die heute im Gebiet Calanda–Flimserstein–Vorab anzutreffen sind und sich auch durch Vorkommen von Fluorit auszeichnen (Kürsteiner et al. 2022). Der geringe Salzgehalt dürfte durch die Einwirkung von wenig mineralisiertem Meteorwasser bedingt sein.

164 Geschliffenes Präparat eines Fluoritkristalls mit früher rhomboedrischer (R) und später würfeliger (W) Wachstumsform. Chobelwand. Breite des Kristalls: 4 Zentimeter.
Foto: aus Kürsteiner und Soom (1986)

Spuren der Eiszeiten und der jüngsten geologischen Geschichte

René Löpfe und Stephan Wohlwend

Zeugnisse der das Gebirge abtragenden Prozesse wie Verwitterung und Erosion zeigen sich im Alpstein eindrucksvoll und vielfältig. Die heutige Landschaft wurde letztlich durch Gletscher, Frost, Bergstürze und fliessende Gewässer geformt; sie wird sich deshalb auch in Zukunft weiter verändern. Prägend für den Alpstein ist die Karstbildung, eine Erosionsform, bei der Kalkgestein durch mit Kohlendioxid (CO_2) angereichertes Wasser aufgelöst wird. Die dadurch entstandenen ober- und unterirdischen Strukturen und Hohlräume führen zu einem besonderen Abflussverhalten der Fliessgewässer und Seen des Alpsteins.

Vergletscherungen – eiszeitliche Ablagerungen und Formen

René Löpfe

Die Zeit des sogenannten Quartärs ab rund 2.6 Millionen Jahren vor heute zeichnete sich durch im Vergleich zum vorangehenden Känozoikum markant kältere globale Temperaturen aus. Die Polregionen sowie die höheren Gebirge wie die Alpen waren daher von Vergletscherungen geprägt. Dabei wechselten sich kühlere und wärmere Perioden ab. Man spricht von kälteren Eiszeiten (oder Glazialen) und von milderen Zwischeneiszeiten (oder Interglazialen). Untersuchungen an Sedimentbohrkernen aus der Tiefsee und an Eisbohrkernen aus alten polaren Eismassen ergaben, dass ein Warm-Kalt-Zyklus rund 100 000 Jahre dauerte, wobei die Kaltphase eines Zyklus jeweils deutlich länger dauerte als die Warmphase.

In Abb. 165 sind die Temperaturabweichungen der letzten 300 000 Jahre gegenüber dem globalen Durchschnitt der letzten 1000 Jahre vor heute dargestellt. Die Jahresdurchschnittstemperatur beträgt heute in Appenzell rund 7 °C und auf dem Säntis –2 °C. Während des letzten Kältemaximums vor rund 24 000 bis 20 000 Jahren lag sie um circa 10 °C tiefer. Deshalb drangen damals die Alpengletscher bis weit ins schweizerische Mittelland vor. So füllte der grosse Rheintal-Arm des Bündner Gletschers (Rhein-Gletscher) das gesamte Bodenseebecken und reichte bei seiner maximalen Ausdehnung bis nach Schaffhausen. Im Gebiet des Alpsteins ragten zu jener Zeit nur die höchsten Bergspitzen aus der Eismasse. Die damalige Gletscherausdehnung wird letzteiszeitliches Maximum genannt.

Zeugen der verschiedenen Gletschervorstösse, die durch die periodischen Temperaturschwankungen hervorgerufenen wurden, finden sich im Gelände beispielsweise in Form von Moränenwällen (wallartige Anhäufungen von glazialen Sedimenten), terrassenförmigen Schotterablagerungen aus Schmelzwasserflüssen und sogenannten erratischen Blöcken («Findlingen»). Bei Letzteren handelt es sich um grössere Gesteinsblöcke, die im Ursprungsgebiet eines Gletschers auf diesen gefallen sind, durch die Eismasse über teils sehr weite Distanzen transportiert und in einem Gebiet abgelagert wurden, in dem die entsprechende Gesteinsart nicht vorkommt; daher die Bezeichnung erratisch (errare = irren).

Solche Spuren einer bestimmten Eiszeit oder eines Gletschervorstosses wurden jedoch durch einen nachfolgenden, noch grösseren Vorstoss meist wieder «verwischt». Dadurch wird die Rekonstruktion früherer Eiszeiten insbesondere im Nahbereich eines Gebirges teilweise stark erschwert. Hier sind meist nur noch die Ablagerungen und Landschaftsformen der jüngsten Vorstösse oder Rückzugshalte der letzten Eiszeit erhalten; dafür finden sich diese in zahlreichen Nebentälern und können so allenfalls miteinander korreliert werden. Das Abschmelzen der letzteiszeitlichen Gletscher erfolgte etappenweise und in den einzelnen Tälern je nach Grösse, Orientierung und Höhenlage des entsprechenden Tals unterschiedlich rasch.

Die durch die Gletschererosion entstandenen Landschafts- und Talformen werden auch durch die Gesteinsarten, die den Felsuntergrund aufbauen, bestimmt. Je nach Zusammensetzung verwittern die Gesteine unterschiedlich rasch und werden durch die Eismassen und deren Schmelzwässer entsprechend stärker oder schwächer abgetragen. Insbesondere im Alpstein lassen sich diese Unterschiede gut erkennen. Die Gebirgslandschaft, die durch die Abfolge aus Faltenmulden in den Talungen und Faltenscheiteln entlang der Kämme und Grate geprägt ist, wurde durch die glaziale Erosion weitergeformt.

Die Kalkgesteine des Alpsteins (jene der Schrattenkalk-Formation) sind relativ hart und gegenüber der glazialen Erosion widerstandsfähig. Sie bilden daher schroffe Gipfel und viele senkrechte Felswände. Die Gegend um Brülisau dagegen besteht aus einer grossräumigen Masse weicher, toniger Gesteine, die leicht verwittert und abgetragen wird. Daher erscheint die Landschaft dort sanfter. Besonders ein-

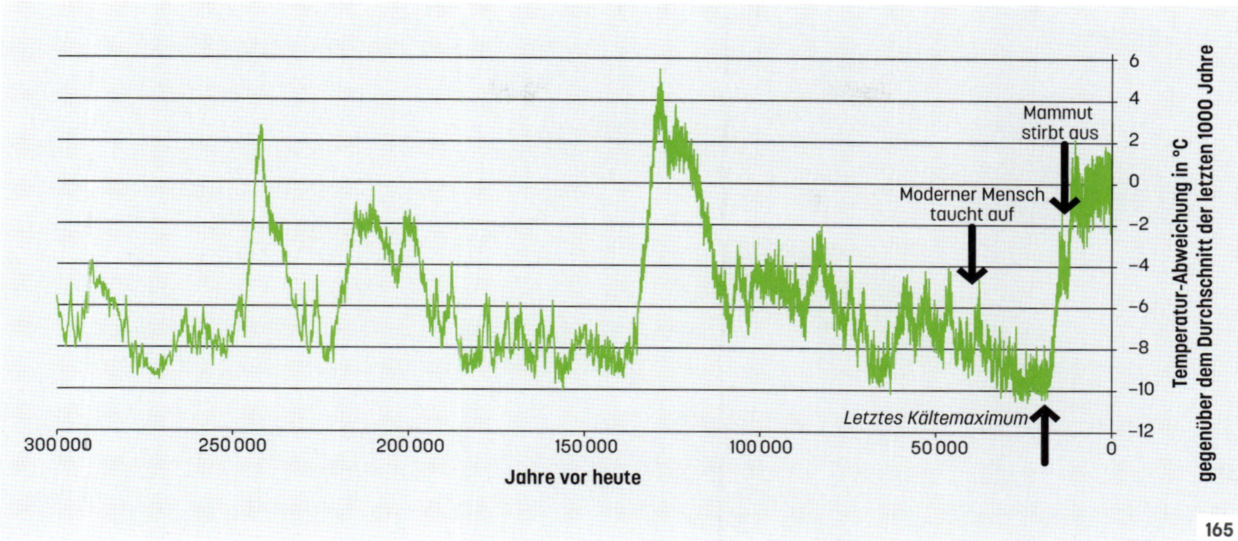

165

drucksvoll zeigt sich der Effekt der unterschiedlichen Erosion in Abhängigkeit der Gesteinsart im Gebiet der subalpinen Molasse auf der nördlichen Talseite des Weissbachtals. Aufgrund des Herauswitterns der etwas härteren Nagelfluh-Schichten gegenüber den dazwischen lagernden, weicheren Ton-Siltstein-Schichten, die stärker erodiert wurden, zeigt sich dort eine schöne Schichtstufenlandschaft.

Letzteiszeitliches Maximum

Die Eisströme im und rund um den Alpstein während des letzteiszeitlichen Maximums sind in Abb. 166 dargestellt. Der Rheintal-Arm des grossen Bündner Gletschers floss von Süden her zum Alpstein und drang dabei auch in das obere Toggenburg vor, wo sich die Eismasse mit den lokalen Gletschern vom Säntis und von den Churfirsten her vereinigte. Die im Alpstein gebildeten Eismassen drangen zudem durch die aus dem Gebirge wegführenden Täler vor und flossen als Thur-, Urnäsch- und Sittergletscher im Norden wiederum mit dem Rheintal-Arm des Bündner Gletschers zusammen. Die maximale Höhe der Eisströme lässt sich anhand der sogenannten Schliffgrenze grob erkennen. Die höchsten Erhebungen des Alpsteins entlang der Gebirgshauptkämme Ebenalp–Säntis–Neuenalpspitz, Hundstein–Altmann–Wildhuser Schofberg und Hoher Kasten–Stauberen–Gulme ragten aus dem Eismeer heraus. Diese Gipfel wurden von den Eismassen kaum abgeschliffen, da sie nur Firnfelder trugen. Sie weisen daher noch heute eher schroffe, turmartige Formen auf.

Jene Gebiete, die unter dem Gletscher lagen und dadurch verstärkt abgeschliffen und abgetragen wurden, zeigen weichere, rundlichere Bergrücken und Höhenzüge (Abb. 167). Entlang der ehemals aus den Eismassen herausragenden Gebirgskämme können stellenweise rundliche, nischenartige oder muldenförmige Einbuchtungen mit steilen, felsigen Rück- und Seitenwänden beobachtet werden. Es handelt sich dabei um sogenannte Gletscherkare, die als Folge der Erosion durch die an den Gebirgskämmen angesammelten Eismassen entstanden. Besonders schöne Beispiele von Gletscherkaren im Alpstein sind die Vordere und die Hintere Öhrligrueb (Abb. 167 und Abb. 215) sowie die Gartenalp südwestlich der Ebenalp (Abb. 168).

Die Gletscher verbreiterten und vertieften die Talungen, die aufgrund des Gebirgsbaus und der verschiedenen Gesteinsarten bereits bestanden. An

165 Temperaturabweichungen der letzten 300 000 Jahre in °C gegenüber dem globalen Durchschnitt der letzten 1000 Jahre.
Illustration: aus Jouzel et al. (2007)

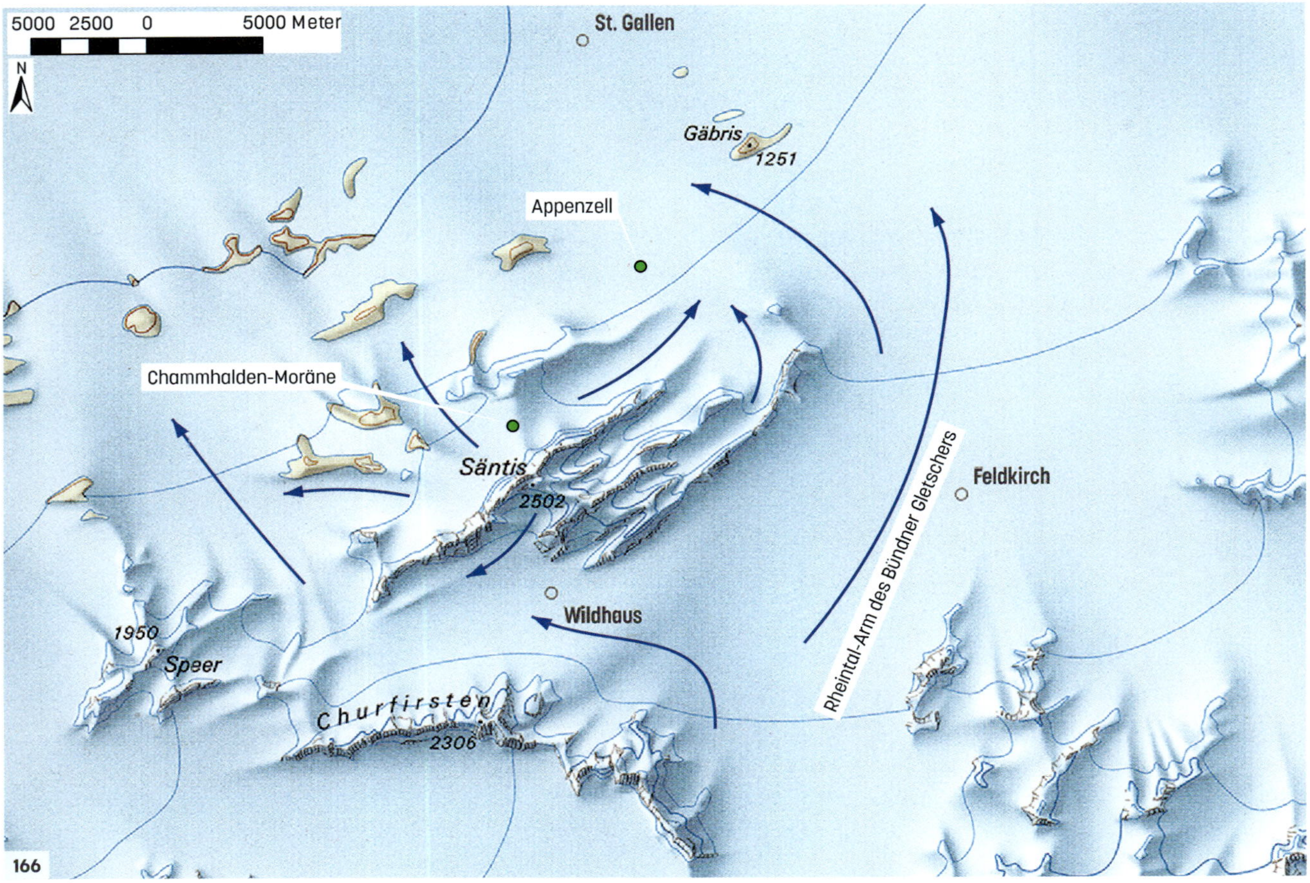

manchen Stellen führte die glaziale Tiefenerosion – vermutlich verstärkt durch subglaziale Schmelzwasserprozesse – dazu, dass nach dem Abschmelzen des Eises abflusslose Senken im Felsuntergrund zurückblieben, die sich in der Folge mit Oberflächenwasser zu Seen füllten. Zeugnisse hiervon sind die Alpsteinseen Seealpsee, Sämtisersee, Fählensee und Gräppelensee, aber auch die bereits wieder mit Schwemm- und Verlandungssedimenten verfüllten Vertiefungen zum Beispiel auf der Alp Bollenwees oder auf der Meglisalp.

Ablagerungen und Formen aus glazialen Lockergesteinen des letzteiszeitlichen Maximums sind im Alpstein äusserst selten, da das Gebirge zu jener Zeit fast ausschliesslich Erosionsgebiet war und das abtransportierte Material erst weiter talauswärts abgelagert wurde. Jedoch zeugen aus Graubünden stammende erratische Blöcke davon, dass die mächtigen Eismassen dieses grossen Talgletschers im Rheintal die lokalen Eiszungen aus den Talungen des Alpsteins teils massiv zurückgedrängt hatten. So findet sich bei Halten östlich von Appenzell Steinegg ein mehrere Kubikmeter grosser Block aus Ilanzer Verrucano (Abb. 183). Der Rheintal-Arm des Bündner Gletschers muss demnach über Eggerstanden bis in den Bereich des Sittergletschers eingedrungen sein. Aus der Surselva stammende kristalline Blöcke rund um den Fähnerenspitz und im Brüelbach bei Weissbad bezeugen ein «Überschwappen» von Rheintal-Eis auch über den Resspass (Funk et al. 2000).

Wie weit die grossen Eisströme die Gletscher des Alpsteins während des letzteiszeitlichen Maximums

166 Das Gebiet um den Alpstein zur Zeit des letzteiszeitlichen Maximums vor circa 20 000 Jahren.
Illustration: © swisstopo, ergänzt von René Löpfe

tatsächlich zurückdrängten, lässt sich nicht mit vollständiger Sicherheit bestimmen. Denn kleinere Eisströme reagieren auf kürzere Temperaturschwankungen rascher als grössere. Nachdem die grosse Eismasse in der nachfolgenden Warmphase abgeschmolzen war, drangen im Zuge weiterer kurzer Kaltphasen die aus dem Alpstein stammenden Gletscherzungen nochmals weit in das ursprünglich vom grossen Talgletscher eingenommene Gebiet hinein und verwischten dadurch dessen Spuren. So finden sich erratische Blöcke aus Bündner Kristallingesteinen in der Talung von Gonten oder in einem Moränenwall im östlichsten Gräppelental bei Rietegg (Zaugg und Löpfe 2011). Jedoch könnten diese Findlinge und das diese umgebende Moränenmaterial auch durch spätere glaziale oder nachglaziale Umlagerungsprozesse aus höher gelegenen Gebieten an ihren aktuellen Ort gelangt sein.

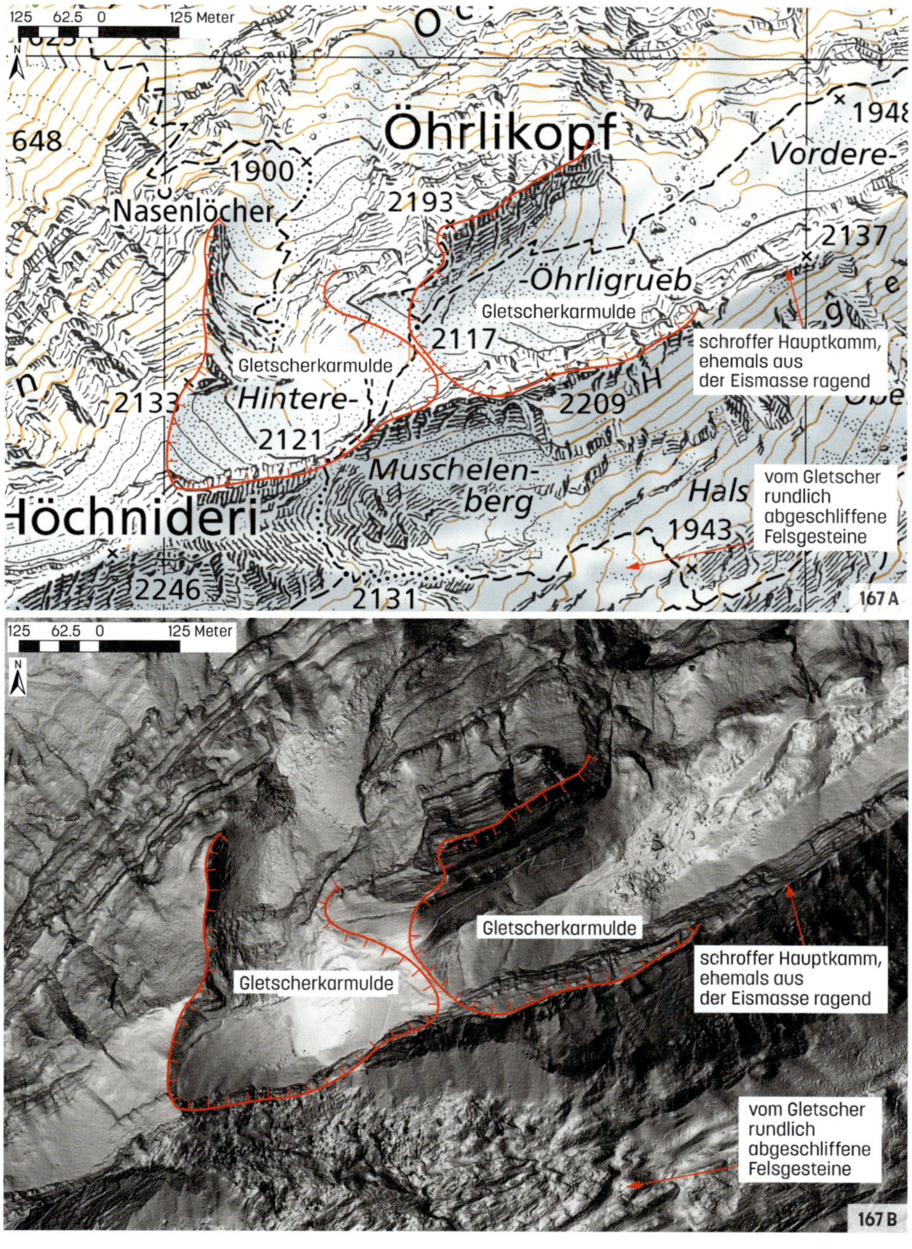

167 Glazial geprägte Formen im Gebiet Höchnideri–Öhrlikopf, dargestellt auf der topografischen Landeskarte (A) und auf dem digitalen Geländemodell swissALTI3D (B). Die roten Linien markieren die Umrandungen der Gletscherkarmulden. Kartengrundlage: ©swisstopo, ergänzt von René Löpfe

168

Gletscherstände im Gelände

Das Abschmelzen oder der Rückzug des letzteiszeitlichen Eises ab rund 20 000 Jahren vor heute ist geprägt von kurzzeitigen Temperaturschwankungen und entsprechenden Wiedervorstössen der verschiedenen Gletscherzungen. Man spricht dabei von Stadialen. Die dazwischenliegenden wärmeren Phasen werden Interstadiale genannt. Dennoch reichten diese Wiedervorstösse jeweils nicht bis zum vorangegangenen Vorstoss. Die Gletscherzungen hinterliessen deshalb eine Reihe von Moränenwällen, anhand derer sich die Rückzugsgeschichte teils recht gut rekonstruieren lässt. Das prominenteste Stadial im Alpstein ist jenes, das durch eine noch heute im Gelände gut erkennbare Kaskade aus Endmoränenwällen bei Weissbad dokumentiert ist (Abb. 311) und daher Weissbad-Stadial genannt wird. Vor rund 17 000 Jahren stiess die Zunge des Seealp-Schwende-Gletschers bis maximal an jene Stelle bei Weissbad, wo heute der Brüelbach mit dem Schwendebach zusammenfliesst, und hinterliess dort einen mächtigen, das Schwendetal abriegelnden Endmoränenwall (Abb. 170), der später durch den Schwendebach erosiv durchtrennt wurde.

Bei Moränen handelt es sich um vom Gletscher transportiertes und abgelagertes Material, das nach der Ablagerung höchstens glazialtektonisch deformiert, aber nicht wesentlich aufgearbeitet wurde. Die Bezeichnung Moräne wird sowohl für das Material (etwa Grundmoräne, kiesige Moräne) als auch für Geländeformen verwendet (beispielsweise Seitenmoräne). Ein Moränenwall ist ein mehr oder weniger langgezogener, aus Moränenmaterial bestehender Hügel, der durch einen Gletscher an dessen Stirn (Endmoräne) oder Rand (Seitenmoräne) gebildet wurde (Bundesamt für Wasser und Geologie 2003). Glazialer Schutt, welcher zwischen zwei Gletschern oder Gletscherzungen wallartig zusammengehäuft wurde, wird Mittelmoräne genannt. Mittelmoränen entstehen bevorzugt unterhalb von Karen und können dort grosse Mächtigkeiten erreichen.

Zum Weissbad-Stadial zählen eine Reihe weiterer, deutlich ausgebildeter Moränenwälle rund um den Alpstein, so etwa auf der Potersalp (Weissbachtal-Gletscher), beim Aueli nördlich der Schwägalp (Tosbach-Urnäsch-Gletscher, Abb. 322), auf der Säntisalp des oberen Luterentals (Luteren-Gletscher, Abb. 171, Abb. 324 und Abb. 325) oder im oberen Toggenburg bei Chüeboden (Thur-Gletscher). Der eindrucksvollste und weit herum sichtbare Moränenwall stellt jedoch die Chammhalde zwischen der Grossen Schwägalp und der Potersalp dar (Abb. 172). Es handelt sich um eine äusserst mächtige Mittelmoräne, die sich im Zuge mehrerer Eiszeiten zwischen dem Weissbachtal- und dem Tosbach-Urnäsch-Gletscher bildete. Die Chammhalden-Moräne ist somit die älteste eiszeitliche Struktur aus glazialen Lockergesteinen im gesamten Alpstein. Aufgrund ihrer markanten Ausprägung ist die Chammhalden-Moräne ein Geotop von nationaler Bedeutung (Keller et al. 2007 und Stürm et al. 2004).

Weitere, jüngere und im Vergleich zum Weissbad-Stadial deutlich höher gelegene Wiedervorstösse der Alpstein-Gletscher sind insbesondere in der Umgebung der Meglisalp als eine Serie sehr gut erhaltener Moränenwälle erkennbar (Abb. 174). Aus Osten kommend quert der Wanderweg zur Meglisalp bei Kreuzböhl mehrere sichelförmig angelegte, bergseitig mit jüngeren Hangschuttkegeln halb verdeckte Moränenhügel (Abb. 173). Es handelt sich um mehrere Stände des von Rotsteinpass-Oberchellen und Rossegg-Chärren bis nach Kreuzböhl-Taa

168 Gletscherkarmulde Gartenalp zwischen Ebenalp und Chlus. Der sich in der Mulde im Winter ansammelnde Schnee ermöglicht den Betrieb eines Skilifts.
Foto: Peter Kürsteiner

169 Zeugen des Weissbad-Stadials. Rekonstruktion des Seealp-Schwende-Gletschers, der in einem weiten Bogen aus dem Tal heraus bis Weissbad (rechts unten, ausserhalb des Bildes) strömt.
Illustration: aus Keller (2004b)

170 Schwendetal von Norden mit (von links) Alp Sigel, Bogartenfirst, Marwees und Ebenalp. In der Bildmitte im Vordergrund schliesst der Stirnmoränenwall (weisse Pfeile) von Weissbad das dahinterliegende Schwendetal ab.
Foto: Peter Kürsteiner

vorstossenden Gletschers. Nach dessen weiterem Rückzug teilte sich die Eismasse in zwei separate Gletscherzungen, auf die jeweils von den deutlich steileren, südlichen Felswänden grobblockiges Bergsturzmaterial niederging. Dieses wurde von den Gletschern talwärts verfrachtet und am gegenüberliegenden nördlichen Talrand zusammengeschoben. Insbesondere bei Oberchellen wurden dabei gut sichtbare Moränenwälle gebildet (Abb. 175).

Etwas höher gelegen füllte ein etwas kleinerer, von der Nordseite des Hundsteins herunterfliessender Gletscher die Karmulde zwischen dem Widderalpsattel und dem Bötzelkopf. Er formte dabei bilderbuchmässig einen typischen, heute komplett mit Gras überwachsenen Moränenwall als nördlichen Abschluss dieser Karmulde (Abb. 176). Die innerhalb der Karmulde liegenden, grobblockigen Ablagerungen weisen ebenfalls wall- und lobenartige Strukturen auf. Es handelt sich dabei wie bei Oberchellen um auf die Gletscherreste gestürzte Felssturzmassen, die in der Folge durch das Eis nochmals verfrachtet und girlandenförmig angeordnet wurden. In einer abflusslosen Senke zwischen diesen Wallstrukturen bildete sich zudem ein kleiner Karsee.

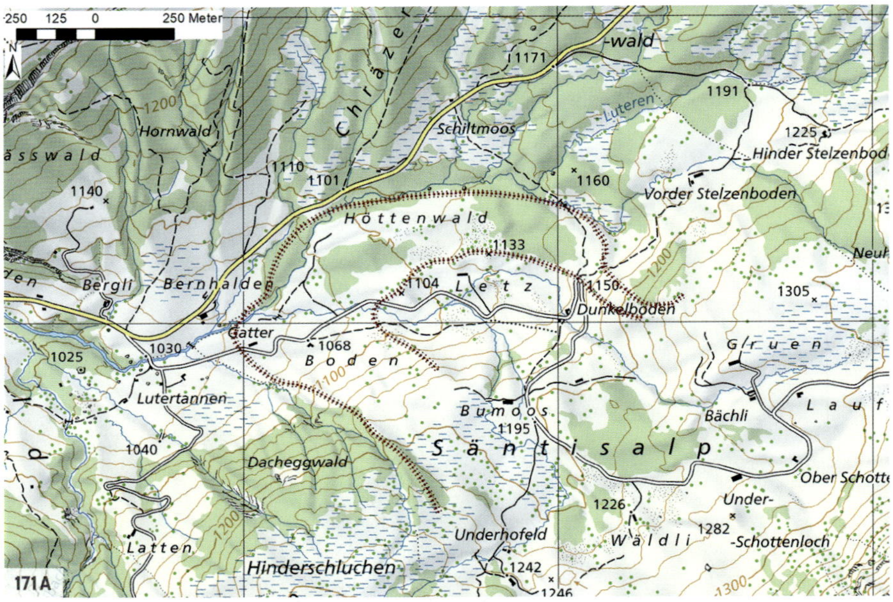

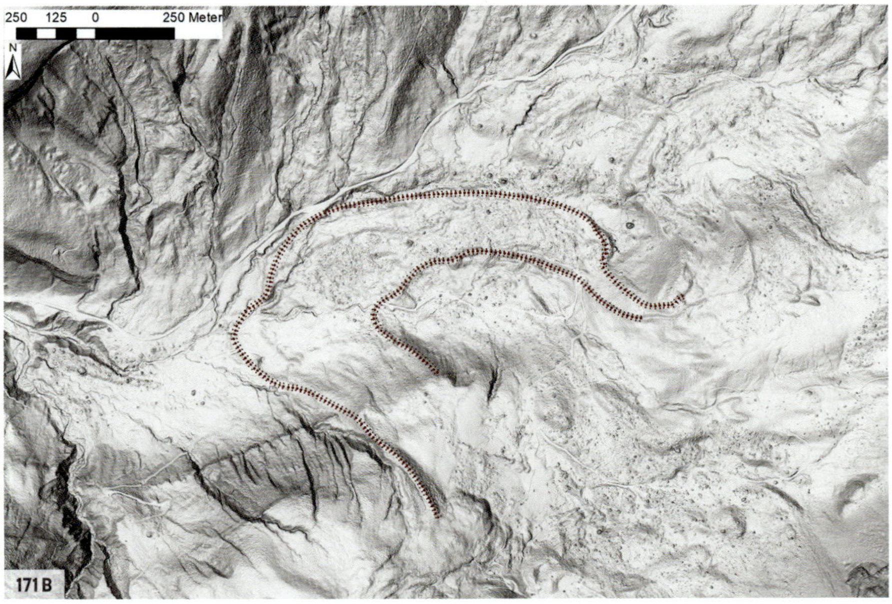

171 Spuren des Weissbad-Stadials: Endmoränenwälle (braun gestrichelte Linien) auf der Säntisalp, dargestellt auf der topografischen Landeskarte (A) und auf dem digitalen Geländemodell swissALTI3D (B).
Kartengrundlage: © swisstopo, ergänzt von René Löpfe

172 In Bildmitte die Chammhalden-Moräne, von der Chammhaldenhütte SAC aus aufgenommen.
Foto: Peter Kürsteiner

173 Auf dem Wanderweg zur Meglisalp überquert man bei Kreuzböhl mehrere Moränenwälle (weisse Pfeile).
Foto: René Löpfe

172

173

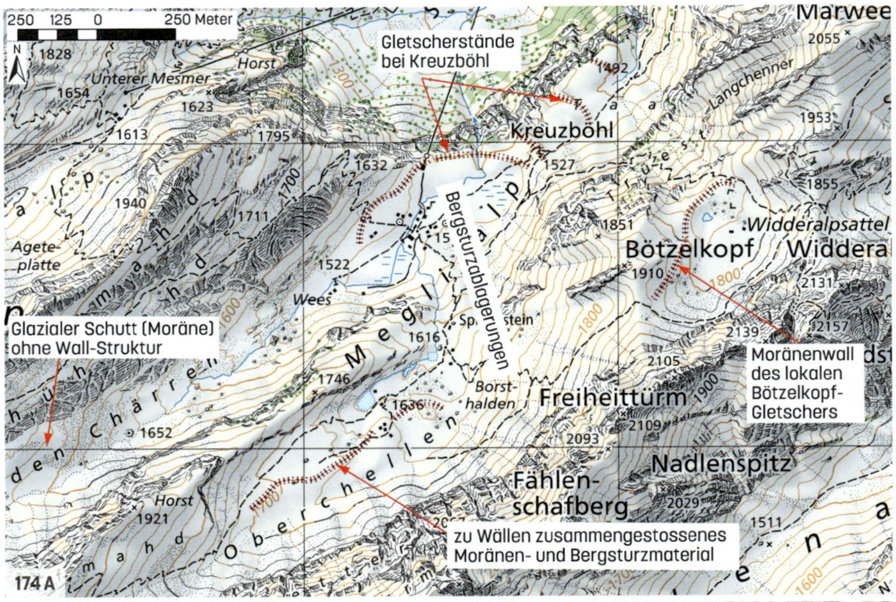

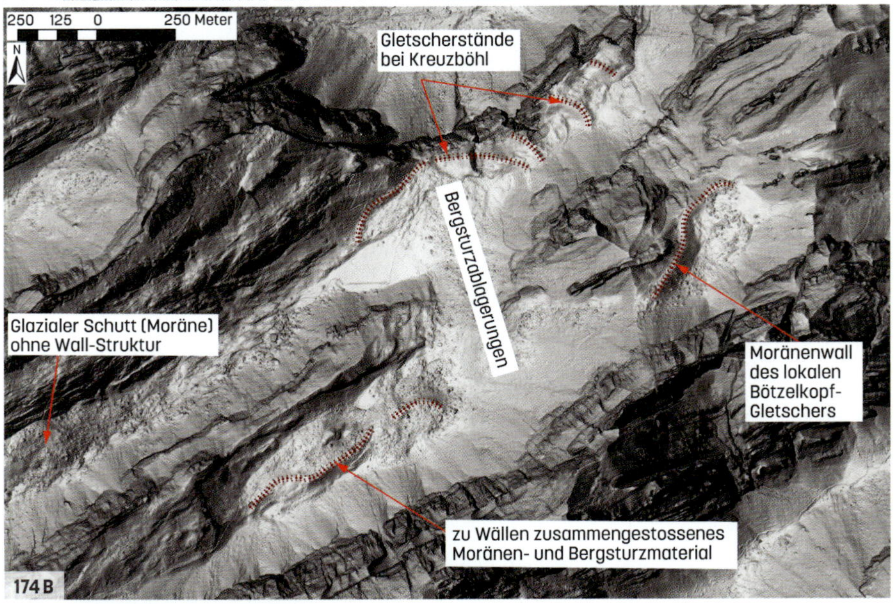

174 Gletscherstände gegen Ende der letzten Eiszeit auf der Meglisalp, dargestellt auf der topografischen Landeskarte (A) und auf dem digitalen Geländemodell swissALTI3D (B). Die braun gestrichelten Linien markieren Moränenwälle.
Kartengrundlage: © swisstopo, ergänzt von René Löpfe

175 Zu Wällen zusammengestossenes Moränen- und Bergsturzmaterial (in Bildmitte) bei Oberchellen, Blick Richtung Westen.
Foto: René Löpfe

176 Moränenwälle in der Karmulde beim Bötzelkopf, Blick Richtung Westen.
Foto: René Löpfe

176

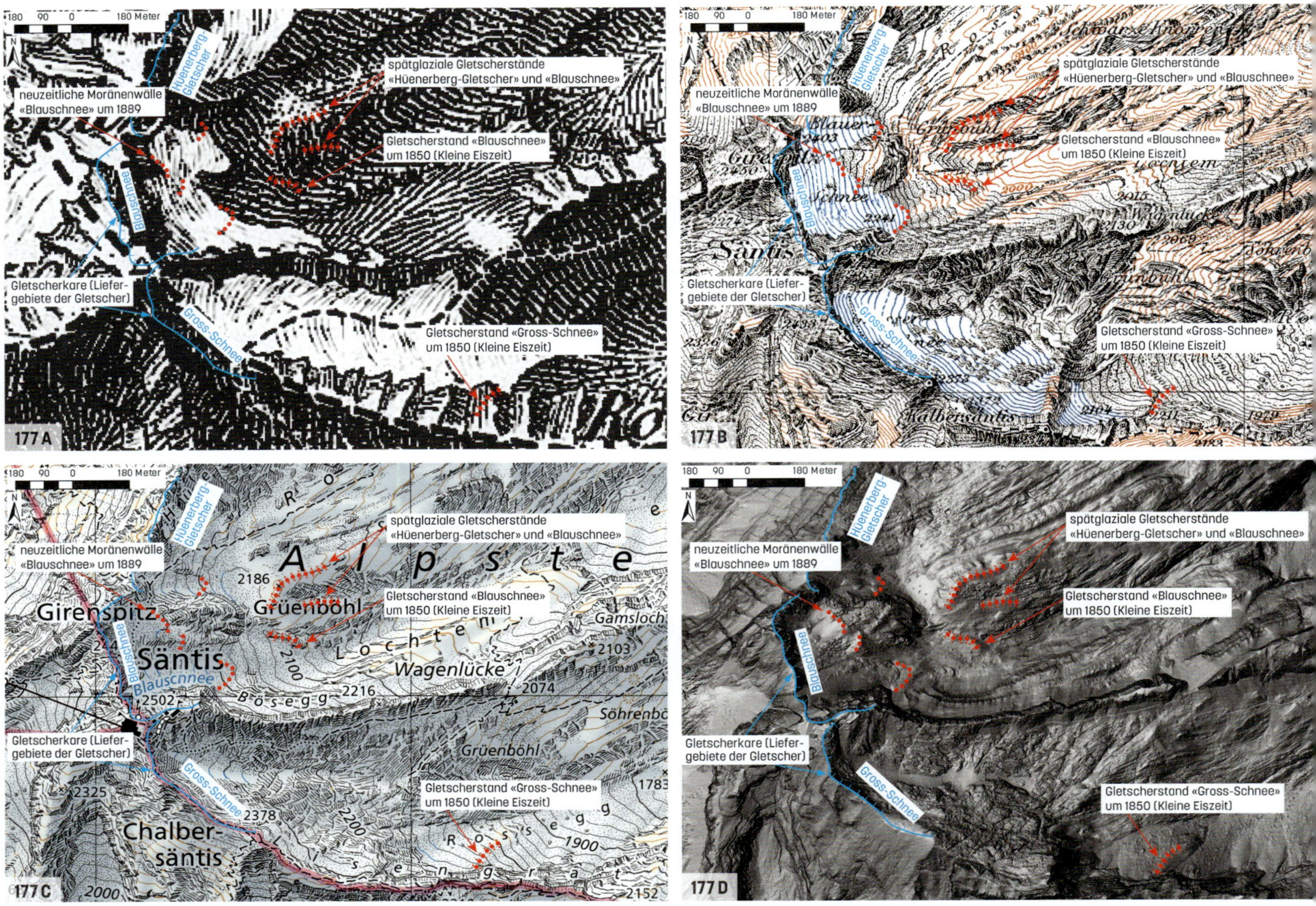

177 Frührezente und rezente Gletscherstände am Säntis. A: Historische Dufourkarte, Erstausgabe 1854. B: Historische Siegfriedkarte, Erstausgabe 1889. C: Aktuelle Landeskarte 1:25 000. D: Geländemodell, als multidirektionales Relief dargestellt.
Kartengrundlage: © swisstopo, ergänzt von René Löpfe

178 Der Blauschnee-Gletscher von Nordosten, um 1904.
Foto: Arnold Heim, aus Heim (1905)

179 Der Blauschnee-Gletscher von Osten, um 1935.
Flugaufnahme: aus Kälin (2015), Archiv: Zentralbibliothek Zürich, Grafische Sammlung und Fotoarchiv

Holozäne Gletscherstände und Firn

Die oben beschriebenen, markanten Moränenwälle auf der Meglisalp markieren den letzten Wiedervorstoss der Alpstein-Gletscher der letzten Eiszeit (Egesen-Stadial) und damit ungefähr deren Ende bei rund 12 000 Jahren vor heute. Seither gab es keine ausgedehnteren Gletschervorstösse mehr. Dennoch wechselten sich auch in diesem Zeitabschnitt (Holozän oder Postglazial) kältere mit wärmeren Phasen ab, sodass der Alpstein zwischenzeitlich sogar ganz eisfrei war (Abb. 280). In den Kaltphasen bildeten sich insbesondere in den hoch gelegenen Karen nordöstlich wie südöstlich des Säntis-Gipfels immer wieder kleinere Gletscher.

Der letzte markante Vorstoss dieser Gletscher fand während der Kleinen Eiszeit statt: eine historisch belegte Periode mit kühlem Klima zwischen dem 16. und dem ausgehenden 19. Jahrhundert, die wahrscheinlich vor allem durch eine erhöhte vulkanische Aktivität verursacht wurde. Der Maximalstand dieses Vorstosses von 1850 ist am Säntis teilweise noch gut in Form von Moränenwällen erkennbar. Aus dem südöstlich des Säntis liegenden Kar breitete sich der Gross-Schnee-Gletscher in Richtung Meglisalp bis zur Rossegg auf 1840 Meter über Meer aus. Dort ist noch heute ansatzweise ein schuttbedeckter und auf einem kleinen Fels-Rundhöcker aufliegender Teil eines Endmoränenwalls erkennbar (Abb. 177 und Abb. 180). Jene Stelle war damals Endstation für die Saumtiere der Säntisträger (Funk et al. 2000). Auf der Erstausgabe der Dufourkarte von 1854 ist der Saumpfad, der den Gletscher querte, eingezeichnet. Auf der Karte ist die Lage der Gletscherzunge aufgrund einer ungenauen und fehlerhaften Zeichnung leicht nach Norden verschoben (Abb. 177 A).

Auf eben erwähnter Karte ist auch die Endlage des nordöstlich des Säntis abgehenden Blauschnee-Gletschers ungenau eingezeichnet. Dessen Zunge endete 1850 auf rund 2100 Meter über Meer bei Lochtem südlich des Grüenböhl, wo ein Moränenwall erhalten geblieben ist (Abb. 177 D und Abb. 181). Ebenfalls gut erhalten sind die Moränenwälle jenes Blauschnee-Gletscherstands, der auf der Erstausgabe der Siegfried-Karte von 1889 zu erkennen ist (Abb. 177 B). Karten jüngeren Datums wie auch Funde alter Wegmarkierungen unter der aktuell fast gänzlich zurückweichenden Eismasse belegen, dass dieser Stand noch recht lange bestehen blieb und auch in jüngster Zeit als Folge von Wiedervorstössen erreicht wurde (Aeschlimann 2008).

Der Gross-Schnee-Gletscher hinterliess seit dem Stand von 1850 ausser einer blanken und teilweise mit Gletscherschliffspuren versehenen Felsoberfläche keine Lockergesteinsablagerungen, die frühere Gletscherstände anzeigen (Abb. 180). Auf der Dufourkarte von 1854 ist nördlich des Grüenböhls am Fusse des Hüenerbergs ein weiteres Gletscherfeld eingezeichnet (Abb. 177 A). Dieser Hüenerberg-Gletscher reichte vermutlich am Ende der letzten Eiszeit bis zum Grüenböhl und hinterliess dort einen eindrucksvollen, heute fast komplett mit Gras bewachsenen Moränenwall; daher der Name Grüenböhl, welcher von «grüner Hügel» herzuleiten ist (Abb. 181). Der Wall besteht ausschliesslich aus Gesteinen wie sie am Hüenerberg vorkommen, enthält jedoch kaum Komponenten aus der Schrattenkalk- oder Seewen-Formation, jener Gesteine, welche durch den Blauschnee-Gletscher transportiert wurden (Aeschlimann 2008). Zur gleichen Zeit reichte der Blauschnee-Gletscher in der Talung Lochtem wohl bis auf eine Höhe von circa 1900 Meter über Meer und hinterliess unterhalb des Grüenböhls einen Seitenmoränenwall (Abb. 177 D und Abb. 181). Heute finden sich im Alpstein abgesehen von einem teilweise schuttbedeckten Eisrest beim Blauschnee-Gletscher unmittelbar nördlich unterhalb des Säntis-Gipfels lediglich Altschneefelder (Firn).

178

179

180 Gebiet des ehemaligen Gross-Schnee-Gletschers vom Chalbersäntis aus in Richtung Osten.
Foto: René Löpfe

181 Gebiet des Blauschnee-Gletschers von der Blauschnee-Lücke zwischen Girenspitz und Säntis aus in Richtung Osten.
Foto: René Löpfe

182 Dicht gelagerte Grundmoräne im Rödelbach (Oberer Imm bei Appenzell) mit Gesteinsmaterial, das vom Rheintal-Gletscher abgelagert wurde. Breite des abgebildeten Ausschnitts: circa 1.5 Meter.
Foto: René Löpfe

Moränen

Vom letzteiszeitlichen Gletscher transportiertes und nach seinem Rückzug hinterlassenes Material findet sich besonders an jenen Stellen, bei denen die verschiedenen Gletscherzungen vorgestossen waren oder während des Rückzugs am Ende der letzten Eiszeit nochmals einen Zwischenhalt eingelegt hatten. Die Gletscher funktionierten dabei wie ein Förderband. Oben in den Gletscherkaren und auch im Gelände weiter unten lud der Gletscher fortlaufend Gesteinsmaterial auf, das entweder an der Basis oder an der Seite mitgeschleppt wurde oder von seitlichen Felswänden als Blöcke und Steine heruntergestürzt war. An der stetig abschmelzenden Gletscherzunge wurde dann das Material wieder abgeladen oder ausgeschmolzen. Im Vorfeld einer Gletscherzunge wurde dieses Material durch Schmelzwasserbäche und -flüsse weiter talauswärts transportiert, wodurch sich teilweise ausgedehnte Schotterfluren aus Kies und Sand bildeten.

Stiess nun ein Gletscher nochmals vor und in dieses Lockermaterial hinein oder blieb er über längere Zeit am selben Ort stehen, konnten sich teilweise mächtige Moränenwälle auftürmen, die vielerorts heute noch sichtbar sind. Diese Anhäufungen bestehen aus Gesteinskomponenten verschiedenster Korngrössen und -formen und weisen meist ein wild durcheinandergemischtes Erscheinungsbild auf. Anhand der darin enthaltenen Gesteinsarten kann die Herkunft des Eises bestimmt werden. Am besten gelingt dies anhand der grössten, durch den Gletscher transportierten Gesteinsblöcke, der sogenannten erratischen Blöcke oder Findlinge.

Ein Gletscher kann, während er das Tal durchströmt, Gesteinsmaterial in seine Eismasse aufnehmen, sodass dieses im Eis mitverfrachtet wird. Ein Gletscher schmilzt auch an der Basis stetig aus und lagert das darin enthaltene Material als Grundmoräne ab. Aufgrund der Eislast, die insbesondere bei den grossen Talgletschern enorme Ausmasse annehmen kann, wird dieses Material zusammengepresst, sodass es noch heute teilweise hart wie Beton erscheint. Im nördlich von Appenzell Steinegg verlaufenden Rödelbach kann eine solche Grundmoräne studiert werden (Abb. 182). Die in einer hellgrauen, feinsandig-siltigen Grundmasse sich befindenden, meist wenig gerundeten Kieskörner, Steine und Blöcke können aufgrund ihrer Gesteinszusammensetzung dem Rheintal-Arm des Bündner Gletschers zugeordnet werden: Kalke, Dolomite und Konglomerate der Jura- oder der Triaszeit. Es handelt sich bei diesen um Gesteine, welche im Alpstein nicht vorkommen. Demnach und aufgrund der hohen Lagerungsdichte wurde diese Grundmoräne vermutlich während des letzteiszeitlichen Maximums abgelagert, als das Gebiet um Appenzell von dicken Eismassen des von Eggerstanden vorstossenden grossen Talgletschers überdeckt war (Abb. 166).

Erratische Blöcke

Insbesondere grosse, isolierte Blöcke aus ortsfremdem Gestein zeugen davon, dass einst Gletscher das Landschaftsbild bestimmten. Der einige Kubikmeter grosse Block aus Ilanzer Verrucano bei Halten östlich von Appenzell Steinegg wurde vom über Eggerstanden eindringenden Rheintal-Arm des Bündner Gletschers, vermutlich während der Rückzugsphase vom letzteiszeitlichen Maximalstand, dort abgesetzt (Abb. 183). Im Raum Appenzell ist er wohl der grösste noch erhaltene, an der Oberfläche liegende Block aus dem Bündnerland und ist daher als Geotop geschützt (Keller et al. 2007). Viele weitere Blöcke, die auf älteren geologischen Karten teilweise verzeichnet sind, wurden im Rahmen von Meliorationen entfernt oder zerstört. Dennoch tauchen im Zuge von Bauarbeiten im Siedlungsgebiet immer wieder einzelne grössere erratische Blöcke auf, die dann meist in der Nähe des Fundorts platziert werden.

Ebenfalls geschützt ist der ein Kreuz tragende, rund 600 Kubikmeter grosse Block bei Kreuz westlich von Brülisau (Abb. 184). Dieser besteht aus heimischem Schrattenkalk und stammt demnach von einem Alpstein-Gletscher (Seealp-Schwende-Gletscher oder Sämtis-Brülisau-Gletscher). Einige grosse erratische Blöcke aus dem Alpstein schafften es über Appenzell bis in die Talung von Gonten, wo sie zusammen mit solchen aus dem Bündnerland im Gebiet des Kaubachs abgelagert wurden. Letzterer tiefte sich teilweise kräftig in die dortigen Moränenablagerungen ein und legte diese Blöcke frei.

182

183

184

183 Mehrere Kubikmeter grosser erratischer Block aus Ilanzer Verrucano bei Halten östlich von Appenzell Steinegg.
Foto: René Löpfe

184 Grosser erratischer Block aus Schrattenkalk bei Kreuz westlich von Brülisau.
Foto: René Löpfe

Schluchtenbildung

Die Hügellandschaft um Kobelwald westlich von Oberriet ist ein Zeugnis von Erosionsprozessen, hervorgerufen durch die eiszeitlichen Gletscher selbst und auch durch Schmelzwasserflüsse neben oder unter den Eismassen. Die Felshügel Semelenberg, Kapf, Blattenberg, Bismer und Kienberg beispielsweise haben relativ sanfte Oberflächen und rundliche Formen. Anhand des Geländemodells von Swisstopo (Abb. 185 B) lässt sich erahnen, dass der im Rheintal nach Norden fliessende Gletscher dieses Gebiet formte (überprägte) und abschliff. Vermutlich bereits während dieser glazialen Phase erodierten seitlich und unterhalb der Eismasse abfliessende Schmelzwasserströme tief in den Felsuntergrund und hinterliessen kleine Tälchen und Einschnitte mit schrofferen und steileren Rändern. Diese begrenzen heute die genannten Hügel und bestimmen teilweise

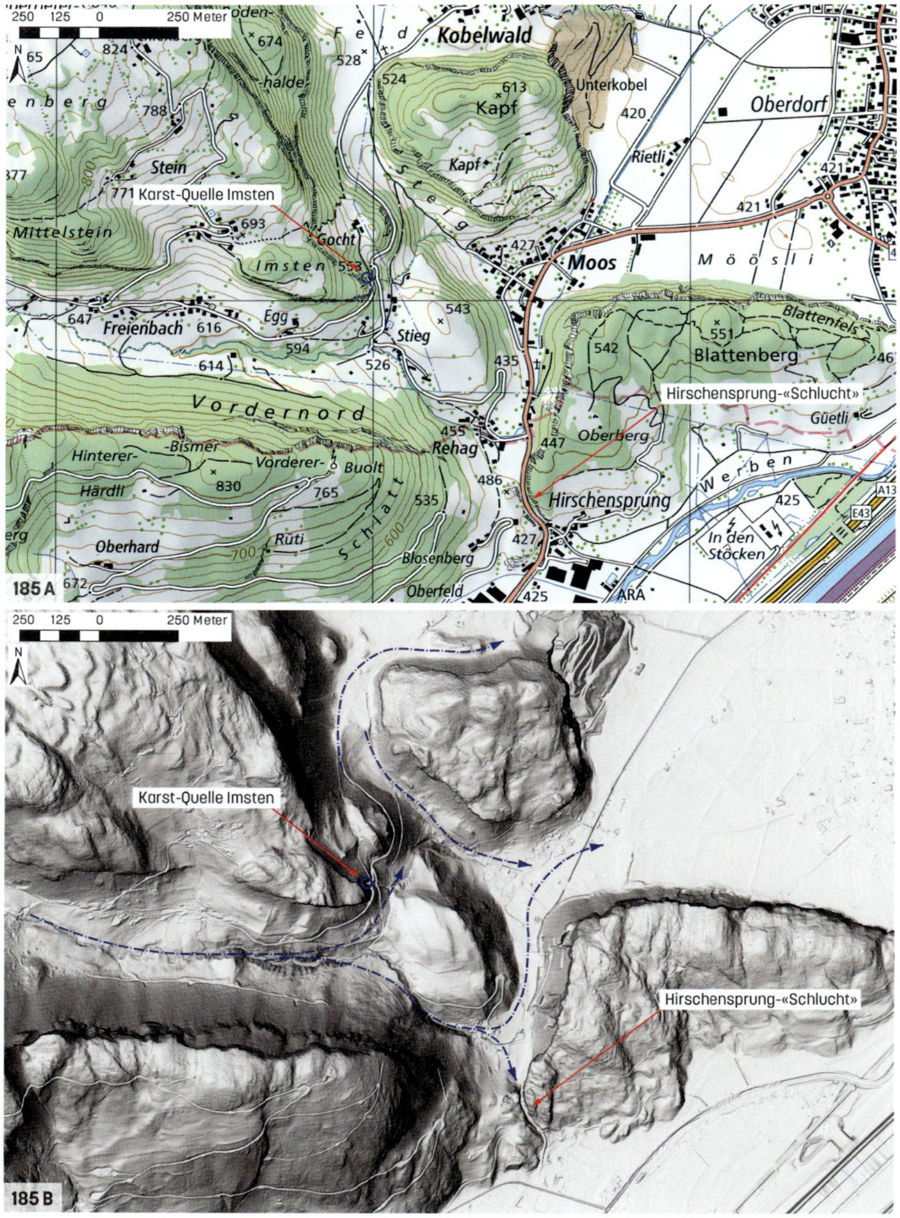

185 Rundhöcker-Landschaft bei Kobelwald mit alten, vermutlich am Rand des Gletschers oder unter dem Gletscher gebildeten Abflussrinnen (blau in Abb. 185 B), unter anderem mit Schluchtenbildung beim Hirschensprung, dargestellt auf der topografischen Landeskarte (A) und auf dem digitalen Geländemodell swissALTI3D (B).
Kartengrundlage: © swisstopo, ergänzt von René Löpfe

186 Der Hirschensprung von Norden gesehen.
Foto: Peter Kürsteiner

186

noch immer den Abflussweg der Bäche (Abb. 185 A). Durch diese Tiefenerosion wurde vermutlich auch die Imsten-Karst-Quelle freigelegt.

Diese ehemaligen Schmelzwasser-Abflussrinnen bildeten sich dabei auffallend oft entlang von tektonischen Störungs- und Bruchzonen, die aufgrund der Zerrüttung und Verwitterung der Gesteine leichter erodierbar waren.

Das eindrücklichste Beispiel hierfür ist die rund 150 Meter lange, circa 20 Meter breite und bis 30 Meter tiefe Schlucht des Hirschensprungs, welche bereits in historischer und prähistorischer Zeit einen wichtigen Verbindungsweg am Westrand des Rheintals darstellte. Durch den Hirschensprung verläuft die zwischen Oberriet und Rüthi gelegene Churerstrasse (Abb. 186).

Archäologische Funde in der Schlucht des Hirschensprungs belegen eine Nutzung durch den Menschen bereits vor rund 10000 Jahren, am Ende der letzten Eiszeit (Steinhauser-Zimmermann 2016 und Rigert 2005). Die enge Abflussrinne bildete sich somit während der Eiszeit vermutlich durch einen unterhalb der Eismasse des Rheintal-Arms des Bündner Gletschers fliessenden Schmelzwasserstrom (Abb. 185 B). Vielleicht gelangte das Wasser während der Eiszeit auch durch die Hirschensprung-Schlucht in

Richtung Norden, und diese wurde erst nachträglich mit Sediment so verfüllt, dass sie heute ein Gefälle in Richtung Süden zeigt.

Nacheiszeitliche Bäche fliessen schon lange nicht mehr durch die Schlucht. Dennoch zeugen schön ausgebildete, rundliche Auskolkungen an den steilen Felswänden von einst durchströmenden Wassermassen.

Nacheiszeitliche Ablagerungen und Erosionsformen

René Löpfe

Nachdem sich ab dem Ende der letzten Eiszeit vor rund 10000 Jahren die Gletscher aus dem Rheintal und den Alpsteintälern zurückgezogen hatten, hinterliessen diese teilweise stark eingetiefte Täler mit steilen Rändern und eiszeitlichen Ablagerungen. In der darauffolgenden, bis heute andauernden Warmphase prägten sogenannte gravitative Erosionsprozesse wie Bergstürze, Steinschlag und Rutschungen sowie Umlagerungen der eiszeitlichen und nacheiszeitlichen Sedimente durch Niederschlagswasser den Alpstein und sein Erscheinungsbild. Durch die Verwitterung der Felsgesteine verlieren diese ihre Festigkeit und werden durch Erosionsprozesse nach und nach abgetragen. Das erodierte Material lagert sich am Fuss der Felswände und in Muldenlagen ab und wird dann wiederum von Rutschungen oder von Bächen weitertransportiert. Auch die in den eiszeitlich geformten Mulden entstandenen Seen werden dabei fortwährend aufgefüllt.

Die Intensität der Erosion eines Gebirges wird neben klimatischen Faktoren massgeblich durch tektonische Prozesse wie Hebung und Erdbeben beeinflusst. Hebung führt zu übersteilen und der Verwitterung verstärkt ausgesetzten Hängen und Gipfeln, und Erdbeben können Bergstürze oder Rutschungen an bereits instabil gewordenen Flanken auslösen. Die heute noch andauernde Hebung des Alpsteins wird durch die Erosion aber nur teilweise ausgeglichen, sodass beispielsweise der Säntis immer noch durchschnittlich um einen halben Millimeter pro Jahr höher wird.

Bergstürze

Bereits in der Spätphase der letzten Eiszeit ereigneten sich entlang der steilen Felswände des Alpsteins mehrere Fels- und Bergstürze. Kleinere und grössere aus den Steilwänden und Kämmen ausbrechende Felsmassen gingen auf die damals noch vorhandenen Gletscher nieder und wurden durch diese weitertransportiert. Es handelt sich bei diesen Ereignissen um sogenannte glazial geprägte Bergstürze. So finden sich beispielsweise grössere Ansammlungen von grobblockigem Bergsturzmaterial innerhalb der Moränenwälle der Säntisalp (Abb. 171 B), der Schwägalp und der Meglisalp-Oberchellen (Abb. 175). Da sich diese Gebiete für eine Beweidung nur schlecht eignen, sind sie in tieferen Lagen meist bewaldet, mit teilweise sehr alten Bäumen wie Bergahorn. Zudem bieten die grossen Blöcke Schutz vor Wind, Wetter und Lawinen, weshalb darin auffallend oft Alphütten gebaut wurden – etwa auf der Meglisalp, Seealp-Oberstofel (Abb. 187), Seealp-Hütten, Widderalp oder Potersalp.

Mehrere grosse Bergstürze ereigneten sich, vermutlich in Abständen von einigen Tausend Jahren, entlang der Rheintal-Flanke, nachdem der grosse Rheintal-Arm des Bündner Gletschers (Rhein-Gletschers) abgeschmolzen war und aufgrund der glazialen Erosion hohe, übersteile Hänge zurückgelassen hatte (Abb. 188). Eine Rolle bei der Auslösung dieser Bergsturzereignisse spielten der ebenfalls zurückweichende Permafrost, das nacheiszeitliche Klima mit vielen Temperaturschwankungen und Niederschlägen, die Zusammensetzung und die Lage der Gesteinsschichten im Ausbruchsgebiet sowie die Erdbebenaktivität. Dies sei nachfolgend am Beispiel des am besten untersuchten Bergsturzes von Sennwald–Salez erläutert.

Wie der geologische Profilschnitt zeigt (Abb. 189), fallen die Gesteinsschichten nahezu parallel

zum heutigen Hanggefälle steil in Richtung Rheintal ab. Als Gleithorizont des Bergsturzereignisses werden die tonigen Schichten der Vitznau-Mergel angenommen. Die darüber gelegenen Kalkgesteine sind stark geklüftet, aufgrund der Verwitterung zerbrochen sowie teilweise verkarstet und lassen deshalb das Wasser nach unten fliessen. Besonders bei starken Niederschlägen staut sich das Wasser unmittelbar über den tonigen und weniger wasserdurchlässigen Gesteinen der Vitznau-Mergel. Dies führt zu einem erhöhten Wasserdruck entlang der Schichtgrenze und zur Destabilisierung der darüberliegenden, steil abfallenden Gesteinspakete. Radiokarbondatierungen (C14-Datierung) an Hölzern und kosmogenische Oberflächendatierungen (Cl36-Datierung) an Sturzblöcken im Ablagerungsgebiet der Bergsturzmassen haben ergeben, dass sich der Bergsturz vor rund 4300 Jahren ereignete (Aksay et al. 2021). Zu jener Zeit herrschte möglicherweise ein verhältnismässig nasses Klima, was wohl weitere Bergstürze im gesamten Alpenraum verursachte. Es wird zudem vermutet, dass im selben Zeitraum regional eine erhöhte Erdbebenaktivität herrschte, was Bergsturzereignisse insbesondere in Gebieten mit den genannten, destabilisierenden Gegebenheiten

187 Alphütten innerhalb Bergsturzablagerungen bei Seealp-Oberstofel.
Foto: Peter Kürsteiner

begünstigte. Beispielsweise werden grössere Erdbeben vor 4490, 4150, 3950 und 3300 Jahren vermutet (Strasser et al. 2013).

Die Sturzmassen dieses Bergsturzes sind im Rheintal noch heute als eine grossflächige Ansammlung von grossen Gesteinsblöcken insbesondere im Gebiet Schlosswald gut zu erkennen. Isoliert auftretende, hügelförmige Anhäufungen aus Bergsturzschutt werden auch Tumas genannt (Abb. 190 und Abb. 314). Der Begriff stammt aus dem Rätoromanischen (Sursilvan) und bedeutet «Hügel». Eine exakte Kartierung der Gesteinstypen in den bis zum heutigen Rhein reichenden Sturzmassen und eine rechnerische Simulation des Sturzprozesses lassen den Schluss zu, dass es sich um ein einzelnes, grosses Ereignis handelte. Dies steht vermutlich im Gegensatz zu den Bergstürzen aus den Ausbruchgebieten Ror (am Hohen Kasten) und Stauberenkanzel, deren Sturzmassen trotz ähnlicher Fläche der Ausbruchsgebiete keine so grossen Ausdehnungen und Reichweiten einnehmen. Fachleute gehen davon aus, dass sich bei Letzteren nacheinander mehrere kleinere Felsstürze ereigneten.

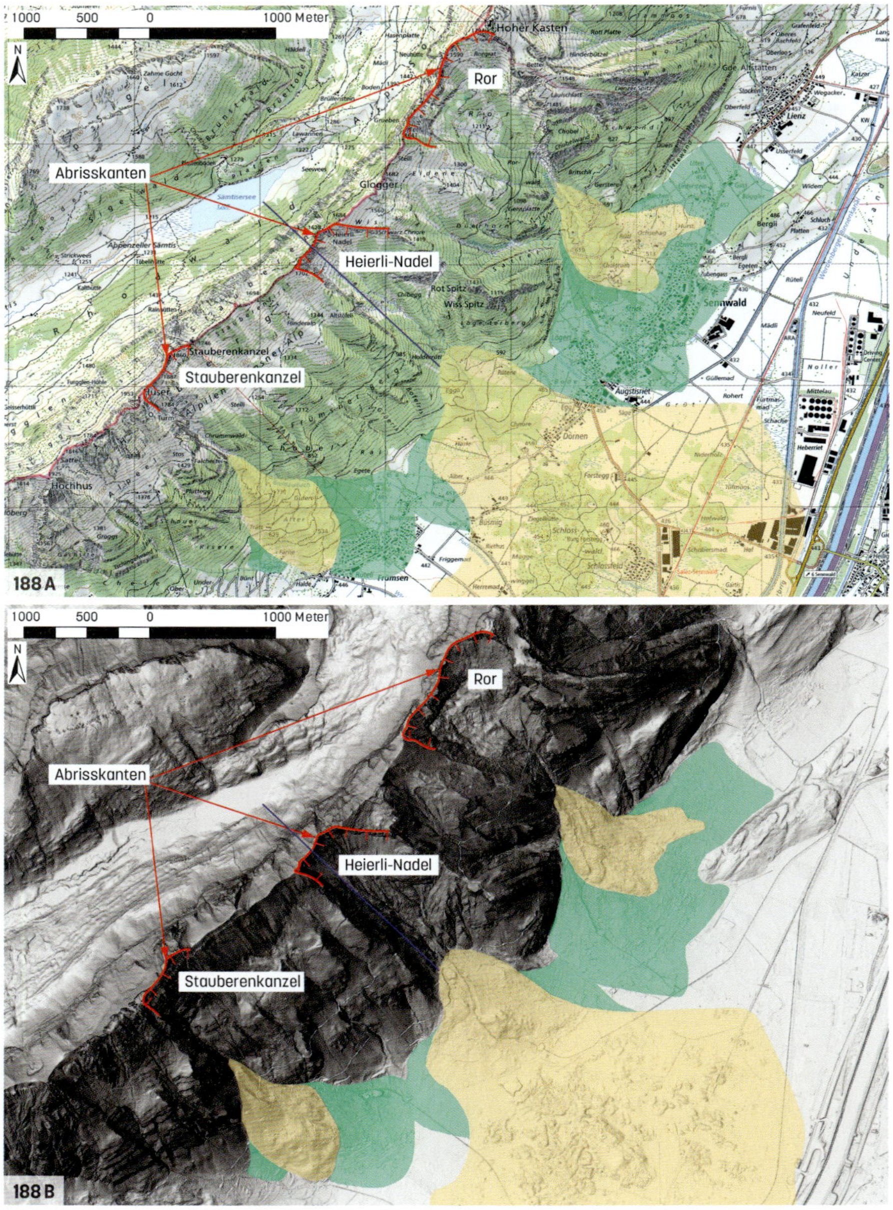

188 Holozäne Bergstürze entlang des Grates zwischen Hohem Kasten und Saxerlücke, dargestellt auf der topografischen Landeskarte (A) und auf dem digitalen Geländemodell swissALTI3D (B). Beige Flächen: grobblockige Berg-/Felssturzablagerungen, türkis Flächen: spätere Murgangschuttkegel, blaue Linie: Spur des Profilschnittes in Abb. 189.
Kartengrundlage: © swisstopo, ergänzt von René Löpfe

189 Vereinfachtes geologisches Profil durch das Ausbruchsgebiet des Bergsturzes Sennwald-Salez.
Illustration: René Löpfe, ergänzt nach Aksay et al. (2021)

190 Bergsturzblöcke und Tumas des Bergsturzes Sennwald-Salez im in der Rheintalebene gelegenen Ablagerungsgebiet.
Foto links: Peter Kürsteiner, übrige: Selçuk Aksay

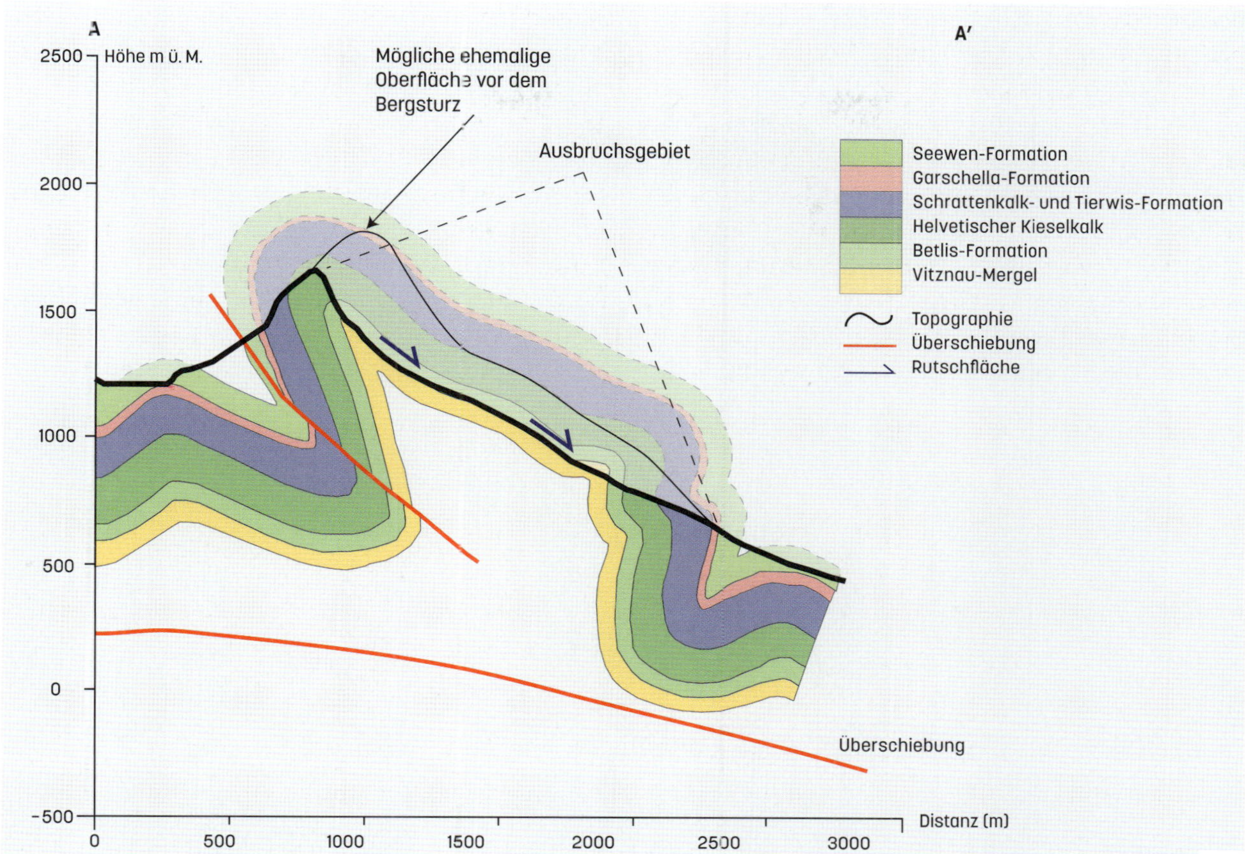
A
A′
Höhe m ü. M.
2500
2000
1500
1000
500
0
-500
Mögliche ehemalige Oberfläche vor dem Bergsturz
Ausbruchsgebiet
Seewen-Formation
Garschella-Formation
Schrattenkalk- und Tierwis-Formation
Helvetischer Kieselkalk
Betlis-Formation
Vitznau-Mergel
Topographie
Überschiebung
Rutschfläche
Überschiebung
Distanz (m)
0
500
1000
1500
2000
2500
3000
189

Tumas
190

191

192

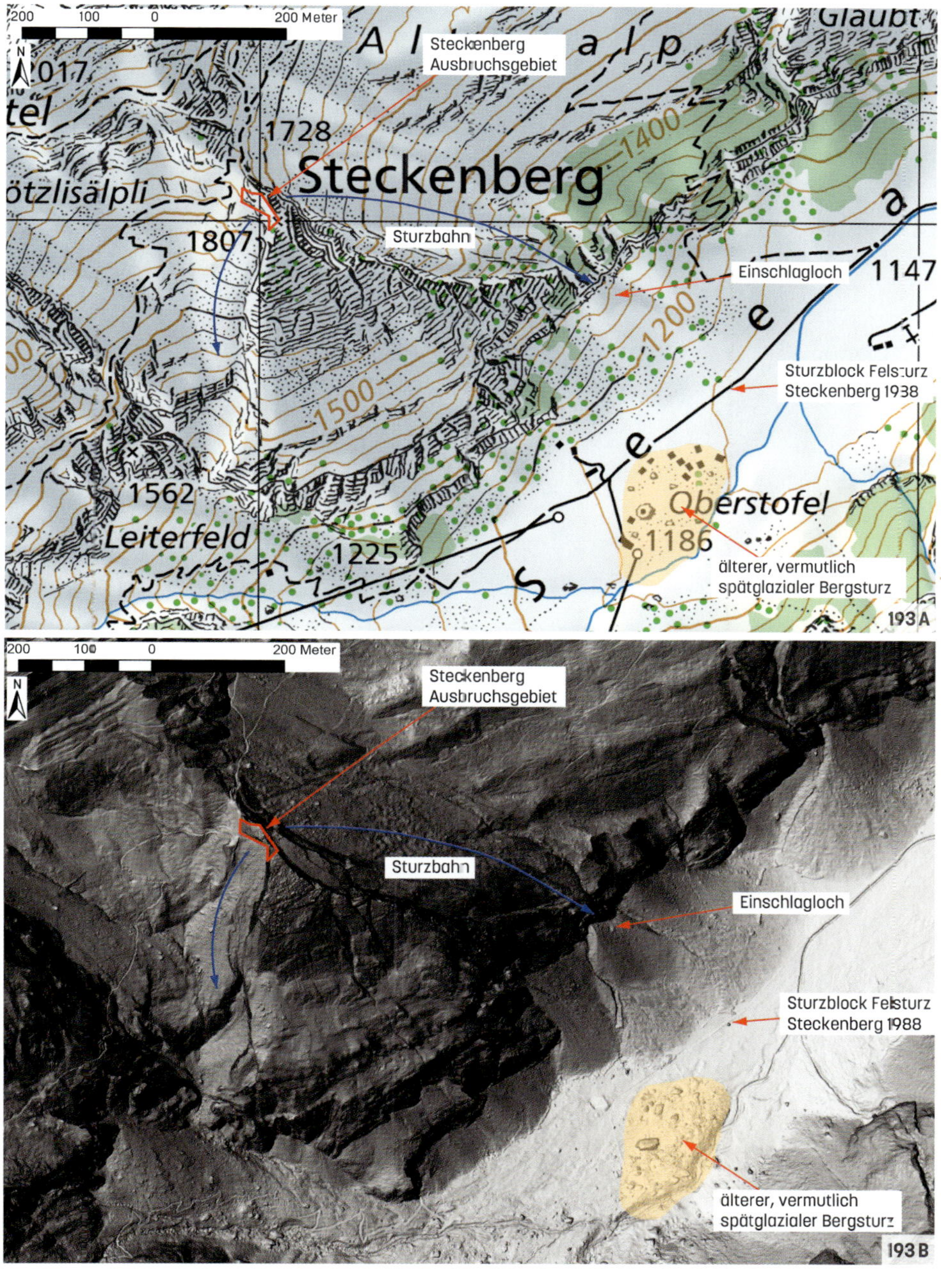

191 Ausbruchsgebiet des Bergsturzes Ror–Sennwald, aufgenommen in Richtung Südwesten. Im Bereich der Abrisskante wurden zum Erosionsschutz Aufforstungsmassnahmen ergriffen.
Foto: René Löpfe

192 Sturzblock vom Felssturz am Steckenberg beim Alpweg auf der Seealp, nahe Oberstofel.
Foto: Peter Kürsteiner

193 Felssturz am Steckenberg im Jahre 1988, dargestellt auf der topografischen Landeskarte (A) und auf dem digitalen Geländemodell swissALTI3D (B).
Kartengrundlage: © swisstopo, ergänzt von René Löpfe

194 Felssturz am Steckenberg vor (A) und nach (B) dem Bergsturz 1988.
Fotos: links: Dieter Rückert, rechts: Emil Zeller, beide Fotos aus Landesschulkommission Appenzell Innerrhoden (1991)

195 Schutthalde und Abrissgebiet des Felssturzes von 2022 auf der Altenalp.
Foto: René Löpfe

196 Felssackung bei Blüemlisholz-Schönau im Gräppelental, dargestellt auf der geologischen Karte (Geologischer Atlas der Schweiz 1:25 000) (A) und auf dem digitalen Geländemodell swissALTI3D (B).
Kartengrundlage: © swisstopo, ergänzt von René Löpfe

In den verschiedenen Abrissnischen war (und ist) die Erosion sehr aktiv (Abb. 191). Das Material, das daraus fortwährend ausgeschwemmt und in Form von Murgängen abgelagert wird, bildet auf und um die älteren grobblockigen Bergsturzablagerungen im Rheintal grosse Schuttkegel (Abb. 188).

Auch in jüngerer Vergangenheit ereigneten sich immer wieder einzelne kleinere Felsstürze im Alpstein. So lösten sich in der Nacht vom 8. auf den 9. Juni 1988 mehrere Tausend Tonnen Gestein vom Steckenberg (Abb. 192 bis Abb. 194) und stürzten beidseits des Felskopfs zu Tal. Ein grösserer Felsblock kullerte dabei bis zum Alpweg auf der Seealp bei Oberstofel hinunter. Die Einschlagsmulde unterhalb der Felswand der Altenalp sowie die weiteren Einschläge entlang der Sturzbahn auf dem unterhalb folgenden Hangschuttkegel sind im Gelände immer noch sichtbar. Im Jahr 2022 ereignete sich nur rund 200 Meter nördlich des Steckenbergs ein kleinerer Felssturz, der die weiter unten verlaufenden Wanderwege verschüttete (Abb. 195). Solche Ereignisse gehören zum normalen Erosionsprozess eines Gebirges und werden auch in Zukunft immer wieder vorkommen.

Sackungen und Rutschungen

Bewegen sich Gesteinsmassen nicht wie Fels- oder Bergstürze mit hoher Geschwindigkeit zu Tal, sondern langsam und stetig entlang einer oder mehrerer Gleitflächen, spricht man von einer Sackung oder von einer Rutschung (Bundesamt für Wasser und Geologie 2003). Bei einer Sackung hängen die von der Bewegung betroffenen Gesteine noch mehr oder weniger in ihrer ursprünglichen Schichtabfolge zusammen. Bei einer Rutschung wurden die Fels- und Lockergesteine durch die fortschreitende Bewegung stark zerrüttet und chaotisch durcheinandergemischt.

In Abb. 196 und 197 sind zwei Beispiele von Felssackungen im Alpstein dargestellt. Bei Blüemlisholz-Schönau im Toggenburger Gräppelental sind von der nördlichen Talflanke noch im Schichtverband liegende Gesteine der Schrattenkalk-Formation, der Tierwis-Formation und des Helvetischen Kieselkalks abgeglitten und liegen nun auf ungefähr gleicher Höhenlage wie die noch anstehen-

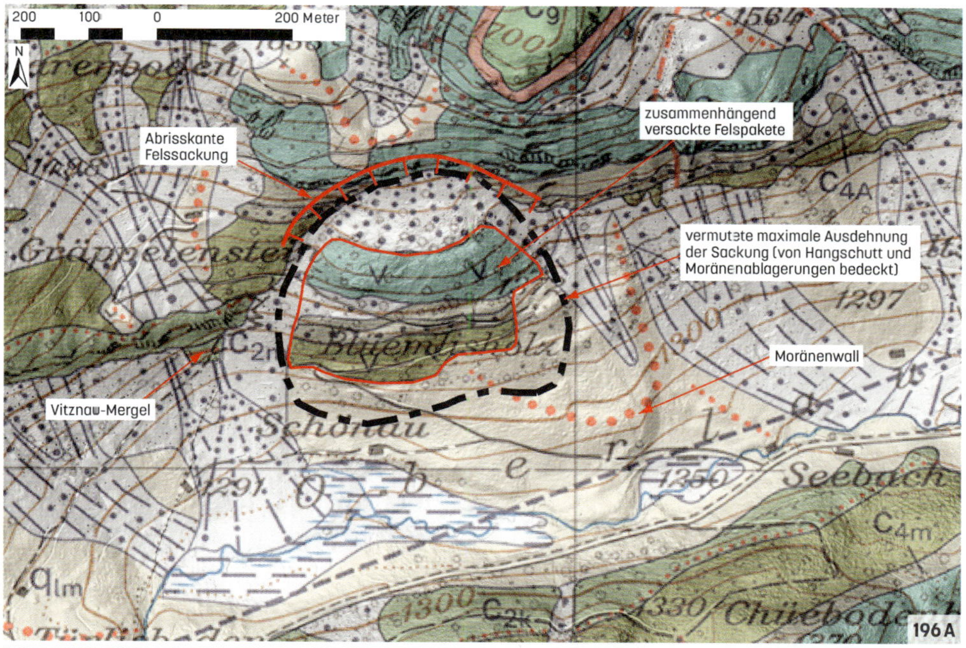

196 A

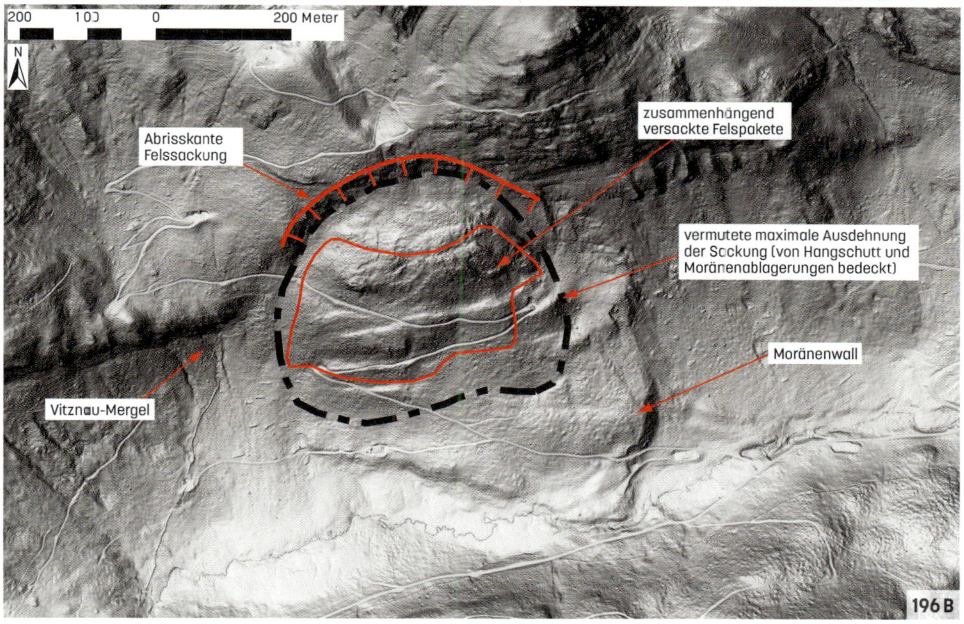

196 B

den, stratigrafisch tiefer liegenden Betlis-Formation und Vitznau-Mergel. Letztere bilden die für diesen gravitativen Prozess verantwortliche, wasserstauende Gleitschicht. Da die Sackung insbesondere am Fuss mit Moränenablagerungen und sogar einem Moränenwall einer lokalen Gletscherzunge bedeckt ist, handelt es sich um eine ältere, spätglaziale Sackung.

Das zweite Beispiel befindet sich südöstlich unterhalb des Mutschen bei Stollen oberhalb Gams im Rheintal. Auch dort sind Teile der über den Vitznau-Mergeln liegenden, hangparallel verlaufenden Gesteinsschichten einigermassen zusammenhängend abgerutscht. Den Gleithorizont bilden jedoch die in diesem Gebiet weit verbreiteten, ebenfalls tonreichen Mergel der Amden-Formation und untergeordnet

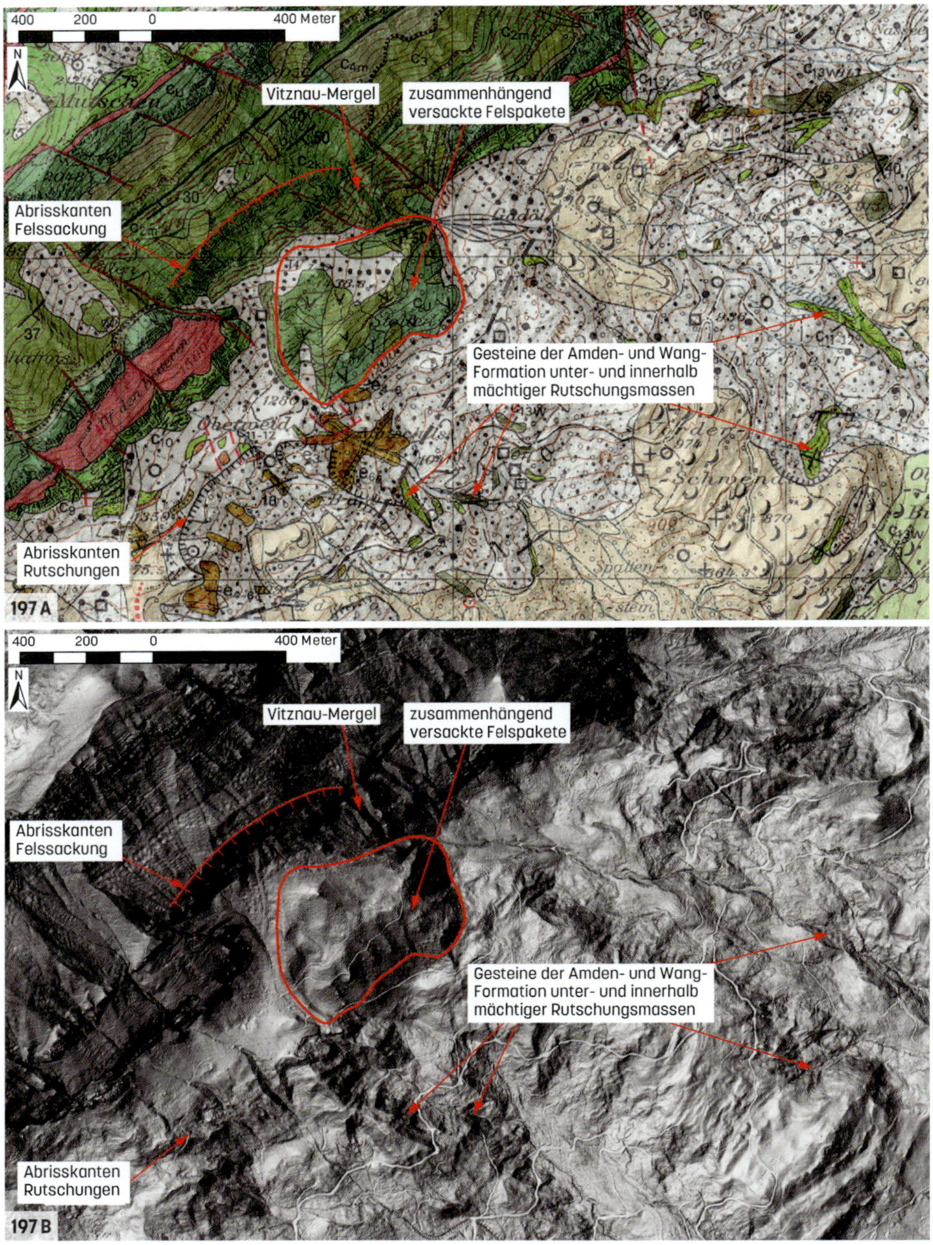

197 Felssackung bei Stollen südöstlich des Mutschen oberhalb Gams, dargestellt auf der geologischen Karte (Geologischer Atlas der Schweiz 1:25 000) (A) und auf dem digitalen Geländemodell swissALTI3D (B).
Kartengrundlage: © swisstopo, ergänzt von René Löpfe

198 Rutschungsgebiet Brülisau–Leugangen, dargestellt auf der geologischen Karte (Geologischer Atlas der Schweiz 1:25 000) (A) und auf dem digitalen Geländemodell swissALTI3D (B).
Kartengrundlage: swisstopo, ergänzt von René Löpfe

auch der Wang- und der Stad-Formation. Das auf diesen schlecht durchlässigen Gesteinen gestaute und langsam talwärts fliessende Wasser destabilisierte nicht nur die Felsgesteine am Fuss des Gätterifirsts, sondern auch die weiter unten angelagerten letzteis-

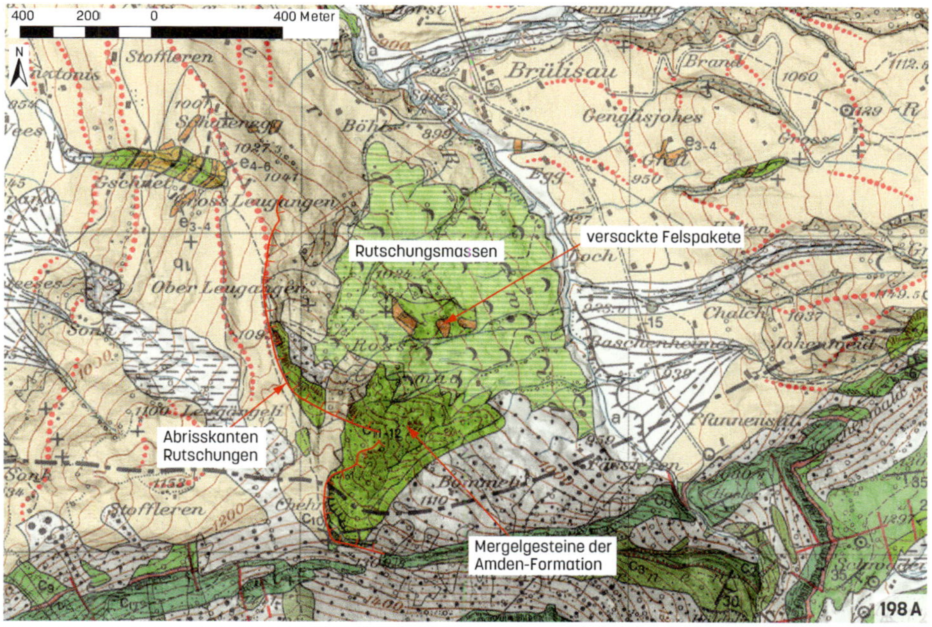

198 A

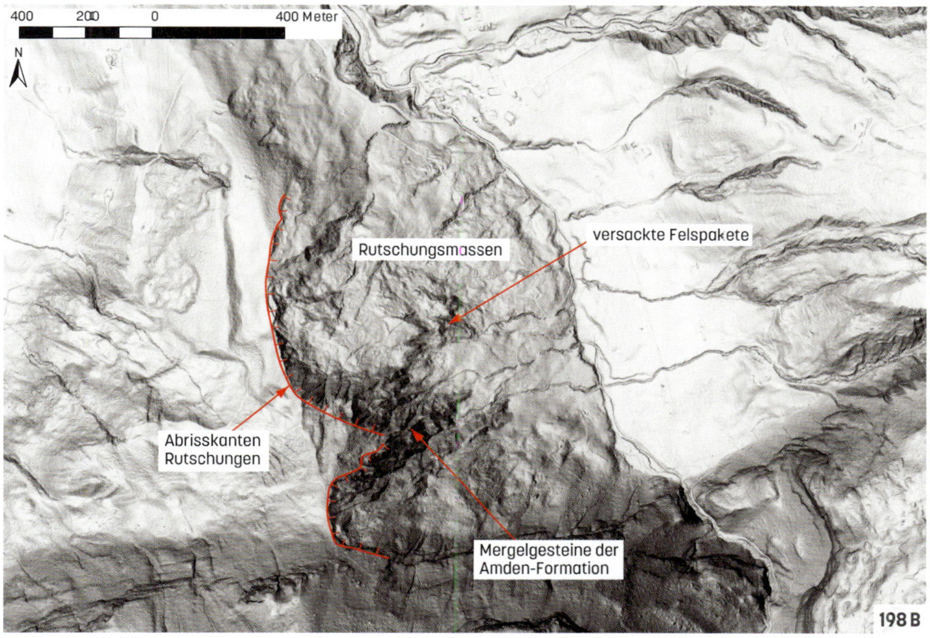

198 B

zeitlichen Moränenablagerungen. Das unruhige Terrain und die weit verzweigten Bachläufe mit zahlreichen Bachverbauungen zur Verringerung der Geschiebefrachten in den Hängen oberhalb Gams und Frümsen zeugen von den Rutschungsprozessen und von der dadurch verursachten erhöhten Erodierbarkeit des Untergrunds. Gleiches gilt für die Gegend um Brülisau, etwa Leugangen (Abb. 198) und rund um den Fähnerenspitz, wo in vergleichbarer geologischer Situation grossräumig Rutschungen auftreten.

See- und Deltaablagerungen

Auf der Ebene der Alpen Appenzeller und Rheintaler Sämtis tiefte sich der dem Sämtisersee zufliessende und leicht mäandrierende Bach in die alte Talfüllung ein, wodurch sich prächtige Terrassen bildeten (Abb. 199). Die steilen und durch die Erosion freigelegten Uferböschungen gewähren einen Einblick in die Ablagerungsabfolge der Sedimente und damit in die spät- bis nacheiszeitliche Geschichte des Sämtisersees. Die verschiedenen Terrassenniveaus zeigen mehrere ehemalige Seestände an. Die am höchsten gelegene Terrasse auf der Alp Rheintaler Sämtis hat fast genau die gleiche Höhenlage wie das Plattenbödeli (1279 Meter über Meer). Zu jener Zeit, als diese Terrasse gebildet wurde, füllte der Sämtisersee fast das gesamte Tal auf und floss über das Plattenbödeli und das Brüeltobel ab (Epprecht et al., in Vorbereitung).

Abb. 201 zeigt, wie es damals ausgesehen haben könnte. Die damals noch vorhandenen Gletscher in den Talungen der Widderalp, der Fählenalp und der Roslenalp lieferten dazu das Schmelzwasser, mit dem auch Geschiebe in Form von Steinen, Kies, Sand und Silt in den See transportiert wurde. Am westlichen Ende des Sees bildete sich dadurch ein kleines Flussdelta. Typisch für die entsprechenden Ablagerungen sind mehrere, schräg übereinandergeschichtete Stapel aus vorwiegend kiesig-sandigem Material, in dem sich feinkörnigere und grobkörnigere Lagen abwechseln (Abb. 202). Die Schrägschichtung und die Sortierung rühren daher, dass das vom Bach in den See geschüttete Material unter Wasser an der abfallenden und langsam in den See wandernden Deltafront abgelagert wurde. Die noch feinkörnigeren Sedimentpartikel (Feinsand und Silt) wurden durch die Strömung weiter in den See hineingetragen und lagerten sich dort in feinen, mehr oder weniger horizontalen Schichten ab (Abb. 203 und Abb. 204).

Neuste, detaillierte Untersuchungen an diesen Sedimentabfolgen (Epprecht et al., in Vorbereitung) haben ergeben, dass nach dem Maximalstand des Sees mit Abfluss über das Plattenbödeli der Seewasserspiegel insgesamt dreimal relativ abrupt über mehrere Meter sank. In der Folge erodierte der zufliessende Bach jeweils in die teilweise freigelegten Deltaablagerungen – wodurch sich die Terrassen bildeten – und schüttete weiter östlich (und weiter unten) ein neues Delta auf.

Als Ursache für diese Seespiegelabsenkungen wird angenommen, dass das schrittweise Zurückweichen der Gletscher im Einzugsgebiet des Sees über gewisse Schwellen (etwa jene beim Stiefelwald nordöstlich des Fählensees) dem Sämtisersee das Schmelzwasser entzog und heute auch das Niederschlagswasser. Nach und nach – oder eben mehrmals abrupt – verkleinerte sich dadurch das hydrologische Einzugsgebiet des Sees und damit auch dessen Tiefe und Ausdehnung (Epprecht et al., in Vorbereitung). Da das Seewasser fortwährend in den darunterliegenden Karst versickert, kann sich der See auch nicht über die jahreszeitlichen Schwankungen hinaus aufstauen. Eine weitere mögliche Ursache für die Absenkungen wäre eine Veränderung im Abflussverhalten des Sees, hervorgerufen durch Veränderungen im Karst, etwa durch Öffnen neuer Fliesswege mit grösserer Durchflusskapazität. Sedimentpetrographische Untersuchungen an den Terrassen sprechen jedoch eher für das schrittweise Zurückweichen der Gletscher und die damit verbundene Reduktion des hydrologischen Einzugsgebiets als Hauptgrund.

Der Rückzug des ehemals über den Stiefelwald und über die Bollenwees reichenden Gletschereises in die ebenfalls abflusslose Fählensee-Mulde bewirkte, dass der ehemalige kleine «Bollenwees-See» aufgrund seines dadurch abrupt verkleinerten Einzugsgebiets ganz verlandete (Abb. 273 und Abb. 274). Eine ähnliche Geschichte ereignete sich wohl auch auf der Meglisalp. Bei der Schwemmebene westlich des Gasthauses handelt es sich möglicherweise um das Überbleibsel eines ehemaligen Gletschersees.

Die genaue zeitliche Einordung der spät- bis nacheiszeitlichen Geschichte des Sämtisersees und seiner Umgebung ist noch nicht vollständig geklärt. Die in den Terrassen erhaltenen Sedimentschichten sind aufgrund der Untersuchungen wahrscheinlich älter als circa 9000 Jahre. Noch jüngere Sedimente können sich nur im aktuellen Seebecken befinden. Anhand eines im Jahr 2023 ungefähr an der tiefsten Stelle des Sämtisersees abgeteuften, rund 6 Meter langen Sedimentbohrkerns

konnten die Seespiegelschwankungen sowie die Umweltbedingungen während der letzten 6000 Jahre rekonstruiert werden (Graf et al., in Vorbereitung; Abb. 200). Je nach Stand des Seespiegels (der Wassertiefe) und auch je nach der in der Umgebung vorherrschenden Vegetationsbedeckung und dem Klima lagern sich im See charakteristische Sedimente ab, aus denen die vergangenen Umweltbedingungen rekonstruiert werden können. Beispielsweise werden bei tiefem Wasserspiegel oder bei fast vollständiger Austrocknung des Sees durch den zufliessenden Bach grobkörnigere Schwemmpartikel bis an die tiefste Stelle transportiert. Bei hohem Wasserspiegel lagern sich die durch den Bach transportierten gröberen Partikel bereits an dem vom Zentrum weiter entfernten Mündungsbereich ab, während bis zur Mitte des Sees lediglich feinkörni-

199 Den einstigen Seespiegel des Sämtisersees anzeigende Terrassen aus Deltasedimenten auf den Alpen Rheintaler Sämtis (vorne im Bild) und Appenzeller Sämtis. Blick Richtung Osten.
Foto: Peter Kürsteiner

200 Abschnitt des Sedimentbohrkerns aus dem Sämtisersee. Die feinen dunkleren Lagen enthalten viel organisches Material (Skala in Millimeter).
Foto: Gabriel Graf

geres Schwemmmaterial wie Ton und Silt gelangt und sich dort in feinen Schichten langsam akkumuliert. Zudem haben die Vegetationsbedeckung und die Landnutzung im Einzugsgebiet des Sees einen Einfluss auf die Sedimentabfolge im See. Bei üppiger Vegetation oder infolge der landwirtschaftlichen Nutzung wie Beweidung gelangt mehr organisches Material in den See. Grössere Komponenten wie Blattfragmente, Baumnadeln, Samen oder Holzreste können zur C14-Datierung der Schichten herangezogen werden. Eine geringe Vegetationsbedeckung infolge Abholzung oder länger andauernder Trockenheit begünstigt die Bodenerosion und Murgänge, die in der Sedimentabfolge im See ebenfalls deutliche Signale in Form von dickeren, grobkörnigen Schichten hinterlassen.

Eine detaillierte sedimentologische und geochemische Analyse der Schichtabfolge im Sedimentbohrkern zeigt neben den jahreszeitlich bedingten Seespiegelschwankungen unter anderem eine Häufung von länger andauernden Dürreperioden vor rund 400 bis 500 Jahren vor heute, als der Sämtisersee jeweils über mehrere Wochen vollständig austrocknete. Diese Dürreperioden sind grösstenteils auch historisch belegt und stehen sehr wahrscheinlich im Zusammenhang mit stark schwankenden klimatischen Verhältnissen wäh-

201 Das Tal des Sämtisersees gegen Ende der letzten Eiszeit. Blick Richtung Westen.
Rekonstruktion: Balthasar Epprecht, aus Epprecht et al., in Vorbereitung

202 Schräg geschichtete, kiesig-sandige Sedimente einer ehemaligen Deltafront. Appenzeller Sämtis.
Foto: Balthasar Epprecht

203 Fein geschichtete Seesedimente des Sämtisersees, abgelagert zu einer Zeit, als der Seespiegel höher lag. Appenzeller Sämtis.
Foto: René Löpfe

204 Detailansicht der feingeschichteten Seesedimente von Abb. 203.
Foto: Balthasar Epprecht

202

rend der «Kleinen Eiszeit». Die jüngsten Seespiegel-Tiefststände des 20. und 21. Jahrhunderts (Abb. 259) zeigen hingegen keine entsprechenden Signale im Sedimentbohrkern. Diese Trockenperioden waren vermutlich deutlich weniger intensiv als jene im 15. bis 17. Jahrhundert (Graf et al., in Vorbereitung).

Die Untersuchungen lassen zudem vermuten, dass der Alpstein früher alpwirtschaftlich genutzt wurde, als aus historischen Quellen abgeleitet werden kann. Erhöhte Gehalte an organischem und stickstoffreichem Material in Sedimentschichten mit einem Alter von rund 2000 Jahren vor heute zeigen erste Einflüsse eines erhöhten Nährstoffeintrags wahrscheinlich durch Abholzung, erhöhte Bodenerosion und Beweidung (Düngung) ab Anfang des vorletzten Jahrtausends. Gemäss historischen Dokumenten begann die Alpwirtschaft im Alpstein jedoch frühestens vor rund 1500 Jahren. In der entsprechenden Schicht des Sedimentbohrkerns weisen die geochemischen Parameter für jene Zeit jedoch bereits Maximalwerte auf (Graf et al., in Vorbereitung).

203

204

Hangschuttbildungen und Trockenschuttkegel

Ansammlungen von Gesteinstrümmern verschiedenster Korngrössen, die infolge verwitterungsbedingten Abtrags von Felswänden entstanden und durch Wirkung der Schwerkraft (Sturzprozesse) transportiert wurden, werden allgemein unter Hangschutt zusammengefasst (Bundesamt für Wasser und Geologie 2003). Solche Ablagerungen sind im Alpstein aufgrund der vielen steil einfallenden Felswände häufig. Neben unstrukturierten Schutthalden treten am Ausgang von steilen Steinschlag-Runsen kegelförmige Hangschuttbildungen auf, sogenannte Trockenschuttkegel (Abb. 205). Diese weisen teilweise grosse Ausmasse auf und bedecken weite Teile der Alpsteintäler und -hänge. Oft ist darin eine Sortierung von feinkörnigem Hangschutt im oberen Teil und grösseren, bis Blockgrösse erreichenden Sturzblöcken am Fuss der Kegel festzustellen. Ältere Trockenschuttkegel sind inzwischen meist mit Gras bewachsen und teilweise durch jüngere Erosionsprozesse wie Murgänge wieder wegerodiert worden.

205 Hang- bzw. Trockenschutt- und Schwemmschuttfächer am Fählensee und auf der Fählenalp.
Foto: René Löpfe

206 Murgang bei Wasserauen, im Sommer 2024.
Foto: René Löpfe

Schwemmschutt, Bachschutt und Alluvionen

Im Unterschied zu den Trockenschuttkegeln werden Schwemmschuttkegel, auch Bachschutt- oder Murgangkegel genannt, durch permanent oder nur periodisch Wasser führende Bäche gebildet. Dies insbesondere bei der Einmündung eines Seitenbachs in die Haupttalebene. Je nach Wasser- und Geschiebeführung verläuft der Bach (beziehungsweise sein Hauptgerinne) nach einem Hochwasserereignis in einem anderen Bereich des Schuttkegels über diesen hinaus. Durch das zeitliche Hin- und Herschwenken ergibt sich ein nach unten breiter werdender Schuttkegel. Typisch für Murgangschuttkegel sind die so-

genannten Murgangrinnen, die durch Tiefenerosion des oberhalb des Schuttkegels liegenden Materials und des obersten Abschnitts des Schuttkegels entstehen (Abb. 206). Es gibt auch Mischformen zwischen Trockenschutt- und Schwemmschuttkegeln.

Sumpf-, Riet- und Torfgebiete

Sumpfgebiete sowie Riete und Flachmoore entstehen in permanent durchnässten oder periodisch überschwemmten Gebieten, die aufgrund ihrer Topografie und Untergrundbeschaffenheit nicht oder nur stark verzögert natürlich entwässern können. Nach dem Abschmelzen der letzteiszeitlichen Gletscher wurden die ungefähr Ost-West orientierten Quertalungen von Gonten und von Eggerstanden eisfrei, bevor sich die Gletscherzungen in den Haupttälern der Urnäsch, der Sitter und des Rheins weiter zurückziehen konnten. Dazwischen schütteten die Bäche von den nördlichen und südlichen Hängen Schwemmsedimente, die sich zwischen den in den Haupttälern liegenden Eismassen stauten. Bei Gonten stammen diese Ablagerungen von Süden vom Kronberg–Hüttenberg und von Norden von der Hundwiler Höhi. Dadurch formten sich in diesen Quertalungen eigentliche Hochebenen, auf denen Sumpfgebiete oder sogar kleinere Seen entstanden, die später verlandeten. In den Sumpfgebieten bildete sich Torf, welcher fast ausschliesslich aus organischem Material besteht und einen eigenen, vom Grundwasser losgelösten Wasserhaushalt besitzt. Solche Gebiete werden auch als Hochmoor bezeichnet.

Von den ehemals ausgedehnten Hochmoorgebieten Gontenmoos bei Gonten (Abb. 207) und Möser bei Eggerstanden existieren heute jedoch nur noch kleinere Reste bis fast gar keine Flächen mehr, dies als Folge des Torfabbaus insbesondere im letzten Jahrhundert (Abb. 208).

Weitere Moorflächen im Alpstein befinden sich auf der Schwägalp, der Potersalp, der Lütisalp, bei Gamplüt im Obertoggenburg sowie vereinzelt zwischen den hochgelegenen Nagelfluh-Rippen zwischen dem Klosterspitz und dem Kronberg.

207 Moorlandschaft Gontenmoos.
Foto: René Löpfe

208 Torfabbaustelle bei der Liegenschaft Som, Gonten. Die Abbaustelle ist «circa acht Spaten» tief.
Archiv: «Toobe»-Museum, Gonten, alte Fotografie

209 «Toobe»-Museum – in einer alten Streuehütte ist heute eine kleine Ausstellung zum Torfabbau im Gontenmoos untergebracht.
Foto: Peter Kürsteiner

210 Karstlandschaft Tierwis mit Säntisgipfel im Hintergrund, aufgenommen von Punkt 2082 südlich des Grüehorn.
Foto: Stephan Wohlwend

Karst- und Höhlenbildung

Stephan Wohlwend

Der Alpstein begeistert mit seinen eindrucksvollen Falten, tiefen Tälern und idyllischen Bergseen. Doch neben diesen markanten Merkmalen bietet er weitere atemberaubende Landschaftsformen – karge Gebiete, in denen kaum Vegetation wächst und der nackte Fels dominiert. Diese sogenannten Karstlandschaften finden sich beispielsweise auf der Tierwis, auf dem Zwinglipass oder östlich des Säntis, zwischen Höchnideri und dem Mesmer.

Typisch für diese Landschaft sind Karren, Dolinen und tiefe Löcher. Wie in Abb. 210 zu sehen ist, sind jedoch nicht alle Bereiche vegetationsfrei. Während einige Gesteinseinheiten karg und nackt erscheinen, sind andere von Vegetation bedeckt. Die Erklärung ist in der Geologie und der mineralogischen Zusammensetzung der Gesteine zu finden, denn der geologische Untergrund spielt eine entscheidende Rolle für die Bodenbildung und damit für die Vegetationsverteilung.

Was ist eine Karstlandschaft, wie entsteht sie?

Der Begriff Karst stammt vom slowenischen Wort kras, das ursprünglich eine Region in Slowenien bezeichnete, die für ihre typische Karstlandschaft bekannt ist. Heute wird der Begriff weltweit für ähnliche Gebiete verwendet.

Der Prozess, der zur Verkarstung führt, ist eine chemische Reaktion: Mit Kohlendioxid (CO_2) angereichertes Wasser (H_2O) löst das Gestein auf. Dazu ist das Vorhandensein von Wasser, Kohlendioxid und löslichem Gestein notwendig. Wasser ist in

210

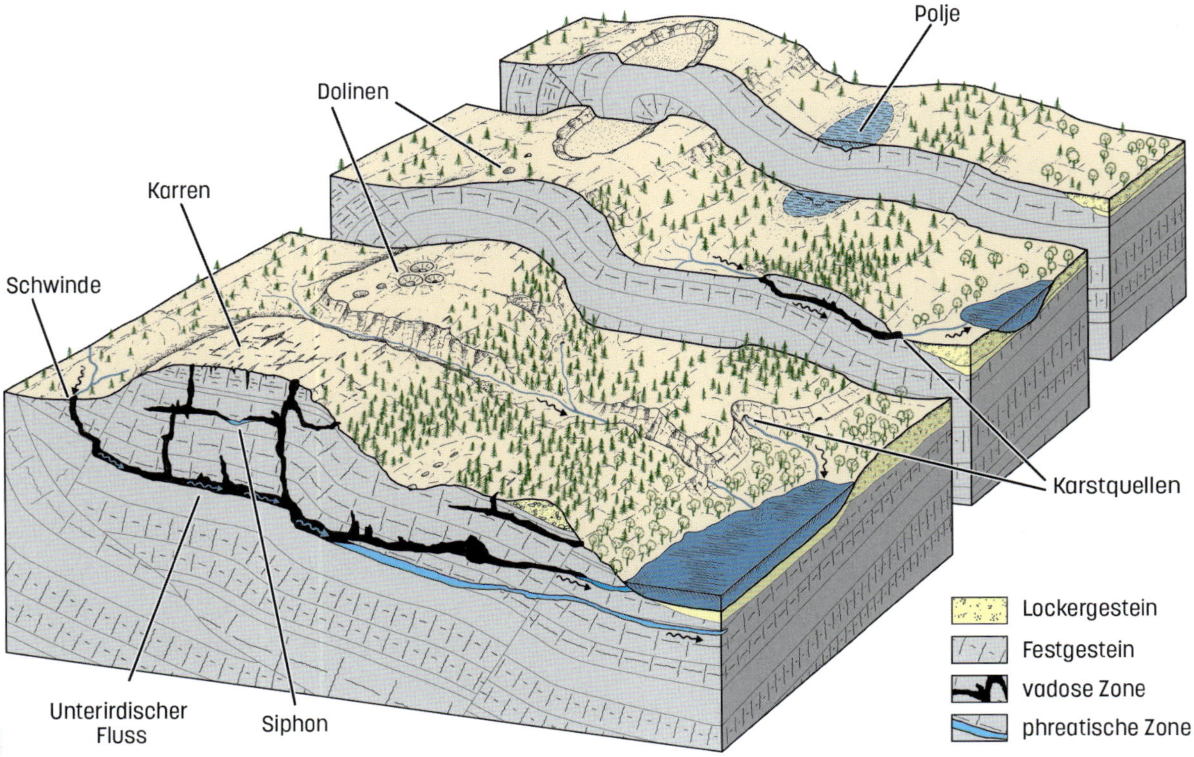

Form von Niederschlag im Alpstein reichlich vorhanden, das Kohlendioxid stammt direkt aus der Luft, und Karbonatgesteine mit einem hohen Anteil an Calciumkarbonat ($CaCO_3$) sind im Säntisgebiet auch reichlich vorhanden.

Im Alpstein sind hauptsächlich die Kalksteine der Schrattenkalk-Formation sowie teilweise diejenigen der Öhrli-, Betlis- und Seewen-Formation von der Verkarstung betroffen. Die Intensität der Verkarstung hängt jedoch nicht nur vom Gestein selbst, sondern auch von der Vegetationsbedeckung ab. Dabei wird zwischen vegetationsloser Karstlandschaft (mit geringer bis keiner Vegetation) und bedeckter Karstlandschaft (mit humusreichen Böden) unterschieden. In letzterem Fall produzieren Mikroorganismen im Boden zusätzlich Kohlendioxid, was den chemische Lösungsprozess beschleunigen kann.

Chemisch lässt sich dieser Lösungsprozess des Karbonatgesteins, der geologisch als Korrosion bezeichnet wird, mit folgender Gleichung beschreiben:

$$CaCO_3 + H_2O + CO_2 \rightleftharpoons Ca^{2+} + 2\ HCO_3^-$$

Karbonat + Wasser + Kohlendioxid ⇌ Calciumhydrogenkarbonat

Der in beide Richtungen weisende Pfeil zeigt, dass die Reaktion in beide Richtungen ablaufen kann und somit auch umkehrbar ist. Es wird nicht nur Karbonatgestein ($CaCO_3$) gelöst, sondern es kann unter bestimmten Bedingungen auch neues Karbonat ausgefällt und gebildet werden. Auf die Ausfällung von Kalk und die Bildung von Sinter, Stalagmiten und Stalaktiten wird später im Buch eingegangen.

211 Schematisches Blockdiagramm durch ein Karstmassiv mit den typischen Karstformen wie Karren, Dolinen, Schwinden und Poljen sowie Höhlen.
Illustration: © SISKA 2024, modifiziert von Stephan Wohlwend

212 Wand- (A) oder Rillenkarren (B) in der Karstlandschaft Tierwis.
Foto: Stephan Wohlwend

Karsterscheinungen

Karsterscheinungen können sehr unterschiedlich sein. Das Blockdiagramm in Abb. 211 visualisiert die wichtigsten Typen. Diese werden im Folgenden erläutert.

Karren

Die auffälligsten Formen, die durch die Auflösung des Gesteins in den vegetationsarmen Karstlandschaften des Alpsteins entstehen, sind die sogenannten Karren (Abb. 212). Diese werden je nach Region auch Schratten genannt – daher stammt der Name der Schratteflue bei Sörenberg oder eben Schrattenkalk-Formation. Es handelt sich dabei um furchen-, rillen- oder wannenartige korrosive Kleinformen auf einer verkarstungsfähigen Felsoberfläche (Filipponi et al. 2022). Die Karren verlaufen immer hangabwärts (Abb. 212 B) und sind ein eindeutiges Indiz für den vom Regenwasser verursachten Lösungsprozess.

Die Dimension dieser Lösungsform beginnt im Kleinsten und kann über ganze Felswände verlaufen. Der Wanderweg von der Tierwis zur Stütze der Säntisbahn führt über ein grosses Karrenfeld. Im Alpstein sind die Karren oder Wasserrillen bei Kletternden bestens bekannt. Es gibt klingende Namen für Kletterrouten, die beschreiben, was zu erwarten ist. Ein Beispiel ist die «Röstiraffle» am Fähnligipfel oberhalb der Hundsteinhütte. Dort reihen sich etliche Wasserrillen aneinander und dazwischen verlaufen messerscharfe Grate.

Karstspalten

Ist das Gestein von steilstehenden Trennflächen durchsetzt, können diese ebenfalls durch die Auflösung des Kalkgesteins aufgeweitet werden. Es entstehen sogenannte Karstspalten, welche einige Meter breit und mehrere Meter tief sein können. Auch solche quert der Wanderweg oberhalb der Tierwis mehrmals.

212 A

212 B

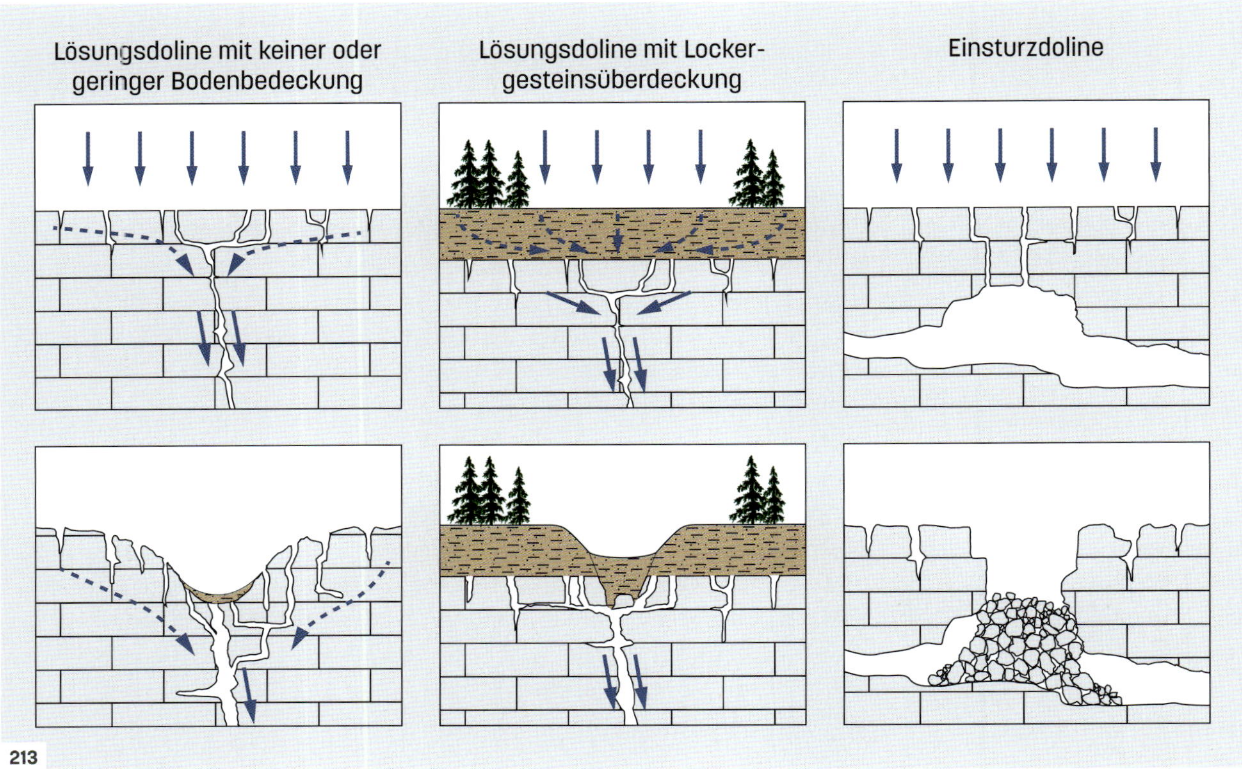

213

Dolinen

Ein weiteres Element von Karstlandschaften sind sogenannte Dolinen (vom slawischen dolina = Tal). Umgangssprachlich werden sie auch als Schlucklöcher bezeichnet. Es handelt sich um trichter-, schüssel- oder kesselförmige Vertiefungen, die durch Verkarstungsprozesse entstanden sind (Filipponi et al. 2022). Solche meist runden oder elliptischen Vertiefungen (sogenannte Lösungsdolinen) entstehen, wenn beispielsweise im Untergrund Gestein gelöst wird. Sie kommen in Gebieten mit keiner oder nur geringer Bodenbedeckung vor, aber auch an Orten, an denen verkarstungsfähiges Gestein von Lockergestein überdeckt ist (Abb. 213). Das tonige Lockermaterial der Überdeckung kann kontinuierlich in den darunterliegenden Hohlraum ausgewaschen werden. Es kommt auch vor, dass das Lockergestein plötzlich in den darunterliegenden Hohlraum einbricht.

In grösseren Karstgebieten können zudem weitere Dolinenarten entstehen. Wenn beispielsweise im oberflächennahen Untergrund ein grösserer Hohlraum besteht und die Bedeckung später einstürzt, spricht man von einer Einsturzdoline.

Im Alpstein lassen sich Lösungsdolinen mit keiner oder geringer Bodenbedeckung beispielsweise entlang des Wanderwegs vom Zwinglipass zum Mutschensattel, in der Nähe von Punkt 2127 auf dem Chreialpfirst oder auf der Alp Sigel (Abb. 214) beobachten. Dolinen können im Alpstein Durchmesser von 10 bis 20 Metern erreichen und sind in Höhenmodellen oder Reliefschattierungen deutlich zu erkennen (Abb. 214 B–E).

213 Entstehungsprozess einer Lösungsdoline mit keiner oder geringer Bodenbedeckung, mit einer Lockergesteinsüberdeckung und einer Einsturzdoline.
Illustration: Stephan Wohlwend, inspiriert von Wenger et al. (2024)

214 Dolinen auf der Alp Sigel, dargestellt auf der topografischen Landeskarte 1:25 000 (A) und auf dem digitalen Geländemodell swissALTI3D (B–E). Mit den roten Linien sind in Bild B die Brüche eingezeichnet.
Kartengrundlage: © swisstopo, ergänzt von Stephan Wohlwend

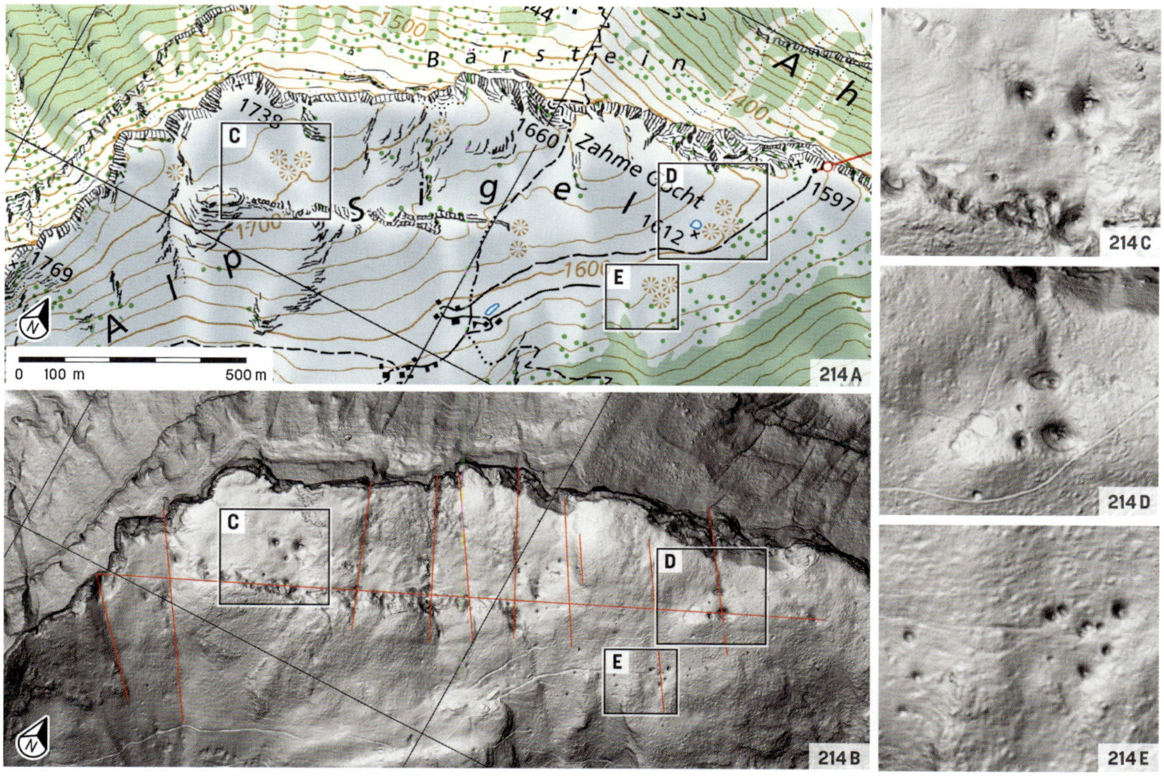

Dolinen entstehen oft dort, wo im Untergrund gut lösliches Gestein vorhanden ist. Häufig liegen sie zudem entlang von im Untergrund verlaufenden Störungszonen oder Brüchen – Bereiche, in denen das Gestein durch tektonische Bewegung leicht versetzt oder zerbröselt wurde, wodurch Schwächezonen entstanden sind. Entlang dieser Störungen kann Wasser besonders leicht im Untergrund versickern und Kalk lösen. Wie in Abb. 214 B ersichtlich ist, wird die Alp Sigel von mehreren Nordwest-Südost verlaufenden tektonischen Brüchen durchzogen. Entlang dieser Brüche haben sich viele Dolinen gebildet, wie beispielsweise in Abb. 214 D zu sehen ist. Dort ist der tektonische Versatz im Geländemodell gut erkennbar, der gerade auf die beiden Dolinen zuläuft.

Die trichterförmigen Vertiefungen von Dolinen können nach unten «offen» sein und sich somit zu Schachthöhlen erweitern. Solche Schächte werden im Volksmund Donnerlöcher oder Wetterlöcher genannt. Sie kommen im Alpstein zahlreich vor und sind historisch belegt. So beschreibt bereits der Kapuzinerpater Clemens Geiger (1668–1714), der den Alpstein zu einem grossen Teil selbst begangen hat, den östlichen Alpstein und das damals schon berühmte Wetterloch beim Kamor. Der folgende, mit einer gehörigen Portion Fantasie ausgeschmückte Bericht von Clemens Geiger ist in «Sagenhaftes, Legendäres und Anekdotisches» (Inauen 2022) wiedergegeben:

«Auf dieser Alp (Kamohr) zeigt sich ein Wetterloch/ wann man einen Stein hineinfellt/so fallt er tieff hinunder und macht ein gross Getümmel/dergleichen mit erstaunen anzuhören/deme folget dicker Dampf oder Nebel/aus welchem ein erschrockliches Wetter von Donnern/Haglen und Blitzen entsteht/so das man meint der Berg samt dem was darauf müsse under übersich gehen/ wesswegen die Viehhirten (Sennen genant) nicht zulassen etwas in solches zu werffen.»

Geschlossene Becken – Poljen

Ein gemeinsames Merkmal aller Karstlandschaften ist der Mangel an Oberflächengewässern. In den höheren Lagen des Alpsteins gibt es fast keine Bäche und Seen. Sobald Kalkstein an die Oberfläche tritt,

215

wird dieser chemisch angelöst. Niederschläge und Schmelzwasser versickern rasch durch Karstspalten oder Dolinen, sammeln sich in Höhlen und werden über ein System unterirdischer Abflüsse abgeleitet, bis das Wasser schliesslich durch Quellen wieder an die Oberfläche tritt.

215 Blick vom Öhrlikopf über die geschlossene Senke der Hinteren Öhrligrueb zum Säntis; am südlichen Rand der Hinteren Öhrligrueb befindet sich, am Übergang der Schutthalde zur Felswand, der Eingang der Eishöhle am Öhrli.
Foto: Stephan Wohlwend

216 Verteilung der verkarstungsfähigen Gesteinseinheiten der Schweiz mit den erfassten Höhleneingängen.
Illustration: Daten © SISKA 2024, modifiziert von Stephan Wohlwend

217 Vadose und phreatische Zone in einem Karstgebirge.
Illustration: Stephan Wohlwend, modifiziert nach Pfeffer (2010)

Allerdings gibt es auch innerhalb von Karstgebieten Bereiche, in denen der Untergrund aus weniger verkarstungsanfälligem Gestein besteht. Dazu gehören tonreiche oder mergelige Gesteinsabfolgen wie beispielsweise der «Öhrli-Mergel» der Öhrli-Formation oder der leicht quarzhaltige Helvetische Kieselkalk. In Abb. 215 ist eine kleinere, geschlossene Senke in der Hinteren Öhrligrueb zu sehen, die keinen sichtbaren oberirdischen Abfluss aufweist. Stattdessen entwässert das vom «Öhrli-Mergel» angestaute Wasser am nördlichen (rechten) Ende durch eine kleine Karstschwinde (auch Schluckloch oder Ponor genannt), welche am Kontakt zum Kalkstein der Schrattenkalk-Formation liegt.

Solche geschlossenen Senken können auch grössere Dimensionen erreichen, wie etwa jene bei Hindergräppelen westlich des Gräppelensees. Noch grösser sind die Senken des Sämtisersees und des Fählensees, die beide über keinen erkennbaren oberirdischen Abfluss verfügen. Daher ist ihr Seeniveau

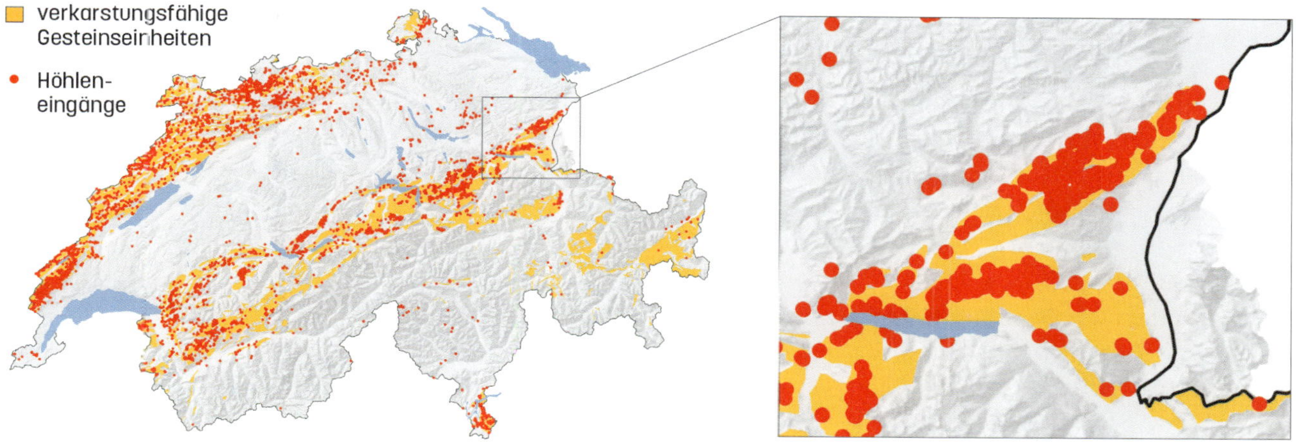

216

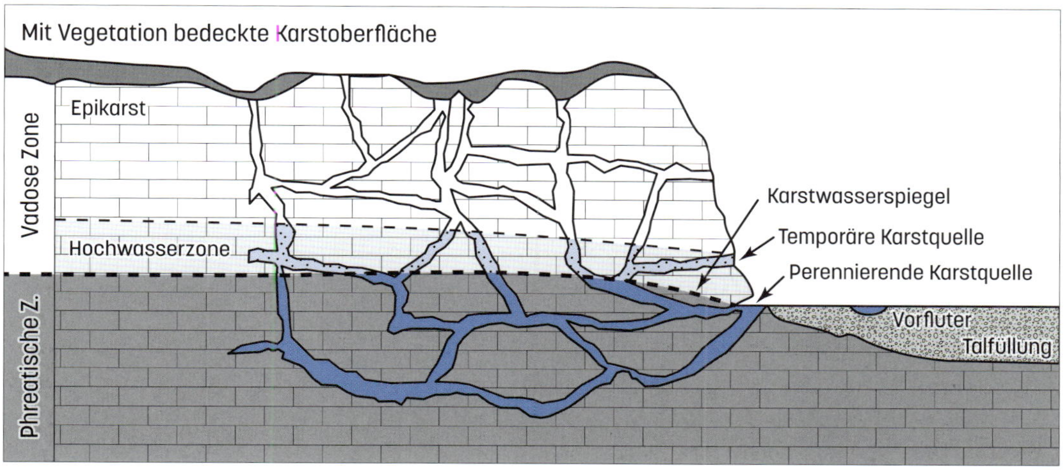

217

auch stark vom Niederschlag und der Schneeschmelze abhängig. Bei normalem Wasserstand entwässern beide Seen durch unter Wasser liegende Karstspalten (Schwinden) direkt in das Karstsystem.

Höhlenbildung

Die Karte der Schweiz (Abb. 216) zeigt, dass die meisten Höhlen der Schweiz Karsthöhlen sind. Auch der Alpstein bildet hierbei keine Ausnahme. Wird nämlich der tektonische Kontakt der helvetischen Decken Richtung Norden in die Subalpine Molasse überschritten – es ist dies die Säntis-Überschiebung – finden sich dort nur noch wenige Höhlen. Dies zeigt auf, dass Höhlen vorwiegend in verkarstungsfähigem Gestein entstehen. Während im Alpstein vor allem Kalkstein die Grundlage bildet, existieren schweizweit auch beeindruckende Höhlensysteme in Gips und Anhydrit, Dolomit sowie in metamorphem Marmor (Wenger et al. 2024).

Karstzonen im Untergrund

Wie bereits beschrieben, prägt der Niederschlag die Karren und Rillen im Kalkstein und erweitert diese, wie auch die Dolinen. Doch dieser Lösungsprozess beschränkt sich nicht nur auf die Oberfläche. Das Wasser nimmt in Karstgebieten, wenn immer möglich, den direkten Weg in die Tiefe.

In Abb. 217 sowie im schematischen Blockdiagramm (Abb. 211) sind die unterschiedlichen karsthydrografischen Zonen im Untergrund dargestellt, die sich in die vadose und die phreatische Zone unterteilen lassen.

In der vadosen Zone fliesst das Wasser meist rasch durch vertikale Klüfte und Störungen ab. Der oberflächennahe Bereich von wenigen Metern Mächtigkeit, der von äusseren Faktoren wie Niederschlag, Temperatur, Frost und Mikroorganismen im Boden beeinflusst wird, sodass fast alle Trennflächen im Gestein aufgeweitet sind, wird auch als Epikarst bezeichnet. Da das Wasser in der vadosen Zone noch nicht mit Calciumkarbonat gesättigt ist, löst es beim Durchfliessen des Gesteins weiteren Kalk. In den höheren Bereichen des Karstgebiets bilden sich daher oft sogenannte Schachthöhlen. Trifft das Wasser oder der Höhlenbach im Untergrund auf mergelige oder tonreiche Gesteinsschichten, folgt es diesen wasserstauenden Barrieren und es entstehen subvertikale oder horizontale Höhlenabschnitte. Die vadose Zone umfasst den gesamten Bereich, in dem das Wasser frei fliessen kann und in offenem Austausch mit der Höhlenluft steht. Bei intensiven Regenfällen, Gewittern oder bei Schneeschmelze können die tieferliegenden Gänge der vadosen Zone überflutet werden. Dieser Bereich wird auch als Hochwasserzone bezeichnet.

In der phreatischen Zone erreicht das Wasser in der Tiefe den Karstwasserspiegel, unterhalb dessen alle Gänge vollständig mit Wasser gefüllt sind. In dieser Zone kann das Wasser und damit der Lösungsprozess in alle Richtungen wirken, wodurch sich die Höhlengänge zu elliptischen Querschnitten erweitern. Die Lage des Karstwasserspiegels hängt von der Höhenlage der Karstquelle ab. Fliesst das Wasser beständig, wird von einer perennierenden Karstquelle gesprochen, deren Schüttung je nach Niederschlag und Schneeschmelze stark schwanken kann.

Der Karstwasserspiegel eines Karstsystems hängt mit der Talentwicklung an der Oberfläche zusammen und ist somit vom Niveau des frei fliessenden Gewässers (Vorfluter) abhängig. Verändert sich das Gelände (die Höhenlage des Vorfluters) ausserhalb des Höhlensystems, beeinflusst dies auch den Karstwasserspiegel im Innern. Wird der Talboden beispielsweise während einer Vergletscherungsphase durch Gletschererosion abgesenkt, sinken sowohl das Niveau der perennierenden Karstquelle als auch der damit verbundene Karstwasserspiegel. Dieser Prozess kann zur Entstehung mehrerer übereinanderliegender Gangsysteme führen. Diese stehen jeweils mit einer erneuten Erosionsphase des Talbodens in Verbindung.

Entstehung eines Höhlengangs

Die Entstehung von Höhlengängen ist eng mit den unterirdischen Fliesswegen des Wassers verbunden. Wasser dringt in jeden noch so feinen Riss, sei es entlang der ursprünglichen Grenzen zwischen unterschiedlich abgelagerten Gesteinsschichten (Abb. 218 A) oder entlang tektonischer Störungen oder Klüfte (Filipponi 2009 und Filipponi et al. 2009). Aufgrund seiner Lösungsfähigkeit weitet das Gebirgswasser dieses feinmaschige Netz von Trennflächen zunehmend auf. Mit zunehmender Durchlässigkeit kann auch mehr Wasser fliessen, wodurch sich einzelne Trennflächen über Jahrhunderte bis Jahrtausende hinweg zu phreatischen Höhlengängen entwickeln können (Abb. 218 B). Transportiert das Wasser dabei Sediment wie Sand oder feinen Kies, kommt es zusätzlich zu mechanischer Erosion: Die Gesteinswände werden durch Abrasion abgeschliffen, was die Vergrösserung des Höhlengangs weiter beschleunigt.

Dennoch entwickelt sich nicht aus jeder Trennfläche ein grösserer Höhlengang. Die bestehenden Trennflächen stehen in direkter Konkurrenz zueinander. Fliesswege mit günstigerer Wasserführung entwickeln sich schneller und entziehen benachbarten Trennflächen das Wasser, wodurch ihr eigenes Wachstum zusätzlich beschleunigt wird. Die Gewinner dieses Konkurrenzkampfes sind keineswegs zufällig. Entscheidend sind die primären lithologischen Trennflächen in den Sedimentgesteinen. Dies führt dazu, dass viele Höhlenverläufe dem Schichteinfallen folgen und von den grösseren tektonischen Klüften mitgeprägt werden.

Sinkt der ursprüngliche Karstwasserspiegel, beispielsweise durch die Erosion des Talbodens ausserhalb des Höhlensystems, fällt der ehemals vollständig mit Wasser gefüllte phreatische Höhlengang tro-

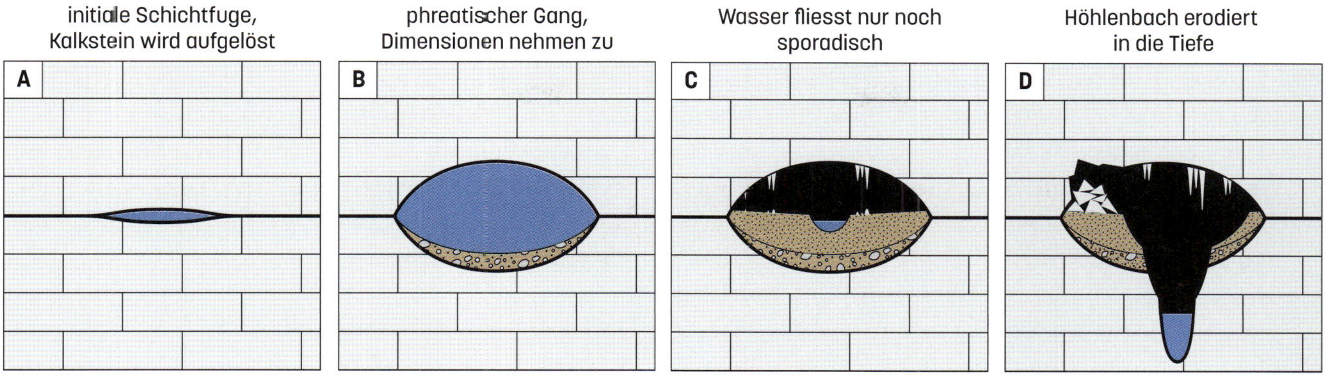

218

cken. Der Höhlengang liegt dann in der vadosen Zone, in der Wasser nur noch in geringerer Menge oder sporadisch in Form eines Höhlenbachs fliesst (Abb. 218 C). Dieser kann sich nun schluchtartig weiter in den Höhlenboden hineinerodieren, wodurch eine besondere Gangform entsteht: das sogenannte Schlüssellochprofil (Abb. 218 D). Erst in diesen mit Luft gefüllten Hohlräumen können sich nun Tropfsteine wie Stalaktiten und Stalagmiten bilden.

Die Dimension eines Höhlengangs wird aber nicht immer grösser. Dieser kann auch durch eingeschwemmtes Sediment oder durch neu ausgefälltes Karbonat – hauptsächlich in Form von Sinterablagerungen – allmählich wieder aufgefüllt werden (Abb. 218 C). Ein bereits vollständig mit Sediment verfüllter Gang kann durch geringfügige Änderungen des Abflussregimes oder nach einem Starkniederschlag wieder Wasser führen, wodurch zuvor abgelagertes Sediment teilweise wieder abgetragen wird. Ablagerung von Höhlensedimenten und Erosion des Höhlenbachs erfolgen oft in mehreren Phasen.

Die heutige Höhlenforschung findet überwiegend in der vadosen Zone statt, also in luftgefüllten Bereichen. Hier lassen sich die Entstehung des Höhlensystems sowie Teile des unterirdischen Entwässerungssystems des Karstgebiets gut erkunden. In einigen Fällen kann man dem Höhlenbach bis zum Karstwasserspiegel folgen, wo dann aber oft das Ende der Höhle erreicht ist. Eine weitere Erforschung ist ab dort nur noch erfahrenen Höhlentaucherinnen und -tauchern möglich.

Zeitliches Ende einer Höhle

Auf unterirdische Hohlräume wirkt der Gebirgsdruck des überlagernden Gesteins. In grösseren Hohlräumen mit einer grösseren Spannweite können sich einzelne Gesteinsblöcke von den Decken und Wänden lösen und in den Hohlraum stürzen. Dies geschieht vor allem in Bereichen mit einer höheren Trennflächendichte, also in Bereichen, in denen das Gestein bereits durch primäre Störungszonen geschwächt ist. Der elliptische (phreatische) Höhlenquerschnitt ist dann oft nicht mehr deutlich erkennbar. Die ehemals elliptische Form der Decke verändert sich durch die gelösten Blöcke und der Höhlenboden wird zunehmend mit Sturzblöcken bedeckt (Abb. 218 D). Diese natürlichen Vorgänge, bei denen sich Blöcke durch Verbruch bilden, werden als Inkasion bezeichnet.

Befindet sich die Höhle relativ nahe an der Oberfläche, kann es sein, dass durch das Nachbrechen irgendwann die Stabilität verloren geht und die gesamte Überdeckung einstürzt. Dadurch entsteht, wie in Abb. 213 dargestellt, eine Einsturzdoline.

218 A: Höhlenentstehung entlang initialer Schichtfuge. B: phreatischer, mit Wasser vollständig gefüllter Gang. C: Höhlengang in der vadosen Zone mit neu eingeschwemmtem Sediment. D: Erosion des Höhlenbachs zu einem sogenannten Schlüssellochprofil.
Illustration: Stephan Wohlwend, inspiriert nach Wenger et al. (2024)

Erforschung der Höhlen im Alpstein

Während viele Wandernde die tiefen Spalten, Löcher und dunklen Höhleneingänge mit Ehrfurcht und manchmal mit Unbehagen betrachten, verbringen Höhlenforscherinnen und Höhlenforscher freiwillig unzählige Stunden in diesen unterirdischen Welten, in völliger Dunkelheit, Kälte und Nässe, um sie systematisch zu erkunden, zu vermessen und so dem Berg seine inneren Geheimnisse zu entlocken. Sie erforschen die Höhlen und betreiben Speläologie, so der Fachausdruck für Höhlenforschung. In den letzten Jahrzehnten wurden im Alpstein Hunderte von Höhlen von Speläologinnen und Speläologen begangen und kartiert. Die Hauptakteure im Alpstein sind die Mitglieder des Höhlenclubs Alpstein (HCA), der Ostschweizerischen Gesellschaft für Höhlenforschung (OGH) und der Arbeitsgemeinschaft für Speläologie Regensdorf (AGSR).

Diese Forschenden beschäftigen sich je nach Grösse der Höhle oft viele Jahre mit der Dokumentation. Dabei werden nicht nur die Höhlengänge exakt vermessen und kartiert, sondern auch ihre Form, Geologie und Höhlenablagerungen analysiert. Diese Untersuchungen geben Aufschluss über die Höhlenentstehung und die unterirdischen Fliesswege im Karstgebiet. So ermöglichen solche Arbeiten teilweise, den Weg des Wassers von der Versickerung bis hin zur Quelle zu erforschen. Auch geben detaillierte Beobachtungen Hinweise zu Veränderungen der Geländeform (Geomorphologie) in der Vergangenheit.

219 Die beiden Höhleneingänge der Nasenlöcher auf dem Bergweg von der Potersalp hinauf zur Öhrligrueb.
Foto: Stephan Wohlwend

220 Vergleich der 193 vermessenen Höhlen des Alpsteins (schwarze Punkte), dargestellt nach ihrer Gesamtlänge und vertikalen Ausdehnung. Die im Text näher beschriebenen Höhlen sind rot markiert.
Illustration: Stephan Wohlwend, nach Daten von HCA, OGH und AGSR (Stand 2024)

Höhlen im Alpstein

Im Alpstein lassen sich Höhlen in allen Grössen finden. Ist ein Hohlraum im Untergrund gross genug, dass er von einem Menschen begangen werden kann – oder befahren, wie es unter Höhlenforschenden heisst –, wird von einer Höhle gesprochen. Dazu zählen bereits sogenannte Abris, also Halbhöhlen, die im Schweizerdeutschen oft auch als Balme bezeichnet werden. Es handelt sich dabei um einen etwas grösseren Felsüberhang, der oft als Unterstand verwendet wurde. Ein Beispiel ist der Abri Unterkobel bei Oberriet, der eine sehr bedeutende Fundstelle menschlicher Siedlungs- und Umweltgeschichte darstellt (Wegmüller 2022 und Wegmüller et al. 2022); auf archäologische Themen wird später im Buch eingegangen.

Etwas grösser, sodass man bereits von richtigen Höhlen sprechen kann, sind die beiden Nasenlöcher (Abb. 219), die sich direkt am Bergweg von der Potersalp hinauf zur Öhrligrueb befinden. Beide Eingänge führen jedoch nur in kleine Hohlräume von wenigen Metern (Fischer 2007).

Abb. 220 zeigt die vermessenen Höhlen des Alpsteins, dargestellt nach ihrer Gesamtlänge und der maximalen vertikalen Höhendifferenz, also der Differenz zwischen dem höchsten und dem tiefsten Punkt der Höhle. Die Daten stammen von 193 Höhlen, von denen der Grossteil geringere Dimensionen aufweist. Dies belegt die grosse Dichte von schwarzen Punkten zwischen den Nasenlöchern und den Wildkirchli-Höhlen. Sechs Höhlen erreichen eine Gesamtlänge von mehr als 500 Metern: das Häxenloch, die Furgglenhöhle, die Kristallhöhle Kobelwald, die Schneehöhle, das Z7-F10-System beim Zwinglipass und die Säntishöhle. Die beiden letztgenannten erreichen eine deutlich grössere Gesamtlänge von rund 1.8 Kilometer. Die dargestellten Daten stammen vom HCA, der OGH und der AGSR.

Die Grafik zeigt zudem, dass die meisten Höhlen eine erhebliche vertikale Höhendifferenz aufweisen. Dies zeigt, dass ihr Verlauf meist dem Wasserfluss folgt – und dieser verläuft in der Regel vertikal nach unten. Die grössten vertikalen Höhendifferenzen liegen bei den zwei grössten Höhlen (Z7-F10-System und Säntishöhle) bei rund 250 Metern. Diese Bestandesaufnahme (Abb. 220) ist jedoch bei Wei-

219

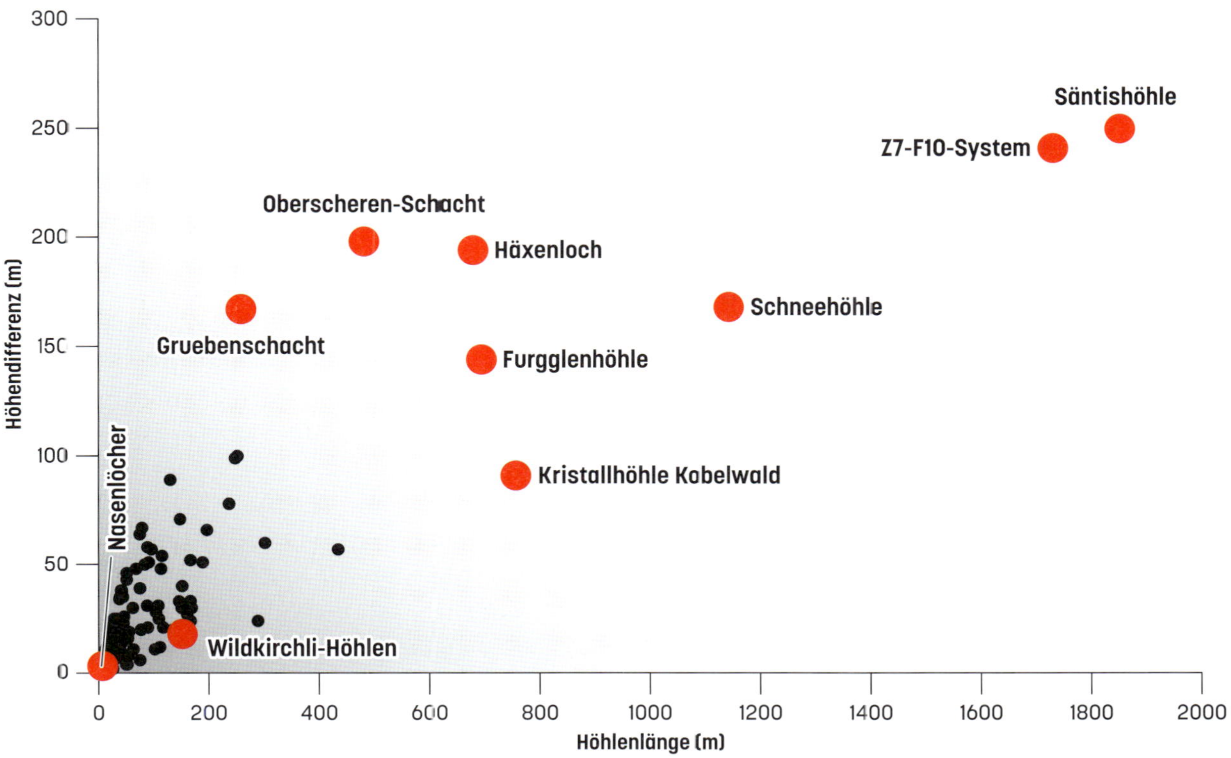
Säntishöhle
Z7-F10-System
Oberscheren-Schacht
Häxenloch
Schneehöhle
Gruebenschacht
Furgglenhöhle
Kristallhöhle Kobelwald
Nasenlöcher
Wildkirchli-Höhlen
Höhendifferenz (m)
Höhlenlänge (m)
0
50
100
150
200
250
300
0
200
400
600
800
1000
1200
1400
1600
1800
2000

220

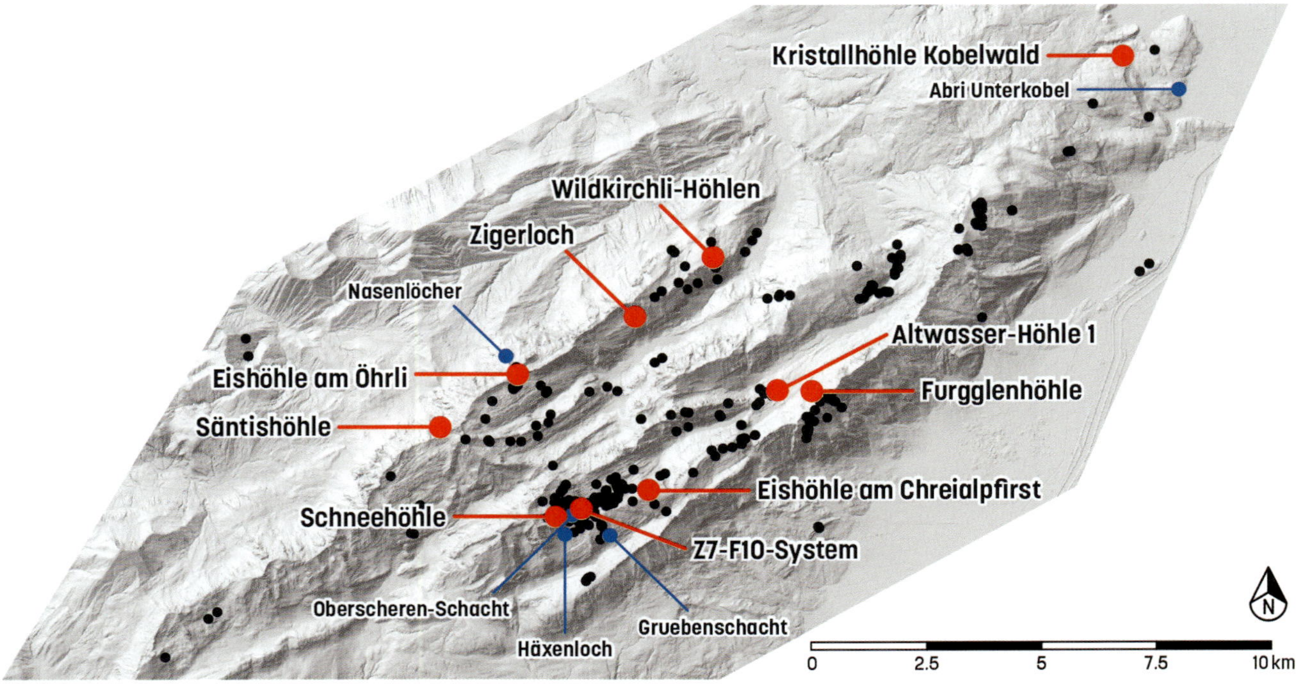

221

tem nicht vollständig. Ständig werden neue Höhlen entdeckt, bereits bekannte Systeme weiter erforscht und neue Gänge vermessen. Die Gesamtlänge und die Höhendifferenz der Höhlensysteme können in Zukunft durch weitere Entdeckungen noch zunehmen.

Die Reliefkarte des Alpsteins (Abb. 221) zeigt die geografische Verteilung der vermessenen Höhlen und deren Eingänge. Die Daten stammen ebenfalls vom HCA, der OGH und der AGSR. Die rot markierten Höhlen werden im Folgenden beschrieben.

Wildkirchli-Höhlen

Die Wildkirchli-Höhlen bestehen aus drei natürlich miteinander verbundenen Höhlenabschnitten (Abb. 223) und verlaufen in der Schrattenkalk-Formation. Der Wanderweg von der Ebenalp hinunter zum Gasthaus Äscher führt durch den oberen Eingang in die Obere Höhle und verlässt die Gasthaushöhle durch den unteren Eingang. Von dort aus geht es weiter vorbei an der Altarhöhle mit dem Kirchlein. Der hintere Bereich dieses Höhlenteils, der mit der Gasthaushöhle verbunden ist, wurde künstlich zugemauert und als Kellerhöhle bezeichnet. Die Gesamtlänge aller drei miteinander verbunden Höhlenteile beträgt rund 150 Meter.

Der Name Wildkirchli geht auf den St. Galler Reformator Joachim Vadian zurück. Bereits 1621 gründete der Mönch Philipp Tanner eine Höhlenkapelle, die 1657 zu einer Einsiedelei ausgebaut wurde. Das Wildkirchli, die Einsiedelei und die Höhlen übten zu dieser Zeit eine grosse Faszination aus und dienten als Motiv für zahlreiche Stiche und Gemälde, darunter die Radierung von Georg Leonhardt Hartmann (Abb. 222) und die Aquatinta von Johann Baptist Isenring (Abb. 224). In den folgenden Jahrzehnten wurde die Eremitenklause von mehr als 20 Eremiten bewohnt. Nach dem tödlichen Unfall des letzten Eremiten im Jahr 1853 wurde anstelle des Eremitenhäuschens ein Gasthaus mit zugehörigem Tanzplatz errichtet. Bei diesem Umbau wurden erstmals Knochen von Höhlenbären gefunden. 1972 wurde das Gasthausgebäude wieder abgebrochen und durch eine Nachbildung der Eremitenklause er-

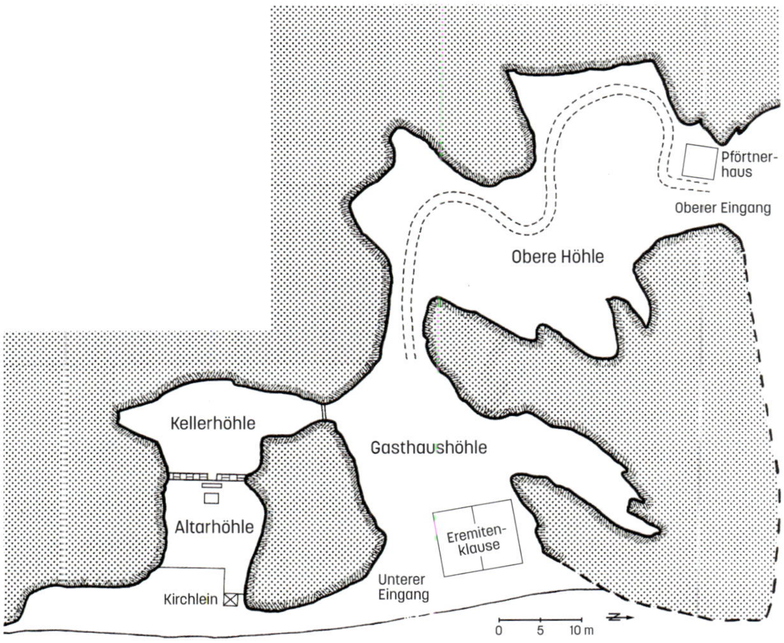

221 Reliefkarte mit den vermessenen Höhleneingängen im Alpstein (schwarze Punkte). Die blau markierten Höhleneingänge sind im Text nur erwähnt, die rot markierten werden dort beschrieben.
Illustration: Stephan Wohlwend, mit Höhlendaten vom HCA, OGH und AGSR (Stand 2024)

222 «Wildkirchlein im Canton Appenzell», Kupferradierung von Georg Leonhardt Hartmann aus dem Jahr 1785. Ansicht des Wildkirchli mit dem Steg, dem Kirchlein (Kapelle St. Michael) und dem Eremitenhaus.
Archiv und Foto: Peter Kürsteiner

223 Grundriss der Höhlen beim Wildkirchli.
Illustration: Stephan Wohlwend, modifiziert nach Schmid (1977)

Die Einsiedelei beim Wildkirchlein.
L'ermitage près de Wildkirchlein.

Der Höhlendurchgang auf Ebenalp.
Le passage souterrain à l'Ebenalp.

Die Sen̄hütte im Aescher beim Wildkirchlein.
Cabane, nommée à l'Escher, près de Wildkirchlein.

Wildkirchlein oder St. Michaels Capelle. 12191.
Le Wildkirchlein ou la Chapelle du St. Michel.

Die Einsiedelei beim Wildkirchlein.
L'ermitage près de Wildkirchlein.

Das Wohnzimmer im Bruderhäuschen.
La chambre de l'ermite du Wildkirchlein.

Der jährliche Gottesdienst in der St. Michaels Capelle.
L'anniversaire dans la chapelle du St. Michel.

224

setzt. Diese beherbergt eine kleine Ausstellung zur Grabungs- und Forschungsgeschichte unter der Leitung von Emil Bächler (1903–1908) und Elisabeth Schmid (1958/59).

Furgglenhöhle

Die Furgglenhöhle befindet sich im nördlichen Abhang der Furgglenfirst-Häuser-Kette, unweit der Furgglenalp. Neben den touristisch erschlossenen Wildkirchli-Höhlen und der Kristallhöhle Kobelwald gehört sie zu den häufig besuchten Höhlen des Alpsteins. Die Höhle verläuft in der Schrattenkalk-Formation und ist von mehreren steilstehenden Klüften geprägt.

Entdeckt wurde sie am 30. Juni 1907, wie aus einem Zeitungsartikel im «Anzeiger vom Alpstein» vom 14. August 1907 hervorgeht. Dem Artikel zufolge suchten der Kunstmaler H. Ulrich aus Paris und seine Begleiter anlässlich eines plötzlich losbrechenden Gewitters einen geschützten Ort auf. Nach ihrer Rückkehr informierten sie den Konservator Emil Bächler, der damals durch seine Forschungen in den Wildkirchli-Höhlen bekannt war, über ihre Entdeckung. In Begleitung der genannten Herren besuchte Bächler daraufhin die Höhle. Bereits in der Eingangshalle stellten sie fest, dass der hintere Bereich

224 Die kolorierte Aquatinta «Ansichten aus dem Appenzeller Gebirge» von Johann Baptist Isenring aus dem Jahr 1830 zeigt sieben Impressionen rund um das Wildkirchli.
Archiv und Foto: Zentralbibliothek Zürich

225 Eingang der Furgglenhöhle.
Foto: Fredy Zirn (www.appenzellerlinks.ch)

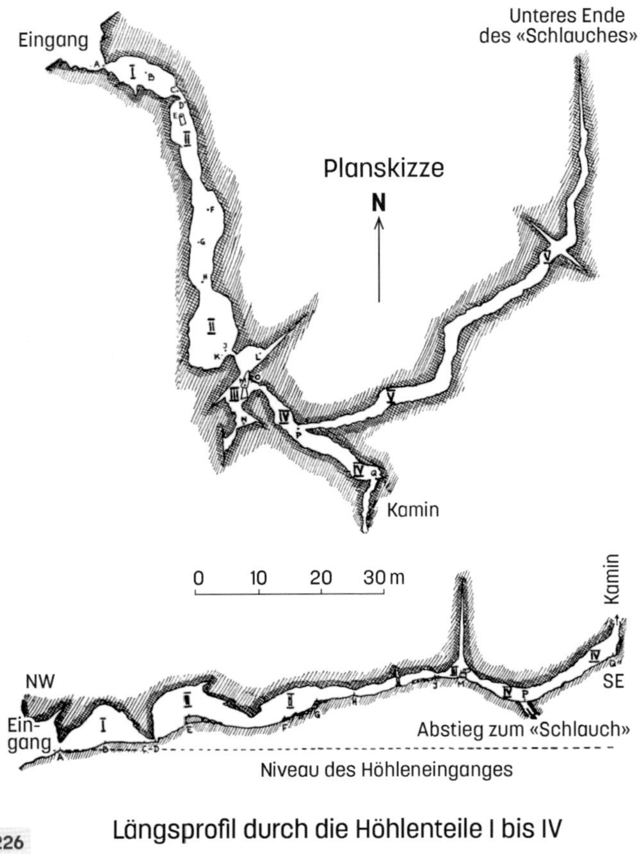

226

226 Grundriss und Längsprofil der Furgglenhöhle. Vermessung mit Kompass und Messband von Heinz Bächler und Lukas E. Schlatter im Oktober 1934.
Plan: aus Bächler (1945)

227 Weisse Mondmilchablagerungen in der unteren Kammer des Zigerlochs. Deutlich sind die Kratz- und Schabspuren eines früheren Abbaus zu erkennen.
Foto: Stephan Wohlwend

mit einer Steinmauer verschlossen war. Da ein Loch auf eine Fortsetzung hindeutete, räumten sie die Steine soweit nötig beiseite. Die Forscher standen sogleich in einem weitaus grösseren Raum. Gemeinsam erkundeten sie die inneren Bereiche, die Bächler später als Höhle I-IV bezeichnete (Bächler 1925).

Das auffällige Höhlentor mit dem Eingangsbereich (Abb. 225) wurde vermutlich schon früh von Menschen besucht, was die angetroffene Steinmauer belegt. Aufgrund der kalten Zugluft scheint der Eingangsbereich jedoch ungeeignet für längere Aufenthalte von Menschen und grösseren Tieren (Fischer 1999).

Im Oktober 1934 erfolgte eine Vermessung der Höhle mit Kompass und Messband (Bächler 1945). Der damals entstandene Höhlenplan (Abb. 226) wird hier als Zeitzeuge der frühen Höhlenforschung aufgeführt. Ein aktueller Plan findet sich in der Arbeit von Martin Fischer (1999). Die bekannte Gesamtlänge der Höhle beträgt 693 Meter, bei einer vertikalen Ausdehnung von 144 Metern (Fischer und Schönenberger 2007). Mit diesen Massen zählt die Furgglenhöhle zu den grösseren Höhlensystemen im Alpstein.

Zigerloch

Das Zigerloch befindet sich im Kalkstein der Öhrli-Formation nordöstlich der Hütten der Altenalp (Geisplatten). Vom kleinen, felsüberdachten Vorplatz der Höhle aus ist der Höhlenverlauf als schiefes, hohes und schmales Dreieck zu erkennen, das schnurgerade etwa 20 Meter in den Berg hineinführt (Bächler 1945). Die Spalte ist durchgehend 2.2 bis 2.5 Meter hoch und am Boden 40 bis 60 Zentimeter breit. Dieser Abschnitt kann nur kriechend begangen werden. Rund 13 Meter vom Eingang entfernt öffnet sich im Boden eine schmale, steil abfallende Öffnung. Dieser lehmige und nicht ganz ungefährliche Schacht führt etwa 5 Meter tief in eine untere Kammer, die der gesamten Höhle den Namen «Zigerloch» verliehen hat (Abb. 227).

Die Höhle war den Sennen der Umgebung seit jeher bekannt, da sie als Lagerstätte des weissen «Bergzigers», auch Mondmilch genannt, diente. Der Begriff Mondmilch geht auf die historische Beschreibung der Höhle Mondmilchloch am Pilatus aus dem

227

Jahr 1555 zurück, wo diese weisse Ablagerung ebenfalls angetroffen wurde. So schreibt bereits Gabriel Walser (1740) in der Appenzeller Chronik:

«Oder man geht in Alten-Alp/allwo ein schöner dreyfacher Echo, und eine grosse berühmte Höle, das Ziger-Loch genannt; Welche von Anfang eine kleine Oeffnung hat, je weiter man aber hinein kommt, je grösser sie wird. NB. Gleich von Anfang dieser Höle ist eine tieffe und finstere Spalte, bey dero man sich mit einem guten Liecht vorzusehen hat. In der Höle selbst ist viel Mond-Milch, und Stalactites Tropfsteine.»

Die Mächtigkeit dieser Ablagerungen wurde von Emil Bächler (1925) mit 40 bis 50 Zentimetern angegeben. Sie wurden abgebaut, getrocknet und zerrieben als Heilmittel gegen Verdauungsbeschwerden für Menschen und Vieh verwendet (Bächler 1925).

Die calcitischen Ablagerungen im Zigerloch sind meist schneeweiss, teils hellbraun bis dunkelbraun gefärbt und besitzen eine blumenkohlartige Ausbildung. Diese besondere Form von Calcit – Mondmilch – unterscheidet sich von klassischen Höhlenablagerungen (Speläothemen) wie Stalaktiten, Stalagmiten und Sinter durch ihre weiche, poröse Struktur. Heute sind die Tropfsteine und Mondmilchschichten im Zigerloch fast komplett ausgeräumt. An den wenigen noch vorhandenen Resten in der unteren Kammer (Abb. 227) lässt sich erahnen, welchen märchenhaften Anblick die Höhle einst ihren frühen Besuchenden bot (Fischer 2006).

Altwasser-Höhle 1

Die Altwasser-Höhle 1 ist eine typische Schichtfugenhöhle in der Schrattenkalk-Formation. Sie liegt nördlich der Furgglenalp am östlichen Ende des Stiefelwaldes in einem heutigen Trockental. Als ihr Eingang (Abb. 228) im Jahr 1983 erstmals von Höhlenforschern besucht wurde, zeigte sich, dass der Gang bereits nach etwa 10 Metern vollständig durch Sediment verschlossen war (Fischer 1992). Doch es war ersichtlich, dass die Höhle weiter in den Berg hineinreicht.

1989 begannen Höhlenforschende mit der Freilegung des Siphons hinter der Eingangshalle. Nach drei Jahren mühsamer Grabarbeit zeigte sich, dass der Gang weitgehend geradlinig von West nach Ost verläuft. Die Länge der Höhle betrug damals bereits 103 Meter (Fischer 1992). Im Sommer 1992 mussten die Arbeiten vorübergehend eingestellt werden, da im hinteren Bereich der Höhle kaum noch Platz für das abgetragene Material vorhanden war. In den Folgejahren wurde in der Höhle eine kleine Materialbahn installiert, um das Material 30 Meter Rich-

tung Höhleneingang zu transportieren, wo noch mehr Platz vorhanden war, um es zu deponieren. Dadurch konnten die Grabarbeiten weitergeführt werden. Die Gesamtlänge der Höhle erhöhte sich letztlich auf 109 Meter (Fischer 2004). Um die empfindlichen Sedimentablagerungen vor Frost und Austrocknung zu schützen, wurde am Eingang eine Mauer mit Tür eingebaut.

Detaillierte Analysen von Sedimentproben aus der Höhle legen nahe, dass die ehemalige Entwässerungsrinne durch das Trockental einst grosse Mengen Sediment hineinspülte und so den alten Wasserlauf verschloss (Fischer 2004). Doch die Höhle barg noch ein weiteres Geheimnis: Beim Aufgraben des verschütteten Höhlenganges im Eingangsbereich kamen zahlreiche Knochensplitter zum Vorschein. Die weitere Bearbeitung dieser Knochensplitter im Labor ergab, dass sie von Menschen zerschlagen worden sein mussten (Jagher et al. 1997).

Diese sowie weitere Funde – darunter Steinwerkzeuge – aus den archäologischen Grabungen der Jahre 1994 und 1995 deuten darauf hin, dass der Eingangsbereich der Altwasser-Höhle 1 als Rastplatz spätpaläolithischer Jägerinnen und Jäger diente.

Säntishöhle

Die Säntishöhle wurde am 10. Dezember 1953 durch Benj Geel, einen Maschinisten der Säntisbahn, entdeckt und bereits wenige Tage später, am 19. und 20. Dezember 1953, mit zwölf Teilnehmenden erforscht. Schon in den ersten Tagen konnten sie einen grossen Teil der Höhle begehen. Laut Schönenberger (2014) betrug die damals bekannte Gesamtlänge 538 Meter bei einer Höhendifferenz von 79 Metern. Die Höhle verläuft zunächst weitgehend horizontal, bevor sie abrupt in eine Zone mit Schächten und Schloten übergeht (Abb. 229 und Abb. 230).

In den vergangenen Jahren wurde die Säntishöhle intensiv weitererforscht. Bis Herbst 2017

228 Eingangsbereich der Altwasser-Höhle 1 mit der erstellten Mauer und Tür zum inneren Teil der Höhle.
Foto: Stephan Wohlwend

229 Traversierung in einem senkrechten Schacht der Säntishöhle.
Foto: Mirjam Widmer

230 Schachtzone in der Säntishöhle.
Foto: Mirjam Widmer

wuchs die erforschte Gesamtlänge auf 1650 Meter an. Zum Zeitpunkt des Verfassens dieses Textes lag sie bereits bei 1850 Metern, wobei durch das Erklettern des grossen vertikalen Schlotes die Höhendifferenz auf 250 Meter anstieg. Laut dem Höhlenforscher Beat Heeb sind jedoch noch nicht alle befahrenen und erkletterten Höhlenbereiche vermessen. Nach abgeschlossener Arbeit dürfte die Gesamtlänge voraussichtlich bei etwa 2 Kilometern und die Höhendifferenz bei rund 320 Metern liegen.

Eishöhle am Öhrli

Die Eishöhle am Öhrli befindet sich unterhalb von Punkt 2121 des Bergwanderwegs vom Öhrlisattel zum Muschelenberg und erstreckt sich im Kalkstein der Öhrli-Formation. Ihr Eingangsportal ist gut zu finden (Abb. 215). Im Eingangsbereich ist die Höhle mit Schutt bedeckt. Folgt man ihm steil nach unten, erreicht man den Grossen Saal. Dieser er-

229

230

231

streckt sich in Nord-Süd-Richtung und weist ein durchschnittliches Gefälle von 33° auf (Schefer 2013). Der Höhlenboden ist grösstenteils vereist oder mit Firnschnee bedeckt.

Früher soll es einen Verbindungsgang zur benachbarten Konzertsaalhöhle gegeben haben, der inzwischen jedoch wieder zugefroren ist (Wöllner in Schefer 2013). Wie viele von Eis erfüllte Höhlen, eben Eishöhlen, unterliegt auch diese ständigen Veränderungen. So berichtet Schönenberger (2013), dass der Behälter für das Höhlenbuch im Jahr 1999 noch freihängend an einer Kette hing und bereits 2011 auf der Eisfläche lag. 2018 war er dann komplett im Eis eingeschlossen (Schönenberger 2018). Dies deutet auf eine Zunahme der Eismächtigkeit um etwa 1.5 Meter hin.

Z7-F10-System

Die Ostschweizerische Gesellschaft für Höhlenforschung OGH führt seit mehreren Jahren regelmässig Forschungslager auf dem Zwinglipass durch (Graf 2016). Ein herausragender Erfolg war dabei die Entdeckung der Schachthöhle Z7 in der Zone Z im Sommer 2008. Sie galt lange als die bedeutendste Höhle des Forschungsgebiets Zwinglipass.

Der Eingang von Z7 liegt unweit des Wanderwegs vom Zwinglipass zum Altmann, unmittelbar

231 Der geräumige Hüttenkeller der Schachthöhle Z7 liegt fast senkrecht etwa 150 Meter unterhalb der Clubhütte des SAC Toggenburg. Die abgebildeten Höhlenforscher dienen als Massstab.
Foto: Arniko Böke

232 Querschnitt der Eingangshalle der Schneehöhle mit den eingetragenen Wasserständen im Sommer und im Herbst (10. Oktober 1988).
Illustration: Stephan Wohlwend, nach Läubli und Graf (1988)

am Wandfuss des Klettergartens. Über einen vertikalen Schacht konnte rasch eine Tiefe von rund 100 Metern erreicht werden. Unten angekommen, stiessen die Höhlenforschenden auf einen riesigen Hohlraum (Abb. 231), dessen Boden von mächtigen Sturzblöcken bedeckt war – einige davon so gross wie Einfamilienhäuser. Dieser imposante Gang neigt sich in Richtung Clubhütte des SAC Toggenburg und wird daher Hüttenkeller genannt. Ab einer Tiefe von 240 Metern sind die Gangabschnitte nicht mehr begehbar. An dieser Stelle befanden sich die Höhlenforschenden fast senkrecht rund 150 Meter unterhalb der Clubhütte.

Fast ein Jahrzehnt nach der Entdeckung der Schachthöhle Z7 gelang während des Forschungslagers 2017 ein weiterer Durchbruch. In der benachbarten Höhle F10 wurde eine Engstelle aufgegraben, die in Richtung des unteren Bereichs von Z7 verlief. Vier Höhlenforschende der OGH schafften es schliesslich, eine Verbindung zwischen beiden Höhlen herzustellen. Dank dieser Verbindung konnte ein neues grosses Höhlensystem auf dem Zwinglipass erkundet und dokumentiert werden. Das Höhlensystem misst jetzt eine Gesamtlänge von 1733 Metern bei einer Tiefe von 240 Metern (Sorg und Fleury 2017).

Schneehöhle

Ein weiteres Naturphänomen lässt sich in der Schneehöhle beobachten. Der grosse, elliptische Eingang ist seit Langem bekannt und gut von der Zwinglipasshütte des SAC Toggenburg aus sichtbar – besonders im Frühling fällt der lange liegenbleibende Schneerest im Eingangsbereich auf. Der Eingang liegt in einem steilen Karrenfeld der Schrattenkalk-Formation, das sich nördlich des Girenspitzes westwärts in Richtung Moor erstreckt.

In den 1980er-Jahren war der Boden der Eingangshalle vollständig von einem mit Schmelzwasser gefüllten Eissee bedeckt, der das ganze Jahr über bestehen blieb (Abb. 232; Läubli und Graf 1988). Bereits wenige Jahre später war dieser See verschwunden. Der Schneekegel am hinteren Ende der Halle schmolz in den 1990er-Jahren so weit zurück, dass die dahinterliegenden Bereiche erstmals zugänglich wurden.

Die Vermessung der neu zugänglichen Höhlenbereiche begann am 28./29. September 1991 unter der Leitung von Kurt Winkler und seinen Kollegen vom SAC Albis. Bereits damals konnten rund 1030 Meter Gesamtlänge bei einer Höhendifferenz von etwa 170 Metern befahren werden (Scherrer 1992). In den letzten Jahren wurde die Schneehöhle unter

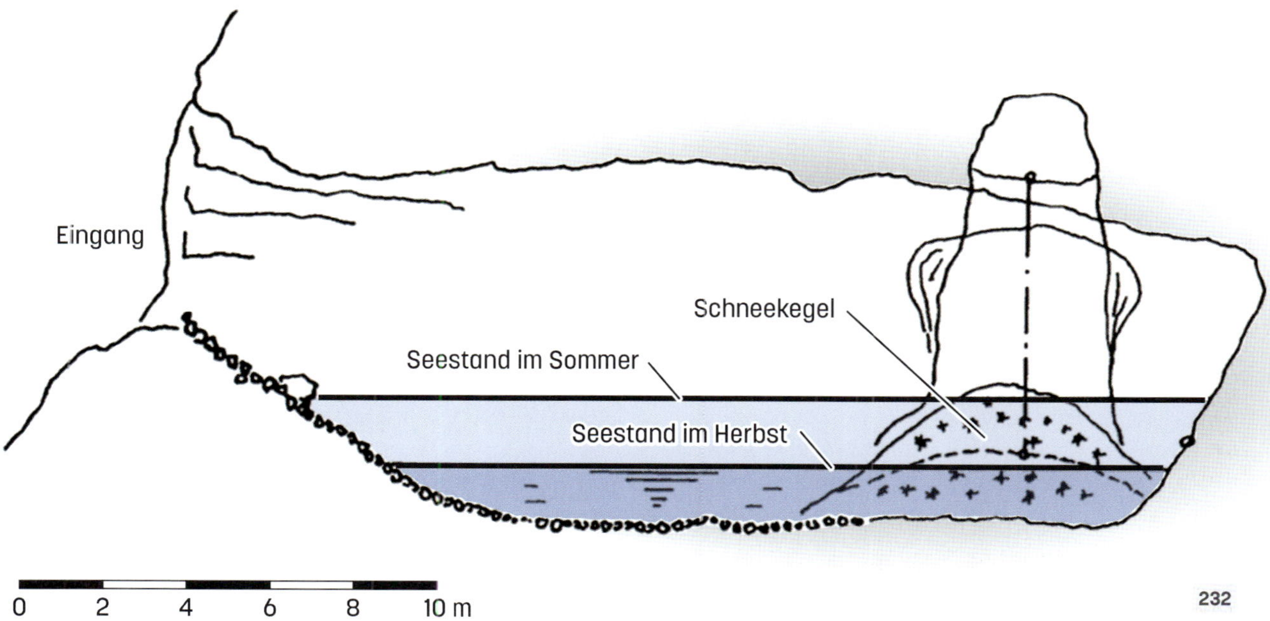

232

der Leitung von Martin Reber und seinem Team vollständig neu vermessen. Eine umfassende Dokumentation befindet sich derzeit in Bearbeitung.

Besonders bemerkenswert an dieser Höhle ist das in ihrem Innern ganzjährig vorhandene Eis (Abb. 233). Fotografien dieser faszinierenden Eisformationen fanden bereits in mehreren Büchern und Berichten Verwendung (König 2013, Wohlwend 2022, Wenger et al. 2024). Auf das Phänomen der Eisbildung wird später im Buch näher eingegangen. Dort wird auch der sporadisch auftretende unterirdische See der Schneehöhle beschrieben (Wohlwend und Graf 2024).

Eishöhle am Chreialpfirst

Das grosse Eingangsportal der Eishöhle am Chreialpfirst ist vom Wanderweg zwischen Zwinglipass und Fählensee aus als markante, dunkle Öffnung in der 1.2 Kilometer langen Nordwand des Chreialpfirsts sichtbar. Es ist jedoch nur schwer zugänglich. Die Eishöhle lässt sich in einen rund 60 Meter langen horizontalen Bereich und eine Schachtzone unterteilen (Fischer 2019).

233 Das hintere Ende der Schneehöhle mit einem gefrorenen Eisfall im Jahr 2012.
Foto: Andreas Schwarz

234 Tropfwasser gefriert im Winter zu Eisstalagmiten. Eishöhle am Chreialpfirst.
Foto: Stephan Wohlwend

235 Letzte Eisreste am Boden des Eisschachts der Eishöhle am Chreialpfirst im Sommer 2025.
Foto: Stephan Wohlwend

Der horizontale Bereich der Höhle wurde bereits im Sommer 1985 vermessen, wobei Knochen von Höhlenbären sowie zahlreiche Fledermausknochen gefunden wurden. Martin Fischer (2019) stellte fest, dass die Eishöhle am Chreialpfirst vermutlich die höchstgelegene Fundstelle von Höhlenbärenknochen im Alpstein ist.

Auch die Eishöhle am Chreialpfirst unterliegt stetigen Veränderungen. Seit ihrer Vermessung sind die Eisbildungen stark geschrumpft (Fischer 2002). Dort, wo früher der Eisgang zum sogenannten Eisschacht führte, ist heute alles Eis abgeschmolzen. Im Eisschacht selbst sind nur noch letzte Eisreste am Boden vorhanden (Abb. 235). Es scheint, als habe das Abschmelzen des Eises in den letzten Jahren einen weiteren Zugang zu neuen Gängen und Schloten freigelegt, die tiefer in die Höhle führen (persönliche Mitteilung des Höhlenforschers Richard Graf). Diese wurden bisher jedoch nicht vermessen.

234

235

Kristallhöhle Kobelwald

Die Kristallhöhle Kobelwald ist ein einzigartiges Kleinod im St. Galler Rheintal. Diese Schauhöhle (Abb. 236) bietet die Möglichkeit, speläologische, geologische, hydrologische und mineralogische Phänomene zu studieren (Kürsteiner et al. 2004).

Gemäss Überlieferungen wurde die Höhle im Jahr 1682 von einem Jäger entdeckt und erstmals 1702 vom Zürcher Gelehrten Johann Jakob Scheuchzer schriftlich erwähnt. Bereits 1934 und 1935 wurden bauliche Massnahmen ergriffen, um die ersten 128 Meter des Höhlengangs für Besuchende zugänglich

Kristallhöhle Kobelwald schematischer Längsschnitt

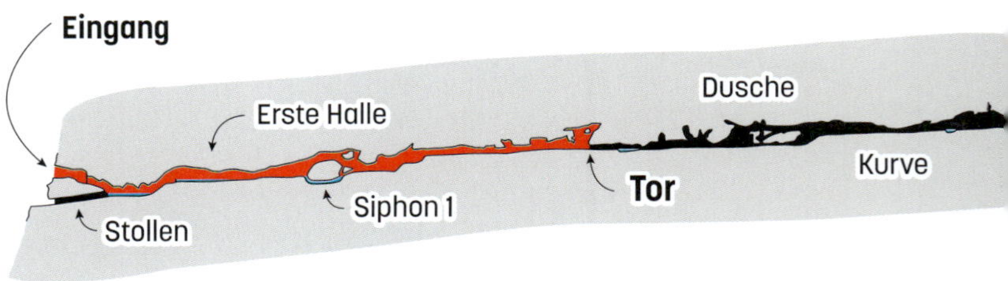

236 In der Ersten Halle der Kristallhöhle Kobelwald sind der Boden und die rechte Höhlenwand mit vielen Calcit-Kristallen überzogen.
Foto: Peter Kürsteiner

238

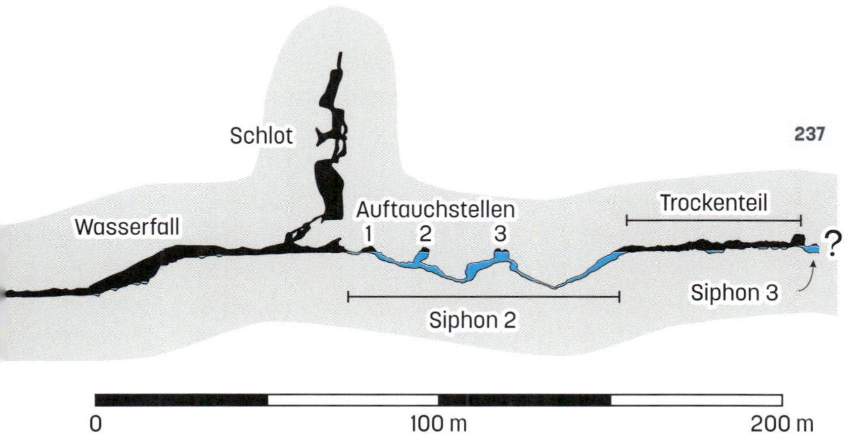

237

237 Schematischer Längsschnitt durch die Kristallhöhle Kobelwald (Stand 2021). Der als Schauhöhle ausgebaute Bereich des Höhlengangs, bis zum Tor nach 128 Metern, ist in roter Farbe eingezeichnet.
Illustration: Stephan Wohlwend, nach Stünzi (2001) und nach Plan von Sebastian Kuster, gezeichnet 2021

238 Balancieren über einem Wasserbecken beim Wasserfall in der Kristallhöhle Kobelwald.
Foto: Marco Filipponi

239

240

zu machen. Am hinteren Ende des touristisch erschlossenen Abschnitts (Abb. 237) wurde damals ein eisernes Tor errichtet, um den Zugang zu den weiter hinten gelegenen Höhlenteilen zu beschränken.

Da die Höhle in den frühen Jahren oft mit Fackeln begangen worden war, hatte sich an den Decken und Wänden viel Russ abgelagert, der teilweise die schönen Kristalle bedeckte. So wurden 1987 die Höhlengänge mit einem Hochdruckreiniger vom jahrzehntelang angesammelten Russ befreit. Die jüngste bauliche Anpassung erfolgte 2020 bis 2021 mit dem Neubau des Panoramaraums.

Der Hauptgang mit dem Höhlenbach (Abb. 238) ist ab dem Tor (nach 128 Metern) noch bis zu einer Ganglänge von 367 Metern begehbar. Dort taucht der Gang abrupt in die Tiefe ab und ist vollständig mit Wasser gefüllt (Abb. 239), man spricht dann von einem Siphon. Lange Zeit galt dieser Siphon 2 als das Ende der Höhle.

Mehrfach versuchten Höhlentauchende, den Siphon 2 zu überwinden (Abb. 239). Es gelang schliesslich der Höhlentauchgruppe WeDIR um Sebastian Kuster am 7. November 2013, den Siphon 2 zu durchqueren und nach 96 Metern eine Auftauchstelle zu erreichen. Darauf folgte ein weiterer, 50 Meter langer trockener Höhlenteil, bevor ein dritter Siphon den Weg erneut versperrte. Am 2. Januar 2023 wurde erstmals im Siphon 3 getaucht (Abb. 240), und nach etwa 20 Metern wurde erneut eine Auftauchstelle erreicht. Die Erforschung der Höhle ist noch nicht beendet.

Auch aus geologischer und hydrogeologischer Sicht bietet die Höhle wertvolle Erkenntnisse. So wurden Sedimente und darin eingebettete Hölzer untersucht (Filipponi und Hitz 2004). Bei zwei Holzproben – Fichtenholz sowie Kornelkirschen- oder Holz einer anderen Hartriegelart – wurde mittels C14-Datierung das Alter bestimmt. Die Ergebnisse ergaben ein radiometrisches Alter von 245 ±45 BP beziehungsweise 0 ±45 BP. Mit der Abkürzung BP (= Before Present) ist mit «Present» per Definition das Jahr 1950 gemeint. Die Tatsache, dass die beiden Hölzer mit einem Altersunterschied von rund 245 Jahren im selben Sediment eingelagert wurden, belegt, dass

239 Tauchversuche im Siphon 2 der Kristallhöhle Kobelwald.
Foto: Marco Filipponi

240 Erster Tauchgang im Siphon 3 der Kristallhöhle Kobelwald am 2. Januar 2023.
Foto: Sebastian Kuster

241 A: Bildung von Stalaktiten aus einem feinen Sinterröhrchen.
B, C: die Stalaktiten und Stalagmiten können zur einer Sintersäule zusammenwachsen.
Illustration: Stephan Wohlwend, inspiriert nach Wenger et al. (2024)

das ältere Sediment mit der Fichten-Probe umgelagert (aufgearbeitet) wurde und anschliessend erneut zusammen mit der Hartriegel- bzw. Kornelkirschen-Probe im Sediment eingebettet wurde.

Hydrogeologische Untersuchungen von Filipponi und Hitz (2004) ergaben zudem, dass die Kristallhöhle Kobelwald und die benachbarte Schwybach-Höhle ein gemeinsames Einzugsgebiet besitzen, welches vermutlich auf dem Chienberg und/oder in der Region Strüssler liegt. Dies dürfte vom Einzugsgebiet der Karstquelle bei Rüthi, das im Karstgebiet zwischen der Dürrenegg und dem Kamor zu suchen ist, abweichen.

Tropfsteine – ein spannendes Klimaarchiv

Wer kennt sie nicht – die faszinierenden Schauhöhlen mit ihren beeindruckenden, filigranen Tropfsteinen, den sogenannten Speläothemen? Leider sind die meisten Höhlen im Alpstein nicht so reich geschmückt. Viele kennen das Sprichwort: «Steter Tropfen höhlt den Stein.» In Karsthöhlen kann jedoch auch das Gegenteil geschehen: Jeder Tropfen kann wieder neues Gestein bilden (Abb. 241). Jeder Wassertropfen, der aus feinsten Klüften ins Höhleninnere austritt, kann kleinste Mengen Calciumkarbonat ausfällen und als Calcit ($CaCO_3$) ablagern. An der Höhlendecke können zunächst dünne Sinterröhrchen entstehen (Abb. 241 A). Diese können mit der Zeit verstopfen, sodass das Tropfwasser nun aussen am Sinterröhrchen nach unten fliesst. Der Calcit lagert sich nun Schicht für Schicht ab und wird dabei dicker und länger; es entsteht ein Stalaktit (Abb. 241 B).

Dort, wo der Wassertropfen auf den Höhlenboden trifft, kann sich eine weitere Calcitablagerung bilden: ein Stalagmit. In manchen Fällen können Stalaktiten und Stalagmiten zusammenwachsen, sodass eine Sintersäule entsteht (Abb. 241 C). Die Wassertropfen können aber auch entlang der Höhlendecke nach unten fliessen und dabei sogenannte Sinterfahnen bilden. Oder sie bedecken den Höhlenboden flächig; in diesem Fall spricht man von Sinterplatten (Abb. 242).

Das Wachstum der Tropfsteine ist, solange Tropfwasser vorhanden ist, äusserst langsam und kontinuierlich. Mit jeder neu ausgefällten Calcit-Schicht ($CaCO_3$) wird eine kleine Menge Kohlenstoff und Sauerstoff aus der Atmosphäre gespeichert. Tropfsteine sind daher nicht nur faszinierende Naturgebilde, sondern auch wertvolle Zeitzeugen. Sie dienen der Wissenschaft als wertvolle Klimaarchive, um vergangene Klimabedingungen und -veränderungen zu rekonstruieren. Wird beispielsweise bei einem Stalagmit die sich verändernde Sauerstoffisotopenzusammensetzung der einzelnen Calcitschichten analysiert, können Aussagen über die Temperaturveränderungen der Vergangenheit gemacht werden.

Auch im Alpstein wurden Tropfsteine zur Klimaforschung untersucht. Im zwischen der Alp Hädeleren und dem Zwinglipass gelegenen Schafsloch wur-

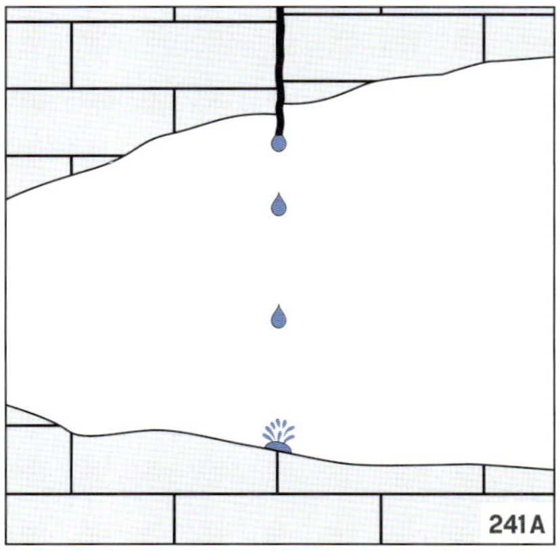

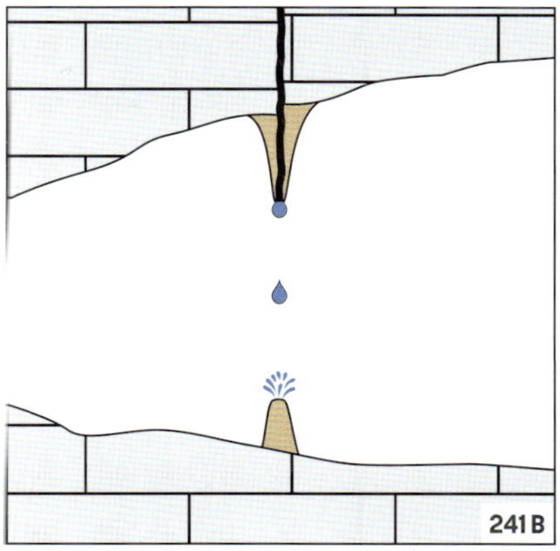

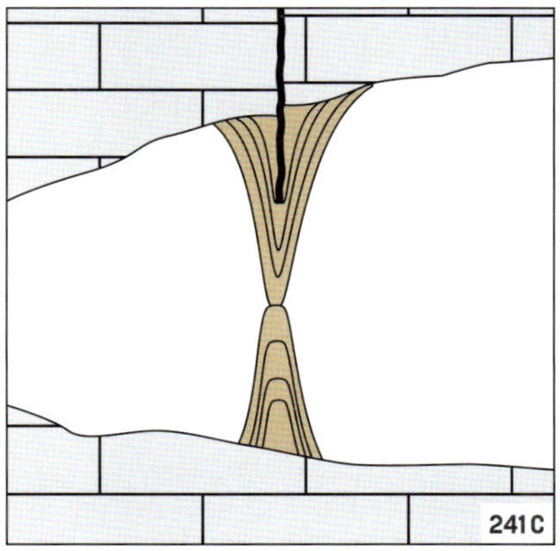

de ein 25 Zentimeter langer Stalagmit geborgen, der grosses wissenschaftliches Interesse weckte (Abb. 243 A, Häuselmann 2011). Es zeigte sich, dass der Stalagmit mehrere Wachstumsunterbrüche aufweist. Die wissenschaftliche Frage war, in welchen Zeitabschnitten der Stalagmit gewachsen ist und wann sein Wachstum unterbrochen wurde. Mithilfe der Uran-Thorium-Datierung konnte das Wachstum des Stalagmits präzise datiert werden. Dieser bildete sich im Zeitraum von 226 000 bis 130 000 Jahren vor heute (Abb. 243 B, Häuselmann 2015). Der Stalagmit umfasst damit die Zeit von der vorletzten Eiszeit bis zum Beginn der Eem-Warmzeit zwischen der vorletzten und letzten Eiszeit (Abb. 243 C).

Diese Erkenntnisse sind nicht nur für die Region von Bedeutung, sondern liefern auch wertvolle Hinweise über den Zeitpunkt und die Ursachen abrupt aufgetretener Klimaveränderungen. Die präzise Datierung des Tropfsteins erlaubte eine Unterteilung des Stalagmitenwachstums in mehrere Intervalle (Abb. 243 B), unterbrochen von Phasen, in denen über Jahrtausende hinweg keine Ablagerungen stattfanden. So zum Beispiel am oberen Ende des Stalagmits, wo es eine Ablagerungslücke von rund 15 400 Jahren gibt. Dies weist darauf hin, dass zu dieser Zeit kein Tropfwasser in die Höhle drang. Ohne Tropfwasser konnte sich kein neuer Calcit ablagern – ein

242 Von Wasser unterspülte Sinterplatte auf Sedimentpaket aus der Kristallhöhle Kobelwald mit feinen Stalaktiten und Sinterröhrchen, Sinterfahnen sowie filigranen Sintersäulen.
Foto: Hans Stünzi

243 Polierte Fläche (A) eines Stalagmits aus dem Schafsloch mit den Wachstumsintervallen (B) in 1000 Jahren (ka). Die Datierungen liegen alle zwischen 225 680 ± 2.28 und 130 050 ± 0.6 Jahren vor heute, aus dem vorletzten Glazial (C).
Illustrationen: Stephan Wohlwend, modifiziert nach Häuselmann (2015)

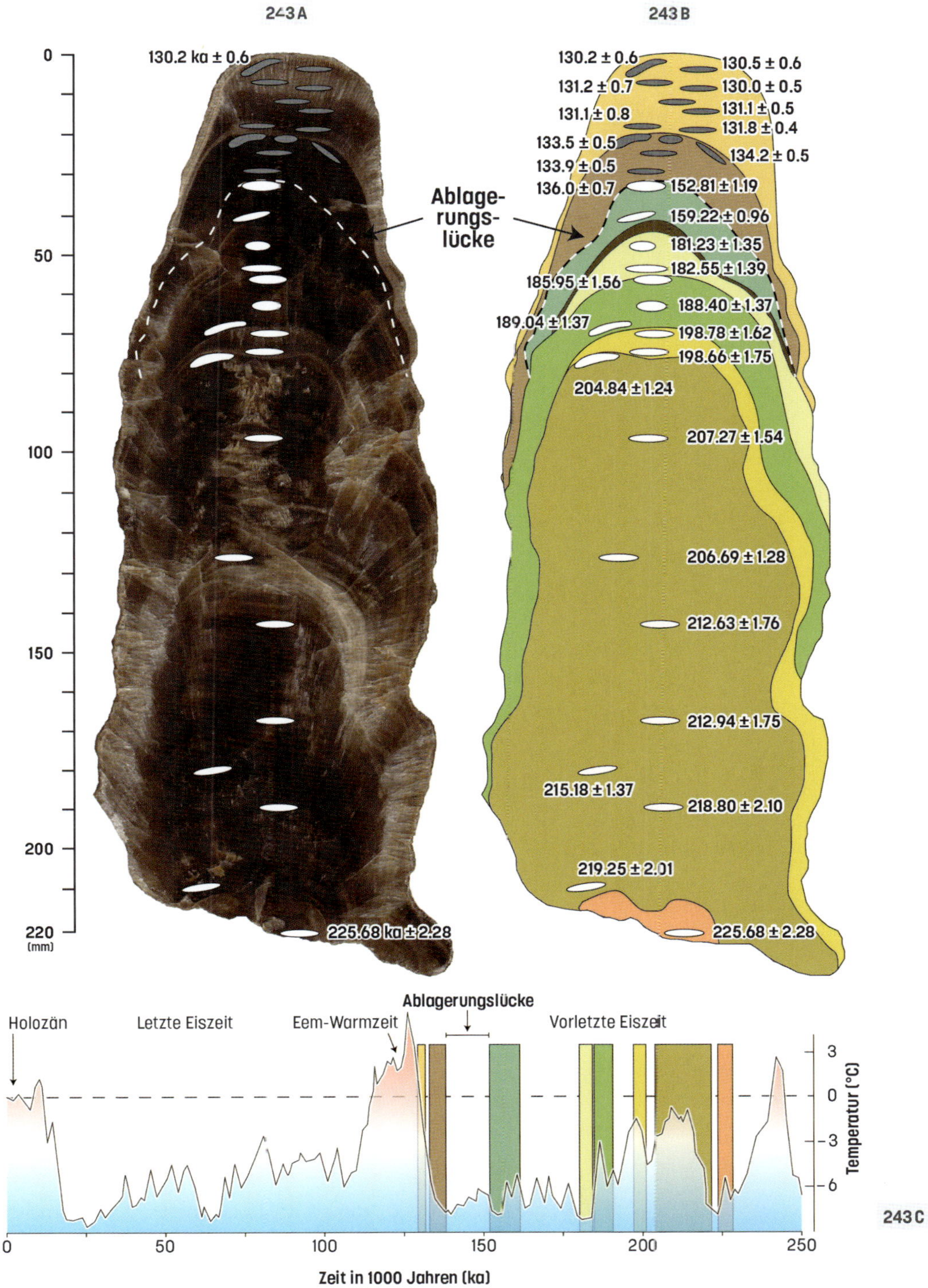

deutliches Zeichen dafür, dass die Region rund um den Zwinglipass zu jener Zeit unter einer Eisschicht lag. Erst der Wechsel vom festgefrorenen zum auf dem Untergrund fliessenden («temperierten») Gletschereis ermöglichte es, dass erneut Tropfwasser in das Schafsloch gelangte. Dadurch setzte vor etwa 137 400 ± 1400 Jahren das Wachstum des Stalagmits wieder ein (Häuselmann et al. 2015). Der Stalagmit liefert somit einen wertvollen Hinweis zum Ende der vorletzten Vergletscherungsphase.

Die Untersuchungen dieses nur 25 Zentimeter langen Stalagmits zeigt eindrucksvoll, wie Tropfsteine als natürliche Archive zur Rekonstruktion der Klimageschichte beitragen können.

Periglaziale Phänomene

Stephan Wohlwend

Eine grundlegende Erkenntnis in der Klimatologie ist, dass mit zunehmender Höhe die Lufttemperatur abnimmt. So liegt die mittlere jährliche Lufttemperatur auf dem 2502 Meter hohen Säntis seit Beginn der Messungen 1864 fast durchgehend unter 0 °C (MeteoSchweiz). Liegt diese unter 0 °C, kann auch die Temperatur im Boden ganzjährig unter dem Gefrierpunkt bleiben. Ist dies für mindestens ein Jahr der Fall, wird von Permafrost gesprochen. Diese rein temperaturbasierte Definition ist gebräuchlich und weitgehend anerkannt (Haeberli 1990).

In den Schweizer Alpen kommt Permafrost durchschnittlich oberhalb von etwa 2500 Meter über Meer vor und bedeckt etwa 4 bis 5 Prozent der Landesfläche – das ist etwa doppelt so viel wie die Fläche aller Schweizer Gletscher zusammen. Oberhalb dieser Höhenlage ist der Permafrost vorwiegend diskontinuierlich, das heisst mehr als 50 % des Untergrunds sind gefroren. Bei einem Anteil von 90 bis 100 % handelt es sich um kontinuierlichen Permafrost. Wird die Untergrenze des diskontinuierlichen Permafrosts unterschritten, sind entsprechend weniger als 50 % des Untergrunds gefroren. In diesem Fall wird von der Zone des sporadischen Permafrosts gesprochen.

Abb. 244 zeigt schematisch die drei Haupttypen von Permafrostgebieten: felsige Bereiche, Gebiete mit Lockergestein und Gebiete unterhalb des Bereichs mit diskontinuierlichem Permafrost, in denen Permafrost noch sporadisch auftreten kann. Die Grenze zwischen diskontinuierlichem und sporadischem Permafrost (gestrichelte Linie in Abb. 244)

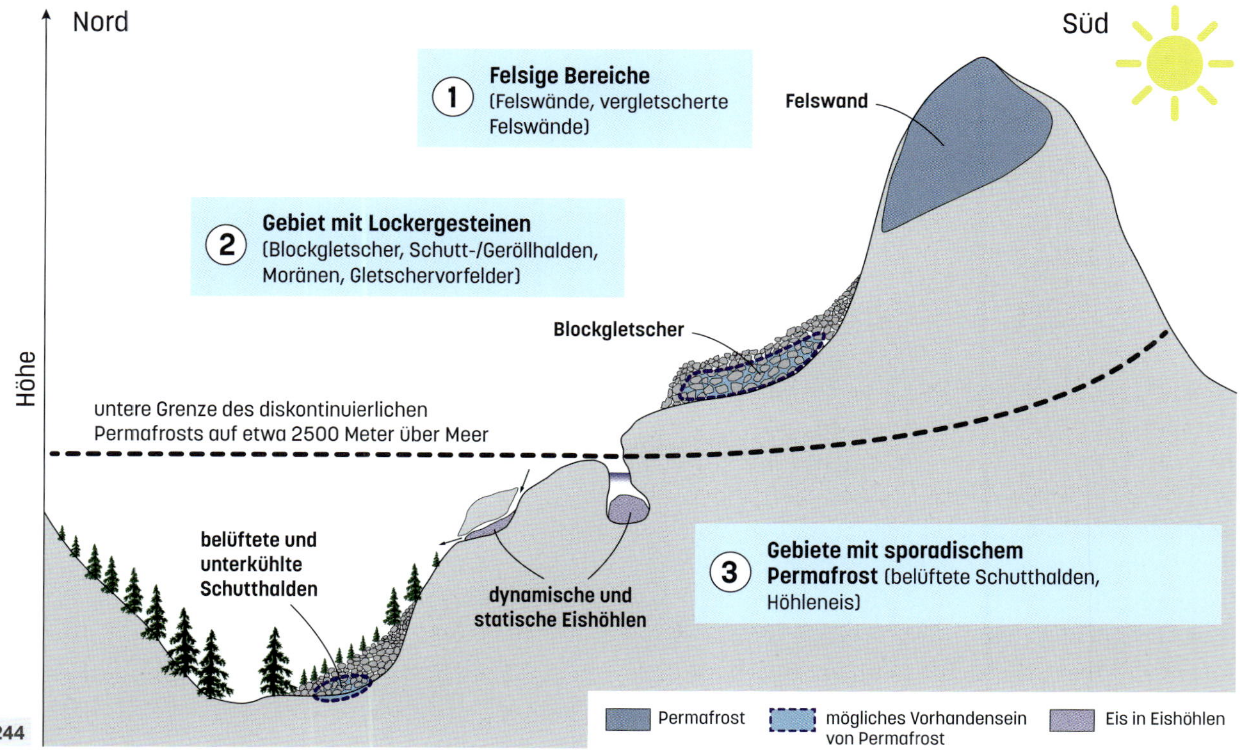

244

hängt auch von der Exposition ab: An schattigen Nordhängen ist Permafrost meist in felsigem Gelände im Gipfelbereich zu finden, wo er oft als stabilisierendes Element das Gestein zusammenhält. Auf der sonnenexponierten Südseite erwärmt sich der Untergrund, und die Grenze liegt deutlich höher.

Der Säntis als höchste Erhebung des Alpsteins liegt mit 2502 Meter über Meer knapp an der theoretischen Grenze, bei der mit etwa 50 % gefrorenem Untergrund zu rechnen ist. Die langjährigen Temperaturmessungen auf dem Gipfel zeigen, dass die mittlere jährliche Lufttemperatur seit Beginn der Messreihe 1864 leicht angestiegen ist, insbesondere in den letzten 20 bis 30 Jahren. Seit etwa 2011 werden vereinzelt sogar leicht über 0 °C liegende Durchschnittswerte registriert (MeteoSchweiz). Dieser Temperaturanstieg aufgrund des Klimawandels wird sich in den kommenden Jahrzehnten voraussichtlich fortsetzen und wirkt sich direkt auf das Vorkommen von Permafrost aus. Das Auftauen des Permafrosts führt in den Alpen zunehmend zu Steinschlag und Hanginstabilitäten. So wird beispielsweise bei einem Felssturz an der Säntis-Nordwand beim Grauchopf von 2007 das Auftauen des Permafrosts und die daraus resultierende Instabilität der Felsmassen als Ursache angenommen.

Ein weiterer Typ von Permafrost betrifft die Gebiete mit Lockersediment, insbesondere Moränen und Blockgletscher. In hochgelegenen Regionen der Schweizer Alpen enthalten die Sedimentkörper teilweise Eis. Aufgrund der geringeren Höhenlage des Alpsteins fehlen hier jedoch solche geomorphologischen Erscheinungen weitgehend.

Trotz der geringeren Höhenlage lassen sich im Alpstein auch unterhalb des Bereichs mit diskontinuierlichem Permafrost Prozesse und Phänomene beobachten, die im Zusammenhang mit Eis, Frost und Kälte stehen. Solche Phänomene können auch in Höhenlagen unterhalb von 2000 Meter über Meer vorkommen. Dazu zählen beispielsweise unterkühlte oder belüftete Schutthalden, Windlöcher sowie Eishöhlen.

Bei unterkühlten Schutthalden handelt es sich teilweise nicht um eigentlichen Permafrost, da die Temperaturen nicht ganzjährig unter 0 °C liegen. Es handelt sich dabei um den periglazialen Prozessbereich mit periodischem Frost, wobei die oberflächennahe Bodenschicht im Winter gefriert und im Sommer wieder auftaut. Im Folgenden werden einige ausgewählte Phänomene im Zusammenhang mit Bodeneis und Eisbildung näher beschrieben.

Zwergwuchs im Hexenwäldli

Der Weg von Brülisau hinauf zum Plattenbödeli und Sämtisersee führt durch das steile Brüeltobel und in diesem an einem sagenumwobenen Ort vorbei. Auf rund 1180 Meter über Meer fällt auf der linken Talseite eine fast vegetationslose Fläche auf der Schutthalde ins Auge (Koordinaten: 2'753'070 / 1'238'200). Direkt unterhalb dieser offenen Fläche wächst ein auffälliger Bestand von nur hüfthohen Fichten (*Picea abies*). Das rund 100 bis 120 Meter lange und 30 bis 35 Meter breite Zwergwäldchen (Wegmann 1995) wird scharf von normalwüchsigen Fichten begrenzt (Abb. 245). Im unteren Bereich der Kernzone, dort wo die kleinsten Fichten wachsen (Abb. 247), war der Boden am 16. April 2025 noch immer gefroren und mit Schnee bedeckt. Dies belegt eindeutig, dass der Untergrund dort kühler ist als in den anderen Bereichen der Schutthalde. Oberhalb der vegetationsfreien Zone folgt ein rund 20 Meter breiter Streifen mit lockerem Grasbewuchs (Rost-Segge *Carex ferruginea*), bevor die Schutthalde in die darüberliegende Felswand übergeht.

Die geringe Wuchshöhe der Zwergfichten könnte fälschlicherweise auf ein junges Alter der Bäume schliessen lassen. Doch ergibt das Zählen der Jahrringe (Abb. 246), dass die Kümmerformen tatsächlich ein beachtliches Alter zwischen 50 und bis zu 150 Jahren erreichen (Felber 1884 und Bächler 1930). Auch neuere dendrochronologische Untersuchungen belegen das hohe Alter des Kümmerfichten-

244 Schematisches Modell eines alpinen Hangs mit den drei Haupttypen von Gebieten, welche Permafrost enthalten können.
Illustration: Stephan Wohlwend, inspiriert nach Morard (2020)

245

246

245 Hexenwäldli im Brüeltobel – scharfe Grenze zwischen dem Kümmerfichtenbestand und den normalwüchsigen Fichten rechts im Bild.
Foto: Stephan Wohlwend

246 Querschnitt durch einen Fichtenstamm aus dem Hexenwäldli. Bei einem maximalen Durchmesser von 5.6 Zentimetern sind beinahe 100 Jahrringe zu zählen.
Foto: Toni Bürgin, Sammlung: Arnold Bächler

247 Querschnitt durch das Brüeltobel beim Hexenwäldli.
Illustration: Stephan Wohlwend, modifiziert nach Kozák (2015)

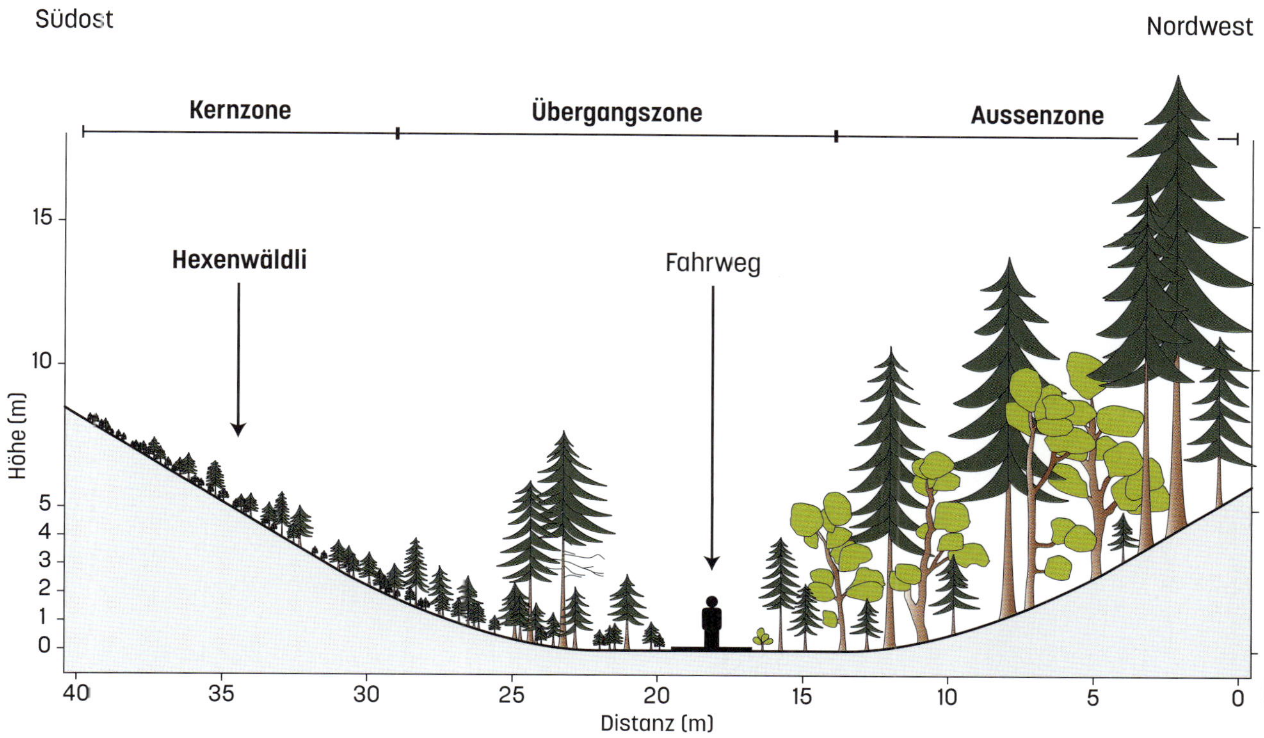

247

bestands – so wies beispielsweise eine nur 3.2 Zentimeter dicke Fichte 77 Jahrringe auf (Kozák 2015).

Das verwünschte oder verhexte Wäldchen soll den Namen einer Sage verdanken, die Emil Bächler im Appenzeller Kalender wiedergibt (Bächler 1930). Die Sage endet mit folgenden Worten:

«Jetzt trat der Zwergkönig aufs Felsgesimse draussen und mit Donnerstimme ertönte vom Berghang der Fluch und die Verwünschung auf die schlimme Menschenbrut und auf den gegenüberliegenden Wald, der langsam in den Boden sank und verschwand. – Und wo später der Same der noch stehen gebliebenen Tannen im Bergtobel auf die öde Steinhalde fiel, da wuchs er auf, aber die Pflänzlinge erreichten von da an nur noch die Grösse eines Kindes. – Nachts kam dann auch die Schar der Hexen und bei ihren Tänzen traten sie auf die Jungtännchen, dass sie nicht mehr zur Höhe wachsen konnten. – So ist der Wald von da an verwünscht von den Zwergen, die jetzt aus der Gegend verschwanden und nie mehr wiederkehrten. Das Volk betrachtete die Stätte als verhext und hiess sie fortan nur noch das Hexenwäldli.»

Bächler untersuchte 1915 das «verwünschte Wäldchen». Ausgerüstet mit Pickel, Schaufel, Beil, Säge, Botanisierbüchse, Barometer und einem halben Dutzend Thermometern grub er sich in die Tiefe. Nachdem er die nur 20 Zentimeter dünne, moosbedeckte Humusschicht abgetragen hatte, stiess er auf das nackte Gestein der Schutthalde. Er grub weiter und fand bis in einer Tiefe von 2 bis 3 Metern nur loses Geröll ohne nennenswerte Erdanteile. Das Regenwasser kann daher rasch versickern, und die Zwergfichten können ihre Wurzeln nur in der 20 Zentimeter dünnen Humusschicht ausbreiten.

Besonders bemerkenswert ist jedoch Bächlers Beobachtung zur Bodentemperatur: In einer Tiefe von 1.5 Meter stiess er am 25. Juli 1915 um 11.30 Uhr bei einer Temperatur von –2.8 °C auf Eis – «in feinen Kügelchen (Krümeleis), ganze Flächen bildend». Das Temperaturprofil, das er beschreibt, ist in Abb. 248 schematisch dargestellt: Von 21.3 °C Lufttemperatur fällt die Temperatur über die Moosschicht (15 °C) und Humusschicht (4.9 °C) rasch ab, bis sie in 1.5 Meter Tiefe deutlich unter den Gefrierpunkt sinkt (–2.8 °C), wo auch Eis angetroffen wurde.

248 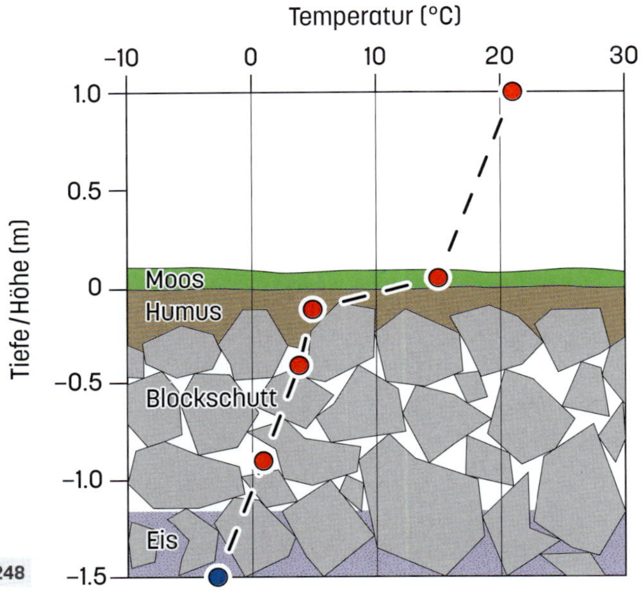

248 Temperaturmessungen von Emil Bächler im Boden des Hexenwäldli am 25. Juli 1915.
Illustration: Stephan Wohlwend, nach Delaloye (2004) und nach Messungen von Bächler (1930)

249 Windloch am Fusse des Hexenwäldli – die ausströmende kalte Luft am 16. April 2025 hat noch einen letzten Eisrest hinterlassen.
Foto: Stephan Wohlwend

Die Frage, ob es sich beim Bodeneisvorkommen im Hexenwäldli um echten oder nur um sporadischen Permafrost handelt, führte in den letzten Jahrzehnten zu mehreren Forschungsprojekten. Die aussergewöhnlich geringe Höhenlage mit nur 1180 Meter über Meer liegt deutlich unterhalb der typischen Untergrenze des diskontinuierlichen Permafrosts. Wegmann (1995) führte daher über zwei Jahre hinweg im Bereich des Zwergwäldchens Bodentemperaturmessungen durch. An vier Stellen wurden 2 Meter lange Thermistorenketten – spezielle Messkabel mit je fünf integrierten Temperatursensoren – versenkt, die vom 23. November 1992 bis zum 18. Oktober 1994 monatlich Daten lieferten. Während dieser Messreihe konnte jedoch an keinem der vier Standorte die Permafrostbedingung – Bodentemperatur unter 0 °C über ein volles Jahr – nachgewiesen werden.

Dennoch bleiben zwei Möglichkeiten offen: Entweder reichten die 2 Meter langen Thermistorenketten nicht tief genug, um eine dauerhaft gefrorene Bodenschicht zu erfassen, oder aber Bächlers Beobachtungen von 1915 beschreiben ein Bodeneisvorkommen, das heute nicht mehr existiert – ein mögliches Indiz für den Klimawandel in tieferen Gebirgslagen.

Hinzu kommt ein weiterer Hinweis auf eine Veränderung der Standortbedingungen: Bächler (1930) beschreibt eine deutlich grössere Ausdehnung des Zwergwäldchens. Im Jahr 1915 soll es noch etwa 200 Meter lang und 60 bis 80 Meter breit gewesen sein – im Vergleich zu den von Wegmann (1995) gemessenen 100 bis 120 Metern Länge und 30 bis 35 Metern Breite. Auch diese offensichtliche Verkleinerung der Kernzone könnte auf eine Abnahme oder ein komplettes Verschwinden des Bodeneisvorkommens hindeuten.

In die gleiche Richtung weisen die Ergebnisse der dendroökologischen Untersuchungen von Schudel (2002). Schudel konnte zeigen, dass der Normalbestand der Bäume in der Aussenzone (Abb. 247) ein Alter zwischen 90 und 197 Jahren aufweist, während der Zwergbestand nur 32 bis 79 Jahre erreicht. Die Zwergbäume wachsen nicht nur langsamer, sondern sind auch signifikant jünger. Eine mögliche Erklärung ist nach Schudel (2002), dass

249

sich die Zwergbestände erst nach der kleinen Eiszeit (circa ab 1850 bis 1890) entwickeln konnten. Der Vergleich der Jahrringdicken zeigt auch, dass sich nicht nur im Brüeltobel, sondern in der ganzen Schweiz viele Kümmerbestände langsam anpassen. Die Jahrringdicke gleicht sich in den letzten Jahrzehnten langsam der Jahrringdicke des Normalbestandes an (Schudel 2002). Dies ist ein weiterer Hinweis, dass die langfristige Untergrundtemperatur langsam ansteigt.

Windlöcher und der Kamineffekt

Bächler (1930) beobachtete im Hexenwäldli, in seiner etwa 1.5 Meter tiefen Grube stehend, neben dem Vorkommen von Krümeleis ein weiteres bemerkenswertes Phänomen: «Aus der künstlich erstellten Grube blies einem ein richtig kalter Wind entgegen, der die Finger frieren machte. Gerade im hohen Sommer wird er zeitweise zum eigentlichen Gebläse (Windlöcher).»

Solche Windlöcher sind im Brüeltobel in unmittelbarer Nähe des Hexenwäldli und der etwas tiefer gelegenen Alphütten von Rompeli an mehreren Stellen zu beobachten (Abb. 249). Die unscheinbaren Öffnungen mit einem Durchmesser von bis zu 50 Zentimetern befinden sich beim Aufstieg durch das Tobel auf der linken Wegseite nahe dem Hangfuss.

Windlöcher wie im Brüeltobel befinden sich typischerweise am Fuss von Schutthalden. Durch die Hohlräume zwischen den Kalksteinblöcken kann Luft zirkulieren (Abb. 250). Der physikalische Vorgang wurde bereits im 19. Jahrhundert beschrieben: So verglich Keller (1839) das System der Schutthalde mit einem Bergwerk, bei dem ein vertikaler Schacht mit einem tieferliegenden horizontalen Stollen verbunden ist, wodurch je nach Aussentemperatur ein konstanter Luftzug entsteht.

250

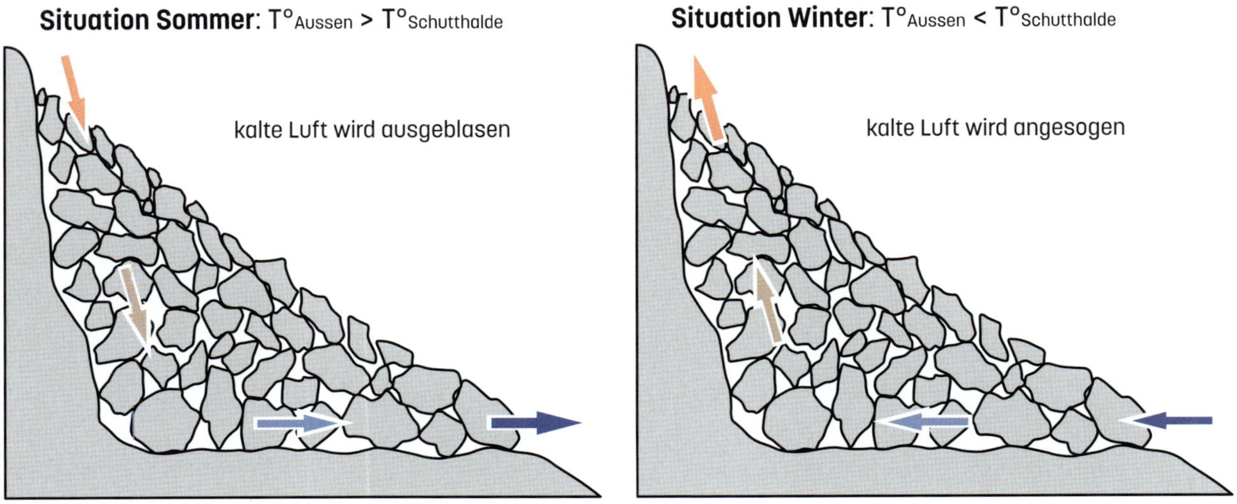

Von Tschudi (1860) beschreibt in seinem Buch über das Tierleben der Alpen diesen Effekt anschaulich:

«Im Sommer zieht bei schönem Wetter ein starker, sehr kalter Wind aus ihnen; im Winter dagegen dringt die Luft von aussen in sie hinein und sie habe eine höhere Temperatur. [...] Die in der Tiefe aller jener grösseren und kleineren Lufträume, welche mit den Zügen in Verbindung stehen, liegende Luft hat erst die niedrige Temperatur ihrer Erdtiefe, die im Winter höher ist als die der atmosphärischen Luft, im Sommer aber niedriger; daher strömt im Winter die wärmere Luft durch die oberen Ausgänge des Luftkamins aus, die durch stärker oder schwächer von unten durch das Windloch eindringende ersetzt wird. Daher ein Luftzug bergein, der aber oft ganz stille steht, besonders zu Anfang und zu Ende des Winters, wo die Temperaturunterschiede sich mehr ausgleichen. Im Sommer dagegen strömt die kalte Bergluft, von der oben an der Schutthalde eindringenden warmen atmosphärischen Luft gedrückt, mächtig zum Windloch heraus, [...].»

Diese fast 200-jährige bildhafte Beschreibung zeigt den sogenannten Kamineffekt anschaulich. Die Temperatur im Untergrund entspricht in der Regel der mittleren jährlichen Lufttemperatur, die für die Höhe und die Exposition des Hexenwäldli mit etwa 5.5 °C angegeben wird (Schwindt 2013) und die somit das Vorkommen von Eis eigentlich ausschliessen würde.

Abb. 251 illustriert den Prozess innerhalb der Schutthalde im Hexenwäldli (Schwindt 2013 und Kneisel et al. 2014). Aufgrund des Dichtegradienten zwischen der im Sommer relativ warmen Aussenluft (geringere Dichte) und den kühleren Temperaturen im Innern (höhere Dichte) kommt es zu einer absinkenden Luftströmung durch das Schuttmaterial. An den Windlöchern am Fuss des Hanges wird diese unterkühlte Luft ausgeblasen, was zwangsläufig zum Ansaugen relativ warmer Luft am oberen Ende der Schutthalde führt. Diese erwärmt auf ihrem Weg durch den Hang den Untergrund, was langfristig zu einer Verringerung des gefrorenen Bodens führt.

250 Kamineffekt in der belüfteten Schutthalde: im Sommer bläst kalte Bodenluft aus der Schutthalde, im Winter wird am Fuss der Schutthalde kalte Aussenluft angesogen.
Illustration: Stephan Wohlwend

251 Kamineffekt im Sommer und Winter in der Schutthalde des Hexenwäldli. Die farbig dargestellten elektrischen Widerstandsmessungen stammen aus den Monaten November 2010 und April 2011.
Illustration: Stephan Wohlwend, leicht modifiziert nach Schwindt (2013) und Kneisel et al. (2014)

In der Winterzeit findet eine Umkehr der Ventilation statt. Die vergleichsweise wärmere Luft in der Schutthalde strömt nach oben und am unteren Ende wird kalte Winterluft angesogen, was zu einer Abkühlung des Untergrunds führt. Die Abkühlung ist in den untersten Teilen des Hangs am stärksten ausgeprägt, was auch dazu führt, dass dieser Bereich im Frühjahr am längsten gefroren bleibt.

In Abb. 251 ist zusätzlich zur Luftzirkulation auch der elektrische Widerstand des Untergrunds in Form eines Farbverlaufs von Rot nach Blau dargestellt. Die Überwachung des elektrischen Widerstands zielt darauf ab, Schwankungen des gefrorenen und ungefrorenen Wassergehalts im Untergrund infolge saisonaler und jährlicher Temperaturschwankungen zu erkennen. Schwindt (2013) hat zwischen August 2009 und April 2011 mehrere Messungen durchgeführt und somit die zeitliche Veränderung darstellen können. Es ist klar ersichtlich, dass sich im Winter ein Frostkörper ausbildet (blau mit höherem elektrischem Widerstand). Im Frühling und Sommer ist ein starker Rückgang der Widerstandswerte erkennbar. Der Bereich mit dem höchsten Widerstand ist jedoch weiterhin klar unter der Kernzone lokalisierbar.

Luftzirkulation in Windlöchern

An drei Windlöchern im Brüeltobel führte Fischer (1997a) zwischen März und Oktober 1996 an den Austrittsöffnungen regelmässig Temperaturmessungen durch (Abb. 252). Im März wurden bei den Windlöchern in der Nähe der Rompeli-Hütten und am Weg etwa 80 Meter weiter oben eisige Windtemperaturen von –4.5 °C bzw. –2.7 °C gemessen. Bis Anfang Mai stagnierte die Temperatur des austretenden Luftstroms bei etwa 0 °C. Danach stieg sie in allen drei Windlöchern kontinuierlich an. Bemerkenswert ist die Verzögerung der Erwärmung: Die höchsten gemessenen Temperaturwerte des austretenden Luftzuges aus den Windlöchern (Temperatur 2 und 3 in Abb. 252) werden erst gegen Ende August bis Oktober gemessen, etwa zwei bis drei Monate nach den jeweils wärmsten Monatsmittelwerten der Messstationen St. Gallen und Säntis (MeteoSchweiz).

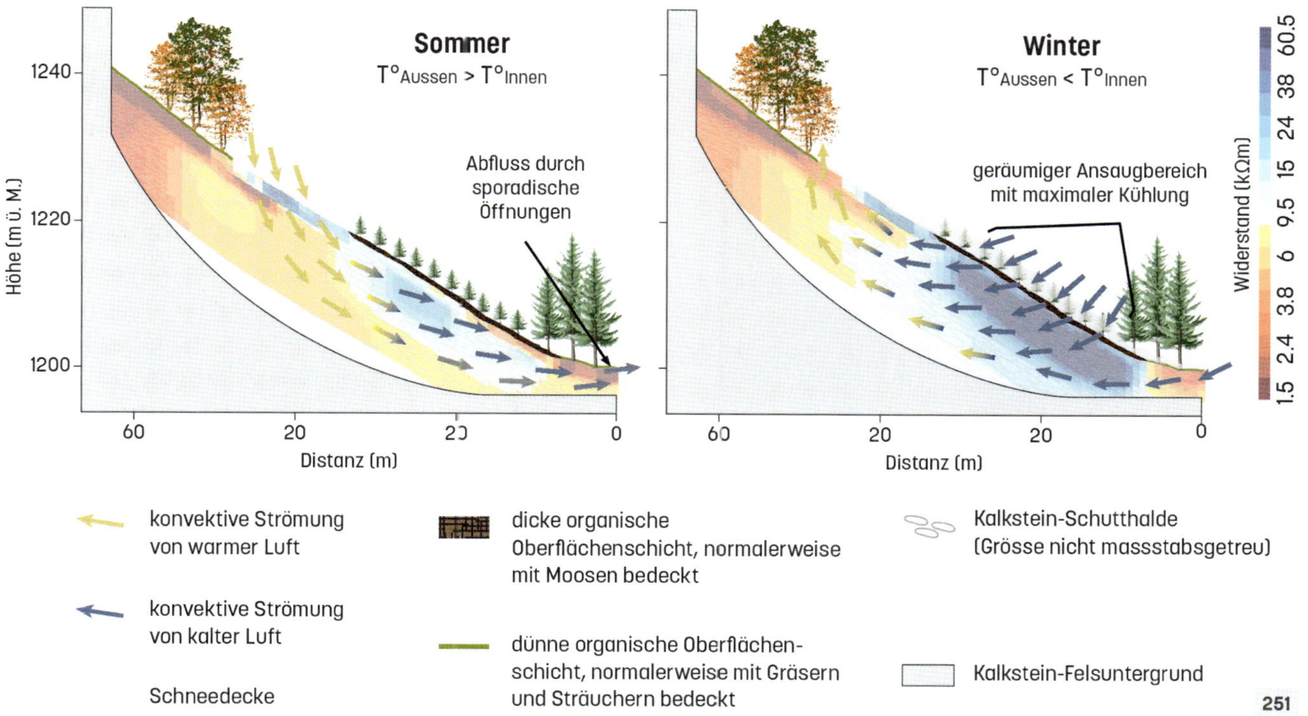

251

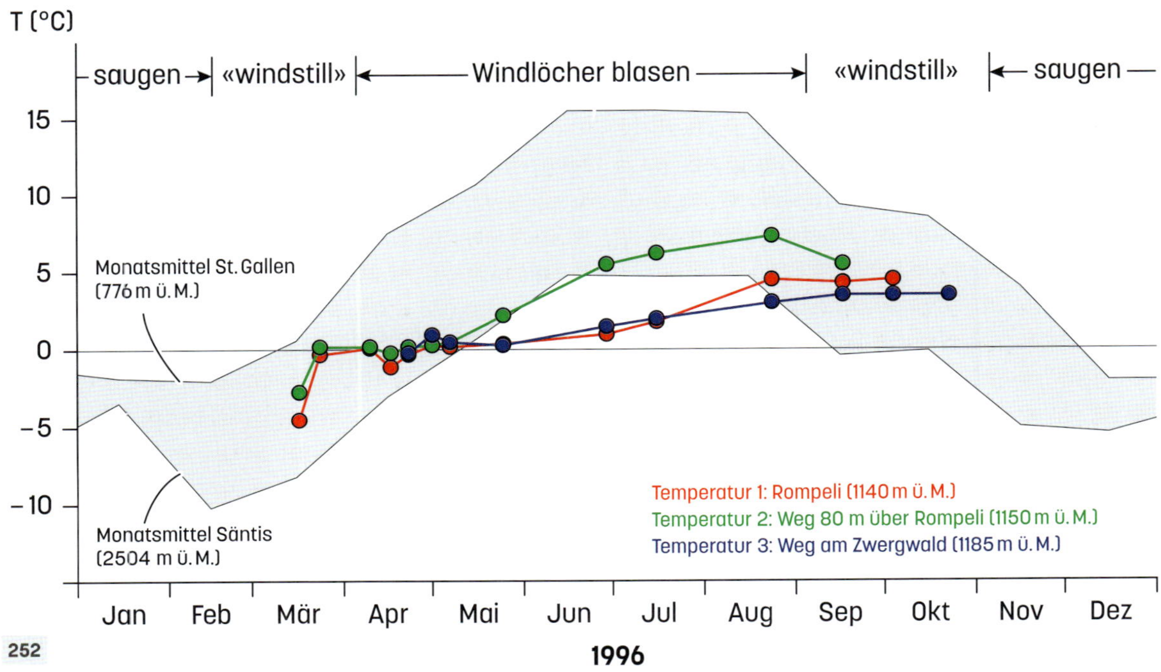

252

Gleiches lässt sich auf den Winter übertragen. Die tiefsten Temperaturen werden vermutlich erst im Februar/März erreicht. Die Stärke des Luftstroms ist dabei abhängig vom Temperaturunterschied zwischen dem Untergrund der belüfteten Schutthalde und der Aussenluft. Typischerweise treten die grössten Temperaturunterschiede und somit der stärkste Luftzug an warmen Sommertagen auf.

252 Gemessener Temperaturverlauf dreier Windlöcher im Brüeltobel im Jahr 1996, verglichen mit dem Verlauf der Monatsmittel der Messstationen Säntis und St. Gallen.
Illustration: Stephan Wohlwend, Temperaturdaten der Windlöcher nach Fischer (1997a), Monatsmittel Säntis und St. Gallen nach MeteoSchweiz

253 Steil in die Tiefe führender Hauptgang hinter der Eingangshalle der Schneehöhle – im Jahr 2012 noch komplett mit Eis gefüllt.
Foto: Andreas Schwarz

Zusätzlich zum jahreszeitlichen Verlauf gibt es auch einen tageszeitlichen Zyklus, der bei geringen Temperaturunterschieden besonders ausgeprägt ist. In diesen Übergangsphasen im März und im September/Oktober, also in der «windstillen» Zeit, weicht die Aussentemperatur nur wenige Grad von der Innentemperatur ab. Grob (2006) beschreibt solche Tagesschwankungen anhand von Messungen von Fischer (1997a): «Mitte März 1996 bliesen um 10 Uhr morgens bei einer Atmosphärentemperatur von 1.5 °C zwei untersuchte Löcher. Um 17 Uhr hingegen, als sich die Temperatur auf 0.3 °C gesenkt hatte, war es in den gleichen Windlöchern windstill. Dies, weil die Atmosphärentemperatur derjenigen der Kalkblöcke und der Luft dazwischen so nahe kommt, dass kein Luftzug mehr spürbar ist. Beobachtungen zeigen, dass die Windrichtung in Höhlensystemen innerhalb weniger Minuten drehen kann.»

Ehemalige «Kühlschränke» der Alphütten

Solche Windlöcher oder belüfteten Schutthalden waren in der Vergangenheit auch ein wichtiger Faktor bei der Wahl der Standorte der Alphütten. So wurden die Keller mancher Hütten auf solche Windlöcher gebaut oder aber tief in die Schutthalde eingelassen. Die im Sommer austretende kalte Luft wirkt wie ein Kühlschrank und ermöglicht somit die Lagerung von Milchprodukten.

Grob (2006) berichtet, dass bei Siebenhütten (Schwägalp), auf der Alp Schlipf (Säntisalp) und auf der Alp Leser (zwischen Risipass und Windenpass) das Vorhandensein von Windlöchern höher gewichtet wurde als die drohende Lawinengefahr im Winter. Auf der Alp Leser wurde bis circa 1996 nur die alte Alphütte genutzt (Grob 2006). Ihr Keller ist direkt in die Schutthalde hineingebaut. Je wärmer die Aussentemperatur war, desto stärker war der Luftzug aus den geschichteten Blöcken der Kellerwand. Der damalige Bewirtschafter erzählte, dass es in der Hütte so kalt war, dass der frühere Senn immer vor der Hütte ass. Die Höchsttemperatur im Keller betrug 6 °C. Später wurde eine neue Hütte mit Stall gebaut. Beim Aushub Anfang Frühling habe es aus dem Berg herausgedampft, was auf eine hohe Luftfeuchtigkeit mit entsprechend hoher Temperatur der austretenden Luft hinweist.

Eishöhlenbildung

Im schematischen Modell von Abb. 244 wurden neben belüfteten Schutthalden und Windlöchern auch Eishöhlen dargestellt. Eishöhlen, Karstlöcher und Schachthöhlen können ganzjährig Schnee und/oder Eis enthalten. Da beide im Sommer teilweise nicht vollständig abschmelzen, muss die Temperatur dort konstant unter dem Gefrierpunkt bleiben; es handelt sich definitionsgemäss um Permafrost. Im Alpstein konnten in mehreren Höhlen oberhalb von 2000 Meter über Meer grössere permanente Eisvorkommen festgestellt werden. Zu den bekanntesten

253

254

zählen zweifellos die Eishöhle am Öhrli, jene am Chreialpfirst sowie die Schneehöhle in der Nähe des Zwinglipasses (Abb. 233, Abb. 253 und Abb. 254).

Die Schneehöhle stellt ein besonders interessantes Forschungsobjekt dar. Der grosse Saal dieser Höhle (Abb. 254) füllte sich in der Vergangenheit mehrfach mit Schmelz- und/oder Regenwasser, wobei sich ein unterirdischer See bildete (Graf 2017 und Wohlwend und Graf 2024). Dieser See bestand jeweils über längere Zeiträume, was die Ausbildung einer Eisschicht an der Wasseroberfläche ermöglichte. Die Aufnahme von 2012 (Abb. 254) zeigt, dass sich dabei eine bis zu 50 Zentimeter mächtige Eisschicht bildete. Diese kollabierte, als das Wasser ablief. Solche Prozesse dürften sich in der Vergangenheit mehrfach unbeobachtet wiederholt haben. Im Jahr 2014 wurde erneut ein Wasseranstieg festgestellt (Wohlwend und Graf 2024), worauf 2016 ein Drucksensor zur kontinuierlichen Wasserstandsmessung installiert wurde.

Neben dem Wasserstand wurden auch Temperaturdaten in der Höhle aufgezeichnet. Abb. 255 zeigt zwei Messperioden: Während der ersten Periode (Juli 2017 bis Juni 2018) wies der Drucksensor einen See in der Höhle nach. Der somit unter Wasser liegende Temperaturlogger registrierte während dieser Zeit konstant 0 °C. Auch das vorhandene Eis lag grösstenteils unter Wasser. Der Schmelzprozess des Eises pufferte die Temperatur und hielt das Wasser über Monate hinweg nahe um den Gefrierpunkt. Der Kälteeinbruch im Februar 2018 beeinflusste die Wassertemperatur nur geringfügig, ist aber im Tem-

254 Der grosse Saal in der Schneehöhle – mit den kollabierten Eisplatten von früheren sporadischen Seebildungen im Jahr 2012.
Foto: Andreas Schwarz

255 Temperaturaufzeichnungen zweier Messperioden in der Schneehöhle: 2017 bis 2018 war die Höhle mit einem See geflutet, die Wassertemperatur blieb konstant knapp unter 0 °C; 2018 bis 2019 korrelierte die Höhlenlufttemperatur direkt mit der Aussenlufttemperatur.
Illustration: Stephan Wohlwend, Daten aus Wohlwend und Graf (2024)

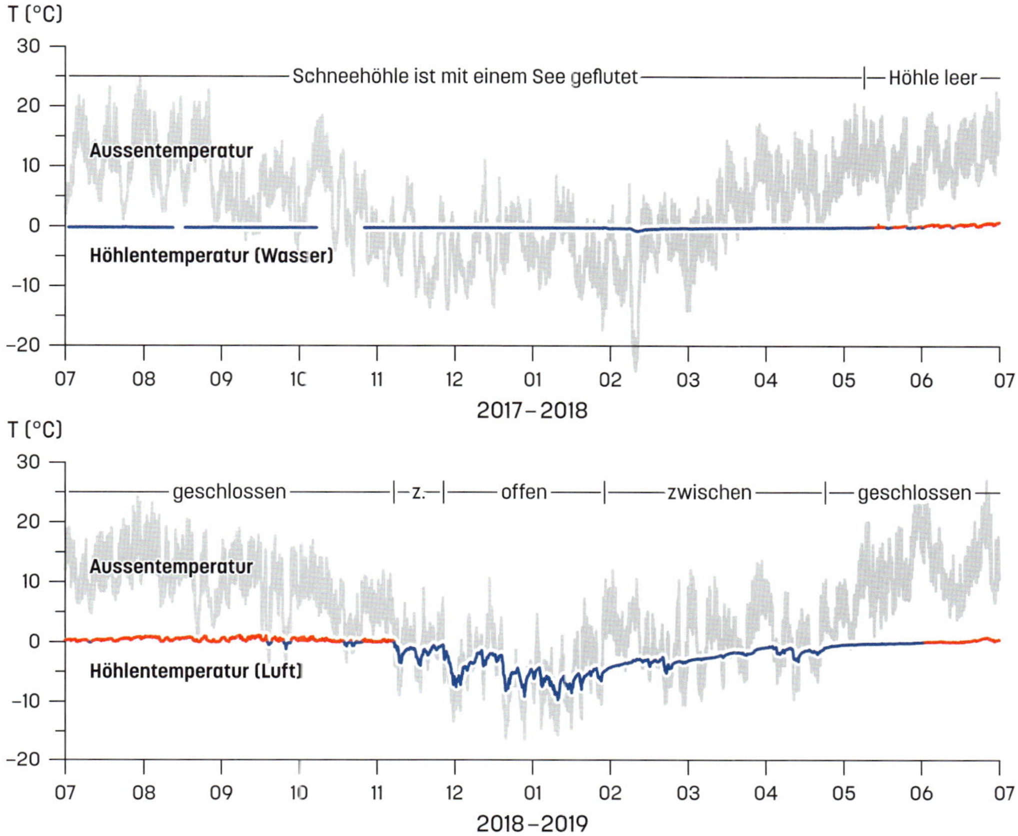

255

peraturverlauf dokumentiert. Nach dem Abfliessen des Sees am 8. Mai 2018 lag der Sensor wieder in der Höhlenluft und verzeichnete einen geringen Temperaturanstieg.

In der darauffolgenden Messperiode (Juli 2018 bis Juni 2019) staute sich kein See. Die Höhlenluft war im direkten Austausch mit der Aussenluft, wodurch kalte Winterluft ab November 2018 bis Ende April 2019 in die Höhle eindrang und die Höhlenluft abkühlte. Die Korrelation zwischen den Kältephasen der Aussenluft und der Höhlenluft belegt diesen offenen Austausch. Es kann davon ausgegangen werden, dass während der Wintersaison die Luftzirkulation in der Schneehöhle durch einen Kamineffekt gesteuert wird. Dieser Sachverhalt ermöglicht einen grossen Wärme- und somit Energieaustausch mit der Aussenluft. Nach dem Winter stieg die Höhlentemperatur allmählich an und stagnierte längere Zeit nahe des Gefrierpunkts. Die im Frühsommer beobachteten stabilen Temperaturen um 0 °C sind auf die Energieaufnahme beim Schmelzen von Eis zurückzuführen. Dieser sogenannte Puffereffekt verhindert einen schnellen Temperaturanstieg. In den Sommermonaten wurde eine geringe Überschreitung der Nullgradmarke festgestellt, was den Schmelzprozess des Höhleneises beschleunigt.

Die Temperaturmessungen zeigen, dass die Höhlenluft im Winter über längere Zeit unter 0 °C liegt. In dieser Zeit kann in die Höhle eindringendes Wasser gefrieren und dadurch sogenanntes Kongelationseis bilden. Zusätzlich ist in Abb. 256 neben dem Kongelationseis eines ehemals zugefrorenen Sees auch Schnee zu sehen, der durch steile Schächte direkt in den Untergrund gelangt ist und einen regelrechten Schneekegel gebildet hat. Dieser Schnee wird im Laufe der Jahre zu Firneis umgewandelt.

In Eishöhlen unterscheidet man zwei Eistypen: Firneis, das von aussen in die Höhle eingebracht wird (exogen), und Kongelationseis, das sich direkt in der Höhle bildet (endogen). Zusammen mit der Bewegung der Höhlenluft bilden diese Eistypen die Grundlage zur Klassifikation von Eishöhlen (Luet-

scher und Jeannin 2004a). Dabei wird nicht nur zwischen exogenem und endogenem Eis unterschieden, sondern auch zwischen Höhlen mit Kaltluftfallen (statisch) und solchen mit einem Kamineffekt (dynamisch). Aus diesen Kategorien und ihren Mischformen ergeben sich insgesamt neun Kombinationsmöglichkeiten. Die Schneehöhle vereint beide Eistypen und zeigt sowohl Kaltluftfallenverhalten als auch Kamineffektverhalten.

Der Kamineffekt entsteht aufgrund mehrerer unterschiedlich hoch gelegener Eingänge und wird durch den Höhlenverlauf – mit einem zuerst absinkenden und dann ansteigenden Gangsystem – verstärkt. Der grosse Saal liegt praktisch am tiefsten Punkt des Höhlensystems und bildet somit im Sommer eine Kaltluftfalle. Die Schneehöhle lässt sich somit als statodynamische Eishöhle mit Kongelationseis und Firneis klassifizieren.

Eine vereinfachte Darstellung der vollständigen Klassifikation der Eishöhlen zeigt Abb. 257, wobei nur zwischen Kaltluftfalle und Kamineffekt unterschieden wird (Luetscher und Jeannin 2004b). In der Kaltluftfalle wird im Winter die wärmere Höhlenluft durch die kältere Aussenluft ersetzt. Im Sommer verbleibt die kalte, dichtere Luft in der Höhle, was eine stabile Luftschichtung erzeugt. Beim Kamineffekt hingegen steigt die wärmere Höhlenluft ebenfalls im Winter nach oben und entweicht, während kalte Aussenluft am unteren Eingang angesogen wird; dieser Prozess kehrt sich im Sommer um. Der Mechanismus des Kamineffekts entspricht jenem in belüfteten Schutthalden.

256 Firn- und Kongelationseis im Grossen Saal der Schneehöhle im Jahr 2012.
Foto: Andreas Schwarz

257 Schematisches Verhalten der Luftzirkulation in einer Eishöhle – Kaltluftfalle (statisch) gegenüber Kamineffekt (dynamisch).
Illustration: Stephan Wohlwend, modifiziert nach Luetscher (2005) sowie Luetscher und Jeannin (2004b)

Hydrologie und Hydrogeologie

René Löpfe und Stephan Wohlwend

Während sich die Hydrologie allgemein mit den Erscheinungsformen und dem Kreislauf des Wassers auf der Erde und seiner Interaktion mit der Umwelt befasst, beschreibt die Hydrogeologie die unterirdisch verlaufenden Gewässer und deren Wechselwirkungen mit dem umgebenden Gestein.

Eine Besonderheit des Alpsteins hinsichtlich der Abflussverhältnisse ist, dass das Niederschlagswasser aufgrund der Verkarstung rasch versickert und über ein komplexes System unterirdischer Abflüsse abgeleitet wird. Dabei kann es vorkommen, dass in einem bestimmten Einzugsgebiet anfallendes Regen- und Schmelzwasser nicht den von der Oberflächenform vorgegebenen Fliesspfad wählt (beispielsweise entlang eines Tals), sondern über unterirdische Verbindungen abfliesst, allenfalls sogar oberirdische Wasserscheiden quert und dann an einer ganz anderen Stelle wieder zutage tritt (Abb. 258).

Das Einzugsgebiet einer Quelle oder eines Sees kann in einem Karstgebiet also ganz andere Ausdehnungen annehmen, als man rein aufgrund der Oberflächenmorphologie annehmen würde. Diese Kenntnis ist wichtig für eine nachhaltige Nutzung und für den Schutz der für die Alpbewirtschaftung und die Trinkwasserversorgung wichtigen Ressourcen. Erscheinungen und Strukturen, bei denen das Wasser in das Karstsystem eintreten und weiterfliessen kann, sind etwa Karstspalten, Dolinen oder Höhlen. Nachfolgend wird auf die für die Wasserwirtschaft bedeutenden Bergseen, auf die wichtigsten Quellen und auf weitere kleinere Gewässer und Bäche eingegangen. Zudem werden deren hydrologische Zusammenhänge erläutert.

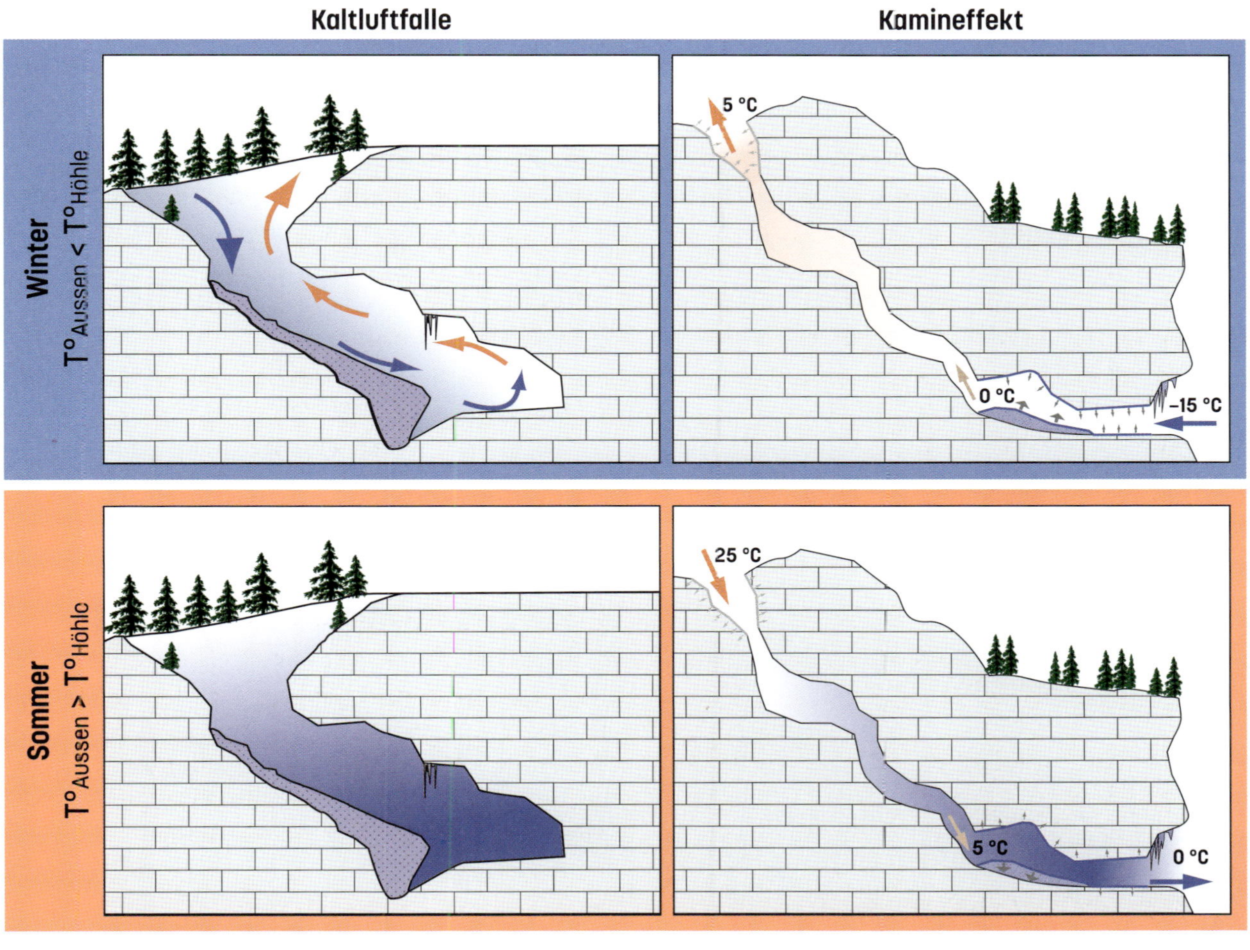

257

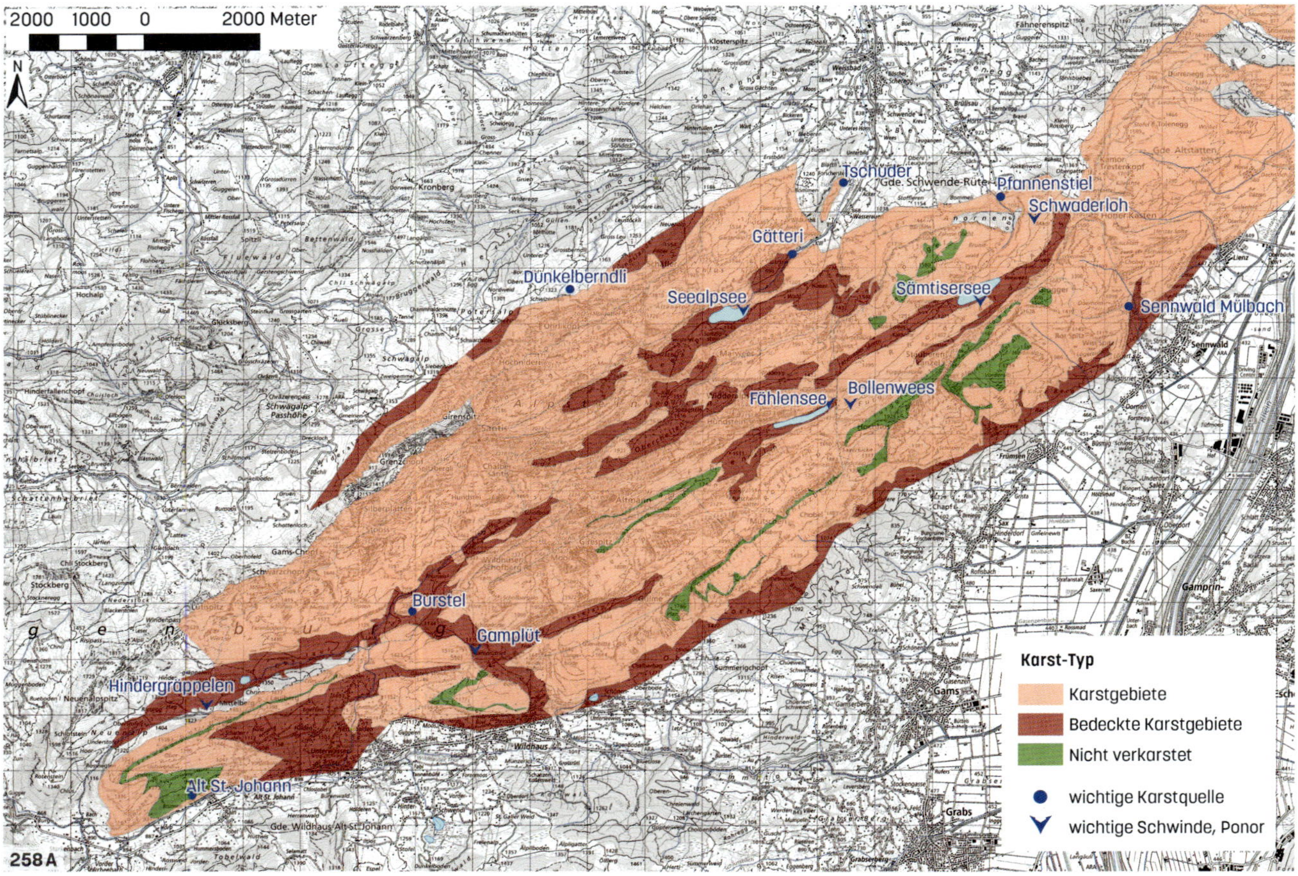

2000 1000 0 2000 Meter
N
Tschuder
Pfannenstiel
Schwaderloh
Gätteri
Dunkelberndli
Seealpsee
Sämtisersee
Sennwald Mülbach
Fählensee
Bollenwees
Burstel
Camplüt
Hindergrappelen
Alt St. Johann
Karst-Typ
Karstgebiete
Bedeckte Karstgebiete
Nicht verkarstet
wichtige Karstquelle
wichtige Schwinde, Ponor

258 A

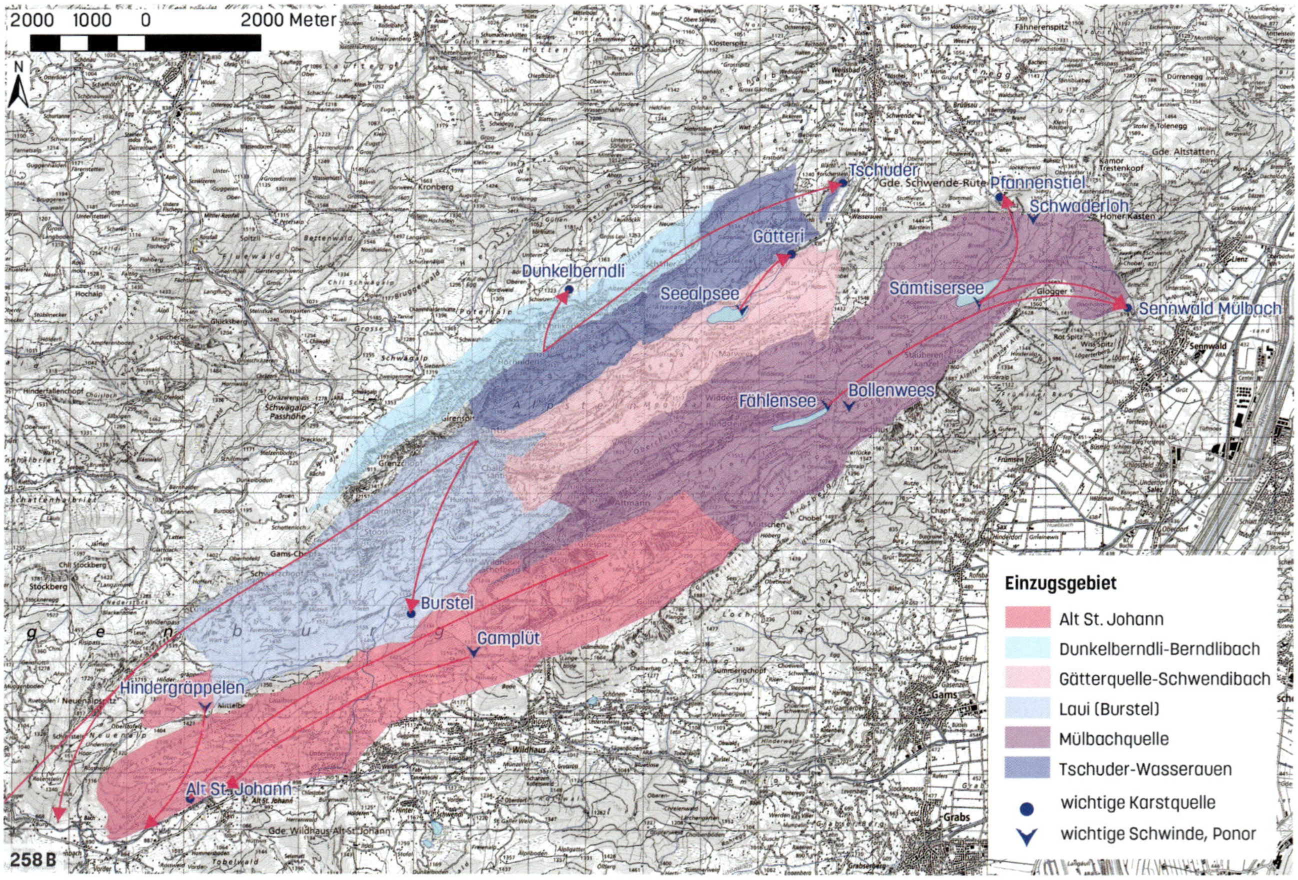

2000 1000 0 2000 Meter
N
Tschuder
Pfannenstiel
Schwaderloh
Gätteri
Dunkelberndli
Seealpsee
Sämtisersee
Sennwald Mülbach
Fählensee
Bollenwees
Burstel
Camplüt
Hindergrappelen
Alt St. Johann
Einzugsgebiet
Alt St. Johann
Dunkelberndli-Berndlibach
Gätterquelle-Schwendibach
Laui (Burstel)
Mülbachquelle
Tschuder-Wasserauen
wichtige Karstquelle
wichtige Schwinde, Ponor

258 B

Bergseen

Oberflächengewässer führen in Karstgebieten oft nur periodisch und bei stärkeren Niederschlagsereignissen Wasser oder fehlen gebietsweise ganz. In Gebieten, in denen weniger verkarstungsfähige Gesteine vorkommen oder in denen solche Schichten mit eiszeitlichen oder nacheiszeitlichen Ablagerungen und Böden bedeckt und dadurch abgedichtet sind, können sich permanent Wasser führende Bäche und in Muldenlagen auch Seen bilden. In Abb. 258 A wird ersichtlich, dass sich die Alpsteinseen in solchen bedeckten Karstgebieten befinden. Dennoch versickert das Wasser bei allen Seen an diskreten Stellen in das darunterliegende Karstsystem.

Sämtisersee

Beim Sämtisersees führt das Versickern dazu, dass er sich seit dem Ende der letzten Eiszeit nie mehr bis zum natürlichen Überlauf beim Plattenbödeli aufstaute und im Winter oder in Trockenperioden sehr schnell kleiner wird. Während der Schneeschmelze und regenreicher Perioden steigt der Spiegel dennoch jeweils wieder rasch an. Die maximale Differenz zwischen den extremen Pegelständen (Maximum und Minimum) wird von Arbenz in Reutimann (1987) mit 14.2 Meter angegeben. Wasserspiegel von Karstseen schwanken daher typischerweise deutlich stärker als übliche Seen, welche neben dem

258 A: Karstgebiete mit Seen und Fliessgewässern. B: Einzugsgebiete der wichtigsten Karstquellen mit Angabe der mittels Markierversuchen nachgewiesenen Verbindungen (Pfeile). Kartengrundlage: © swisstopo, mit Daten aus Bundesamt für Umwelt (2015), ergänzt von René Löpfe

259 Der Sämtisersee fällt manchmal fast trocken, so wie im Frühjahr 2025. Der Pfeil markiert die Lage der Versickerungsstelle. Foto: Stephan Wohlwend

260

Oberflächenabfluss nur durch Verdunstung Wasser verlieren und dieses daher länger speichern können. Wie stark sich der Seespiegel aufgrund der Versickerung absenken kann, ist abhängig von der Kapazität und der Tiefenlage des Hauptabflusses.

Die Versickerungsstelle des Sämtisersees befindet sich nahe dem südöstlichen Ufer, und zwar gerade an der einzigen Stelle, an der die stark verkarstungsfähigen Gesteine der Schrattenkalk-Formation direkt an den See grenzen. Die Versickerungsstelle liegt aber bei normalem Wasserstand im See selbst, es handelt sich somit um eine unterseeische Abflussstelle. Bei Tiefstand kann schön beobachtet werden, wie das Wasser im grobblockigen Schutt, der das verkarstete Gestein überdeckt, verschwindet (Abb. 260). Da diese auch als Schwinde bezeichnete Stelle fast am tiefsten Punkt des Sees liegt, kann der See bei Trockenheit fast ganz ablaufen und austrocknen.

260 Das Wasser des Sämtisersees verschwindet zwischen den Blöcken der Versickerungsstelle. Diese ist nur bei tiefem Wasserstand zu sehen.
Foto: Stephan Wohlwend

261 Schwinde Reslen, Blick Richtung Westen. Das aus dem Seealpsee oberflächlich abfliessende Wasser versickert hier in trockenen Perioden vollständig in Felsspalten. Bei höherem Wasserstand schwappt das Wasser über die Felsschwelle vorne rechts im Bild.
Foto: René Löpfe

Seealpsee

Deutlich weniger stark schwankt der Wasserspiegel des Seealpsees. Aufgrund des etwas weniger stark verkarstungsfähigen Gesteinsuntergrunds und diverser seitlicher Quellzutritte unterhalb des Seespiegels kann sich der Seealpsee in der Regel bis zum Überlauf beim Berggasthaus Seealpsee aufstauen. Er besitzt daher als einziger der drei grossen Alpsteinseen einen Oberflächenabfluss. Durch den Bau eines Damms entlang der Zufahrt zum Berggasthaus im

261

Jahr 1905 kann der Seespiegel im Sommer um 1 Meter und im Winter um 2 Meter zusätzlich aufgestaut werden (Reutimann 1987). Das dadurch gewonnene Speichervolumen wird seither für den Betrieb des Wasserkraftwerks Seealpsee-Wasserauen zur Erzeugung von elektrischer Energie genutzt. Dazu besteht eine Druckleitung vom See bis hinunter zu den Turbinen im Kraftwerk bei Rässenaueli. Die natürliche unterseeische Schwinde, eine Spalte im Kalk der Seewen-Formation, befindet sich am Nordufer des Sees in der Nähe der Kapelle in rund 10 Metern Tiefe (Reutimann 1987). Das dort versickernde Wasser fliesst direkt den Gätteriquellen zu. Das über den Damm oder durch diesen als Restwasser abfliessende Wasser speist den Schwendebach in Richtung Osten. Nach rund 300 Metern Fliessstrecke – nahe den Alphütten Reslen – versickert das Wasser jedoch bereits zu einem grossen Teil wieder in einer Schwinde im Bach, sodass das über die Felswand weiter nordöstlich führende Bachbett meist trocken liegt (Abb. 261).

Eine Besonderheit des Seealpsees ist der sogenannte «Trichter», eine lokale Vertiefung im Seegrund des nordwestlichen Seebeckens, welche zugleich auch die tiefste Stelle des Sees bildet. Der Trichter (Abb. 263) hat einen Durchmesser von rund 30 Metern (Reutimann 1987). Seine Ränder fallen steil von etwa 8 Metern auf 15 Meter ab. Das Wasser im Trichter ist extrem klar und durchwegs etwas kälter als das übrige Seewasser. Während die Sichtweite im Seealpsee sonst zwischen 1 und 3 Metern beträgt, weist diese im Trichter fast 30 Meter auf, sodass ein Taucher von einem Trichterrand zum anderen sehen kann (Abb. 262). Bei diesem eindrücklichen Phänomen handelt es sich um einen Wasseraustritt aus einer Unterwasserquelle. Durch die Strömung wird um die Austrittstelle das Seesediment (Ton, Silt) fortlaufend weggespült. Da das Quellwasser infolge natürlicher Filtration klar, kälter, stärker mineralisiert und dadurch etwas dichter ist, verbleibt dieses Wasser in der selbst geschaffenen Vertiefung und wird nicht mit dem übrigen Seewasser vermischt.

Fählensee

Der tiefste Alpsteinsee ist mit einer maximalen Tiefe von rund 25 Metern, in der Mitte des Sees gemessen, der Fählensee. Der Wasserspiegel des Fählensees ist wiederum ähnlichen Schwankungen unterworfen wie jener des Sämtisersees (circa 6 Meter gemäss Arbenz in Reutimann 1987). Hier scheint ebenfalls die Kapazität des unterirdischen Abflusses im Karstsystem zu genügen, damit sich der See nicht (oder nicht mehr) bis zum Überlaufen beim Berggasthaus Bollenwees aufstauen kann. Trichter, die auf lokal begrenzte Unterwasserquellen hindeuten, finden sich keine. Dennoch wird der See vermutlich mehrheitlich von Wasser gespeist, das über die teilweise ausgedehnten Trocken- und Schwemmschuttkegel im Untergrund des Sees grossflächig zufliesst (Reutimann 1987).

Die Schwinde des Fählensees, die bei normalem Wasserstand unter Wasser liegt, befindet sich am östlichen Ende des Sees, am Ufer direkt gegenüber dem Berggasthaus Bollenwees. Bei niedrigem Seespiegel ist sie gut zu erkennen (Abb. 264). An dieser Stelle wurde der Hangschutt leicht wegerodiert, sodass die für den Abfluss verantwortliche Kluft heute gut sichtbar ist. Bei niedrigem Wasserstand verschwindet das Wasser in grobblockigem Schutt direkt in das Spaltensystem. Die Schwinde vermag den Seespiegel auf diesem tiefen Niveau zu halten, sodass der Seespiegel nicht gänzlich absinkt. Der Zufluss aus dem Schwemmschuttkegel und der Abfluss beziehungsweise Überlauf bei der Schwinde halten sich somit die Waage. Im Frühling, mit Einsetzen der Schneeschmelze und stärkeren Regenfällen, steigt der See langsam um einige Meter.

Interessanterweise befindet sich die Schwinde des Fählensees nicht an seinem östlichen Ende, wo durch den bedeutenden Sax-Schwende-Bruch das verkarstungsfähige Gestein der Schrattenkalk-Formation direkt an das Seebecken grenzt. Trotzdem ist eine Verbindung der Kluft bei der Schwinde zu die-

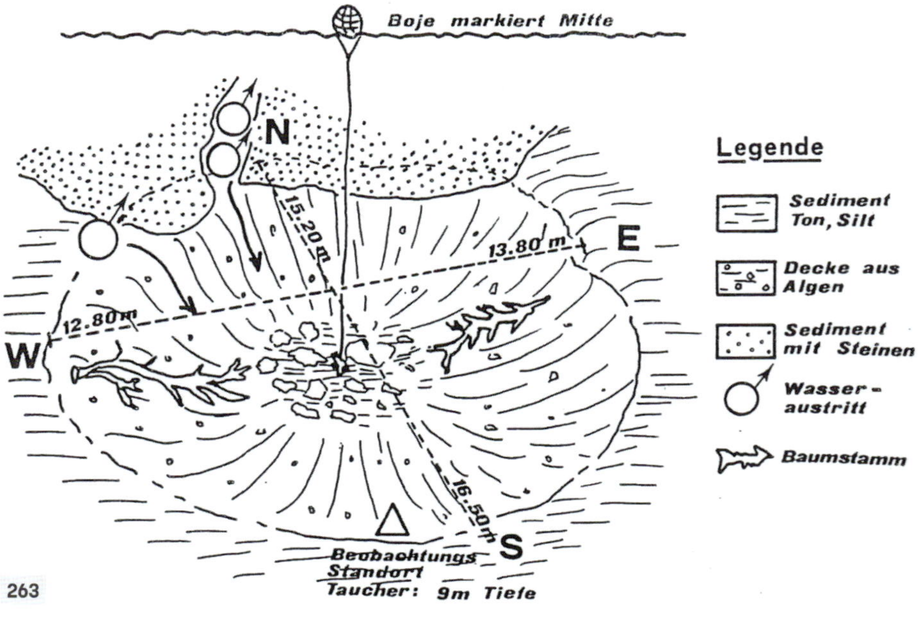

263

262 Taucher im Trichter des Seealpsees.
Foto: Orlando Grand

263 Skizze des Trichters im Seealpsee in Schrägansicht.
Illustration: Thomas Reutimann, in Reutimann (1987)

264 Versickerungsstelle (Schwinde) des Fählensees, während der Trockenperiode im Frühjahr 2025, in Richtung Westen aufgenommen.
Foto: Stephan Wohlwend

ser Bruchzone und zum weiter östlich angrenzenden Gebiet denkbar.

Der Fählensee weist schon seit Längerem ein erhöhtes Algenwachstum auf, was für die Wasserqualität und die Gewässerökologie problematisch ist. Seit den 1990er-Jahren werden deshalb der See und die Sedimente darin wiederholt untersucht. Die bisherigen Ergebnisse ergeben, dass der Phosphorgehalt im Sediment derart hoch ist, dass sich dieser bei Sauerstoffarmut und Stagnation – das heisst fehlendem Wasseraustausch – aus dem Sediment zurück ins Wasser löst und so den See ständig von Neuem düngt (AquaPlus AG 2021 b). Eine Rekonstruktion des Phosphorgehalts bis zur Mitte des 15. Jahrhunderts anhand eines Sedimentbohrkerns lässt vermuten, dass es neben den anthropogenen Phosphorquellen, wie das noch bis 2001 in den See eingeleitete Abwasser des Berggasthauses Bollenwees und die Einträge durch die Alpbewirtschaftung, auch geologische Ursachen für einen stetigen Phosphoreintrag in den See gibt. Aufgrund seiner Lage in einer Faltenmulde (Synklinale) ist er umgeben von Gesteinen der Garschella-Formation, die ebenfalls phosphorhaltig sind. Der infolge Verwitterung und Erosion in das Seebecken gelangende Gesteinsschutt lagert sich aufgrund der steilen Felswände meist direkt im oder nahe dem Seeufer ab, sodass das durch diese Schuttablagerungen fliessende Wasser oder das Seewasser den Phosphor direkt aus diesen Gesteinen lösen kann.

Die Alpsteinseen sind immer wieder Gegenstand seewissenschaftlicher (limnologischer) Untersuchungen (Abb. 265, Glur 2013). Bei den Seesedimenten handelt es sich um wertvolle geologische Archive, die für die Rekonstruktion des Klimas und der Umweltbedingungen seit der letzten Eiszeit herangezogen werden können.

265

Quellen

In Abb. 258 B sind die wichtigsten Karstquellen des Alpsteins, ihre hydrologischen Einzugsgebiete sowie eine Auswahl der mittels Markierversuchen nachgewiesenen Fliessverbindungen dargestellt. Dabei fällt auf, dass sich die Einzugsgebiete dieser Quellen streifenförmig von Südwest nach Nordost erstrecken. Dies lässt sich damit erklären, dass die verkarstungsfähigen Schichten in dieser Richtung verlaufen. Wie für Karstgebiete typisch reichen die Einzugsgebiete teilweise über die oberflächlichen Wasserscheiden hinaus. So gelangt beispielsweise auch Regen- oder Schmelzwasser, das südwestlich des Lisengrats versickert, in die Gätteriquellen (Abb. 258 A). Dennoch fliesst das Niederschlagswasser, welches südwestlich der Linie Säntis-Altmann anfällt, generell auch nach Südwesten ab, während jenes, das nordöstlich dieser anfällt, generell auch nach Nordosten fliesst.

Mülbachquelle

Das beim Fählensee versickernde Wasser quert sogar die bedeutende Störungszone des Sax-Schwende-Bruchs und tritt erst rund 5.5 Kilometer weiter nordöstlich an der Mülbachquelle bei Sennwald im St. Galler Rheintal wieder zutage. Eine Verbindung des Fählensees zum Sämtisersee konnte aber interessanterweise nicht nachgewiesen werden. Das in der Schwinde beim Sämtisersee versickernde Wasser fliesst teilweise ebenfalls der Mülbachquelle zu, teilweise den Quellen Pfannenstiel–Brülisau. Die Einzugsgebiete kleinerer Quellen können sich somit auch mit den Einzugsgebieten grösserer Quellen

265 Limnologische Untersuchungen im Fählensee im Jahr 2009 durch die ETH Zürich: Seismische Untersuchungen zur Kartierung des Seeuntergrundes.
Foto: Adrian Gilli

266 Quellfassung Gätteri bei Wasserauen. Das Bachbett des Schwendebachs führt erst unterhalb des Quellwasserzutritts und des Überlaufs der Quellfassung Wasser.
Foto: René Löpfe

267 Tschuderquelle bei Wasserauen.
Foto: Stephan Wohlwend

überlagern. Aus der auf 670 Meter über Meer gelegenen, an eine Bruchzone gebundenen Mülbachquelle treten im Mittel beachtliche 34000 l/min Wasser aus (Haering et al. 1994), welches zur Elektrizitätserzeugung, jedoch nicht als Trinkwasser genutzt wird.

Die mittlere Fliesszeit des unterirdisch verlaufenden Wassers vom Fählensee zur Mülbachquelle beträgt nur wenig mehr als 1.5 Tage, was einer Fliessgeschwindigkeit von 144 m/h entspricht (Attinger 1988 und Leibundgut 1995). Es handelt sich demnach, insbesondere bei hoher Wasserführung, um rasch fliessendes Karstwasser, stellenweise mit wasserfallartigen Abstürzen im Untergrund. Bei geringer Wasserführung ist die Fliessgeschwindigkeit etwas langsamer. Dennoch bedeuten solch schnelle Verbindungen auch ein hohes Gefährdungspotenzial hinsichtlich der Qualität des Quellwassers. Die Filterwirkung von Karstsystemen ist generell geringer als jene von Schottergrundwasserleitern wie etwa im St. Galler Rheintal. Beeinträchtigungen durch Abwässer selbst in weit entfernten Bereichen des Einzugsgebiets können sich daher sehr schnell auf die Wasserqualität bei der Quelle auswirken.

266

267

Gätteriquellen

In nur gerade gut 7 bis 9 Stunden fliesst das in der Schwinde Reslen (Abb. 261) beim Seealpsee versickernde Wasser zur Quellfassung Gätteri, und zwar auch dann, wenn der Schwendebach dazwischen kein Wasser führt (Attinger 1988 und Leibundgut 1995). Das bei der Schwinde im See abfliessende Wasser erreicht die Quellen etwas später, jedoch immer noch innerhalb eines Tages. Die Gätteriquellen, die insgesamt zwischen 5400 und 13000 l/min Quellwasser liefern, werden für die Trinkwasserversorgung von Appenzell genutzt (Abb. 266). Eine vom Volksmund während langer Zeit vermutete Verbindung vom Fählensee zum Seealpsee gibt es nachweislich nicht, obwohl der Wasserspiegel des Fählensees etwa 300 Meter höher liegt als jener des Seealpsees.

Tschuderquelle

Ebenfalls keine Verbindung gibt es vom Seealpsee zur Tschuderquelle, welche bei Wasserauen aus der Felswand nahe dem Forscherstein tritt und während der Schneeschmelze einen imposanten Wasserfall bildet (Abb. 267). Gemäss Markierversuchen stammt das Wasser aus dem Gebiet Höchnideri–Schäfler–Ebenalp. Von der Versickerungsstelle bei der Hinteren Öhrligrueb dauert es etwa 4 Tage, bis das Wasser bei der Tschuderquelle austritt. Die Hintere Öhrligrueb liegt genau an der Grenze zweier Einzugsgebiete. Ein Teil des dort versickernden Wassers fliesst auch den nordöstlich gelegenen Quellen bei Dunkelberndli zu, welche den nach Nordosten abfliessenden Berndlibach speisen (Abb. 268). Die Austrittsmenge bei der Tschuderquelle eignet sich aufgrund der starken Schwankungen von 0 bis 8000 l/min (Haering et al. 1994) nicht zur Nutzung.

268 Der Berndlibach wird von mehreren Quellaustritten bei Dunkelberndli östlich des Öhrlikopfs gespeist.
Foto: Peter Kürsteiner

269 Thurwasserfälle im Chämmerlitobel bei Unterwasser. Die von Quellwasser gespeiste Säntisthur verliert hier wieder einen Teil des Wassers an das unterirdische Karst-Entwässerungssystem.
Foto: Ruedi Flotron

Quellen im westlichen Alpstein
Auf der Toggenburger Seite des Alpsteins zeigt sich ein analoges Fliessmuster im Karst-Entwässerungssystem. Wasser, das in Spalten, Dolinen und Höhlen im zentralen Alpstein (etwa auf dem Säntis und beim Zwinglipass) versickert, erreicht mit hohen Geschwindigkeiten von über 250 m/h die Quellen weiter im Südwesten. Auf dem Säntisgipfel eingegebener Markierstoff trat einerseits bei den Quellen Burstel-Thurwis aus (Attinger 1988 und Leibundgut 1995). Ein Teil des Markierstoffs erreichte nach nur 29 Stunden auch den Milchbach bei Starkenbach. Und sogar in der rund 18 Kilometer entfernten Rinquelle bei Betlis am Walensee war dieser, nach 5.5 Tagen, noch nachweisbar. Das Karstwasser muss offenbar das ganze Toggenburg unterqueren, was auch zeitgleiche Markierversuche bezeugen.

Das Einzugsgebiet der ergiebigen Karstquellen bei Alt St. Johann mit mittlerer Gesamtschüttung von rund 60000 l/min (Haering et al. 1994) reicht bis zum Zwinglipass. Das bei der Schwinde im Riet bei Gamplüt versickernde Wasser unterquert dabei die Säntisthur, obschon diese im Bereich der Thurwasserfälle tief in den Felsuntergrund eingeschnitten ist (Abb. 269). Dabei gibt die Säntisthur, welche unter anderem von der Quelle Burstel gespeist wird, auch wieder Wasser ins Karstsystem ab, welches ebenfalls den Quellen bei Alt St. Johann zufliesst. Das bei der Mulde Hindergräppelen/Risi zusammenströmende und in die dortige Schwinde (Abb. 276) abfliessende Wasser fand offenbar den Weg über die NordwestSüdost verlaufende Bruchzone bei Böstritt zu den Quellen bei Alt St. Johann.

Bäche und kleinere Gewässer

Dass die Wasserführung in oberirdischen Fliessgewässern im Alpstein massgeblich vom Karst-Entwässerungssystem beeinflusst wird, zeigt sich am Beispiel des obersten Abschnitts des Schwendebachs. Dieser führt nur dann Wasser, wenn bei der Schwinde Reslen (Abb. 261) nicht mehr alles Wasser versickert und im weiteren Verlauf bis zu den Gätteriquellen seitliche Zuflüsse den Bachwasserpegel ansteigen lassen (Abb. 266). Dies ist jedoch nur wäh-

269

rend rund 145 Tagen im Jahr der Fall (Leibundgut 1995). Aber auch die Wasserführung des Brüelbachs im gleichnamigen Tobel zwischen Plattenbödeli und Pfannenstiel wird weitestgehend von Wasserzutritten aus Karstquellen im Brüeltobel bestimmt. Weiter werden die Thur im Obertoggenburg, der Mülibach im Rheintal sowie der Berndlibach im Weissbachtal zu einem grossen Teil durch Karstquellen gespeist.

In höher gelegenen Gebieten des Alpsteins fehlen Bachläufe aufgrund fehlender Bedeckung des verkarsteten Gesteins weitgehend. Niederschlags- und Schmelzwasser fliessen auf kurze Distanz den nächstgelegenen offenen Spalten und Dolinen zu und verschwinden dort im Untergrund. In Bereichen mit dickerer und das Wasser stauender Bodenbedeckung oder auch innerhalb von letzteiszeitlichen Moränenablagerungen und -wällen bilden sich gebietsweise Vernässungen, kleinere Tümpel oder auch kürzere Abschnitte mit fliessenden Gewässern (Abb. 270 und Abb. 271). Diese führen jedoch meist nur während der Schneeschmelze im Frühjahr Wasser und trocknen im Sommer schnell aus. Dennoch gibt es auch hier stellenweise Wasseraustritte oder Quellen, die diese Bäche abschnittweise auch im Sommer mit Wasser beliefern und für die Alpbewirtschaftung gefasst werden können.

In Gebieten mit gut durchlässigen, steinig-blockigen Trocken- und Schwemmschuttablagerungen oder Felssturzmaterial versickert das Wasser rasch und tritt erst dort wieder zutage, wo es sich wegen einer dichteren Unterlage bis zur Geländeoberfläche aufstaut. Dies zeigt sich beispielsweise bei Seealp-Oberstofel, wo die Bachbette auf dem Alpboden während der Sommerperiode meist trocken sind oder nur abschnittweise Wasser führen, obschon in den umgebenden Felswänden einzelne Bäche und Wasserfälle zu sehen sind (Abb. 272).

270

271

270 In der Mulde des ehemaligen Gletscherkars des Bötzels staut sich das Bötzelseeli. Der markante Moränenwall im Hintergrund bildet dabei eine natürliche Staumauer (Blick Richtung Norden).
Foto: René Löpfe

271 Im Vorfeld der Moränen- und Bergsturzablagerungen bei Oberchellen befinden sich mehrere aufstauende Seen. Diese entwässern, meist nur während der Schneeschmelze im Frühjahr, über das Bachgerinne (rechts im Bild) in Richtung Meglisalp.
Foto: René Löpfe

272 Der Schwendebach und seine seitlichen Zuläufe auf der Seealp führen, insbesondere im Sommer, im Bachbett nur abschnittweise Wasser.
Foto: Peter Kürsteiner

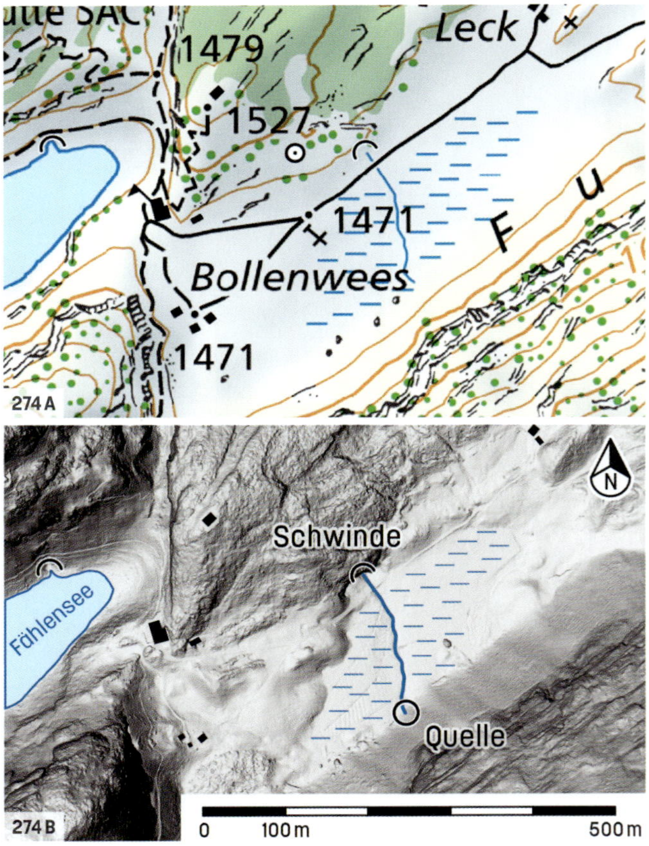

273 Der aus dem Riet zwischen Bollenwees und Furgglenalp abfliessende Bach verschwindet nach nur etwa 100 Metern hinter dem Alpweg in einer Karst-Schwinde.
Foto: Stephan Wohlwend

274 Senke Bollenwees auf der topografischen Landeskarte 1 : 25 000 (A) und auf dem digitalen Geländemodell (B). Gut zu erkennen sind die Umrisse des ehemaligen Sees sowie die Drainagen. Der von einer Quelle am Südrand der Mulde und vom heutigen Riet gespeiste Bach fliesst im Norden in die im Felsen gelegene Schwinde.
Kartengrundlage: © swisstopo, ergänzt von Stephan Wohlwend

275 Aufnahme der Senke bei Hindergräppelen, Alp Riet, mit temporär aufgestautem See nach drei Tage andauernden, sehr ergiebigen Niederschlägen. Aufnahmedatum: 1. Juni 2024.
Foto: Stephan Vogt

276 Geschlossene Senke von Hindergräppelen auf der topografischen Landeskarte 1 : 25 000 (A) und auf dem digitalen Geländemodell (B); dargestellt sind die Bäche, die sumpfige Ebene und die Lage der Schwinde, in welcher das Wasser in den Untergrund abfliesst.
Kartengrundlage: © swisstopo, ergänzt von Stephan Wohlwend

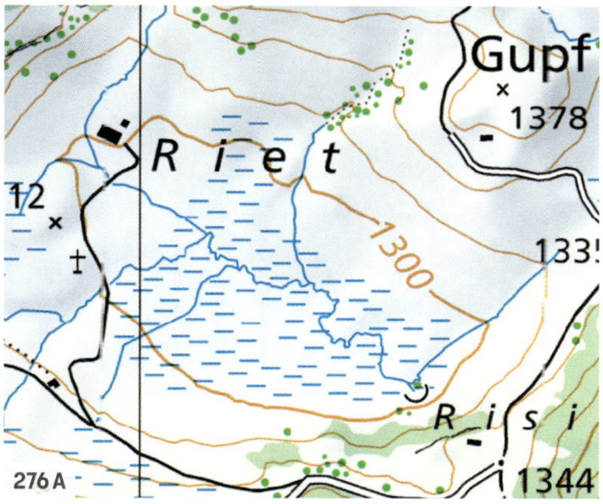

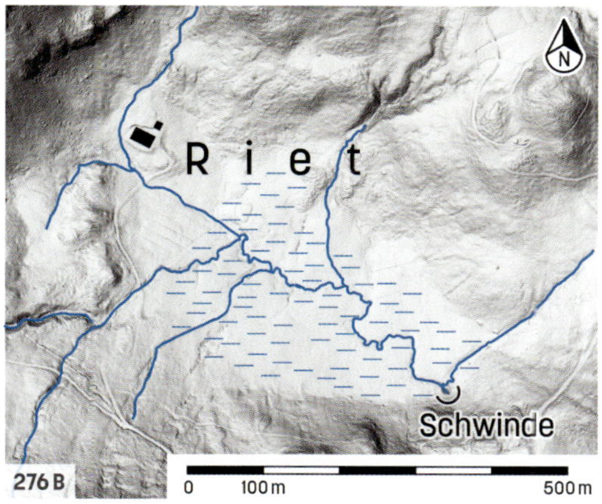

Insbesondere in Muldenlagen kann das Phänomen beobachtet werden, dass ein Bach in eine Karst-Schwinde abfliesst. Der Bach, welcher von einer Quelle und von der Entwässerung des Riets zwischen Bollenwees und der Alp Furgglen gespeist wird, verschwindet nördlich des Alpwegs in einer kleinen Höhle (Abb. 273). Das Riet entstand als Folge der Verlandung des ehemaligen Bollenwees-Sees. Ähnlich wie beim Sämtisersee reduzierte sich das hydrologische Einzugsgebiet des Bollenwees-Sees drastisch nach dem Abschmelzen des Gletschereises der Talung der Roslenalp und des Beckens des weiter westlich gelegenen Fählensees. Nachdem der Gletscher am Zwinglipass schliesslich ganz verschwunden war, reichte das Niederschlagswasser gerade noch, um den Fählensee zu füllen. Da dieser aber fortwährend versickert und sich daher nie mehr bis über den ehemaligen Überlauf beim Berggasthaus Bollenwees aufstauen konnte, verlandete der Bollenwees-See. Das Riet wird heute teilweise drainiert (Abb. 274).

Auf der Landeskarte sind bei der Alp Riet bei Hindergräppelen mehrere kleine Bäche verzeichnet, die nach Südosten durch die sumpfige Wiesenfläche bis zum südöstlichen Rand der Senke fliessen (Abb. 276). Dort verschwindet das Oberflächengewässer direkt wieder in die Schwinde Hindergräppelen/Risi.

Bei Schneeschmelze oder bei intensiven Niederschlägen kann die Wassermenge jedoch so stark ansteigen, dass die Abflusskapazität der Schwinde nicht mehr ausreicht. In diesem Fall staut sich das Wasser, die Senke wird überflutet, und es bildet sich ein temporärer See. Das in Abb. 275 ersichtliche Ereignis trat nach den Starkniederschlägen zwischen dem 29. Mai und dem 1. Juni 2024 auf. Auf dem Säntis wurden in diesen 72 Stunden 137.4 Millimeter Niederschlag gemessen (MeteoSchweiz).

Kaltluftseen

Geschlossene Geländesenken wie bei Hindergräppelen oder beim Sämtisersee sind noch für ein weiteres Phänomen bekannt: Es können sich in diesen bei Windstille und klarem Himmel Kaltluftseen bilden. Die maximale Tiefe dieser Senken beträgt bei Hindergräppelen 44 Meter (bei der Schwinde gemessen) und beim Sämtisersee etwa 70 Meter. Bezüglich der Geländeform weist besonders die Senke von Hindergräppelen ideale Eigenschaften zur Ausbildung von intensiven Kaltluftseen aus: Selbst in den Sommermonaten muss mit Frost gerechnet werden, während die Temperaturen über der Senke bis 10 °C höher sein können. In den Wintermonaten können diese Differenzen in Extremfällen mehr als 30 °C betragen. Im Winter 2016/17 wurde in Hindergräppelen mit –38,2 °C die tiefste Temperatur des damaligen Winters der gesamten Schweiz gemessen. Die Temperaturangaben stammen von Stephan Vogt, der dieses meteorologische Phänomen detailliert beobachtet und durch eigene Messstationen an verschiedenen Kälteorten der Schweiz dokumentiert (Vogt 2025).

Der Höhlenbär und andere Knochenfunde in Höhlen

Martina Pacher

Der Alpstein ist reich an Karsterscheinungen, darunter Höhlen und Schächte. In einigen Höhlen konnten zahlreiche Funde gemacht werden. Bei Grabungen wurden tierische Überreste und manchmal auch Spuren früherer Menschen geborgen. Von den Höhlenfundstellen des Alpsteins ist das Wildkirchli am Ostrand der Ebenalp wohl am berühmtesten. Seine Forschungsgeschichte begann Anfang des 20. Jahrhunderts. Weniger bekannt sind die Funde aus der Alpeel-Höhle unterhalb des Sattels und aus der Eishöhle am Chreialpfirst, die erst nach dem Abschmelzen des Höhleneises Funde freigab.

Fossilien, also alle versteinerten Reste früherer Lebewesen, sind das Forschungsgebiet der Paläontologie, wobei diese in Fachgebiete unterteilt werden kann. So fallen fossile Wirbeltiere in den Bereich der Paläozoologie. Die Fachrichtung, die sich mit rezenten Tierknochen und -zähnen befasst, ist die Archäozoologie. Tierische Reste aus eiszeitlichen Fundschichten sind mehr oder weniger stark versteinert.

Die grundlegenden Methoden zur Erforschung von Wirbeltierresten sind jedoch in Archäozoologie und Paläozoologie sehr ähnlich: Es geht um das Bestimmen von Tierarten anhand von Knochen und Zähnen, das Erkennen von Spuren, die zu Lebzeiten oder nach dem Tod des Tieres entstanden, und das Vermessen gut erhaltener Stücke, um mehr über Lebensweise, Habitus, Todesursache und mögliche Nutzung der Tiere durch den Menschen sagen zu können. In diesem Kapitel werden eiszeitliche und nacheiszeitliche Grosssäuger aus dem Alpstein vorgestellt. Ab Seite 231 kommt die Archäologie zu Wort, die auf Spuren des Menschen in den Fundstellen und ihre Interpretation eingeht.

In der Geologie wird das Alter von Gesteinen und erdgeschichtlichen Ereignissen üblicherweise in Jahren «vor heute» angegeben. Bei der Radiokohlenstoffdatierung – auch C14-Datierung genannt – findet die Bezeichnung «BP» (Before Present) Verwendung, wobei «Present» das Jahr 1950 bezeichnet. Möglichkeiten, diese Ergebnisse in Kalenderjahre nach unserer Zeitrechnung umzurechnen, gibt es bereits und werden teilweise zusätzlich angegeben. In der Archäologie beziehen sich Altersangaben hingegen auf die christliche Zeitrechnung und werden dementsprechend als vor beziehungsweise nach Christus (v. Chr./n. Chr.) referenziert.

277 «Vue du Wildkirchlein et du Sentis». Kolorierte Aquatinta von Johann Jakob Wetzel aus der Zeit um 1820. Im Bild rechts oben ist der Ebenalpstock mit den Wildkirchli-Höhlen zu erkennen.
Archiv und Foto: Peter Kürsteiner

277

Kurze Forschungsgeschichte der Eiszeit im alpinen Raum

Martina Pacher

Das Eiszeitalter umfasst den Zeitraum von 2.6 Millionen Jahren bis etwa 11 500 Jahren vor heute. Diese Periode war durch ein Auf und Ab mit wärmeren und kälteren Phasen gekennzeichnet (Rau 2009). Im Alpenraum kam es deshalb zu einem Wechsel zwischen Phasen, in denen Gletscher bis weit in Tallagen vorrückten, und Phasen, in denen viele Gebiete wieder eisfrei waren. Eiszeitliche Tierreste in hochalpinen Höhlen müssen aus einer Zeit stammen, in denen die Höhlen nicht von Eismassen versperrt waren. Anfang des 20. Jahrhunderts war über das Eiszeitalter und über Tiere und Menschen aus dieser Periode noch wenig bekannt. Gegen Ende des 19. Jahrhunderts kamen erste Funde aus tieferen Lagen wie der Dordogne in Frankreich oder der Grotte Cotencher (Deák et al. 2019), dem Schweizersbild (Höneisen und Peyer 1994) und dem Kesslerloch (Napierala 2008) in der Schweiz.

Im alpinen Raum begann die Erforschung des Lebens im Eiszeitalter erst mit den Funden aus dem Wildkirchli. Die ersten überlieferten Reste sind vier Zähne des Höhlenbären (*Ursus spelaeus*), die gemäss der dazugehörenden Notiz bereits 1851 in die Sammlungen von Pfarrer Johann Konrad Rehsteiner und Professor Johann Carl Deicke gelangten (Bächler 1936). Aufgrund dieser Funde organisierte Emil

Bächler, der damalige Konservator des Naturmuseums St. Gallen, von 1903 bis 1908 im Wildkirchli die ersten Ausgrabungen in einer hochalpinen Höhle. Vor allem zahlreiche Reste des Höhlenbären und bald auch erste Steingeräte kamen zutage. Die Funde waren eine Sensation, galten doch bis zu diesem Zeitpunkt die Alpen als im Eiszeitalter unzugänglich und unbewohnbar. Das Wildkirchli war die erste alpine Höhle, in der Funde der eiszeitlichen Tierwelt und des steinzeitlichen Menschen nachgewiesen wurden.

Die zeitliche Einstufung blieb jedoch schwierig. Albrecht Penck und Eduard Brückner veröffentlichten 1909 ihr Buch «Die Alpen im Eiszeitalter» in drei Bänden (Penck und Brückner 1909), das lange das Standardwerk der Eiszeitforschung blieb. Benannt nach eiszeitlichen Schotterterrassen entlang voralpiner Flüsse in Bayern unterschieden sie vier Eiszeiten – Günz, Mindel, Riss und Würm –, die jeweils durch Warmzeiten getrennt waren. Später kamen die beiden noch älteren Eiszeiten Donau und Biber hinzu. Das Quartär, der jüngste Abschnitt der Erdgeschichte, begann vor etwa 2.6 Millionen Jahren und zeichnete sich durch mehrere Kaltzeiten aus, die mit Warmzeiten abwechselten.

Für die Besiedlung der hochalpinen Höhlen kam nach dem damaligen Schema nur die Warmzeit zwischen Riss und Würm infrage; während dieser Warmzeit von 128 000 bis 117 000 Jahren vor heute lebte der Neandertaler in Europa. Mit zunehmender Forschungstätigkeit bekam das Schema jedoch Risse. Aus anderen alpinen Fundstellen wurden Werkzeuge bekannt, die eindeutig vom modernen Menschen stammen und daher zwangsläufig jünger sein mussten. Die Forschung vermutete, dass es während der Würm-Eiszeit klimatisch günstigere Phasen gegeben hatte und verfeinerte deshalb die stratigrafische Abfolge in der Quartärgeologie. Den Durchbruch brachte die Auswertung der Eisbohrkerne in Grönland und der Antarktis ab den 1960er-Jahren. Mithilfe der im Eis eingeschlossenen Gase (vor allem Sauerstoff) konnten die Temperaturverhältnisse detailliert rekonstruiert werden (Abb. 165). Wechsel zwischen wärmeren und kälteren Phasen während der letzten Eiszeit waren das Ergebnis: Der Alpenraum war einmal stärker vereist und dann wiederum blieben weite Gebiete eisfrei und für Mensch und Tier zugänglich. Der letzte Vereisungshöhepunkt war im Alpenraum bei etwa 24 000 bis 18 000 Jahren vor heute (Abb. 280, Ivy-Ochs et al. 2008 und Preusser 2004). Zu dieser Zeit breiteten sich die alpinen Gletscher weit in die Täler aus und versperrten den hochalpinen Raum für Mensch und Tier (Abb. 166).

Neben den klimatischen Bedingungen war auch über die eiszeitliche Tierwelt im hochalpinen Raum noch wenig bekannt. Der Höhlenbär wurde zwar bereits 1794 durch Johann Christian Rosenmüller anhand eines Schädels aus der Zoolithenhöhle in Deutschland als eigene Art beschrieben, doch über seine Lebensweise war wenig bekannt. Eine frühe Darstellung des Höhlenbären von Edouard Riou (Figuier 1866) zeigt ihn vor einer Höhle mit Knochenresten seiner vermeintlichen Beutetiere. Diese Darstellung wie auch die damals rekonstruierte Statur ähnelt noch einem Braunbären. Die hohe Anzahl Höhlenbärenknochen an manchen Fundstellen wurde auf die Bejagung durch den Menschen zurückgeführt. Erst spätere Untersuchungen brachten Klarheit darüber, dass Höhlenbären die Höhlen aktiv aufsuchten, um dort zu überwintern und, ähnlich wie Braunbären, dort ihre Jungen zur Welt zu bringen. Im Gegensatz zu Braunbären, die unterschiedliche Nahrungsvorlieben haben, waren Höhlenbären Vegetarier. Merkmale an Gebiss und Körperbau hatten dies bereits nahegelegt, die Untersuchungen von Isotopen (vor allem Stickstoff) konnten es nun bestätigen, wobei Studien rumänischer Fundstellen eine mehr eiweisshaltige Nahrung einzelner Populationen nicht ausschliessen (Richards et al. 2008 und Robu et al. 2013).

278 Der rekonstruierte Skelettfund eines männlichen Höhlenbären aus dem Wildkirchli, ausgestellt im Naturmuseum St. Gallen.
Foto: Leo Boesinger

279 Lage der erwähnten archäozoologischen und archäologischen Fundstellen.
Kartengrundlage: © swisstopo, ergänzt von Adrian Pfiffner

278

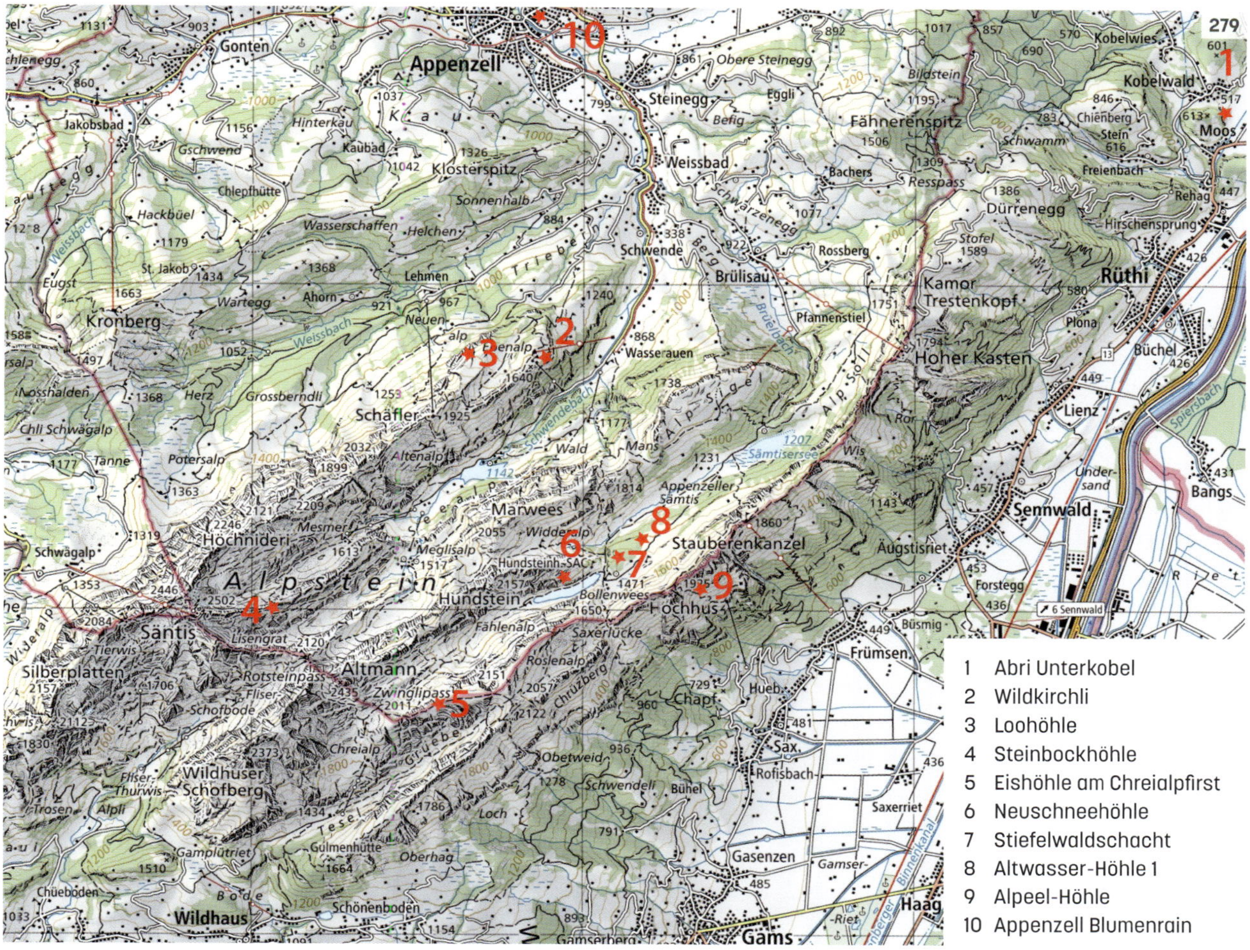

279

1 Abri Unterkobel
2 Wildkirchli
3 Loohöhle
4 Steinbockhöhle
5 Eishöhle am Chreialpfirst
6 Neuschneehöhle
7 Stiefelwaldschacht
8 Altwasser-Höhle 1
9 Alpeel-Höhle
10 Appenzell Blumenrain

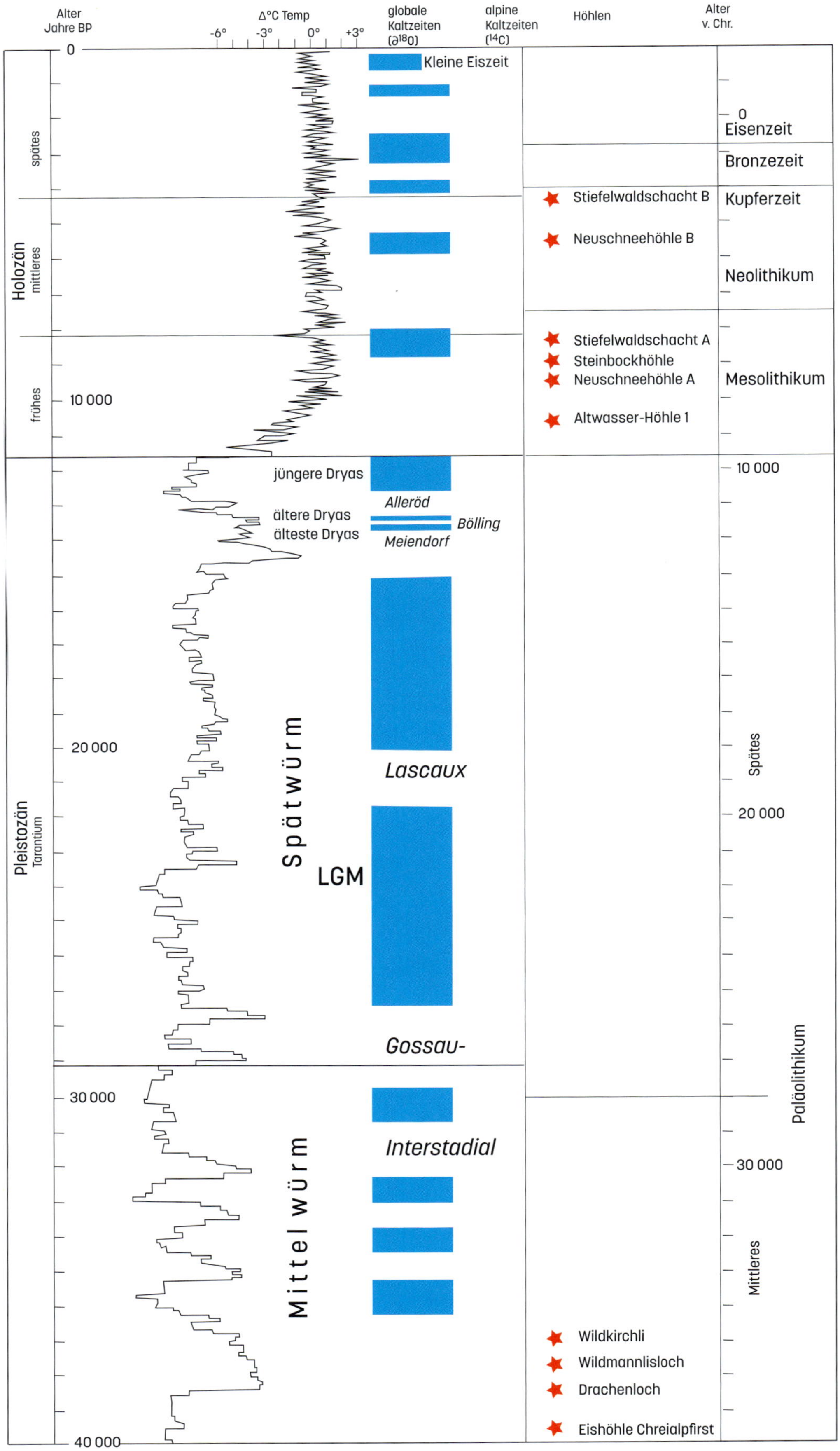
Alter Jahre BP
Δ°C Temp
-6° -3° 0° +3°
globale Kaltzeiten (∂18O)
alpine Kaltzeiten (14C)
Höhlen
Alter v. Chr.
0
10 000
20 000
30 000
40 000
Holozän
spätes
mittleres
frühes
Pleistozän
Tarantium
Kleine Eiszeit
jüngere Dryas
Alleröd
ältere Dryas
älteste Dryas
Bölling
Meiendorf
Spätwürm
Lascaux
LGM
Gossau-
Interstadial
Mittelwürm
Stiefelwaldschacht B
Neuschneehöhle B
Stiefelwaldschacht A
Steinbockhöhle
Neuschneehöhle A
Altwasser-Höhle 1
Wildkirchli
Wildmannlisloch
Drachenloch
Eishöhle Chreialpfirst
0
Eisenzeit
Bronzezeit
Kupferzeit
Neolithikum
Mesolithikum
10 000
Spätes
20 000
Paläolithikum
30 000
Mittleres

Grosse Ansammlungen von Höhlenbärenknochen an Fundstellen entstanden, wenn Tiere über Zehntausende von Jahren in Höhlen überwintern wollten und von diesen einige verendeten. Im Alpstein sind drei sogenannte Bärenhöhlen bekannt, wobei nur das Wildkirchli umfangreicher erforscht ist. Die Funde von der Eishöhle am Chreialpfirst und von der Alpeel-Höhle wurden bisher noch nicht genauer untersucht.

Auf der Fundstellenkarte (Abb. 279) sind die in diesem und im nächsten Kapitel aufgeführten archäozoologischen und archäologischen Fundstellen des Alpsteins eingetragen. Die Zeittafel (Abb. 280) gibt Auskunft über die zeitliche Einordnung dieser Lokalitäten. Ergänzend sind das Drachenloch (im Taminatal unweit Vättis) und das Wildmannlisloch (in den Churfirsten südlich Starkenbach) eingetragen. Denn nach der erfolgreichen Grabung im Wildkirchli veranlasste Emil Bächler zu Beginn des 20. Jahrhunderts auch in diesen beiden Höhlen Grabungen.

Höhlenfunde aus dem Eiszeitalter

Martina Pacher

Funde aus dem Eiszeitalter sind im Alpstein bislang auf drei Höhlen beschränkt: Wildkirchli, Eishöhle am Chreialpfirst und Alpeel-Höhle. Von diesen ist nur das Wildkirchli besser erforscht. Das umfangreiche Fundmaterial konnte erst kürzlich, etwa 100 Jahre nach den Grabungskampagnen durch Emil Bächler, vollständig konserviert und am Naturmuseum St. Gallen inventarisiert werden. Aufsammlungen an zwei weiteren Fundstellen belegen ebenfalls Reste eiszeitlicher Säugetiere, wobei an allen Fundstellen der Höhlenbär überwiegt. Reste weiterer Arten, darunter auch selten nachgewiesene Raubtiere, und Spuren des Menschen im Wildkirchli belegen die wissenschaftliche Bedeutung der eiszeitlichen Fundstellen im Alpstein.

Wildkirchli – die erste alpine Höhlenbärenfundstelle

Das Wildkirchli mit dem nahegelegenen Gasthaus Äscher, das sich an die östliche Felswand der Ebenalp schmiegt, ist nicht nur ein bekanntes Ausflugsziel, sondern auch die berühmteste Fundstelle im Alpstein. Eigentlich handelt es sich um drei mitein-

281

280 Zeittafel der erwähnten archäozoologischen und archäologischen Fundstellen. Für die eiszeitlichen Fundstellen liegt noch kein bestimmtes radiometrisches Alter vor. Von der Neuschneehöhle und vom Stiefelwaldschacht wurden je zwei Datierungen (A und B) ermittelt. LGM: Letzteiszeitliches Maximun (Last Glacial Maximum)
Illustration: Adrian Pfiffner, Temperaturkurve nach Weissmüller (1997)

281 Wildkirchli, Ansicht der Altarhöhle zur Zeit der von Elisabeth Schmid durchgeführten Grabung um 1958.
Archiv: Museum Appenzell

282

zu Teil II
Tafel V.
A. Profil
17. (III) 1908.
Wildkirchli
Fauna u. Kulturschichten
(Kellerhöhle)
1/5 des ganzen Profils.
Obere rezente Steinschutt-schicht (I) und dunkel-graue Erde. I II
Hellgelbe, leicht lehmige Schicht, feinerer Schutt fundleer! III
Dunkle Schichten-Serie (IV–VII) hell- bis dunkelbraun dunkelrot; erdig bis lehmig (IV) (V)
Ursus spelaeus Horizont in (IV, V u. VII) und Kulturschichten (VI)
Schicht (VI) ist fundleer!
Steinschutt kreidig-zersetzt! (VII)
Gelbe Lehmschicht fundleer! VIII
Nativer Fels (C2) VIII
Rezent - Postglazial
Letztes Glazial
Letztes
Inter-
Abwesenheit des Paläolithikers
-glazial
Vorletztes Glazial
1,0 m
2,0 m
3,0 m
4,0 m
5,0 m

283

ander verbundene Höhlen mit einem oberen und einem unteren Eingang. Die Altarhöhle, die Gasthaushöhle und die Obere Höhle befinden sich in der 120 Meter hohen Felswand auf 1488 bis 1500 Meter über Meer. Über die Luftseilbahn Wasserauen–Ebenalp und zu Fuss ist das Wildkirchli von Wasserauen aus gut zu erreichen.

Aufgrund seiner Lage war das Wildkirchli sicherlich schon lange bekannt, daher ist es auch nicht verwunderlich, dass dem Ort eine Sage und eine lange Geschichte zugeschrieben wird (Bächler 1936, Egli 1865 und Kürsteiner 2019). Die Höhlen sollen die Kirche von Zwergen und der Thronsaal ihres Königs gewesen sein, die im Alpstein hausten. Die erste schriftliche Nennung geht auf den St. Galler Reformator Vadian im Jahr 1524 zurück (Heuscher, ohne Jahr). Nach der Errichtung eines Altars wurden in der Altarhöhle auch Gottesdienste abgehalten, und etwas später folgte die Errichtung einer Einsiedelei. Gelegentliche Funde fanden noch wenig Beachtung, doch wurden bereits Touristen durch die Höhlen geführt. Nach der Aufgabe der Einsiedelei im Jahr 1853 wurde die kleine Hütte vom Gasthaus Äscher aus bewirtschaftet (Egli 1865 und Bächler 1906) und ein Tanzboden eingebaut, was diesem Höhlenteil den Namen Gasthaushöhle verlieh. Im Zuge dieser Umbauten wurden die ersten Höhlenbärenfunde bekannt; sie gingen an das Naturmuseum St. Gallen. Dessen späterer Kurator Emil Bächler startete daraufhin 1903 die erste wissenschaftliche Grabung in einer hochalpinen Höhle, um mehr Reste des Höhlenbären zu bergen. Mit Unterstützung von Otto Köberle, einem Mineralienhändler, und Franz Dörig, dem damaligen «Äscher»-Wirt, wurde vor allem in der Altarhöhle und in der Gasthaushöhle samt Nebenhöhle gegraben.

In der Oberen Höhle fanden Sondierungen statt. Die Kampagnen dauerten von 1903 bis 1908. Sie wurden bereits damals wegen der starken Touristenströme während des Sommers in den Winter verlegt (Bächler 1906). Zwar sind weder technische Ausrüstung, Beleuchtung noch Herangehensweise mit modernen Grabungen vergleichbar, aber es wurde doch bereits versucht, die Herkunft der Funde und die Abfolge der Schichten in Profilen zu dokumentieren (Bächler unpubliziert). Die zu den Funden ge-

284

285

282 Nachbau des Eremitenhäuschens beim Wildkirchli.
Foto: Peter Kürsteiner

283 Koloriertes Profil aus dem Wildkirchli im Profilbuch 1 von Emil Bächler.
Archiv: Naturmuseum St. Gallen, Foto: Martina Pacher

284 Fundlage im Wildkirchli aus der Zeit von 1958 bis 1959 mit Massstab und Unterkieferfragment eines Höhlenbären.
Archiv: Museum Appenzell

285 Deckblatt des Profilbuchs 1 von Emil Bächler, damaliger Kurator des Naturmuseums St. Gallen.
Archiv: Naturmuseum St. Gallen, Foto: Martina Pacher

286

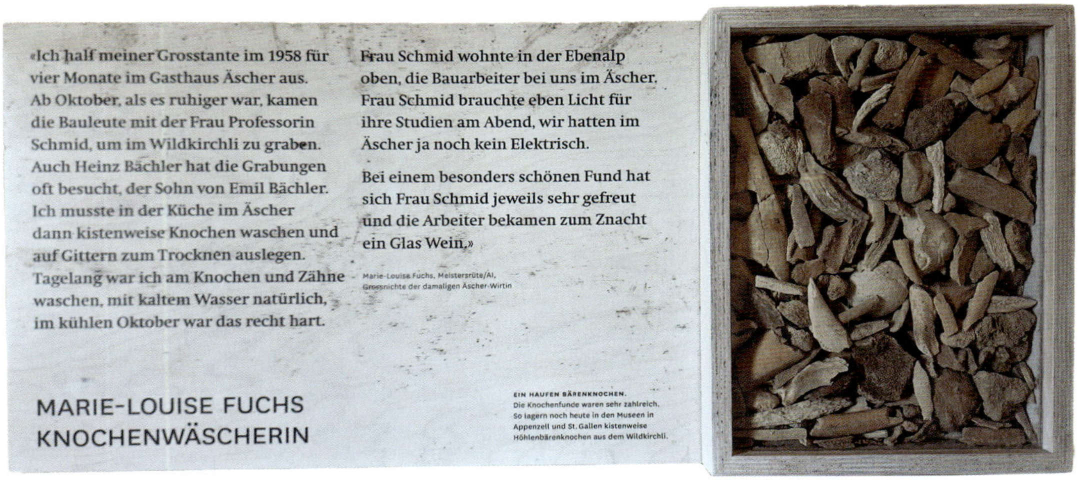

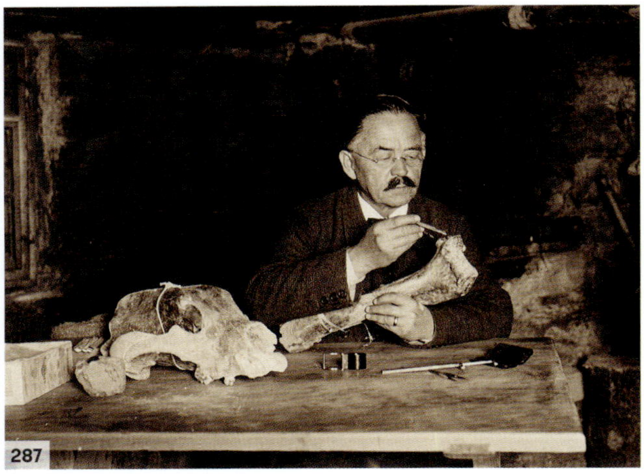

287

286 Bericht der Knochenwäscherin Marie-Louise Fuchs, ausgestellt im nachgebauten Eremitenhäuschen der Gasthaushöhle.
Foto: Peter Kürsteiner

287 Emil Bächler beim Vermessen von Höhlenbären-Knochen, 1927.
Archiv: Arnold Bächler

288 Oberkieferfragment eines Höhlenpanthers aus dem Wildkirchli.
Sammlung: Naturmuseum St. Gallen, Foto: Martina Pacher

289 Fund eines ersten unteren Mahlzahns eines Höhlenlöwen (links) und eines Höhlenpanthers (rechts) aus dem Wildkirchli im Vergleich.
Sammlung: Naturmuseum St. Gallen, Foto: Martina Pacher

290 Oberarmknochen-Fragment eines Höhlenlöwen aus dem Wildkirchli.
Sammlung: Naturmuseum St. Gallen, Foto: Martina Pacher

legten Notizen, die Beschriftungen an den Knochen und die liebevoll gestalteten Profilbücher erlauben es, die Funde auch mehr als 120 Jahre nach Grabungsbeginn einzelnen Höhlenbereichen und teilweise Profilen sowie Schichttiefen zuzuordnen, auch wenn im Laufe der Zeit Informationen verloren gingen. Viele der damaligen Interpretationen fanden Befürworter und Gegner in der Fachwelt, sie spiegeln den Forschungsstand zu Beginn des 20. Jahrhunderts wider (Bächler 1906, Bächler 1936 und Bächler 1940).

Von 1958 bis 1959 folgte eine Grabungskampagne in der Altarhöhle vom Laboratorium der Universität Basel unter der Leitung von Elisabeth Schmid, um Licht in die teils hitzigen Diskussionen zur Entstehung der Fundstellen zu bringen. Die neue Grabung erfolgte entlang des Längsprofils von Emil Bächler. Nach Entfernen des alten Grabungsschutts kamen nach 1.5 Metern unberührte Schichten zutage. Diese wurden bis auf den Felsboden in 5 Meter Tiefe abgetragen. Das daraus resultierende Profil hatte eine Länge von 7 Metern und eine Tiefe von 5 Metern. Der ausgegrabene Bereich war etwa 1.5 Meter breit. Trotz Kälte wurden die Knochen mit kaltem Wasser von Marie Luise Fuchs vor Ort gewaschen.

Die verbesserte Ausrüstung, feinere Grabungsmethoden und moderne Analysemöglichkeiten erlaubten die Unterscheidung dreier Schichtkomplexe, die unterschiedliche Fundzusammensetzungen aufwiesen. Der unterste Komplex wurde dem sogenannten Frühwürm, einer ersten Kälteperiode im letzten Eiszeitalter, zugeordnet, und der mittlere Komplex einer wärmeren Phase während der frühwürmzeitlichen Kälteperiode, dem sogenannte Würm-Interstadial. Im mittleren Komplex und im unteren Teil des darüberliegenden oberen Schuttkomplexes kamen Steingeräte zutage. Im untersten Komplex waren vor allem Höhlenbärenreste, aber keine Steingeräte zu finden. So konnte Elisabeth Schmid zeigen, dass Höhlenbär und Mensch das Wildkirchli nicht gleichzeitig aufgesucht hatten (Schmid 1961 und Schmid 1977).

Auch diese Untersuchungen liegen nun bereits mehr als 50 Jahre zurück. Neue Methoden, beispielsweise radiometrische Datierungen, genetische Analysen und Isotopenuntersuchungen, wären notwendig, um die zeitliche Einordnung der Schichtkomplexe und Nutzungsphasen weiter zu verbessern.

Im Herbst 2021 startete das «Schweizer Netzwerk Naturhistorische Sammlungen» (SwissCollNet), finanziert von der Akademie der Naturwissenschaften Schweiz (SCNAT), eine Initiative für eine bessere Erschliessung, Digitalisierung und weltweite Vernetzung naturwissenschaftlicher Sammlungen in der Schweiz. Im Rahmen des SwissCollNet-Projektes SCN149-SG «Digitisation of cave bear remains from five cave sites in Eastern Switzerland» konnte dadurch am Naturmuseum St. Gallen erstmals ein Überblick über die gesamten von Emil Bächler ergrabenen Tierreste aus alpinen Höhlen gewonnen werden.

Reste von Höhlenbären überwiegen im Fundmaterial deutlich. Zumeist sind es grosse Mengen einzelner Knochen und Zähne. Funde von zusammengehörenden Knochen oder ganze Teilskelette, wie eines männlichen Höhlenbären aus der Oberen Höhle (Bärengrab), sind selten. Dieses Teilskelett wurde rekonstruiert und ergänzt und ist im Naturmuseum St. Gallen zu bewundern.

Zu den anfänglichen Forschungen von Emil Bächler im Wildkirchli kamen im gesamten Alpenraum bis heute zahlreiche alpine Höhlenfundstellen hinzu. Viele dieser Höhlen zeichnen sich durch ein deutliches Überwiegen von Knochen und Zähnen des Höhlenbären aus. Sie werden daher gern als alpine Bärenhöhlen bezeichnet. Zu dieser Kategorie zählt der untere Schichtkomplex im Wildkirchli. Eli-

288

289

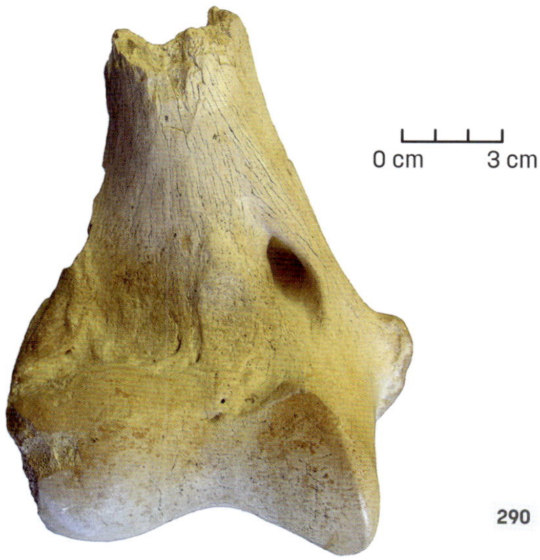

290

sabeth Schmid konnte aufzeigen, dass Reste von Raubtieren wie Höhlenlöwe (*Panthera spelaea*) und Höhlenpanther (*Panthera pardus spelaea*) aus demselben Schichtkomplex stammen. Ob auch Höhlenhyänen (*Crocuta crocuta spelaea*) vorkamen, ist fraglich, zählt diese Art doch nicht zu den hochalpinen Faunenelementen, ebensowenig wie der von Emil Bächler erwähnte Rothund (*Cuon alpinus*). Der Wolf (*Canis lupus*) ist vor allem durch Bissspuren an Höhlenbärenknochen und durch Funde sowohl im Eiszeitalter als auch nacheiszeitlich belegt. Die Vermutung liegt nahe, dass Raubtiere vom Kadaver toter Höhlenbären angelockt wurden oder gelegentlich selbst in den Höhlen Schutz suchten und dort verendeten.

Eine Besonderheit aus Bächlers Bärenhöhlen ist der Höhlenpanther. Dieses Tier ist in hochalpinen Höhlen sehr selten nachgewiesen. Es ähnelt heutigen Leoparden und ist in den Alpen nur durch einzelne Knochen- oder Zahnfunde belegt. Das Wildkirchli stellt mit 34 bestimmbaren Skelettelementen die an Funden reichste Fundstelle im hochalpinen Raum dar, während das Drachenloch bei Vättis mit seinen nunmehr elf bestimmbaren Objekten die höchstgelegene Fundstelle dieser Art im Alpenraum darstellt (Pacher und Rabeder 2016). Die Überreste stammen dennoch nur von einem oder zwei Tieren.

Für die weiteren Arten, darunter die klassischen Tiere der heutigen alpinen Lebensräume wie Murmeltier (*Marmota marmota*), Steinbock (*Capra ibex*) und Gämse (*Rupicapra rupicapra*), bleibt das Alter vorerst unklar. Diese kommen vor allem in den hö-

291 Ausblick aus der Eishöhle am Chreialpfirst, 2023.
Foto: Matthias Meier

292 Eishöhle am Chreialpfirst, Fundlage 2023.
Foto: Matthias Meier

heren Schichten vor, und einige Funde sind aufgrund der Erhaltung sicher nacheiszeitlich. Eine genaue Altersbestimmung kann nur mittels radiometrischer Datierung erfolgen, da die Schichtabfolge einer Höhle und die Erhaltung der Funde bloss erste Hinweise geben können.

Eishöhle am Chreialpfirst – Knochenfunde unter Höhleneis

Die Eishöhle am Chreialpfirst liegt auf 2020 Meter über Meer und ist somit die höchstgelegene Bärenhöhle im Alpstein. Sie liegt in der Nordwestwand des Chreialpfirsts und besteht aus einem Horizontalteil und einem Schachtteil, der teilweise vereist ist. Erste Aufsammlungen erfolgten 1983 und 1984, weitere Funde wurden 2018 und im September 2023 geborgen. Der Rückgang des Höhleneises legte Funde frei, die nun geborgen werden konnten. Die ersten Funde wurden von Philippe Morel bestimmt (Fischer 2019). Die Reste stammen alle, bis auf einen Knochen eines Steinmarders, vom Höhlenbären. Dasselbe gilt für die neuen Funde. Vom frisch aufgesammelten Material des Jahres 2023 wurden drei Proben an die Eidgenössische Technische Hochschule Zürich geschickt. Zwei radiometrische Proben ergaben kein bestimmtes Alter, belegten aber, dass die Funde älter als 39 690 BP (Probe ETH-137608) respektive älter als 45 680 BP (Probe ETH-137609) sind.

Alpeel-Höhle – eine mögliche weitere Höhlenbärenhöhle

Die Alpeel-Höhle liegt auf etwa 1800 Meter über Meer, unterhalb des Sattels, der zwischen der Stauberenkanzel und der Saxerlücke liegt. Emil Bächler führte im September 1914 Sondierungen durch, wobei Funde von Bärenknochen zutage kamen. Nach ersten Eindrücken ging er von einem «reichen Arbeitsprogramm» in der Höhle aus (Kürsteiner 2019). Einige der Funde von Höhlenbären sind im Naturmuseum St. Gallen aufbewahrt und noch nicht inventarisiert. Die Fundstellenangabe «Alpeel» ist auf dem Notizzettel allerdings mit Fragezeichen versehen.

292

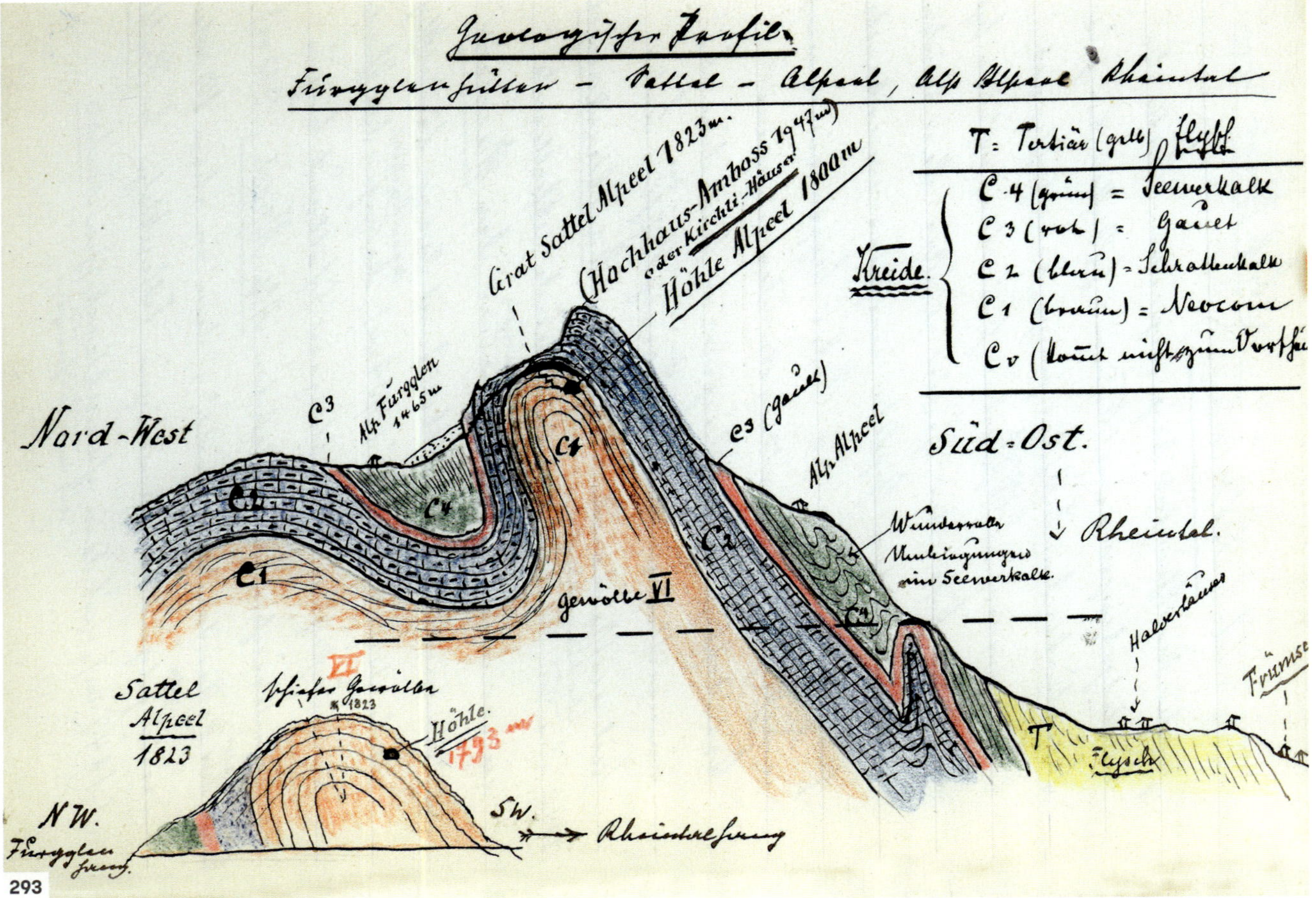

293

293 Geologisches Profil im Grabungsbüchlein «Höhle Alpeel» von Emil Bächler.
Sammlung: Privatarchiv Bächler, Stadtarchiv der Ortsbürgergemeinde St. Gallen, Foto: Peter Kürsteiner

Ende der Megafauna und holozäne Wiederbesiedlung

Martina Pacher

Mit dem Beginn des letzten Vereisungshöhepunkts vor etwa 24 000 bis 18 000 Jahren (Preusser 2004) verschwanden die eiszeitlichen Grosssäuger allmählich aus dem alpinen Raum. Mächtige Gletscher breiteten sich weit bis ins alpine Vorland aus, und nur die höchsten Gipfel des Alpsteins ragten aus den Eismassen heraus. Diese Phase leitete das Ende der eiszeitlichen Megafauna ein. Gut untersucht sind vor allem Wollhaarmammut (*Mammuthus primigenius*), Wollnashorn (*Coelodonta antiquitatis*), Riesenhirsch (*Megaloceros giganteus*), Höhlenhyäne (*Crocuta crocuta spelaea*), Höhlenlöwe (*Panthera spelaea*) und Höhlenbär (*Ursus spelaeus*). Von diesen Arten liegen zahlreiche radiometrische Datierungen vor, die es ermöglichen, ihr Verschwinden in Eurasien zu rekonstruieren. Es zeigte sich, dass nicht alle Vertreter der Megafauna zur selben Zeit ausstarben und dass einige in Rückzugsgebieten länger überleben konnten.

Sehr früh hingegen verschwanden Höhlenhyäne und Höhlenbär. Nach bisherigen radiometrischen Datierungen sind Hyänen bereits vor etwa 40 000 Jahren aus Mitteleuropa verschwunden und noch vor dem letzten Vereisungshöhepunkt auch aus Süd- und Westeuropa (Stuart und Lister 2014). Der Höhlenbär verschwand vor 27 000 bis 28 000 Jahren (Pacher und Stuart 2009)

Das eindrucksvollste Beispiel sind wohl die letzten Mammute, die in der Wärmephase des Alleröds vor etwa 13 600 Jahren einen drastischen Rückgang in ihrer Verbreitung erkennen lassen, jedoch als Zwergformen noch bis vor etwa 4000 Jahren auf Wrangel Island und etwas weniger lang auf St. Paul Island, zwei Inseln im Polarmeer, vorkamen (Stuart et al. 2004). Das Wollnashorn verschwand bereits vor etwa 35 000 Jahren aus West- und Mitteleuropa, überlebte aber in Nordostsibirien bis an den Beginn der Warmphase des Alleröds (Stuart und Lister 2012). Für den Riesenhirsch zeichnet sich ein Zusammenbruch des Verbreitungsgebiets erst in der Kältephase der Jüngeren Dryas vor etwa 12 900 Jahren ab. Im Rückzugsgebiet des westlichen Sibiriens überlebte er bis ins Holozän und starb erst vor etwa 8000 Jahren aus (Stuart et al. 2004). Der Höhlenlöwe hingegen überlebte den letzten Vereisungshöhepunkt und ist in Eurasien noch bis vor etwa 14 500 Jahren in der Bølling-Warmphase nachweisbar (Stuart und Lister 2011).

Nach dem letzten Vereisungshöhepunkt, in wärmeren Phasen des Spätglazials und spätestens mit dem Übergang zum Holozän schmolzen die Gletscher, und der Alpenraum war wieder bis in hohe Lagen zugänglich. Auch im Alpstein zeugen Funde von der Rückkehr von Tier und Mensch.

Höhlen mit holozäner Wiederbesiedlung

Martina Pacher

Die holozänen Funde des Alpsteins sind ebenfalls in Höhlen konserviert, wobei unterschiedliche Fundstellentypen zu erkennen sind. Höhlen wurden im Alpstein zu Tierfallen, weshalb sich in diesen Skelette verunfallter Tiere ansammelten. Gelegentlich brachten Raubtiere und Raubvögel Kleinsäugerreste ein, und einige Höhlen wurden von Braunbären zum Überwintern genutzt. Auch Spuren des Menschen lassen sich nachweisen. Die Erhaltung der Funde und deren radiometrische Datierungen belegen, dass diese Funde nicht aus dem Eiszeitalter, sondern aus dem Holozän, der Jetztzeit, stammen. Diese begann etwa 11 500 Jahre vor heute.

Altwasser-Höhle 1 – ältester Nachweis holozäner Wiederbesiedlung im Alpstein

Die ältesten Spuren der Wiederbesiedlung beherbergte die Altwasser-Höhle 1. Diese liegt im Hochtal des Sämtisersees auf 1410 Meter über Meer. Archäologische Grabungen brachten Reste von Kleinsäugern und Amphibien, aber vor allem zerschlagene Knochen, die am ehesten von Steinbock und Gämsen stammen, sowie zahlreiche Steingeräte zutage. Diese zeigen typische Formen des Epigravettiens. Das Epigravettien ist eine archäologische Kultur, die durch bestimmte Formen von Steingeräten gekennzeichnet ist. Sie tritt am Ende der Altsteinzeit, nach dem letzten Vereisungshöhepunkt, vor allem in Süd- und Osteuropa auf (Mussi 2006).

Zwei nicht näher bestimmbare Knochenfragmente in Steinbockgrösse fallen in den Zeitraum von 10 410–9460 v. Chr. (Probe ETH-9641: 10 240+/-85 BP) und 9396 bis 9058 v. Chr. (Probe ETH-14920: 10 000+/-100 Jahre BP). Da die Knochen zerschlagen

294

sind und zudem Steingeräte des Epigravettiens vorhanden sind, belegen sie eine Begehung des Gebiets durch den Menschen im Spätpaläolithikum (Jagher et al. 1997). Dies ist bisher vermutlich der älteste Nachweis von Steinböcken und Gämsen im Alpstein, auch wenn die Fragmente nicht eindeutig bestimmbar sind.

Steinbockhöhle – eine Fundstelle mit wenigen Resten

Aus der Steinbockhöhle am Sörenböhl nahe der Wagenlücke wurden 2006 ebenfalls Reste eines Steinbocks geborgen. Der kleine Eingang liegt auf 1924 Meter über Meer. Die Höhle fällt entlang einer Störungsfläche gut 15 Meter nach unten ab und endet in einem etwa 2 Meter tiefen Schacht (Zuberbühler und Fischer 2008). Die Knochen lagen an der Nordseite des mit Schutt gefüllten Schachts. Geborgen wurden 8 Knochen eines erwachsenen Bocks. Ob sie von einem verunfallten Tier stammen oder erst nach dem Tod des Tieres an den Platz kamen, muss offenbleiben. Zuberbühler und Fischer (2008) erwähnen aus dieser Höhle noch Reste von Murmeltier und Mäusen, deren Alter nicht bekannt ist. Der Steinbock stammt, anhand der Datierung eines Mittelfussknochens, aus dem Zeitraum von 8610 bis 8280 v. Chr. (Probe ETH-34349: 9205+/-75 BP).

Stiefelwaldschacht – eine holozäne Tierfalle

Der Stiefelwald bildet das Endstück eines Waldstreifens zwischen der Alp Soll und dem Fählensee. Auf dieser Kuppe öffnet sich auf 1500 Meter über Meer eine kleine Schachthöhle, der Stiefelwaldschacht. Der schräg nach unten verlaufende Höhlenraum wurde von 1996 bis 1999 auf der Suche nach einer Verbindung zu einem weiteren Schacht ausgeräumt. Ab einer Tiefe von 3 Metern bis zum vorläufigen Endpunkt bei etwa 8 Metern des sich immer mehr verengenden Höhlenraums wurden an die 5000 Wirbeltierreste, vor allem Amphibien, Reptilien und Kleinsäuger, geborgen (Fischer 2003). Reste von mehreren Marderarten, Gämse, Steinbock und Rothirsch sowie Schaf

294 Grosser Steinbockschädel aus dem Stiefelwaldschacht.
Sammlung: Naturmuseum St. Gallen, Foto: Chris Mansfield

295 Schädel des Braunbären aus der Neuschneehöhle. Länge des Sockels: 32.5 Zentimeter.
Sammlung und Foto: Museum Appenzell

und Hausschwein runden das Bild ab. Der Rothirsch ist mit 19 Individuen am häufigsten vertreten.

Die Knochen stammen entweder von verunfallten Tieren oder wurden in den Schacht eingeschwemmt. Bei den Kleinwirbeltieren könnte es sich auch um Reste von Raubvogelhorsten handeln. Hasenknochen und möglicherweise auch Amphibienknochen weisen vermutete Schnittspuren auf. Menschliches Zutun kann nicht ausgeschlossen werden, da Knochenartefakte und ein Steinartefakt aus dem älteren Frühmesolithikum auf eine menschliche Besiedlung des Gebiets hinweisen. Die Reste eines Rothirschs (*Cervus elaphus*) aus etwa 4 Meter Schachttiefe ergaben ein Alter von 2899 bis 2577 v. Chr. (Probe ETH-18620: 4175+/-65 BP), der grosse Steinbock aus etwa 6 bis 7 Meter Schachttiefe ergab ein Alter von 7976 bis 7548 v. Chr. (Probe ETH-18621: 8755+/-100 BP). Ähnlich alt ist der Steinbock aus der Steinbockhöhle.

Loohöhle – eine Braunbärenhöhle im Alpstein

In einer schwer zugänglichen, kleinen Höhle auf 1600 Meter über Meer an der Nordflanke des Alpsteins oberhalb der Neuenalp, der Loohöhle, wurden 1974 Knochen mehrerer Braunbären gefunden. Die Reste lagen zwischen Bruchschutt in einer grösseren Kammer etwa 5 Meter vom Eingang entfernt (Grosser 1975). Sie wurden zur Bestimmung Elisabeth Schmid übergeben, die Reste von sieben Individuen unterscheiden konnte. Neben Schädel und Knochen eines erwachsenen Weibchens sind zwei weitere adulte und vier juvenile Tiere, darunter ein neugeborener Bär, nachgewiesen (Schmid 1976 und Schmid 2016). Einige Knochen weisen Spuren von Raubtierverbiss, vermutlich von Wölfen, auf. Weitere Funde sind das Schulterblatt einer Gämse sowie Knochen von Marder und Wühlmaus.

295

Neuschneehöhle – eine Ansammlung holozäner Funde

Nördlich oberhalb des Fählensees, am Weg zum Hundstein, liegt die Neuschneehöhle auf 1680 Meter über Meer. Der etwas versteckte Eingang wurde 1997 entdeckt. Neben Resten eines männlichen Braunbären sind Steinbock, Ziegen, Fledermäuse, Vögel und möglicherweise auch eine Gämse im Fundmaterial vertreten (Fischer 1997b). Eine weitere Aufsammlung im Jahre 1998 und zwei Datierungen ergänzen das Bild (Fischer 2015). Die radiometrische Datierung des Braunbären ergab ein Alter von 4607 bis 4332 v. Chr. (Probe ETH-18622: 5610+/-70 BP). Eine Probe des Steinbockskeletts ergab ein Alter von 8823 bis 8622 v. Chr. (Probe ETH-59930: 9444 BP).

Ausblick

Der Alpstein weist eine reiche Faunengeschichte auf, mit dem Wildkirchli als erste wissenschaftlich ergrabene Höhlenfundstelle im hochalpinen Raum und mit zahlreichen nacheiszeitlichen Knochenfunden. Dennoch ist noch viel offen, und Details zur Faunengemeinschaft, zum Auftreten und Verschwinden von Gross- und Kleinsäugern vor und nach dem letzten Vereisungshöhepunkt sowie zur Besiedlung des Alpsteins durch den steinzeitlichen Menschen warten auf ihre Erforschung. Neue Erkenntnisse und die Weiterentwicklung von Forschungsmethoden bieten immer wieder zusätzliche Möglichkeiten, unseren Blick in ein spannendes Kapitel der Vergangenheit und letztendlich auf unsere Anfänge im alpinen Raum zu erweitern.

Archäologische Funde aus dem Alpstein

Leandra Reitmaier-Naef, Fabio Wegmüller und Peter Fux

Aus dem Alpstein sind verschiedene archäologische Fundstellen bekannt, die teilweise bis in die mittlere Altsteinzeit zurückreichen. Die Neandertaler-Steingeräte aus dem Wildkirchli etwa zählen zu den ältesten menschlichen Hinterlassenschaften der Ostschweiz. Sie wurden zu Beginn des 20. Jahrhunderts zufällig entdeckt und sind auch heute noch mit vielen offenen Fragen verbunden. Weitere temporär genutzte Lagerplätze aus jüngeren Epochen konnten ausserdem nahe der Furgglenalp – zwischen Fählen- und Sämtisersee –, am Blumenrain in Appenzell sowie in Oberriet entdeckt und archäologisch untersucht werden.

Höhlenfundstellen aus der Altsteinzeit

Leandra Reithmaier-Naef und Peter Fux

Die Altsteinzeit – das sogenannte Paläolithikum – ist der älteste und zugleich längste Abschnitt der Menschheitsgeschichte. Er beginnt mit dem Auftreten erster Vormenschen vor circa 3 Millionen Jahren und dauerte bis zum Ende der letzten Eiszeit vor knapp 12 000 Jahren. Die Altsteinzeit wird in drei Perioden unterteilt: das Altpaläolithikum, das Mittelpaläolithikum und das Jungpaläolithikum.

Aus der ältesten Periode (vor circa 800 000 bis 300 000 Jahren) sind in der heutigen Schweiz nur wenige Einzelfunde von Geröllgeräten und Faustkeilen überliefert, die kaum Anhaltspunkte zur damaligen Lebensweise liefern. Dies liegt nicht nur am eher diskreten Charakter altpaläolithischer Fundstellen und an den eingeschränkten Datierungsmöglichkeiten, sondern auch an umweltgeschichtlichen Veränderungsprozessen: Durch Gletschervorstösse während mehrerer Eiszeiten ist ein Grossteil der archäologischen Überreste aus dieser Periode verlorengegangen.

Auch aus dem darauffolgenden Mittelpaläolithikum (vor circa 300 000 bis 40 000 Jahren) haben archäologische Zeugnisse hierzulande nur in bestimmten Zonen bis heute überdauert. Lediglich in der Nordwestschweiz – ausserhalb der letzteiszeitlichen Maximalvergletscherung – lassen sich noch punktuell sogenannte Freilandstationen fassen. In der übrigen Schweiz sind mittelpaläolithische Fundstellen ausschliesslich in geschützten Lagen wie etwa in Höhlen oder unter Felsdächern überliefert. Die Mehrheit dieser Stationen kommt im Jurabogen in mässigen Höhen von circa 350 bis 750 Meter über Meer zu liegen. Manchenorts lässt sich dort eine mehrphasige Belegung über lange Zeiträume hinweg nachweisen, etwa in Cotencher im Kanton Neuenburg (Deák et al. 2019). Zudem sind auch in der alpinen Zone vereinzelt mittelpaläolithische Fundstellen bezeugt. Neben dem Schnurenloch im Berner Oberland umfasst diese Kategorie insbesondere die drei Ostschweizer Karsthöhlen Drachenloch im Taminatal bei Vättis, Wildmannlisloch in den Churfirsten südlich Starkenbach und das im Alpstein gelegene Wildkirchli. Charakteristisches Merkmal all dieser Höhlenfundstellen – über naturräumliche Grenzen hinweg – ist die Vergesellschaftung von archäologischen und zoologischen Überresten: Steinzeitliche Geräte und andere menschliche Hinterlassenschaften wie Holzkohlereste finden sich neben Knochen von ausgestorbenen Eiszeittieren, allen voran vom Höhlenbären (*Ursus spelaeus*).

Die Fundstellen sind dem Moustérien (vor circa 130 000 bis 40 000 Jahren) zuzuordnen, welches in Europa als Zeitalter des Neandertalers (*Homo neanderthalensis*) gilt und archäologisch durch eine Diversifizierung des Gerätespektrums gekennzeichnet ist: Neu wurden mithilfe der sogenannten Levallois-Technik gezielt Gesteinsabschläge produziert und zu charakteristischen Schabern, Spitzen sowie gekerbten und gezähnten Stücken weiterverarbeitet. Solche Abschlaggeräte sowie die Abfallprodukte ihrer Herstellung bilden in dieser Epoche oftmals die einzigen archäologischen Funde und stellen somit einen wichtigen Indikator für die Datierung dar. Gegen Ende der Epoche hielt schliesslich der moderne Mensch (*Homo sapiens*) Einzug in Europa und nach einer gewissen Zeit der Koexistenz verschwand der Neandertaler vor ungefähr 40 000 Jahren von der Bühne der Menschheitsgeschichte.

Charakteristisches Merkmal des darauffolgenden Jungpaläolithikums (circa 40 000 bis 10 000 v. Chr.)

296 Übersichtstabelle zu den geologischen und archäologischen Zeitabschnitten und Eiszeiten mit Markierung der paläolithischen Fundstellen des Alpsteins. Emil Bächler veranlasste seinerzeit auch Grabungen im Drachenloch und im Wildmannlisloch, weshalb diese ausserhalb des Alpsteins gelegenen Lokalitäten in der Illustration auch eingetragen sind.
Illustration: Adrian Pfiffner

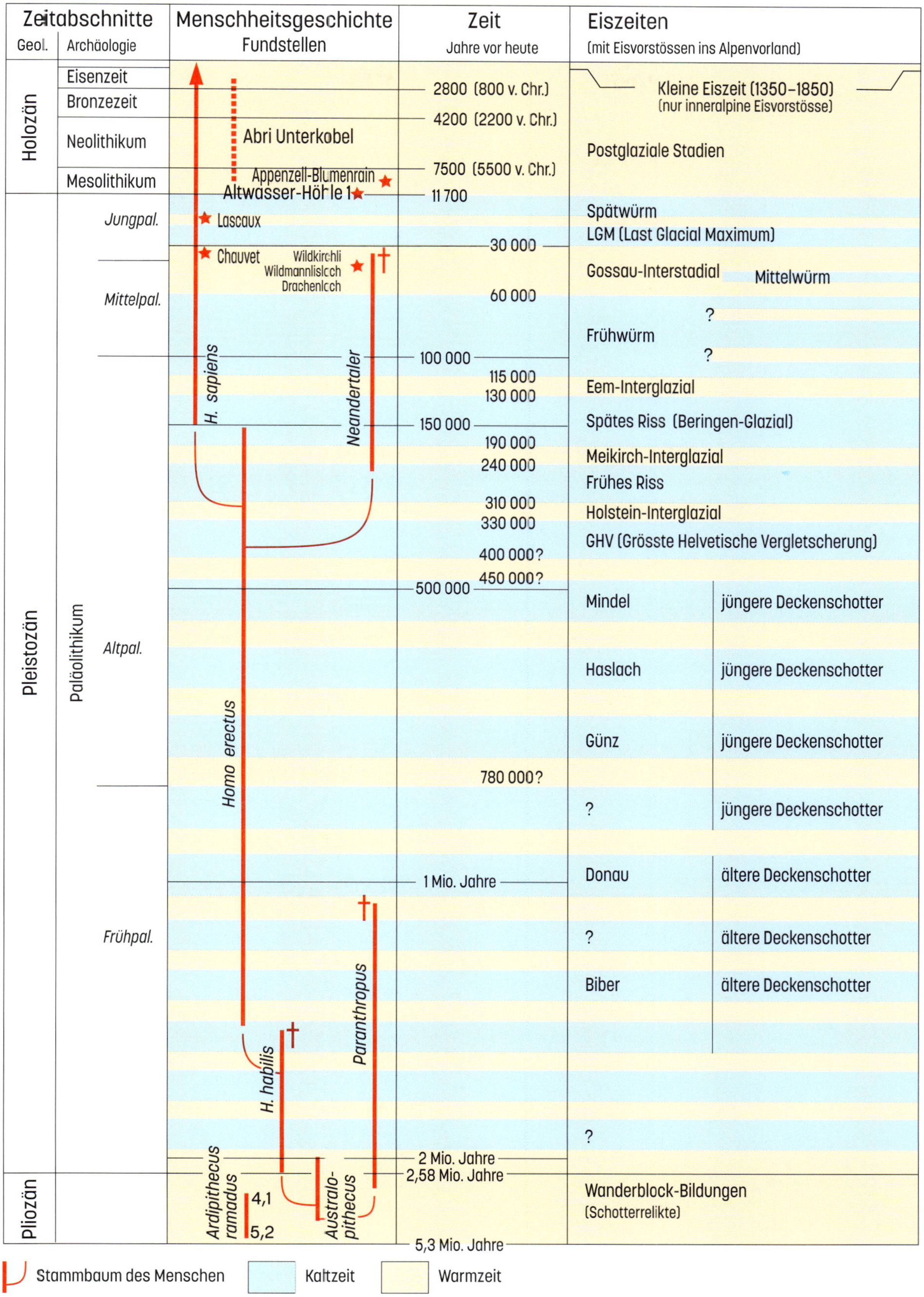

Zeitabschnitte
Geol.
Archäologie
Menschheitsgeschichte
Fundstellen
Zeit
Jahre vor heute
Eiszeiten
(mit Eisvorstössen ins Alpenvorland)
Holozän
Eisenzeit
Bronzezeit
Neolithikum
Mesolithikum
Pleistozän
Paläolithikum
Jungpal.
Mittelpal.
Altpal.
Frühpal.
Pliozän
Abri Unterkobel
Appenzell-Blumenrain
Altwasser-Höhle 1
Lascaux
Chauvet
Wildkirchli
Wildmannlisloch
Drachenloch
H. sapiens
Neandertaler
Homo erectus
H. habilis
Paranthropus
Ardipithecus ramadus
Australo-pithecus
4,1
5,2
2800 (800 v. Chr.)
4200 (2200 v. Chr.)
7500 (5500 v. Chr.)
11 700
30 000
60 000
100 000
115 000
130 000
150 000
190 000
240 000
310 000
330 000
400 000?
450 000?
500 000
780 000?
1 Mio. Jahre
2 Mio. Jahre
2,58 Mio. Jahre
5,3 Mio. Jahre
Kleine Eiszeit (1350–1850)
(nur inneralpine Eisvorstösse)
Postglaziale Stadien
Spätwürm
LGM (Last Glacial Maximum)
Gossau-Interstadial
Mittelwürm
?
Frühwürm
?
Eem-Interglazial
Spätes Riss (Beringen-Glazial)
Meikirch-Interglazial
Frühes Riss
Holstein-Interglazial
GHV (Grösste Helvetische Vergletscherung)
Mindel
jüngere Deckenschotter
Haslach
jüngere Deckenschotter
Günz
jüngere Deckenschotter
?
jüngere Deckenschotter
Donau
ältere Deckenschotter
?
ältere Deckenschotter
Biber
ältere Deckenschotter
?
Wanderblock-Bildungen
(Schotterrelikte)
Stammbaum des Menschen
Kaltzeit
Warmzeit

296

ist die Produktion von Klingengeräten und Objekten aus Rentierknochen und Rentiergeweihen sowie das Aufkommen von Kunst: Neben berühmten Malereien wie denjenigen aus der in Frankreich gelegenen Höhle von Chauvet (circa 37000 bis 28000 v. Chr.) zählen Objekte mobiler Kleinkunst wie etwa mit Tierdarstellungen verzierte Knochen und Geweihe von Rentieren. Dieses Kunstschaffen zeugt von einer Evolution des symbolischen Denkens des prähistorischen Menschen (Le Tensorer 2017). Aus dem Gebiet der heutigen Schweiz sind jungpaläolithische Fundstellen relativ zahlreich, vorwiegend aus der Zeit nach dem letzteiszeitlichen Kältemaximum (circa 26000 bis 20000 v. Chr.; vergleiche Zeittabelle Abb. 296). Aus den oben beschriebenen Gründen beschränken sich archäologische Belege zunächst weiterhin auf den Jurabogen, die Nordwestschweiz sowie auf das Gebiet Schaffhausen (beispielsweise Schweizersbild und Kesslerloch). Mit dem fortschreitenden Rückzug der grossen Eiszeit-Gletscher eröffneten sich aber zunehmend neue Lebensräume für Mensch und Tier. Das jungpaläolithische Magdalénien (circa 18000 bis 12000 v. Chr.) ist archäologisch durch eine weitere Diversifizierung des Gerätespektrums und der Bearbeitungstechniken charakterisiert.

Den Abschluss der Altsteinzeit markiert schliesslich das Spätpaläolithikum (circa 12000 bis 10000 v. Chr.; vergleiche Zeittafel Abb. 280), welches stark durch die naturräumlichen Umwälzungen am Übergang vom Spätglazial zur Nacheiszeit geprägt war: Die typische Eiszeitfauna verschwand und mit der zunehmenden Wiederbewaldung kamen auch neue Jagdtiere wie das Rotwild oder Wildschwein auf den Speisezettel der weiterhin nomadisch lebenden Gruppen. Diese einschneidenden Veränderungen führten auch zu einer Anpassung der menschlichen Lebensweise sowie zur Entwicklung neuer Geräte wie etwa Pfeil und Bogen, wie die zahlreichen Funde von Rückenspitzen (Pfeileinsätze) belegen. Siedlungsspuren lassen sich vorwiegend in jurassischen Abri-Situationen oder in Freilandstationen im Mittelland fassen. Mit der Altwasser-Höhle 1 ist aber auch im Alpstein eine alpine Station aus dieser Zeit nachgewiesen. Auf der Karte in Abb. 279 sind die hier behandelten archäologischen Fundstellen des Alpsteins eingezeichnet: Wildkirchli, Altwasser-Höhle 1, Appenzell Blumenrain und Abri Unterkobel.

297 Blick auf die nach Osten ausgerichtete Felswand mit dem Berggasthaus Äscher (1), der Altarhöhle (2), der Gasthaushöhle (3) und dem Eingang zur Oberen Höhle (4, nicht direkt sichtbar), 1949.
Foto: ETH-Bibliothek Zürich, Bildarchiv / Stiftung Luftbild Schweiz / LBS_H1-012679 (CC BY-SA 4.0)

Wildkirchli – ein mittelpaläolithischer Siedlungsplatz

In der markanten Felswand am Ostrand der Ebenalp liegt auf knapp 1500 Meter über Meer ein dreiteiliges Höhlensystem, das eine bewegte Geschichte aufweist und seine heutige Bezeichnung Wildkirchli niemand Geringerem als dem St. Galler Reformator Joachim Vadian verdankt. Bereits 1621 gründete der Mönch Philipp Tanner hier eine Höhlenkapelle, die im weiteren Verlauf des 17. Jahrhunderts zu einer Einsiedelei ausgebaut wurde. Noch bis in die Mitte des 19. Jahrhunderts war diese in den Sommermonaten von Eremiten bewohnt, bevor sie nach einem tödlichen Unfall aufgegeben wurde. Fortan diente das Gebäude in der mittleren der drei Höhlen als Festhütte für das 1860 eröffnete Berggasthaus Äscher – was ihr die Bezeichnung Gasthaushöhle einbrachte.

Heute ist an dieser Stelle in einem nachempfundenen Eremitenhäuschen ein kleines Museum untergebracht. Die südlich angrenzende Altarhöhle wird weiterhin als Bergkapelle genutzt und ist durch eine Mauer künstlich von der dahinterliegenden Kellerhöhle abgetrennt. Zwischen der Kellerhöhle und der Gasthaushöhle besteht ein Durchgang, ebenso von der Gasthaushöhle in die Obere Höhle. Letztere weist im Gegensatz zu den anderen beiden

Höhlen ein deutliches Gefälle auf und öffnet sich an ihrer höchsten Stelle nach Norden. Das Höhlensystem verfügt damit über mehrere Vorplätze beziehungsweise Ein- und Ausgänge. Die Obere Höhle und die Gasthaushöhle bilden heute einen Durchgang, der Teil der Wanderroute Ebenalp–Seealpsee ist.

Erste archäologische Untersuchungen durch Emil Bächler in den Jahren 1903–1908

Dass die Geschichte des Wildkirchli weit über historische Zeiten hinaus zurückreicht und es sich sogar um einen der ältesten Siedlungsplätze der Ostschweiz handelt, haben archäologische Untersuchungen ans Licht gebracht. Schon die im Wildkirchli wohnhaften Eremiten sollen bei verschiedenen (Um-)Bauarbeiten immer wieder Bärenknochen entdeckt und bisweilen sogar als Souvenir an Berggängerinnen und Berggänger veräussert haben – so die Legende. Die Höhlen waren also wohl bereits als Fundort ausgestorbener Tierarten bekannt, als der Geograf Johann Jakob Egli in den 1860er-Jahren erste Nachforschungen anstellte und Knochen von Höhlenbären dokumentierte (Egli 1865). Auf diesem und anderen Wegen sind verschiedentlich (Bären-)Knochenfunde aus dem Wildkirchli ans Naturmuseum St. Gallen gelangt, wo sie zu Beginn des 20. Jahrhunderts die Aufmerksamkeit Emil Bächlers weckten. Mit dem Ziel, weitere Bärenknochen für seine Sammlung zu bergen, veranlasste der frisch zum Konservator berufene Ostschweizer im Jahr 1903 Sondiergrabungen im Wildkirchli. Nach ersten erfolgversprechenden Ergebnissen im Übergangsbereich zwischen der Oberen Höhle und der Gasthaushöhle weitete Emil Bächler – zusammen mit seinen

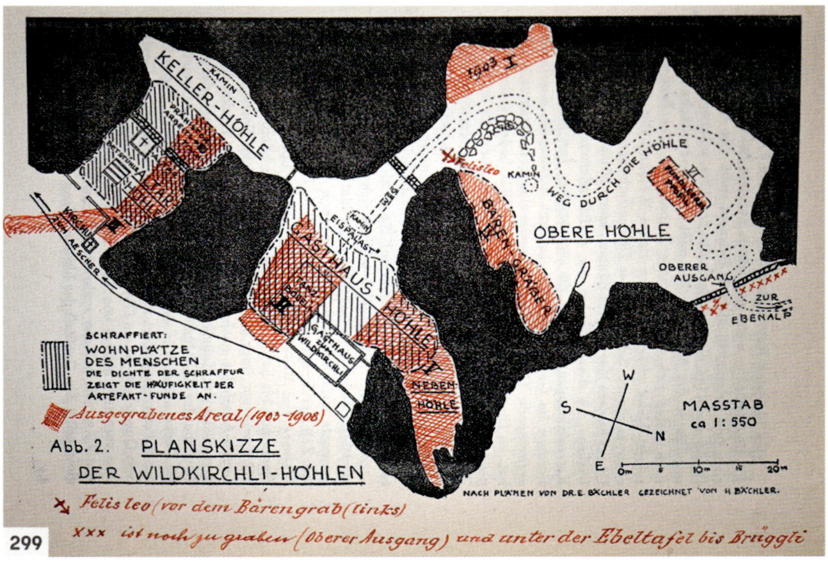

298 Auswahl an paläolithischen Steingeräten aus den Bächler-Ausgrabungen im Wildkirchli zu Beginn des 20. Jahrhunderts.
Archiv: Kulturmuseum St. Gallen, Foto: C[arl] Breitinger

299 Unter der Leitung von Emil Bächler wurden weite Teile der archäologisch besonders vielversprechenden Zonen (schraffierte Flächen) ausgegraben.
Plan: Heinz Bächler nach Plänen von Emil Bächler, publiziert in Emil Bächler (1936), mit handschriftlichen Ergänzungen (in roter Farbe) durch Emil Bächler, Archiv: Arnold Bächler

Kollegen Otto Köberle und Franz Dörig – die Ausgrabungen auf die Gasthaus-, Altar- und Kellerhöhle aus. Sie förderten Unmengen an Knochen zutage, darunter auch das nahezu vollständige Skelett eines Höhlenbären. Eine weitere Sensation folgte bereits im zweiten Grabungswinter, 1904/05, mit der Entdeckung erster steinzeitlicher Geräte. Anhand von Vergleichsfunden aus dem benachbarten Ausland ordnete Emil Bächler die Steingeräte folgerichtig ins Moustérien – die Zeit des Neandertalers – ein (Bächler 1906). Es sollten noch zahllose Funde von einfachen Schabern, gezähnten und gekerbten Stücken sowie Abfallprodukte der Levallois-Technik folgen, die eine Verarbeitung lokaler Gesteine wie Ölquarzit und Kieselkalk sowie ortsfremden, möglicherweise aus Moränenablagerungen stammenden Radiolarits vor Ort belegen (Leib et al. 2019). Durch die langjährigen Ausgrabungstätigkeiten wurden wichtige Abschnitte der stellenweise meterhoch erhaltenen Höhlensedimente umgelagert und, wenngleich verhältnismässig gut dokumentiert, so doch für spätere Nachforschungen unwiederbringlich zerstört. Durch die damalige Grabungsmethodik sowie die selektive Bergung sind insbesondere fragmentierte Objekte sowie kleinste Überreste im Fund- und Probenmaterial untervertreten.

Die Ausgrabungsergebnisse stiessen auf internationale Resonanz und erlangten weit über die einschlägigen Fachkreise hinaus Bekanntheit, nicht zuletzt dank der unermüdlichen Bemühungen Emil Bächlers um eine breite Diskussion und Vermittlung seiner Entdeckungen. Zusammen mit späteren Ausgrabungen im Wildmannlisloch und Drachenloch bildeten die Untersuchungen im Wildkirchli den Grundstein für Emil Bächlers These eines eigenständigen «Alpinen Paläolithikums» (Bächler 1940). Die räumliche Koexistenz von Steingeräten und Bärenknochen sowie teilweise forschungsstandbedingte Fehlinterpretationen verleiteten Bächler gar dazu, die Existenz spezialisierter mittelpaläolithischer Bärenjäger anzunehmen sowie einen «Bärenkult» zu postulieren. Seine Theorien wurden in der archäologischen Fachwelt kontrovers diskutiert und gelten mittlerweile – auch dank späterer Nachuntersuchungen durch Elisabeth Schmid, Professorin für Ur- und Frühgeschichte an der Universität Basel – als widerlegt (Jéquier 1975, Primas 1987, Le Tensorer 1993 sowie Pacher 1997). So muss beispielsweise den von Emil Bächler als Knochengeräte angesprochenen Objekten heute jeglicher Artefaktcharakter abgesprochen werden, da sie nicht durch menschliche Bearbeitung, sondern durch natürliche Vorgänge («charriage à sec», Le Tensorer 1993) entstanden sind. Ausserdem haben sich die ursprünglich als Ablagerungen zweier unterschiedlicher Eiszeiten (Riss und Würm) angesprochenen Horizonte (U und O bei Schmid 1977) später als zwei Abschnitte ein und derselben Kaltzeit (Würm) entpuppt. Die zeitliche Einordung der Fundstellen durch Emil Bächler ins letzte Interglazial (circa 130 000 bis 115 000 v. Chr.) hat sich dementsprechend als deutlich zu alt erwiesen.

Nachuntersuchungen durch Elisabeth Schmid in den Jahren 1958/1959

«Über die Wechselbeziehung Mensch und Höhlenbär sowie über die zeitliche Einordnung der Kulturschichten in den Verlauf des jüngeren Eiszeitalters war manches noch unklar geblieben» (Schmid 1977). Diesen Umstand nahm Elisabeth Schmid in den späten 1950er-Jahren zum Anlass für neue archäologische Untersuchungen in den mittelpaläolithischen Stationen der Ostschweiz. Sowohl die Ausgrabungs- und Auswertungsmethoden als auch der klimageschichtliche und archäologische Forschungsstand hatten sich in der Zwischenzeit deutlich weiterentwickelt. Sie versprach sich vor diesem Hintergrund «eine bessere Datierung sowohl der Schichten wie auch der eingelagerten Tierknochen und Kulturreste» (Schmid 1977). Ihre Forschungserkenntnisse veröffentlichte Elisabeth Schmid 1977 in einem kurzen Beitrag, der die Grundlage für die folgenden Ausführungen bildet.

Ihre Ausgrabungen konzentrierten sich hauptsächlich auf die Altarhöhle, wo sie mithilfe eines 7 Meter langen und 5 Meter hohen Profils eine Verbindung zwischen Emil Bächlers Aufzeichnungen und den noch in Originallage befindlichen Schichten herzustellen suchte. Es gelang ihr schliesslich, eine klare Dreiteilung der Ablagerungen herauszuarbeiten, die im Wesentlichen mit Emil Bächlers Beobachtungen übereinstimmte: der jüngste Horizont O (= oben) setzt sich aus Verwitterungsschutt,

300

300 Elisabeth Schmid (1912–1994): erste Leiterin des Laboratoriums für Urgeschichte in Basel und Pionierin der naturwissenschaftlichen Archäologie in der Schweiz, 1950er-Jahre.
Foto: Fotosammlung Deutsches Bergbau-Museum Bochum, Film 246, Nr. 21 (montan.dok 120170024600)

301 Abwitterungsphasen gemäss Elisabeth Schmid: Rückversetzung des Eingangs im Verlaufe der Würm-Eiszeit; Nutzung der Höhle während Interstadial-Phase(n) als Neandertaler-Lagerplatz im Sommer (1) und als Höhlenbären-Schlafplatz im Winter (2), hinter grossem Felsblock (3), wohl Firstversturz. Heutige Situation mit zurückversetztem Höhleneingang, Altarraum (4) und Kamin (5).
Illustration: aus Schmid (1977), leicht angepasst von Leandra Reitmaier-Naef

Kalksinter – sogenannter Mondmilch – und kleinteiligen Steinen, Höhlenbärenknochen sowie Lehm zusammen. Der darunterliegende Horizont M (= Mitte) besteht aus dunkelbraunrotem, kalkarmem Lehm, kleinen Knochen sowie stark zersetzten Steinen. In diesen Schichten fanden sich vereinzelt prähistorische Steingeräte und ortsfremdes Gesteinsmaterial. Der älteste Schichtkomplex U (= unten) war durch Wechsellagen von groben, in Lehm gebetteten Steinen und kleinkörnigeren Sedimenten gekennzeichnet. Er enthielt die meisten und grössten Höhlenbärenknochen.

Schmid rekonstruierte den Schichtbildungsprozess und die Entstehungsgeschichte der Höhle wie folgt: In einer frühen Phase der Würm-Eiszeit (Würm-Glazial, circa 115 000 bis 10 000 v. Chr.) lagen weite Teile der Ostschweiz unter Gletschereis verborgen, darüberliegende Zonen waren starken Frostverwitterungsprozessen ausgesetzt. So auch das Felsband mit den Wildkirchli-Höhlen: Die Erosion führte unter anderem zu einer Rückversetzung des Höhleneingangs. Im Innern der Höhlen lagerte sich im Rhythmus des schwankenden Klimas gröberer oder feinerer Verwitterungsschutt ab (Horizont U). In der darauffolgenden, milderen Zwischenzeit (Gossau-Interstadial, 60 000 bis 30 000 v. Chr.) schmolzen die Gletscher zeitweise ab und der Mensch stiess, vermutlich auf Jagdzügen, bis in alpine Zonen vor; aus dieser Zeit stammen die Sedimente des Horizonts M. Die neuerliche Abkühlung während des Spätwürms (circa 28 000 bis 10 000 v. Chr. mit einer maximalen Gletscherausdehnung um 26 000 bis 20 000 v. Chr.) führte schliesslich zu einer weiteren, massiven Erosionsphase (Horizont O). Grössere Blöcke lösten sich aus dem Dach der Höhlen und verliehen ihnen die Form eines Tonnengewölbes. Ausserdem fielen die gern als Lagerplatz genutzten und damit oftmals besonders fundreichen Vorplätze wohl einer weiteren Rückverschiebung der Höhleneingänge zum Opfer (Abb. 301). Diesem Umstand ist es wohl auch geschuldet, dass im Wildkirchli bislang keine Feuerstelle nachgewiesen werden konnte.

Die Analyse der Schichtbildungsprozesse in Kombination mit der archäologischen Altersbestimmung der Funde lässt Elisabeth Schmid vermuten, dass die menschliche Präsenz im Wildkirchli in eine klimatisch gemässigte Phase der Würm-Eiszeit vor etwa 45 000 bis 30 000 Jahre datiert. Ein Grossteil der Bärenknochen dürfte bereits davor in die Höhle gelangt sein – aber nicht etwa als menschliche Jagdbeute, sondern durch im Winterschlaf verendete Tiere. Selbst im Falle einer später fortbestehenden Frequentierung des Wildkirchli als Winterschlafplatz ist lediglich von einer saisonalen Wechselnutzung durch Menschen und Höhlenbären auszugehen. Das Bild einer auf Höhlenbärenjagd und -kult spezialisierten, eigenständigen «Kultur», wie Emil Bächler sie 1940 skizzierte, ist damit heute überholt (Jéquier 1975, Primas 1987, Le Tensorer 1993 und Pacher 1997).

Forschungsstand und Perspektiven

Auch wenn die Erkenntnisse von Elisabeth Schmid in den Grundzügen weiterhin gültig zu sein scheinen, haben sich sowohl der archäologische Forschungsstand als auch das Methodenspektrum in den vergangenen 50 Jahren nochmals massgeblich weiterentwickelt. Das grosse Erkenntnispotenzial von interdisziplinären Untersuchungsansätzen unterstreichen beispielsweise die 2016 bis 2019 in der Höhle von Cotencher NE durchgeführten Nachuntersuchungen: Der Einsatz von Infrarot-Stimulierter Lumineszenz (IRSL) zur Datierung der Sedimente hat zu einer markanten «Alterung» der Befunde in dieser wichtigen moustérienzeitlichen Referenzstation und damit auch zu einer Neuinterpretation der

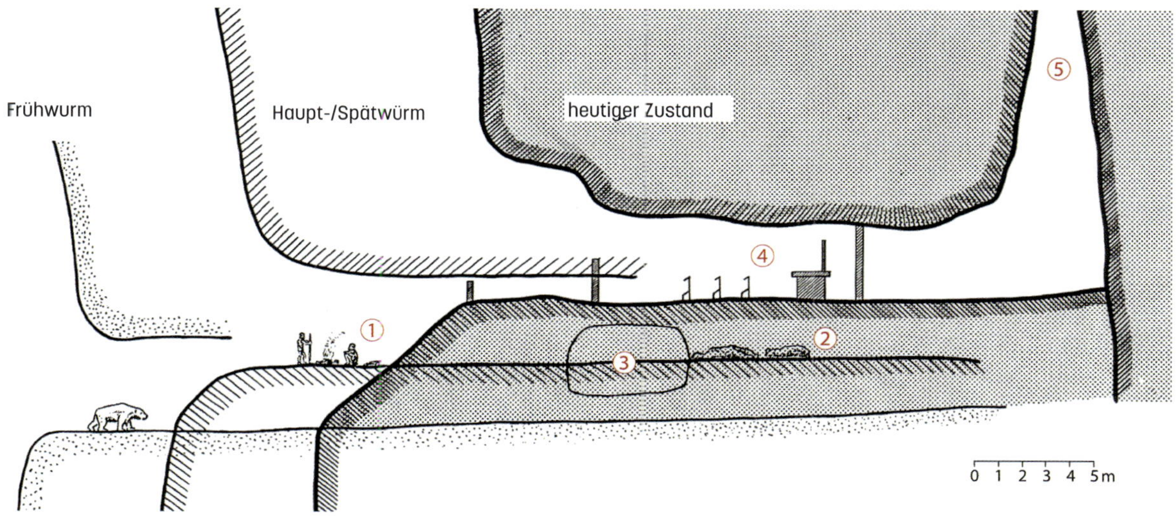

301

regionalen Vergletscherungsgeschichte geführt (Deák et al. 2019).

In Ermangelung datierbarer Holzkohleproben und aufgrund der zeitlich begrenzten Reichweite der Radiokarbonmethode bieten entsprechende Verfahren auch im Falle des Wildkirchli eine spannende Perspektive für eine differenziertere zeitliche Einordnung. Überdies ist zu erwarten, dass künftig dank DNA-Analysen an Sedimenten die Anwesenheit von bestimmten Tier- oder Menschenarten auch indirekt – also ohne sterbliche Überreste – nachgewiesen werden können. Und nicht zuletzt dürfte auch die bislang nur auszugsweise ausgewertete und publizierte Dokumentation der Bächler- und Schmid-Ausgrabungen noch einige Erkenntnisse bergen. Dies hat jüngst die archäozoologische Aufarbeitung der Knochenfunde am Naturmuseum St. Gallen durch Martina Pacher exemplarisch gezeigt.

Offen bleibt auf der Grundlage des aktuellen Forschungsstands schliesslich weiterhin die Frage, was die Neandertaler seinerzeit in die Ostschweizer Alpen lockte. Eine punktuelle, saisonale Frequentierung alpiner Zonen im Zuge regulärer Jagdaktivitäten – wohl hauptsächlich auf Steinböcke oder Gämsen (Leib et al. 2019) – scheint naheliegend. Eindeutige Belege wie etwa Bearbeitungsspuren an Beutetierknochen fehlen bisher allerdings. Und ob es dabei nur um Steinwild oder punktuell auch um die mit einem dicken Fell ausgestatteten Höhlenbären ging, muss zunächst offenbleiben. Ebenso wie die Frage nach der Grösse, Aufenthaltsdauer oder kulturellen Zugehörigkeit der Gruppen. Handelte es sich um spezialisierte Kleingruppen aus weitentfernten Gebieten, die nur wenige Tage im Alpstein verbrachten? Oder haben grössere, in der Region verwurzelte Gemeinschaften die Höhlen über längere Zeiträume regelmässig aufgesucht?

Altwasser-Höhle 1 – ein spätpaläolithischer Lagerplatz

Nach einem längeren Unterbruch während des letzteiszeitlichen Gletschermaximums sind gemäss heutigem Kenntnisstand erst im Spätglazial am Übergang zur Nacheiszeit wieder Spuren menschlicher Präsenz im Alpstein nachweisbar. Im Zuge systematischer speläologischer Feldarbeiten wurden 1993 beim Aufgraben einer verschütteten Höhle Funde von offenkundig absichtlich zersplitterten Knochen dokumentiert (Fischer et al. 1995). In der kleinen Altwasser-Höhle 1 wenig unterhalb der Furgglenalp, zwischen Fählen- und Sämtisersee gelegen, wurden 1994 archäologische Ausgrabungen durchgeführt. Die Ausführungen in diesem Unterkapitel basieren vollständig auf in den 1990er-Jahren erfolgten Untersuchungen (Fischer et al. 1997 und Jagher et al. 1997). Die Schichtfugenhöhle im Schrattenkalk bietet zwar Schutz vor Wind und Niederschlägen, weist mit 4 Meter Breite und 1.5 Meter Höhe aber nur sehr eingeschränkte Platz- und Lichtverhältnisse auf. Jagdstrategisch ist sie durch ihre versteckte Position an der Schnittstelle verschiedener, kleinräumiger Ökotope jedoch gut gelegen. Die dokumentierten Funde legen denn auch eine entsprechende Nutzung nahe.

Stein- und Knochenfunde

Die insgesamt 787 ausgegrabenen Steinobjekte setzen sich hauptsächlich aus Absplissen und wenigen retuschierten Geräten zusammen. Während Werkzeuge des täglichen Gebrauchs wie Kratzer und retuschierte Klingen oder Abschläge weitgehend fehlen, sind Einsätze für Jagdwaffen häufig vertreten. Die besonders zahlreichen «Rückenmesserchen» – einseitig geschärfte Klingen – erinnern stark an Objekte

302 Blick auf den Eingang der Altwasser-Höhle 1.
Foto: Stephan Wohlwend

302

aus spätpaläolithischen Fundstellen in Norditalien und lassen kulturgeschichtliche Bezüge in den südalpinen Raum vermuten. Anhand charakteristischer Beschädigungen an einigen Objekten kann sogar eine frühe Verwendung von Pfeilen belegt werden. Ein weiteres Charakteristikum stellen die ebenfalls recht häufig vertretenen Meissel dar, die vermutlich der Knochenzerlegung zur Markgewinnung dienten. Ein Grossteil der Funde besteht aus lokalen Rohmaterialien wie Kieselkalk und Seewen-Kalk oder aus ortsfremdem Radiolarit, seltener sind auch Hornstein-Artefakte belegt.

Untersuchungen an den geborgenen Tierknochen zeigen, dass mindestens zwei Steinböcke sowie eine Gämse erlegt und vor Ort ausgebeint wurden. Die Zerstückelungs- und Schnittspuren an den Knochen belegen eindeutig, dass es sich um menschliche Nahrungsreste handelt. Ob auch die im Fundmaterial vertretenen Kleinsäuger (Dachs, Marder) bejagt wurden oder wie Frösche, Kröten, Spitzmäuse und andere Nagetiere zu den natürlichen Bewohnern der Höhle zählten, lässt sich nicht abschliessend beurteilen.

Schichtabfolge und Datierung des Jagdlagers

In der Altwasser-Höhle 1 liess sich eine dreiteilige Schichtabfolge feststellen: Nachdem der Hohlraum durch das Abschmelzen der Eiszeit-Gletscher weitgehend freigelegt worden war, lagerte sich im Spätglazial zuunterst zunächst ein Horizont aus schlecht sortierten Geröllen, Versturzblöcken und Kalkschutt ab (Schicht C). Darauf richtete am Ende des Spätpleistozäns eine kleine Menschengruppe ihr Jagdlager ein. Eindeutige archäologische Befunde wie Feuerstellen oder Aktivitätszonen fehlen jedoch – wohl wegen des grobblockigen Untergrunds sowie wegen der langsamen und geringmächtigen Überdeckung. Anschliessend folgte im Zuge der holozänen Wiederbewaldung der Alpen eine Verkarstung des Schrattenkalks, was sich in einer sandig-lehmigen

Schicht B mit feinem Kalkschutt über den archäologischen Funden niederschlug. Im tagnahen Bereich markiert schliesslich eine humose Schicht A den vorläufigen Endpunkt des Schichtbildungsprozesses.

Die stratigrafische Einordnung der archäologischen Funde an den Übergang zwischen Paläo- und Mesolithikum (um 10 000 v. Chr.) wird durch zwei Datierungen mithilfe der Radiokarbonmethode bestätigt. Die beiden beprobten und nachweislich von Menschen zerschlagenen Knochenfragmente datieren demnach zwischen 10 500 und 9000 v. Chr. und damit an die Schnittstelle zweier klimatisch unterschiedlicher Phasen; eine genauere Eingrenzung des Zeitfensters ist aus methodischen Gründen jedoch nicht möglich.

Zusammenfassend ist die Altwasser-Höhle 1 als nur kurzfristig genutzter, allenfalls sogar nur einmal aufgesuchter Jagdlagerplatz einzuordnen. Mit einer Lage auf knapp 1500 Meter über Meer zählt die Station zu den höchstgelegenen spätpaläolithischen Stationen in den Alpen, Begehungen sind demnach für das Sommerhalbjahr anzunehmen. Es bleibt zu hoffen, dass die Entdeckung weiterer, vergleichbarer Fundplätze in Zukunft Genaueres zur Lebensweise und zum Mobilitätsschema damaliger Gesellschaften beizutragen vermögen.

303 Lamellen und Kernstück aus der Fundstelle Appenzell Blumenrain.
Fotos: Ebbe Nielsen

Funde aus späteren prähistorischen Epochen

Fabio Wegmüller

Mit dem Ende der letzten Kaltzeit vor circa 12 000 Jahren beginnt die aktuelle erdgeschichtliche Epoche des Holozäns. Die durchschnittlichen Jahrestemperaturen nehmen innerhalb von wenigen Jahrhunderten stark zu und erreichen das Niveau der aktuellen Zeit oder liegen zeitweise sogar leicht darüber. Damit geht eine Wiederbewaldung weiter Teile der heutigen Schweiz durch Birken, Fichten und Hasel einher. Damit verbunden ist ein Wechsel der Beutetiere der Menschen. Die eiszeitlichen Arten Rentier und Wildpferd verschwinden weitgehend aus unseren Breitengraden und werden abgelöst durch Waldbewohner wie Wildschwein, Hirsch, Reh und Auerochse. Die Waldgrenze ist etwa 150 Meter über dem heutigen Niveau anzusetzen, und es ist davon auszugehen, dass Teile des Alpsteins baumfrei waren und den alpinen Arten wie Steinbock, Gämse und Murmeltier Platz boten.

Auf die Lebensweise der Menschen hatten diese Veränderungen vorerst keinen grossen Einfluss. Weiterhin bildeten Sammeltätigkeit und Jagd die Grundlage für das Überleben. Man geht davon aus, dass die Menschen im Mesolithikum weiterhin nicht sesshaft waren und im saisonalen Wandel als nomadisierende Gruppen lebten. Das verstärkte Angebot an pflanzlicher Nahrung schlägt sich aber in einer regen Sammeltätigkeit nieder. Regelmässig werden zum Beispiel eine Vielzahl von verkohlten Haselnussschalen gefunden. Die Steingeräte aus dem Mesolithikum sind typischerweise sehr klein und werden als Mikrolithen bezeichnet.

Das Mesolithikum wird in zwei Abschnitte unterteilt: Das Frühmesolithikum von etwa 10 000 bis

6500 v. Chr. wird charakterisiert durch dreieckige und langschmale Pfeilspitzen, im Spätmesolithikum (6500 bis 5500 v. Chr.) werden diese dann durch trapezförmige Pfeilspitzen abgelöst. Im Alpstein ist die mesolithische Epoche nur durch wenige Fundstellen belegt, die sich ausserhalb der gebirgigen Zonen befinden. Dies ist aber vermutlich nur dem Forschungsstand geschuldet; aus anderen alpinen Gebieten, etwa den Bündner Alpen oder der Innerschweiz (Cornelissen und Reitmaier 2016 und Leuzinger et al. 2024) und dem Kleinwalsertal (Posch 2022), sind Belege für eine regelmässige Begehung hochgelegener Gebiete nachgewiesen.

Die Ausbreitung der neolithischen Lebensweise kommt aus zwei Richtungen nach Mitteleuropa. Einerseits aus dem Osten mit der sogenannten Linearbandkeramik-Kultur, andererseits aus dem Mittelmeerraum. Beide Ausbreitungswege erreichen die Schweiz in einem Zeitraum um 5500 v. Chr. Im Klettgau und entlang dem Hochrhein sind linearbandkeramische Siedlungen aus diesem Zeitraum bekannt (Altdorfer et al. 2018). Im Wallis breitet sich das Neolithikum entlang der Rhone aus. In weiten Teilen der Schweiz lässt sich eine konstante neolithische Besiedelung aber erst einige hundert Jahre später nachweisen. Welche Gruppen während dieser Übergangszeit vorhanden waren und welche Lebensweise sie prägte, ist aber mangels Funde schwierig nachzuweisen (Bassin et al. 2024).

303

Steingeräte vom Blumenrain in Appenzell

Spuren aus dem Mesolithikum wurden mitten im heutigen Ort Appenzell gefunden. Im Jahr 2008 wurde bei Bauarbeiten eine Schicht mit Steinartefakten entdeckt und in einer Notgrabung archäologisch untersucht. Etwa 700 Feuersteinartefakte konnten gesichert werden, darunter viele kleine Klingen, Lamellen und Kernstücke zur Produktion solcher Geräte. Leider sind keine organischen Materialien wie Holzkohle oder Knochen in den Funden erhalten, und eine Radiokarbondatierung dieser Fundschicht damit nicht möglich. Die Formen der Steingeräte lassen sich aber sicher dem Zeitraum des Mesolithikums zuordnen (Rigert et al. 2009).

Abri Unterkobel bei Oberriet

Im Jahr 2011 wurde bei Bauarbeiten in einer Deponie nahe Oberriet eine archäologische Fundstelle angeschnitten. Die Kantonsarchäologie St. Gallen reagierte rasch mit einer Rettungsgrabung. Die aussergewöhnlich gut erhaltenen Funde sowie umfangreiche naturwissenschaftliche Proben ermöglichten ein interdisziplinäres Forschungsprojekt mit 18 Fachpersonen. Die Untersuchung erfolgte unter Beteiligung zahlreicher Disziplinen, darunter Archäologie, Archäobotanik, Archäozoologie, Geoarchäologie, Gebrauchsspurenanalyse und Radiokarbondatierung. Die Ergebnisse liefern wertvolle Einsichten in 8000 Jahre Siedlungs- und Umweltgeschichte am Fusse des Alpsteins (Wegmüller 2022 und Wegmüller et al. 2022).

Der Abri liegt rund 40 Meter über der heutigen Talsohle an einer etwa 120 Meter hohen, überhängenden Felswand am Westhang des St. Galler Rheintals. Der Ort bot über Jahrtausende natürlichen Schutz vor Witterungseinflüssen und wurde von Menschen und Tieren als Unterschlupf genutzt. Die Fundstelle liegt in unmittelbarer Nähe eines ehemaligen Steinbruchs, der heute als Deponie dient. Durch Erdarbeiten wurden Teile der Fundschichten unerkannt zerstört, dennoch konnten dank der Ausgrabungen wichtige Teile der Fundstelle erforscht werden. Die Ausgrabung erfolgte in enger Kooperation mit den Deponieverantwortlichen und ermöglichte eine umfassende Untersuchung der stratigrafischen Abfolge. Die meisten archäologischen Ausgrabungen werden durch Baumassnahmen ausgelöst. Da Abris jedoch nur selten in Baugebieten liegen, bietet der Fund eine einmalige Gelegenheit zur Erforschung eines sonst kaum zugänglichen Fundstellentyps.

Nutzung im Mesolithikum

Die ältesten Spuren menschlicher Aktivitäten im Abri Unterkobel datieren in das Frühmesolithikum vor über 10 000 Jahren. Der Abri diente in dieser Zeit vorwiegend als Standort saisonaler Jagdaufenthalte. Die Jagd konzentrierte sich auffallend auf junge Wildschweine, ergänzt durch Rothirsche und gelegentlich Luchse. Letztere wurden offenbar gezielt wegen ihrer Felle gejagt. Darauf deuten die Pfoten- und Schädelknochen hin, während andere Skelettteile fehlen.

Neben Tierknochen gehören Steinartefakte zu den bedeutendsten Fundgruppen. Die Rohmaterialien stammen teilweise aus der Region, aus entfernten Gebieten in der Nordwest- und Zentralschweiz sowie aus dem südlichen Alpenraum, was auf weiträumige Kontakte hinweist. Vor Ort wurden Geräte gefertigt und nachgeschärft. Besonders häufig sind Kratzer, deren Nutzungsspuren eine Bearbeitung von Holz nahelegen.

Verkohlte Pflanzenreste, etwa Haselnussschalen, unterstreichen die Bedeutung von Sammelressour-

304 Fundstelle Abri Unterkobel nach Abschluss der Ausgrabungen im zentralen Bereich. Die verbleibenden archäologischen Schichten wurden zugedeckt und bleiben geschützt erhalten.
Foto: Kantonsarchäologie St. Gallen

305 Geschossspitzen aus den mesolithischen Schichten im Abri Unterkobel. Oben frühmesolithische Spitzen, unten spätmesolithische Trapeze.
Illustration: Kantonsarchäologie St. Gallen

cen. Holzkohlen erlauben Rückschlüsse auf genutztes Brennholz. Mikroskopische Analysen zeigen zudem, dass Gräser und Schilf geschnitten und in den Abri gebracht wurden. Die Molluskenfauna belegt lokale Eingriffe in die Vegetation wie das gezielte Fällen grösserer Bäume. Insgesamt lassen sich zahlreiche Tätigkeiten rekonstruieren, die ein differenziertes Bild des mesolithischen Alltags am Fusse des Alpsteins vermitteln.

Wandel in der Jungsteinzeit – Sesshaftigkeit, Viehhaltung und Milchgewinnung

Mit dem Beginn der Jungsteinzeit um 5500 v. Chr. veränderte sich die Lebensweise der Menschen grundlegend. Sie wurden sesshaft, betrieben Ackerbau und Viehzucht. Erste Keramikreste und Knochen von Haustieren belegen diese neue Wirtschaftsweise auch im Abri Unterkobel. In den älteren neolithischen Fundschichten der mittleren Jungsteinzeit (5200 bis 4300 v. Chr.) diente der Abri aber noch als kurzfristiger Aufenthaltsort. Im Tierknochenmaterial sind viele Wildtierknochen, vor allem Hirsch, vorhanden, welche die gelegentliche Nutzung des Abris für die Jagd belegen.

In der jüngeren Jungsteinzeit (4200 bis 3500 v. Chr.) wandelte sich der Abri zunehmend zu einem Viehunterstand. Dichte Dungschichten, oft verbrannt, belegen eine saisonale Haltung vor allem von Schafen und Ziegen. Die Analysen zeigen, dass die Tiere nicht nur gehalten, sondern auch zur Milchgewinnung genutzt wurden, was durch Fettsäuren an Keramikresten und das Alter geschlachteter Tiere bestätigt wird. Botanische Funde lassen zudem auf ergänzende Laubfütterung schliessen. Wahrscheinlich hielten sich nur wenige Menschen gleichzeitig im Abri auf, denn die Funddichte ist sehr tief und es wurden nur vereinzelte Fundstücke wie Keramikscherben oder Steinartefakte gefunden. Dies darf aber nicht darüber hinwegtäuschen, dass gerade diese Epoche von einer sehr intensiven Nutzung des Abris zur saisonalen Viehhaltung geprägt ist. Diese Funde sind bisher einzigartig. Erstmals konnte mit dem Abri Unterkobel ein sogenannter Fumier, eine Ablagerung aus wiederholt verbranntem Tierdung, nördlich der Alpen nachgewiesen werden. Solche Befunde sind bisher vor allem aus den Höhlen und Abris im Mittelmeerraum bekannt. Gegen Ende des Jungneolithikums um 3500 v. Chr. bricht die

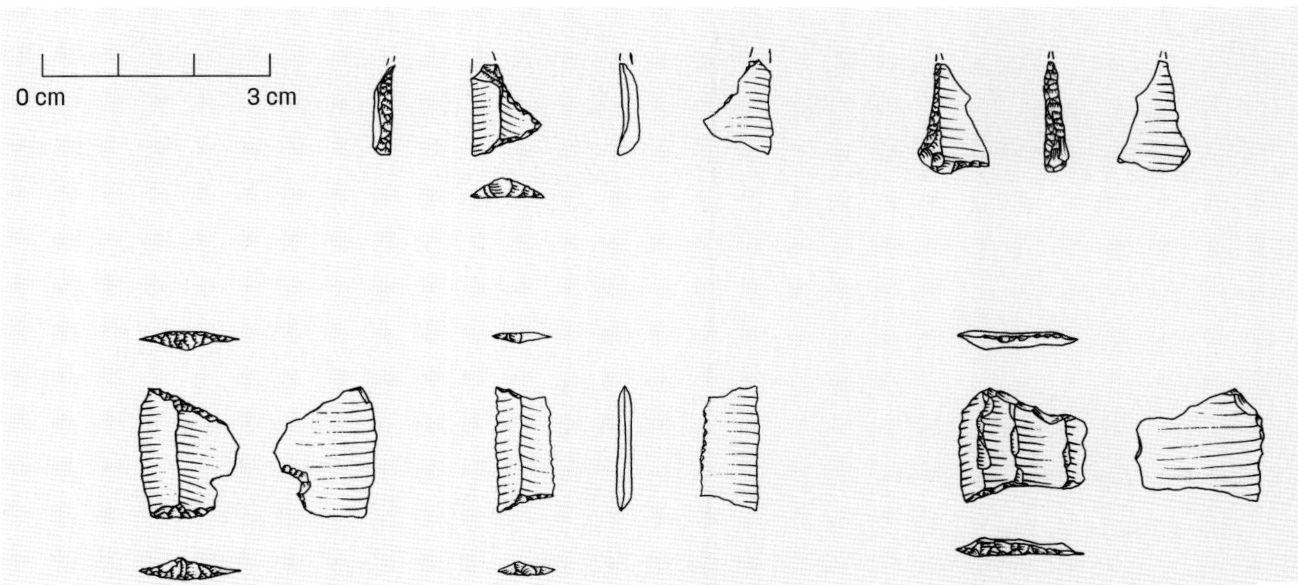

305

306 Jungsteinzeitliche Fumier-Schichten aus verbranntem und unverbranntem Dung.
Foto: Kantonsarchäologie St. Gallen

307 Der Abri Unterkobel von der ersten Nutzung bis zur Ausgrabung.
Illustration: Kantonsarchäologie St. Gallen
J. Näf, Konzept: F. Wegmüller

menschliche Nutzung des Abris ab. Geoarchäologische Untersuchungen in den oberen Schichten dieser Fundeinheit zeigen eine Bodenbildung und einen Stillstand der Sedimentation an.

Bronzezeit bis Römerzeit – Wiederaufnahme und spätere Nutzung

Nach einem Unterbruch von über 1000 Jahren wurde der Abri um etwa 2200 v. Chr. erneut genutzt. Die Bronzezeit brachte eine intensivierte Viehhaltung mit sich, nun ergänzt durch Rinder. Dichte Fundlagen mit zahlreichen Keramikscherben, darunter grobe Kochtöpfe mit Speiseresten, deuten erstmals auf häusliche Tätigkeiten hin. Pfostenlöcher und Reste von Hüttenlehm belegen leichte bauliche Strukturen. Die Nutzung erfolgte wohl saisonal, eine ganzjährige Besiedlung lässt sich nicht sicher nachweisen.

Die Eisenzeit ist nur mit wenigen Keramikfunden und Feuerstellen vertreten, was auf eine sporadische Nutzung hindeutet. Aus der Römerzeit stammt eine Münze des Kaisers Aurelian (270 bis 275 n. Chr.), doch auch hier bleibt die Nutzung punktuell. Danach scheint der Abri für viele Jahrhunderte in Vergessenheit geraten zu sein, bis er 2011 durch Zufall ins Licht der archäologischen Forschung rückte.

Die bis zu 4,5 Meter mächtige Fundschichtenabfolge erlaubt eine detaillierte Rekonstruktion der Nutzungsgeschichte über acht Jahrtausende. Heute ist der Abri überdeckt, konserviert und bleibt als wertvolles Archiv für zukünftige Forschungen erhalten.

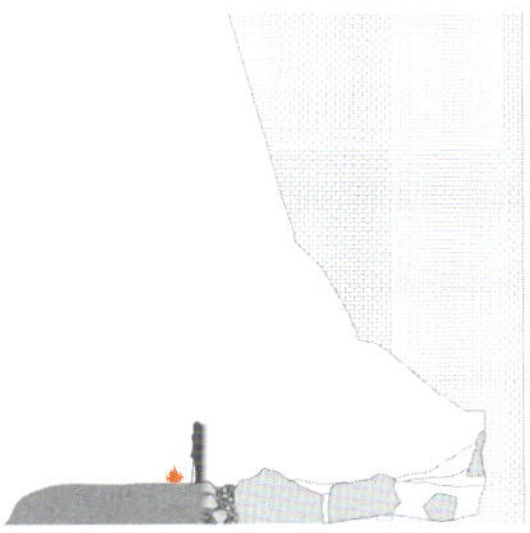

Im 9. Jahrtausend v. Chr. – erste Nutzungsspuren

8200 bis 5400 v. Chr. – Mittelsteinzeit

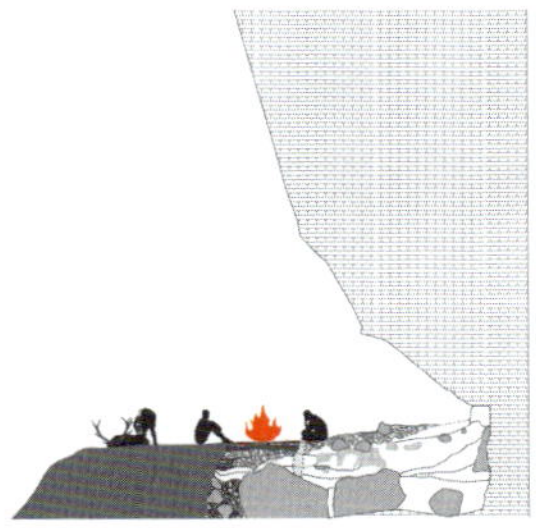

5200 bis 4300 v. Chr. – mittlere Jungsteinzeit

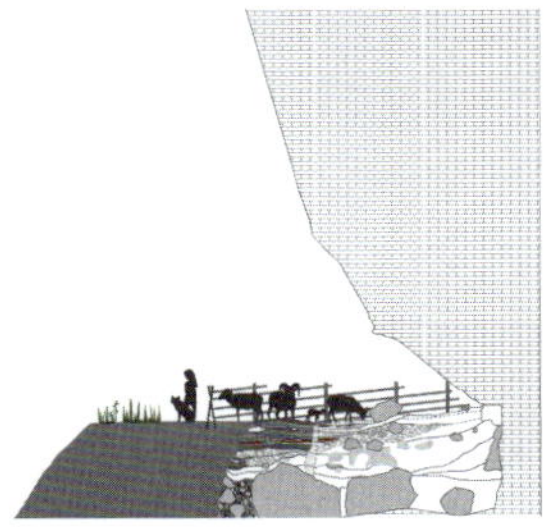

4200 bis 3500 v. Chr. – jüngere Jungsteinzeit

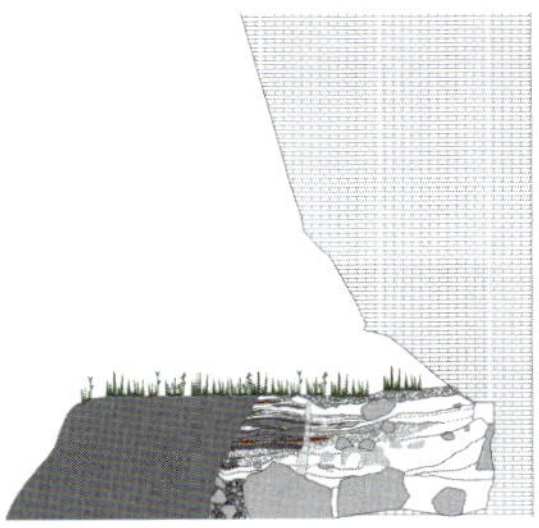

3500 bis 2200 v. Chr. – Nutzungsunterbruch

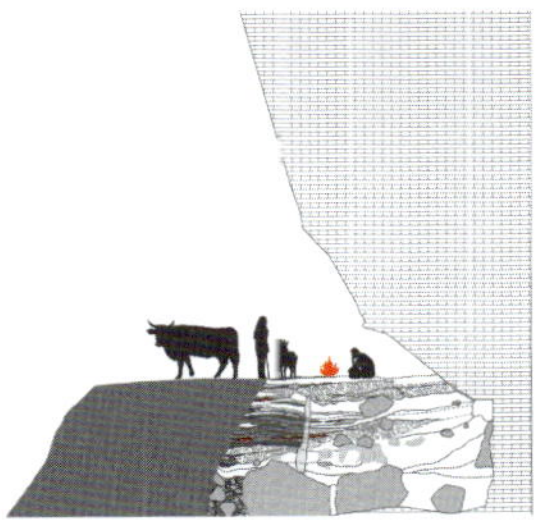

2200 bis 1400 v. Chr. – Früh- und Mittelbronzezeit

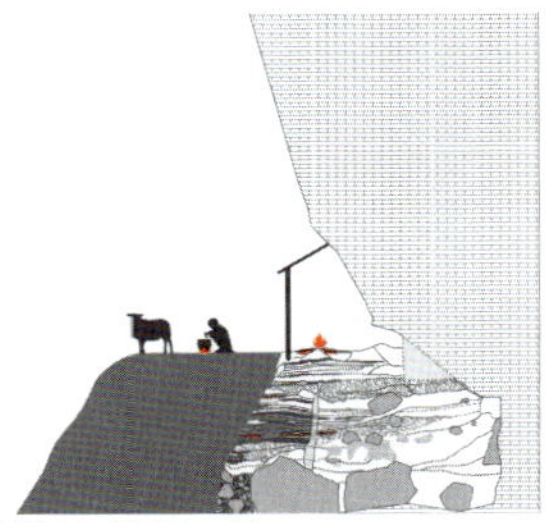

1700 bis 1000 v. Chr. – Mittel- und Spätbronzezeit

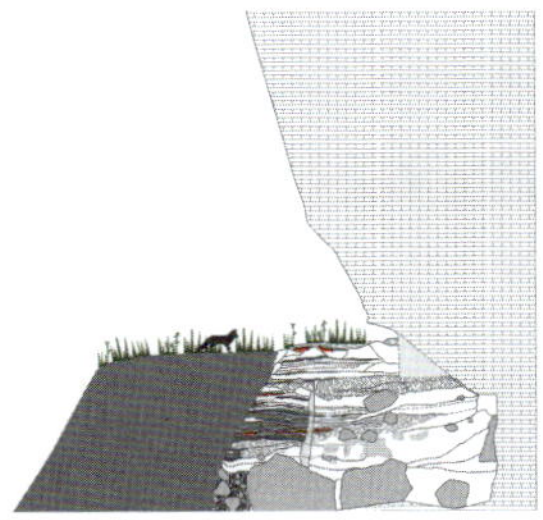

1000 bis 400 v. Chr. – Nutzungsunterbruch

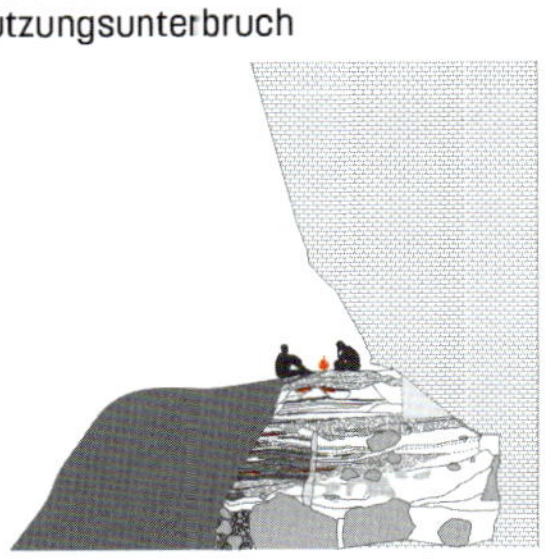

400 v. Chr. bis 3. Jh. n. Chr. – jüngere Eisenzeit und römische Epoche

3. Jh. n. Chr. bis 2011 n. Chr. – keine Nutzung

Frühjahr 2011 – Baggerarbeiten

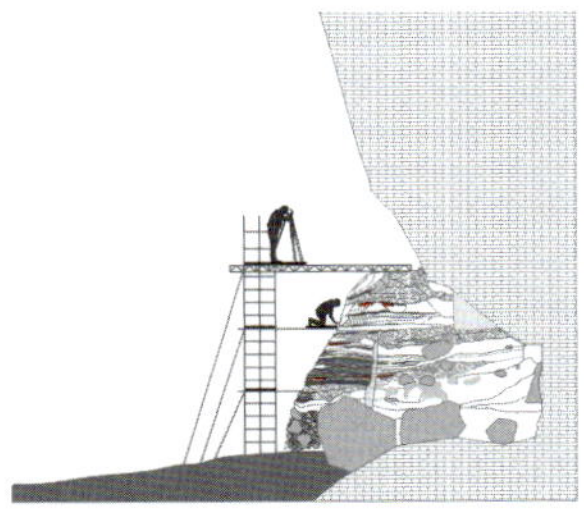

Juli 2011 bis Juni 2012 – Ausgrabung der Kantonsarchäologie St. Gallen

307

Geotope

Adrian Pfiffner

Unter einem Geotop versteht man gemäss der Arbeitsgruppe Geotopschutz Schweiz einen räumlich begrenzten Teil der Geosphäre von besonderer geologischer, geomorphologischer oder geoökologischer Bedeutung (Strasser et al. 1995). Geotope beinhalten wichtige Zeugen der Erdgeschichte und geben Einblick in die Entwicklung der Landschaft und des Klimas. Sie sind der Nachwelt zu erhalten. Geotope sind vor Einflüssen, die ihre Substanz, Struktur, Form oder natürliche Weiterentwicklung beeinträchtigen, zu bewahren.

Innerhalb des Alpsteins, im Bundesarchiv der Landschaften und Naturdenkmäler von nationaler Bedeutung (BLN 1612 Säntisgebiet), sind zahlreiche Geotope ausgeschieden. Sie sind auf der Karte in Abb. 308 dargestellt und werden nachstehend kurz umrissen. Zusätzliche Information hierzu sind auf den publizierten Inventarlisten für den Kanton St. Gallen (Stürm et al. 2003 und Stürm und Keller 2008) und für Appenzell Ausserrhoden und Innerrhoden (Keller et al. 2007) zu finden.

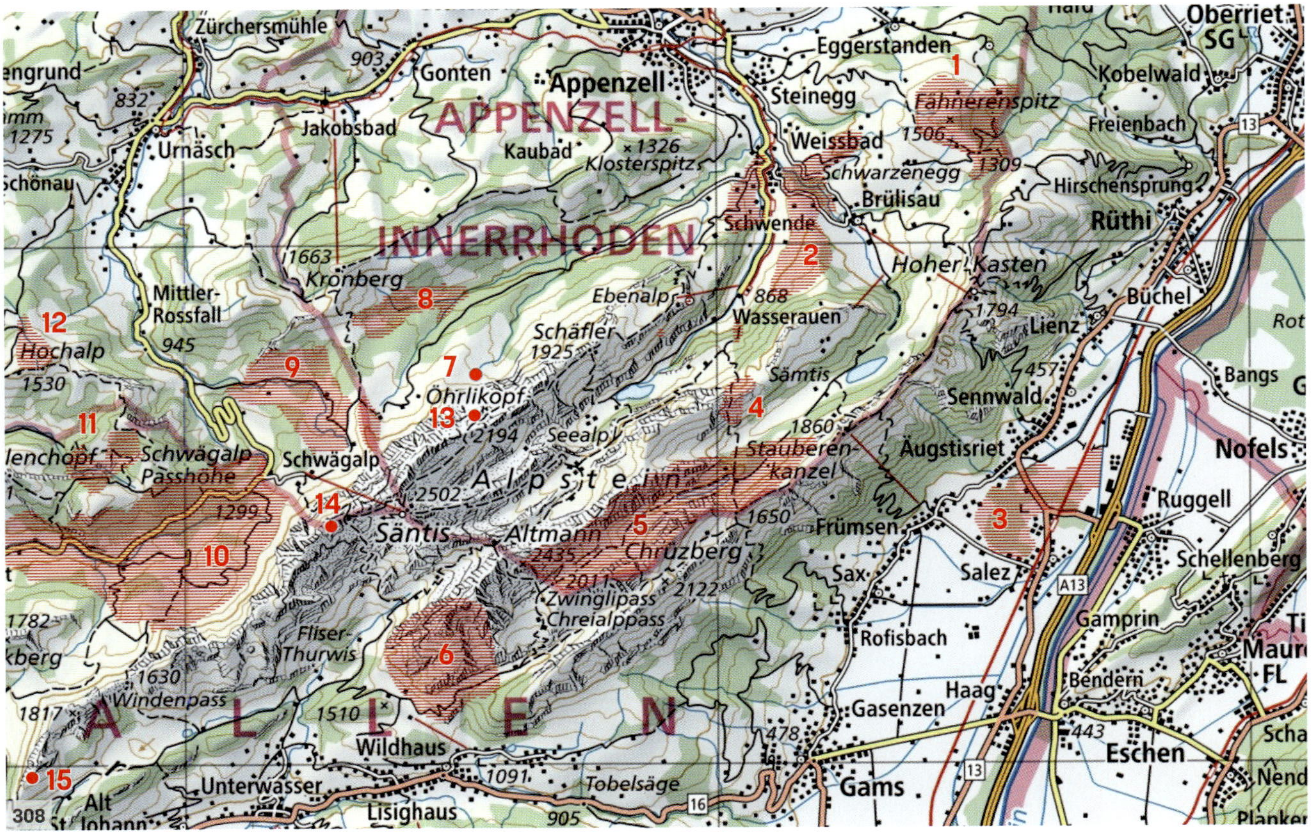

1 Flyschgebirge Fähneren
2 Glazialkomplex Weissbad–Schwende
3 Bergsturz Sennwald–Salez
4 Sax-Schwende-Bruch
5 Faltengebirgslandschaft Fählensee–Altmann
6 Falten und Schuppen am Wildhuser Schofberg
7 Säntis-Überschiebung am Dunkelbendli
8 Riesenkonglomerat Seckbachtobel
9 Glaziallandschaft Aueli/Trosbach
10 Glaziallandschaft Oberes Luterental
11 Erosionstrichter Ofenloch
12 Molassekar Rossmoos
13 Typlokalität der Öhrli-Formation
14 Typlokalität der Tierwis-Formation und Paratypuslokalität des Altmann-Members
15 Typlokalität der Kamm-Bank

308 Karte des Alpsteins mit eingetragenen Geotopen.
Kartengrundlage: ©swisstopo, ergänzt von Adrian Pfiffner

Flyschgebirge Fähneren

Adrian Pfiffner

Am Fähnerenspitz liegen Flyschgesteine der unterpenninischen Decken auf dem Gesteinsgemisch des Wildhaus-Mélanges (Abb. 101 und Abb. 102). In beiden Gesteinseinheiten dominieren mergelige und schiefrige Gesteine, die wenig erosionsresistent sind. Deshalb entstanden sanfte Geländeformen, ohne die für den Alpstein so typischen Felswände und Felsrippen. Tiefgründige Verwitterung der tonreichen, durchnässten Gesteine verursachen auf den Hängen da und dort Rutschungen.

309

310

309 Der Fähnerenspitz (links) besitzt im Kontrast zur felsigen Kontur von Kamor und Hohem Kasten (rechts) sanfte und flach einfallende, vegetationsbedeckte Hänge. Letztere widerspiegeln die weichen mergeligen Gesteine des Felsuntergrundes.
Foto: Peter Kürsteiner

310 Im offenen Wald auf der Flanke des Fähnerenspitzes sind Bodenwellen zu erkennen, die durch die Rutschung der obersten Meter des weichen Felsuntergrundes entstanden sind.
Foto: Peter Kürsteiner

Halten
Klinik
Weissbad
Weissbad
823
1054
868
Ebnet
Böschel
911
St. Martin
Grund
Scheregg
913
Moos
875
Egg
Brülisau
905
912
838
Schwende
Kreuz
Schwende
Horst
966
Unteres Horn
Berg
Bieberen
048
Wees
Leugangen
Eugst
Unterbild
Rossweid
Obere
Leugangen
Loch
Blättli
Manteses
311 A

311 B

Glazialkomplex Weissbad–Schwende

Adrian Pfiffner

Seitliche Moränenwälle belegen auf der Ost- und Westseite des Schwendetals das Weissbad-Stadial des Schwende-Gletschers, dessen Nährgebiet im zentralen Alpstein (Gipfelregion von Säntis und Altmann) zu suchen ist. Zudem sind höherliegende Wälle des Schwende- und des Brüelbach-Gletschers zu erkennen, welche einem älteren Stadial, dem Konstanz-Stadial, zuzuordnen sind. Diese Gletscher hatten ihr

311 Topografische (A) und geologische Karte (B) des Schwendetals. Die glazialen Ablagerungen (Moränen) sind hellbeige, die Moränenwälle rot punktiert dargestellt. Die Findlinge sind mit + in blauer Farbe markiert.
Kartengrundlage: ©swisstopo

312 Blick von Wasserauen Richtung Schwende. Am sanften rechten Talhang liegt eine Moränenbedeckung vor, die vom Schwende-Gletscher abgelagert wurde.
Foto: Peter Kürsteiner

313 Blick nach Westen in das Schwendetal. Beim grasbedeckten Rücken links im Bild handelt es sich um eine Mittelmoräne, welche zwischen dem Gletscher aus dem Schwendetal und jenem aus der Talung von Brülisau entstanden ist.
Foto: Peter Kürsteiner

314 Gesteinsblöcke im Schlosswald nördlich Salez im St. Galler Rheintal, als Folge des Bergsturzes Sennwald–Salez.
Foto: Peter Kürsteiner

Nährgebiet im Raume Säntis–Altmann–Chrüzberg und reichten weit aus dem Alpstein nach Norden. Einen mächtigen erratischen Block (Findling) von 10 × 10 × 6 Meter Grösse liessen diese Gletscher bei Kreuz zwischen Brülisau und Weissbad zurück (Koordinaten 2'751'850 / 1'240'650). Er ist in der Bevölkerung als «Kultstein» bekannt (Abb. 184).

Bergsturz von Sennwald–Salez

Adrian Pfiffner

Der vom Bergrücken Stauberen–Hoher Kasten abgebrochene Bergsturz von Sennwald–Salez prallte auf die flache Talsohle des Rheintals und hinterliess dort einen ausgedehnten Trümmerstrom, der heute im Schlosswald nördlich Salez besucht werden kann (Abb. 188). Grosse Kalkblöcke aus Kreidesedimenten verhinderten eine Urbarmachung und liessen einen Wald wachsen.

315

315 Der Sax-Schwende-Bruch verläuft von Schwende aus durch die hier abgebildete Bogartenlücke und die Saxerlücke bis nach Sax im St. Galler Rheintal.
Foto: Andreas Butz

316 Bollenwees mit Fählensee und den steilgestellten Kalken der Gebirgskette Hundstein–Fählentürm. Im Bildhintergrund – und gespiegelt im See – ragt der Altmann aus dem Schnee.
Foto: Karl Tschanz

Sax-Schwende-Bruch

Adrian Pfiffner

Der Sax-Schwende-Bruch ist eine Seitenverschiebung, die es erlaubte, dass die Falten und Überschiebungen auf beiden Seiten des Bruchs völlig unabhängig voneinander verliefen. Die Bruchfläche ist Nord-Süd gerichtet und verläuft schnurgerade durchs Gebirge. Sichtbar wird der Bruch, da die Gesteine beidseits zertrümmert und dadurch herausgewittert und abgetragen wurden, sodass sie heute als morphologische Runsen in Erscheinung treten. Der Geotopkomplex ist in einzelne Teile gegliedert, in denen der geologische und morphologische Ausdruck besonders prägnant ist: Hüttentobel, Bogartenlücke, Bollenwees und Saxerlücke.

Faltengebirgslandschaft Fählensee–Altmann

Adrian Pfiffner

Die von Kalken dominierte Landschaft ist geprägt durch hohe Felswände und durch den langgestreckten Fählensee mit seinem unterirdischen Abfluss. Die Felsrücken im Norden (Hundstein) und Süden (Roslen- und Chreialpfirst) weisen grossräumige Falten auf, die von Querbrüchen zerschnitten sind. Das Geotop ist intensiv verkarstet und enthält verschiedene Höhlen, die zum Teil interessante Knochenfunde liefern. Der Fählensee hat ein Schluckloch (Ponor) nahe der Bollenwees, über welches der See ins Rheintal entwässert.

316

317

Falten und Schuppen am Wildhuser Schofberg

Adrian Pfiffner

317 Falten (weisse Linien) und Überschiebungen (rote Linien) am Wildhuser Schofberg, im Vordergrund der Gräppelensee.
Foto: Andreas Butz

318 Aufschluss Dunkelberndli mit scharfem Kontakt zwischen den schiefrigen Gesteinen der Subalpinen Molasse und dem Schrattenkalk der Säntis-Decke.
Foto: Adrian Pfiffner

319 Blick vom Schwizerälpli zur Alp Dunkelberndli. Der Pfeil zeigt auf den Aufschluss mit der sichtbaren Säntis-Überschiebung.
Foto: Peter Kürsteiner

Am Wildhuser Schofberg lässt sich das Zusammenspiel von Faltung und Überschiebung besonders gut beobachten. Im Blick vom Gräppelensee Richtung Osten ist unterhalb des langen Schneefelds die Umbiegung der Gesteinsschichten gut zu erkennen. Die Kalkschichten in den Felswänden links dieses Schneefelds zeigen eine Wiederholung: Es liegen zwei gleiche Schichtfolgen übereinander, getrennt durch eine Überschiebung. Zwei weitere Überschiebungen befinden sich im Bild weiter links.

Säntis-Überschiebung am Dunkelberndli

Adrian Pfiffner

Am Dunkelberndli, nördlich des Öhrlikopfs, ist auf 1300 Meter über Meer (Koordinaten 2'745'480 / 1'237'500) die Überschiebung der Kreidekalke der Säntis-Decke auf die Subalpine Molasse direkt anfassbar. Es handelt sich um den einzigen Aufschluss der Säntis-Überschiebung an der Alpenfront. Unter den Kreidekalken liegt ein wildes Gemisch von Mergeln, Sandsteinlinsen und zerbrochenen Nagelfluhbänken vor. Es sind dies Gesteine, die durch den Überschiebungsprozess aus ihrem ehemaligen Verband losgerissen wurden.

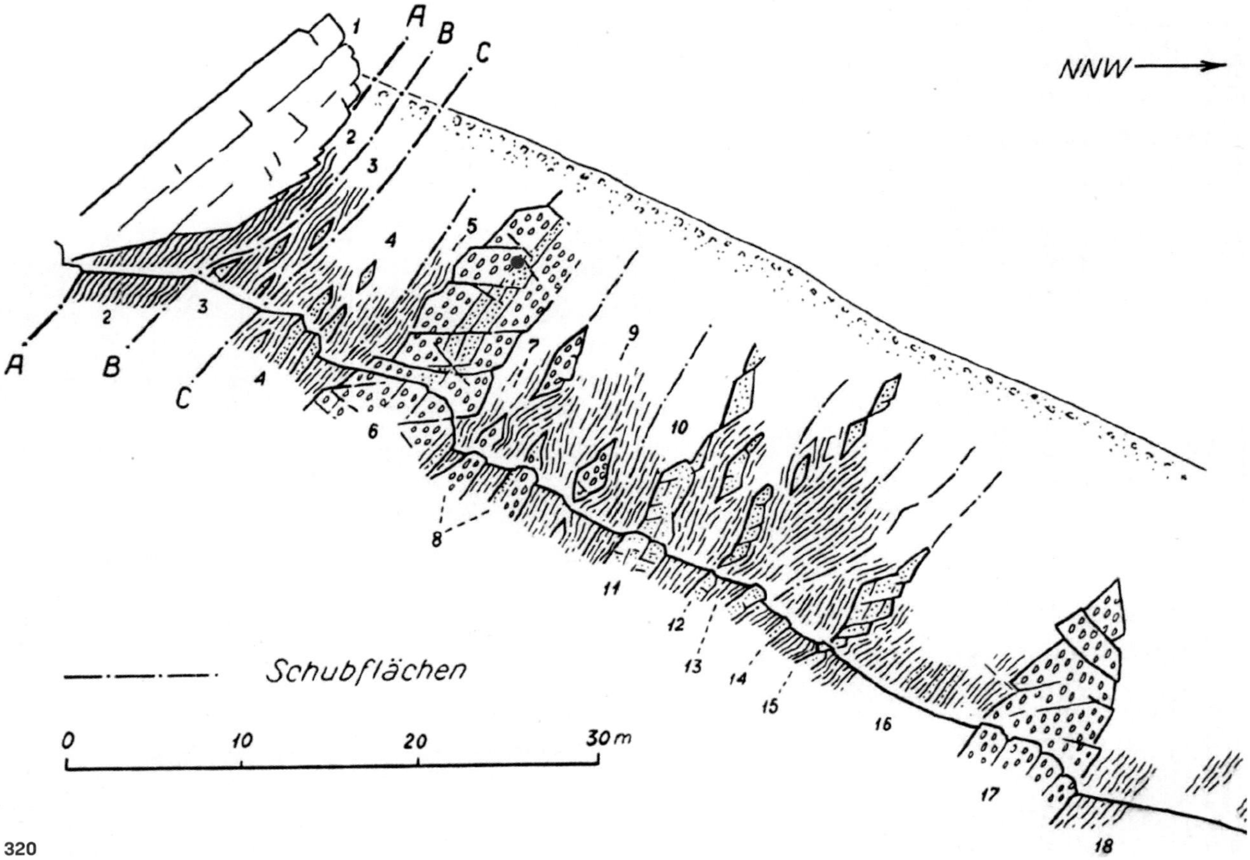

320

A-A Säntis-Überschiebung
B-B Bruchzone
C-C Bruchzone

1 Schrattenkalk, unten mit Rutschstreifen
2 zerquetschter, schwarzer Schiefer
3 zerquetschter, schwarzer Schiefer mit Phakoiden (Gesteinslinsen) von Molassekalksandstein
4 Grisigermergelähnliche Mergel mit Phakoiden von Molassesandstein
5 zwei stark verschieferte Rotmergelbänder, dazwischen bis 40 Zentimeter schwärzliche und graue Mergel
6 Kalksandstein in Wechsellagerung mit Kalknagelfluh, stark zerschert
7 bis 40 Zentimeter Rotmergel
8 vielfach ausgequetschte Nagelfluh-Kalksandsteinbank und grünlichgrauer Kalksandstein
9 grünlichgraue und rote, meist stark zerscherte Mergel mit Kalknagelfluhlinsen
10 graugrünliche Mergel mit besonders stark zerscherten und zerquetschten Rotmergelbändern
11 und 12 tektonisch stark zerrissene, sich in Linsen auflösende Kalksandsteinbänke
13 musartig zerriebene Rotmergel, graugrünliche und bituminöse, zerscherte Mergel
14 weniger zerscherte, grünliche Mergel und Mergelsandsteine
15 zerscherter Kalksandstein, darunter bituminöse und rötliche Mergel mit Kalksandstein- und Mergelsandstein-Phakoiden
16 weniger zerscherte, graugrünliche Mergel
17 ausgequetschte Kalknagelfluhbank
18 vorwiegend blaugrünlich-gelbliche, zum Teil rotgefleckte und stark zerscherte Mergel

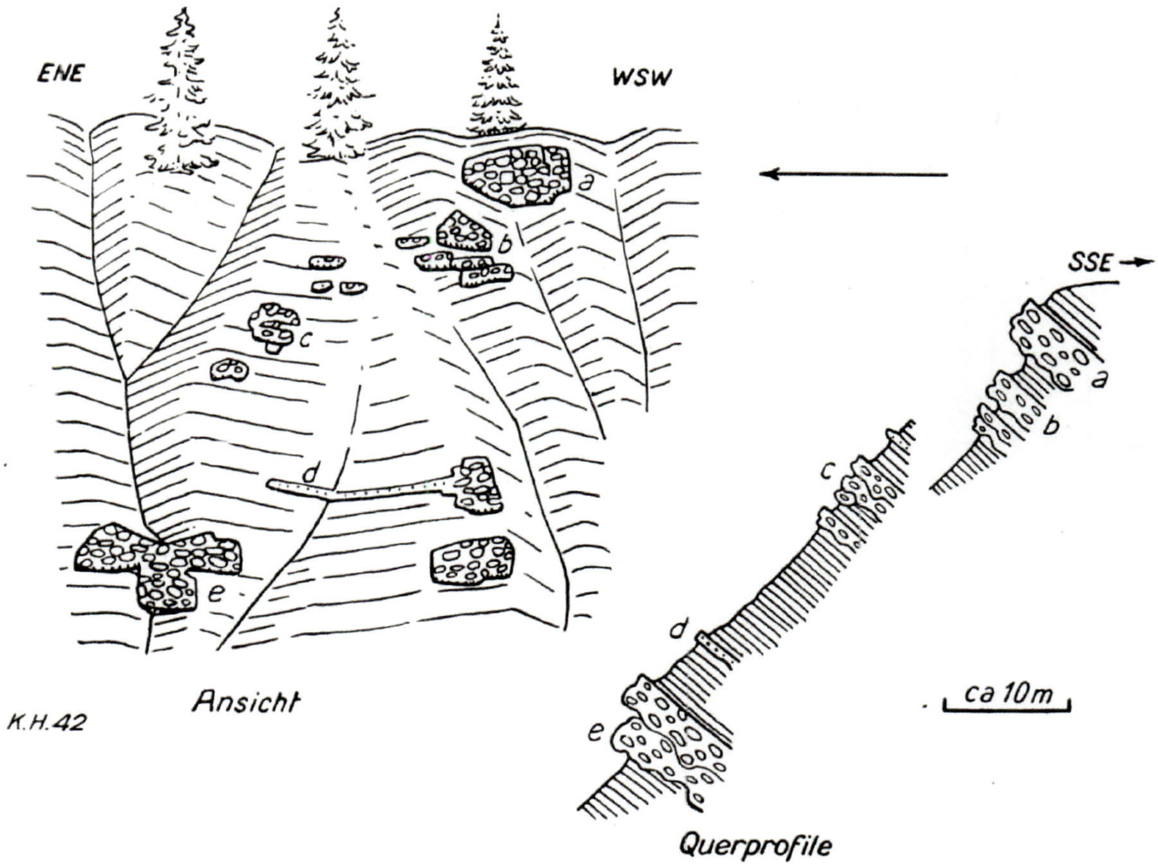

321

Riesenkonglomerat Seckbachtobel

Adrian Pfiffner

Im Seckbachtobel südöstlich des Kronbergs sind durch die Erosion des Seckbachs einmalige Aufschlüsse ans Tageslicht getreten: Konglomerate mit riesengrossen Komponenten schwimmen in gelben Mergeln. Konglomerate, auch als Riesenkonglomerate bezeichnet, sind Ablagerungen in engen Kanälen, die vor 25 Millionen Jahren durch die aus den Alpen austretenden Flüsse eingetieft wurden. Die gelben Mergel sind Ablagerungen, die bei Überflutung der uralten Landschaft im Vorland der werdenden Alpen entstanden sind.

320 Aufschluss Dunkelberndli mit wilder Abfolge verschiedener Sedimentgesteine, welche infolge Deformation unter der Säntis-Überschiebung teilweise in Linsen (sogenannte Phakoide) zerlegt sind.
Illustration: aus Habicht (1945), mit vereinfachter Erklärung der Zahlen

321 Rinnenfüllungen von Riesenkonglomeraten in Mergeln. Die Rinnenfüllungen sind im Querschnitt aufgeschlossen.
Illustration: aus Habicht (1945)

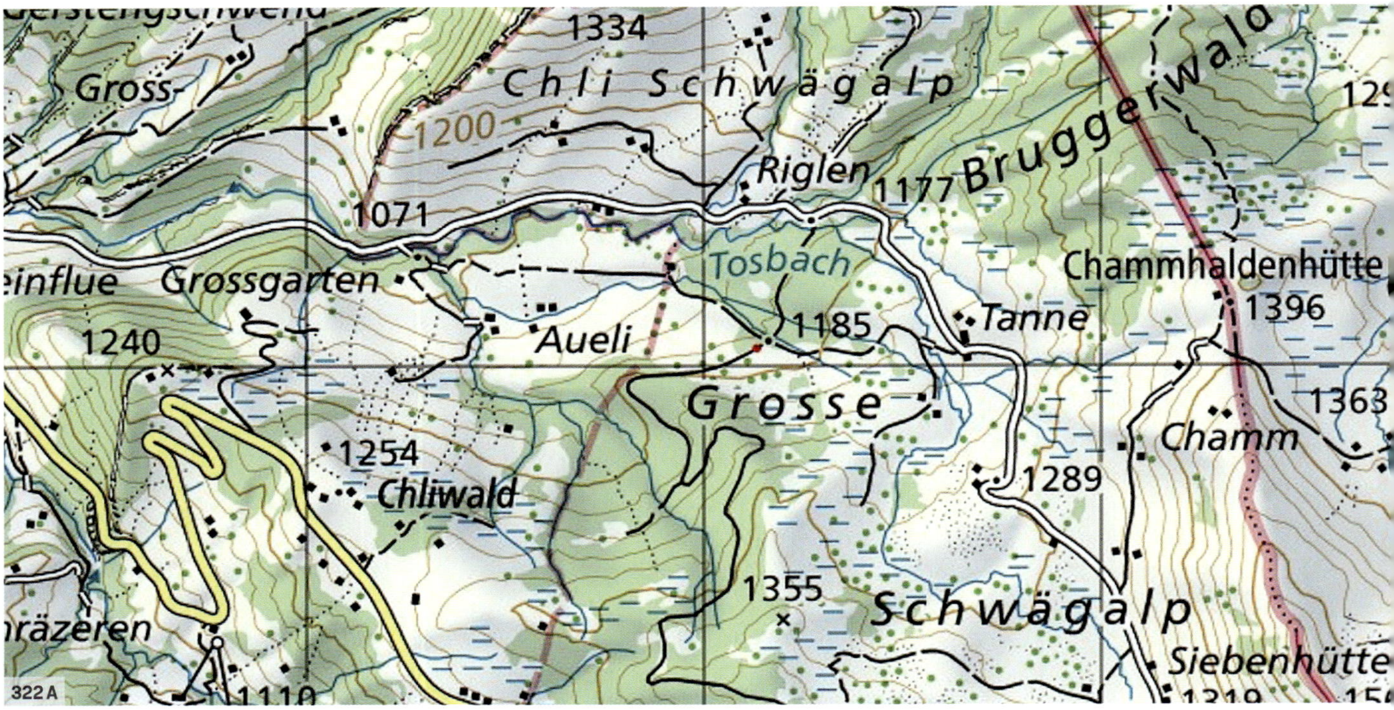

Glaziallandschaft Aueli/Tosbach

Adrian Pfiffner

Das Aueli ist ein Glazialtrog und Teil des Schwägalp-Kars. Ausgezeichnet erhaltene Seiten- und Stirnmoränen sind spätglaziale, circa 17 000 Jahre alte Eisrandbildungen. Sie sind ergänzt durch eine Vielzahl von erratischen Blöcken (Findlinge). Moränenwälle verlaufen parallel zur Talachse und sind als Seitenmoränen zu interpretieren.

322 Topografische (A) und geologische Karte (B) des Aueli nördlich der Schwägalp. In der geologischen Karte sind Moränenablagerungen hellbeige eingezeichnet. Die Findlinge sind mit + und Schwärme von Findlingen mit ⊕ markiert, beide in blauer Farbe. Moränenwälle sind rot punktiert dargestellt.
Kartengrundlage: ©swisstopo

323 Alp Chli Schwägalp gegenüber Aueli. Die sanften Hänge sind Moränenablagerungen, die lokal, im Bild zwischen den oberen und unteren Hütten, Rutschungen aufweisen.
Foto: Karl Tschanz

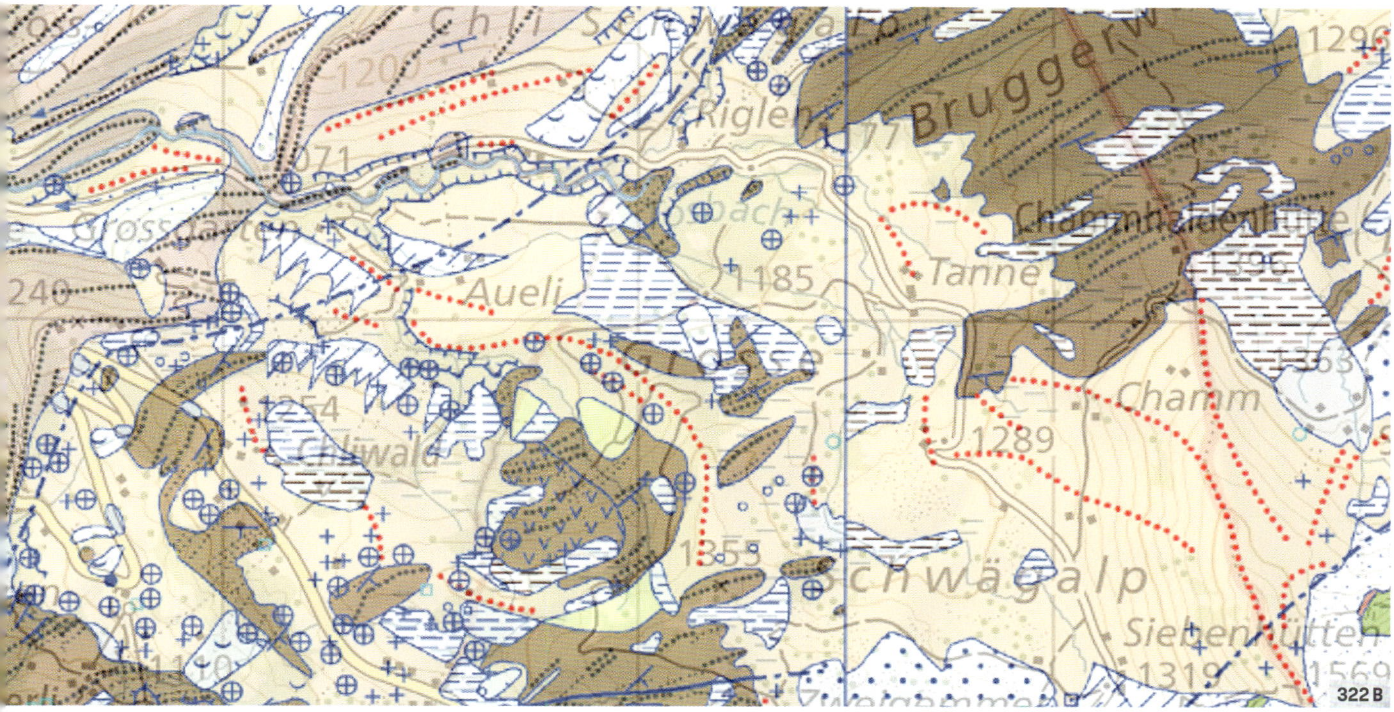
Riglen
Bruggerw
Aueli
1185
Tanne
Chamm
1289
Chliwald
Schwägalp
Siebenhütten
1353
1319
322 B

323

Glaziallandschaft Oberes Luterental

Adrian Pfiffner

324 Moränenlandschaft Säntisalp im Luterental. Zahlreiche Moränenwälle sind rund um die Hütten zu erkennen.
Foto: Karl Tschanz

325 Topografische (A) und geologische (B) Karte des Luterentals. In letzterer sind Moränenablagerungen hellbeige eingezeichnet. Die Findlinge sind mit + in blauer Farbe markiert, Moränenwälle sind rot punktiert dargestellt. Bei den blau punktieren Flächen handelt es sich um Trümmer von Felsstürzen.
Kartengrundlage: ©swisstopo

Im oberen Teil des Luterentals sind zahlreiche gut erhaltene, spätglaziale Moränenwälle vorhanden (Abb. 171). Bei den vielen Findlingen handelt es sich jeweils um aus der Säntis-Decke stammende Kalke. Talabwärts, unterhalb Lutertannen, sind Blockschuttablagerungen in den steilen Hängen zu sehen. Diese entstanden durch Felsstürze und wurden teilweise vom Gletscher überfahren.

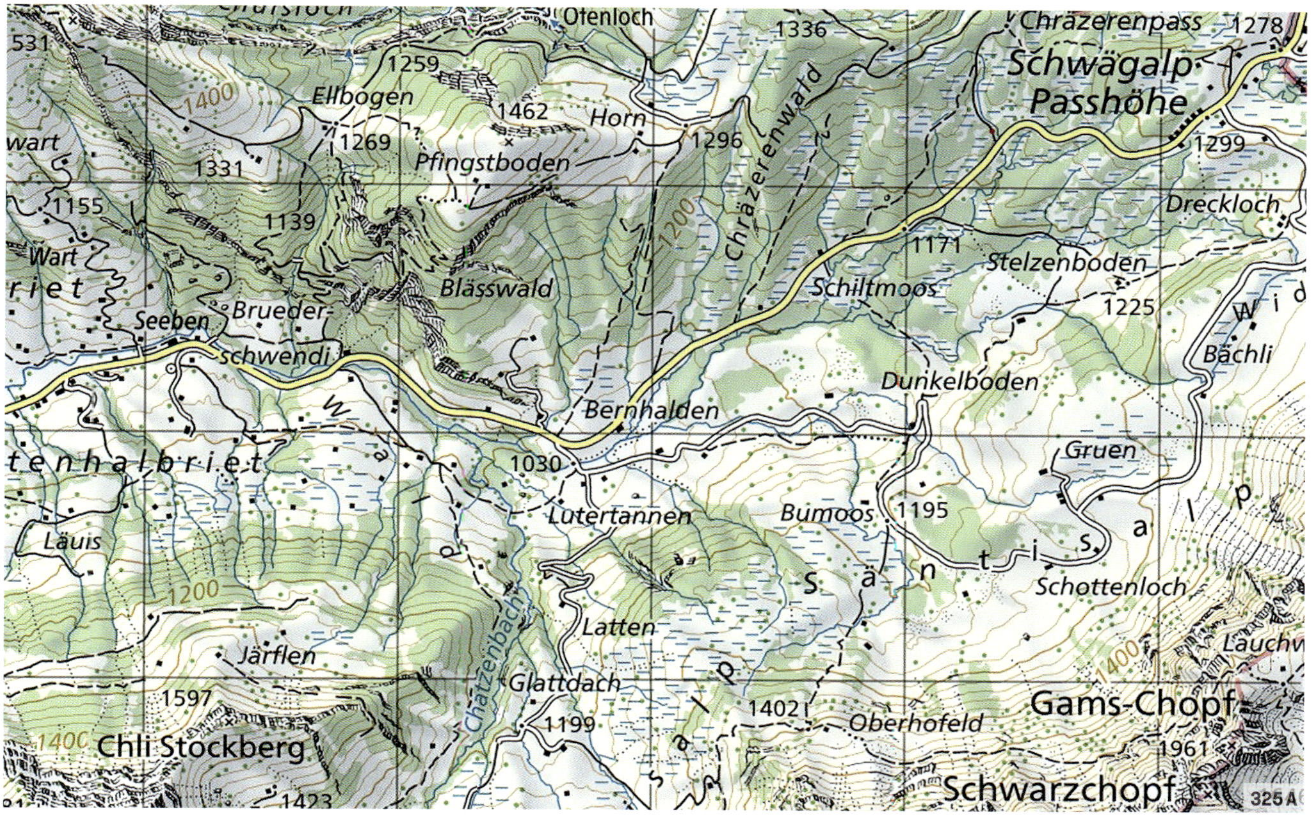

Ofenloch
1336
Chräzerenpass
1278
Schwägalp-Passhöhe
1259
Ellbogen
1400
1462
Horn
1296
1299
wart
1269
Pfingstboden
1331
Chräzerenwald
1155
1139
1200
Dreckloch
Wart
1171
Stelzenboden
riet
Blässwald
Schiltmoos
1225
Seeben
Brueder-schwendi
Wid
Bächli
Dunkelboden
Bernhalden
Gruen
tenhalbriet
1030
Wald
Lutertannen
Bumoos
1195
Läuis
Säntisalp
Schottenloch
1200
Latten
Chatzenbach
Lauchw
Järflen
1400
Glattdach
1597
1402
Gams-Chopf
1199
Oberhofeld
1400
Chli Stockberg
1961
1423
Schwarzchopf
325 A

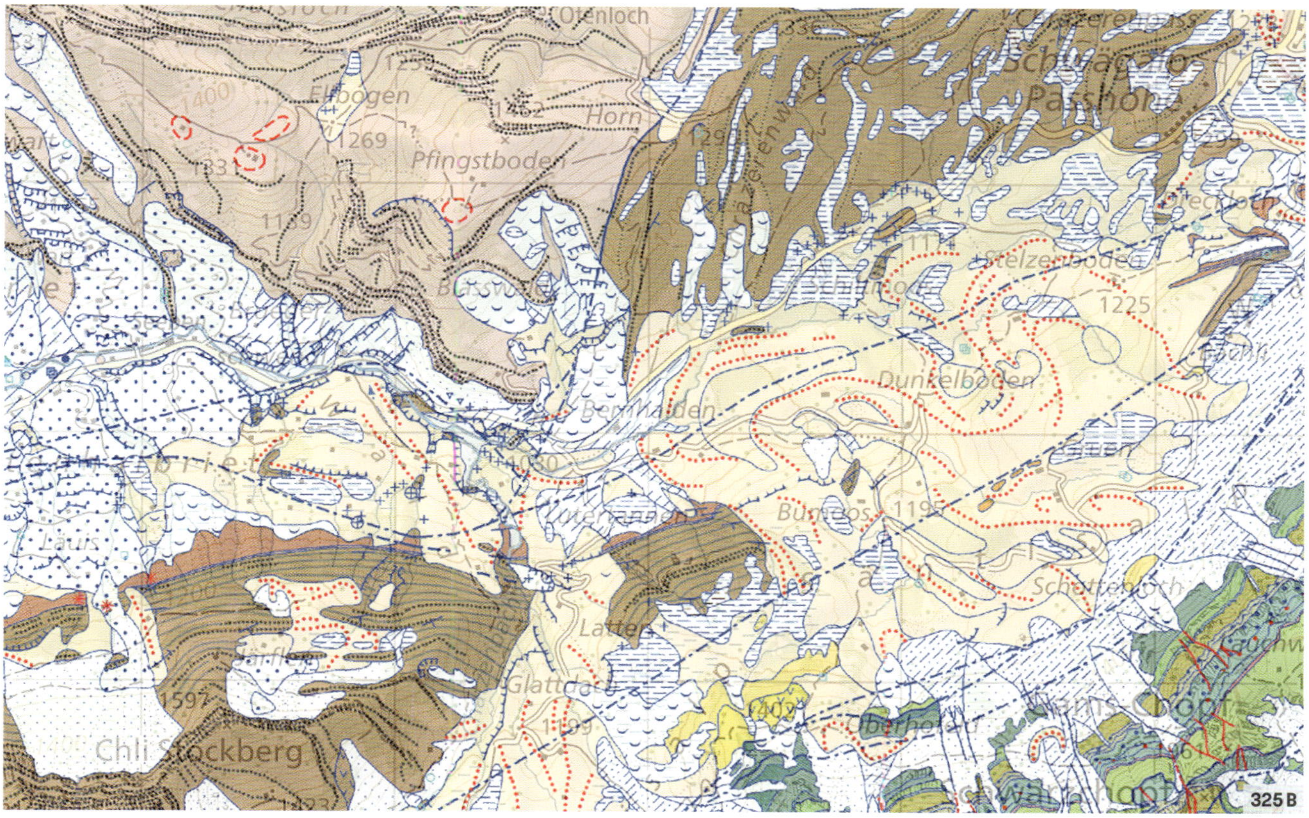

325 B

Erosionstrichter Ofenloch

Adrian Pfiffner

Durch Zurückwittern einer weichen Mergellage zwischen harten Nagelfluhbänken entstand eine 60 Meter tiefe Höhle, deren Dach eine Spannweite von 100 Metern aufweist. Die Auswaschung der Höhle durch den Necker passierte präglazial. Seither hat sich der Necker rund 50 Meter in den Untergrund eingetieft.

326 Blick von der Hochalp in Richtung Süden. Im Mittelgrund die Nagelfluhwände der Neckerschlucht, in welcher das Ofenloch eingetieft ist. Im Hintergrund die Churfirsten.
Foto: Peter Kürsteiner

327 Necker-Schlucht mit Nagelfluhwänden beim Ofenloch.
Foto: Peter Kürsteiner

328 Ofenloch am Necker, westlich der Schwägalp.
Foto: Peter Kürsteiner

328

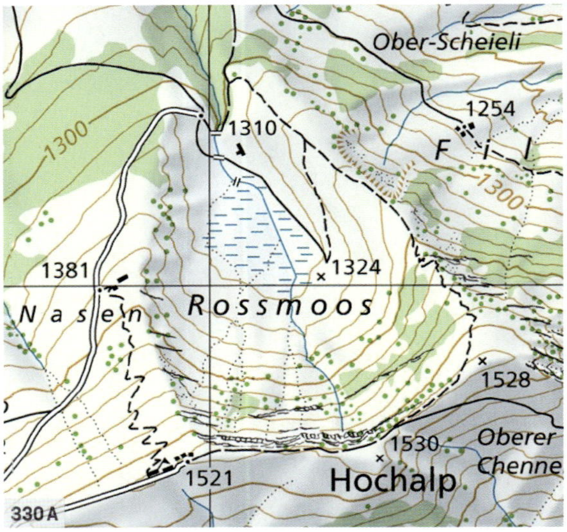

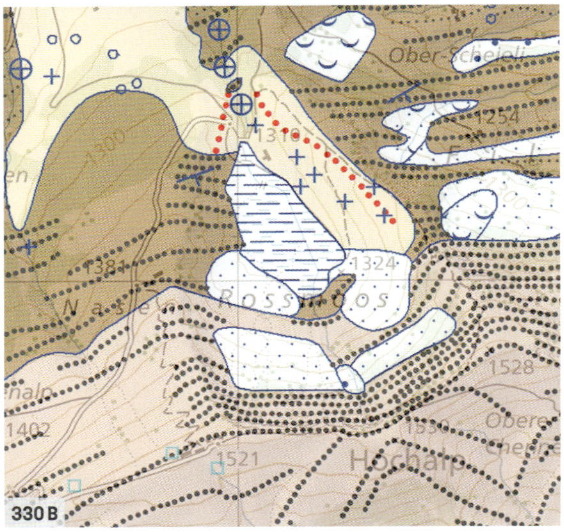

329 Rossmoos-Kar mit Blick Richtung Hochalp. Die hufeisenförmige Mulde ist flankiert von zwei Geländerücken.
Foto: Peter Kürsteiner

330 Topografische (A) und geologische (B) Karte des Rossmoos-Kars. In letzterer sind Moränenablagerungen hellbeige eingezeichnet. Die Findlinge sind mit + markiert und Schwärme von Findlingen mit ⊕, beide in blauer Farbe. Moränenwälle sind rot punktiert dargestellt.
Kartengrundlage: ©swisstopo

331 Der Öhrlikopf ist die Typlokalität der Öhrli-Formation.
Foto: Andreas Kürsteiner

Molassekar Rossmoos

Adrian Pfiffner

Das Rossmoos sitzt in einem perfekt ausgebildeten halbkreisförmigen Kar im Norden der Hochalp. Am Karausgang sind Seitenmoränen vorhanden, die vor 17 000 Jahren im Weissbad-Stadial angelegt wurden. Die Karrückwand ist in Nagelfluhbänken der Unteren Süsswassermolasse (USM) angelegt.

Typlokalität der Öhrli-Formation

Adrian Pfiffner

Typlokalitäten sind Orte, an denen eine Schichtabfolge mit bestimmter Zusammensetzung und mit Unter- und Obergrenze eindeutig definiert werden kann. Als Paratypuslokalität bezeichnet man eine neue Lokalität, die eine bereits bestehende Typlokalität ergänzt oder ersetzt. Die nachfolgend aufgeführten Lokalitäten werden auf den Seiten 25 bis 33 ausführlich beschrieben. Die Öhrli-Formation der frühen Kreide ist nach der Typlokalität Öhrlikopf benannt. Die Erstdefinition der Formation stammt von Arnold Heim (Heim 1907). Die formelle Definition mit lithologischen und biostratigrafischen Angaben wurde 100 Jahre später erstellt (Föllmi et al. 2007).

Typlokalität der Tierwis-Formation und Paratypuslokalität des Altmann-Members

Adrian Pfiffner

332 Typlokalität der Tierwis-Formation und Paratypuslokalität des Altmann-Members auf der Südost-Flanke des Grenzchopfs.
Foto: Karl Tschanz

333 Typlokalität der Kamm-Bank auf dem Südgrat des Neuenalpspitzes, im Vordergrund die Alp Tal.
Foto: Peter Kürsteiner

Die Typlokalität der Tierwis-Formation befindet sich nordöstlich der Tierwis auf der SE-Flanke des Grenzchopfs. Der Name «Altmannschichten» wurde bereits von Arnold Escher von der Linth aufgrund seiner Beobachtungen am Altmann geprägt (Escher von

der Linth 1853). Für das Altmann-Member ist die früher festgelegte Typlokalität am Altmasattel ungünstig, da die Abfolge der Schichten dort nicht vollständig ist. An der später neu gewählten Paratypuslokalität des Altmann-Members nahe der Tierwis ist sie vollständig (Funk 1969). Die formellen Definitionen der Typlokalität sowie der Paratypuslokalität mit lithologischen und biostratigrafischen Angaben wurden erst später erstellt (Föllmi et al. 2007).

Typlokalität der Kamm-Bank

Adrian Pfiffner

Die Kamm-Bank ist das jüngste Schichtglied der Garschella-Formation. Die Typlokalität befindet sich auf dem Grat (oder eben Kamm) südlich des Neuenalpspitzes. Diese Schicht wurde von Escher von der Linth als Turrilitenhorizont beschrieben (Escher von der Linth 1853). Viel später wurde dann die formelle Definition der Kamm-Bank geprägt (Föllmi et al. 2007).

Anhang

Literaturverzeichnis

Aargauer Zeitung (2017): «Wie wir gelacht haben». Nachruf vom 11. Juli 2017 zum Tod von Winfried Röder, Mesmer und Sakristan im Kloster Neu St. Johann.

Aeschlimann H. (2008): Der Blau Schnee in Vergangenheit und Gegenwart. Berichte der St. Gallischen Naturwissenschaftlichen Gesellschaft 91, 37–54.

Aksay S., Ivy-Ochs S., Hippe K., Grämiger L. und Vockenhuber C. (2021): Slope Failure in a Period of Increased Landslide Activity: Sennwald Rock Avalanche, Switzerland. Geosciences 2021, 11, 331–351. Online: https://doi.org/10.3390/geosciences11080331 (konsultiert am 01.04.2025).

Alean Chr. (1971): Vom «Öhrlidiamanten» zum Stern- und Zepterquarz. 1. Teil. Schweizer Strahler 2/6, 179–185.

Altorfer K., Hartmann C. und Affolter J. (2018): Frühe Bauern im Klettgau: Der Alt- und Mittelneolithische Siedlungsplatz Gächlingen-Goldäcker. Schaffhauser Archäologie 10. Schaffhausen.

Anderes B. (1991): Beitrag zu Baugeschichte und Ausstattung der Kirche Nesslau. In: Vogel J.: Das evangelische Nesslau von der Reformation bis 1806. Beiträge zur Kultur und Geschichte im oberen Toggenburg 3, 95–99. Verlag H.U. Scherrer, Nesslau.

Anzeiger vom Alpstein (1907): Die neuentdeckte Höhle im Alpsteingebirge. Ausgabe Nr. 65, 14. August 1907.

AquaPlus AG (2021a): Limnologische Untersuchungen Fählensee, Sommerstagnation 2020. Tiefenprofile, Sedimente und Sauerstoffentwicklung. Fachbericht Nr. 1296-B-09 vom 13. Januar 2021, Zug.

AquaPlus AG (2021b): Trophieverhältnisse Fählensee. Entwicklung des Nährstoffgehaltes seit dem 15. Jahrhundert. Fachbericht Nr. 1296-B-08 vom 9. Februar 2021, Zug.

Arbenz P. (1923): Geologisch-hydrologische Studien über die Abflussverhältnisse des Sämtisersees und des Fälensees. Bern.

Atlas der Schweiz (2025): Offizieller Nationalatlas. ETH Zürich, Institut für Kartografie und Geoinformation, Zürich. Online: https://www.atlasderschweiz.ch/de/ (konsultiert am 24.05.2025).

Attinger R. A. (1988): Tracerhydrologische Untersuchungen im Alpstein. Methodik des kombinierten Tracereinsatzes für die hydrologische Grundlagenerarbeitung in einem Karstgebiet. Geographica Bernensia 29.

Bächler E. (unpubliziert): Grabungsprofile Wildkirchli I. 1905/06, 1906/07, 1907/08. Naturmuseum St. Gallen.

Bächler E. (unpubliziert): Grabungsprofile im Wildkirchli II. 1906/07, 1907, 1908, Schluss. Naturmuseum St. Gallen.

Bächler E. (1905): Beiträge zur Kenntnis der Höhlen des Säntisgebirges. Jahrbuch der St. Gallischen Naturwissenschaftlichen Gesellschaft, Band 45 (1904), 239–309.

Bächler E. (1906): Die prähistorische Kulturstätte in der Wildkirchli-Ebenalphöhle (Säntisgebirge, 1477–1500 Meter über Meer). Verhandlungen der Schweizerischen Naturforschenden Gesellschaft 89, 347–420.

Bächler E. (1925): Naturgeschichtliches aus dem Säntisgebirge. Anhang im Illustrierten Führer durch das Säntisgebiet von Gottlieb Lüthi und Carl Egloff. 5. Auflage. Verlag der Fehr'schen Buchhandlung, St. Gallen.

Bächler E. (1930): Der verwünschte oder verhexte Wald im Brüeltobel. Appenzeller Kalender, 209.

Bächler E. (1936): Das Wildkirchli. Eine Monographie von Dr. Emil Bächler. Selbstverlag von der Sektion St. Gallen des Schweizer Alpenclub. Buchdruckerei H. Tschudy & CO., St. Gallen.

Bächler E. (1940): Das alpine Paläolithikum der Schweiz im Wildkirchli, Drachenloch und Wildenmannlisloch. Die ältesten menschlichen Niederlassungen aus der Altsteinzeit des Schweizerlandes. Monographien zur Ur- und Frühgeschichte der Schweiz. Verlag Birkhäuser & Cie, Basel.

Bächler H. (1945): Untersuchungen über die Entstehung einiger Höhlen im Säntisgebirge. Bericht über die Tätigkeit (Jahrbuch) der St. Gallischen Naturwissenschaftlichen Gesellschaft 71, 68–143.

Baron-Szabo R. C., Tschanz K. und Kürsteiner P. (2022): Scleractinian corals from the Lower Cretaceos of the Alpstein area (Anthozoa; Vitznau Marl; lower Valanginian) and preliminary comparison with contemporaneous coral assemblages. Swiss Journal of Palaeontology 141/3, 1–61.

Bassin L., Della Casa P., Deseine A., Jakob B., Kramer L., Wegmüller F. und van Willigen S. (2024): The Meso-Neolithic transition between the Alps and the Jura Mountains: a state of the question in Switzerland and the Upper Rhine Graben. Jahrbuch Archäologie Schweiz 107, 137–163.

Bodin S., Godet A., Vermeulen J., Linder P. und Föllmi K. B. (2006): Biostratigraphy, sedimentology and sequence stratigraphy of the latest Hauterivian – early Barremian drowning episode of the Northern Tethyan margin (Altmann Member, Helvetic Nappes, Switzerland). Eclogae Geologicae Helvetiae 99, 157–174.

Braun I. (2005): Die Altsteinzeit in der Schweiz. Helvetia Archaeologica 141/142, 17–40.

Büchi U. P. und Hofmann F. (1954): Telemagmatische Gänge in der unteren Kreide des Säntis-Gebirges. Eclogae Geologicae Helvetiae 47/2, 309–314.

Bundesamt für Landestopographie Swisstopo (2009): Die Schweiz während des letzteiszeitlichen Maximums (LGM), Karte 1:500 000. Landesgeologie, Wabern.

Bundesamt für Wasser und Geologie (2003): Anweisungen zur Darstellung des quartären Formenschatzes sowie weiterer Zeichen und Signaturen bei der Reinzeichnung der Manuskriptkarten des Geologischen Atlas der Schweiz 1:25 000.

Bundesamt für Umwelt (2015): Einzugsgebiete und Einzugsgebietseinheiten in Karstgebieten. Online: https://map.geo.admin.ch (konsultiert am 01.04.2025).

Cornelissen M. und Reitmaier Th. (2016): Filling the gap: Recent Mesolithic discoveries in the central and south-eastern Swiss Alps. Quaternary International 423, 9–23.

Deák J., Preusser F., Cattin M.-I., Castel J.-C. und Chauvière F.-X. (2019): New data from the Middle Palaeolithic Cotencher cave (Swiss Jura): site formation, environment and chronology. E&G Quaternary Science Journal 67, 41–72. Online: https://egqsj.copernicus.org/articles/67/41/2019/ (konsultiert am 10.02.2025).

Deicke J. C. (1862): Die nutzbaren Mineralien der Kantone St. Gallen und Appenzell. Bericht über die Thätigkeit der St. Gallischen Naturwissenschaftlichen Gesellschaft während des Vereinsjahres 1861–1862, 90–112.

Delaloye R. (2004): Contribution à l'étude du pergélisol de montagne en zone marginale. PhD thesis, Fac. Sciences, Université Fribourg, GeoFocus 10.

Delamette M. (1988): Relation between the condensed Albian deposits of the Helvetic domain and the oceanic current-influenced continental margin of the northern Tethys. Bulletin de la Société Géologique de France IV/5, 739–745.

Droser M. L., Jensen S. und Gehling J. G. (2002): Trace fossils and substrates of the terminal Proterozoic–Cambrian transition. Implications for the record of early bilaterians and sediment mixing. Proceedings of the National Academy of Sciences, Vol. 99/20, 12572–12576.

Egli J. J. (1865): Die Höhlen des Ebenalpstocks im Canton Appenzell I. Rh. Verlag Huber & Comp. (F. Fehr), St. Gallen.

Epprecht B., Preusser F., Graf G., Buechi M. W. und Anselmetti F. S. (in Vorbereitung): Formation of down-stepping deltas (Lake Sämtisersee, Switzerland). Sedimentology.

Escher von der Linth Arn. (1853): Geologische Bemerkungen über das nördliche Vorarlberg und einige angrenzende Gegenden. Denkschriften der Schweizerischen Naturforschenden Gesellschaft.

Escher von der Linth Arn. (1878): Geologische Beschreibung der Sentis-Gruppe. Beiträge zur Geologischen Karte der Schweiz. 13. Lieferung.

Felber T. (1884): Ein Zwergwald im Kanton Appenzell I.-Rh. Jahrbuch des Schweizer Alpenclub 19 (1883/84), 574–577.

Figuier L. (1866): The world before the deluge. Appleton, New York.

Filipponi M. (2009): Höhlenentstehung entlang Schichtfugen. AGS-INFO – Zeitschrift der Arbeitsgemeinschaft für Speläologie Regensdorf, Heft 2, 44–51.

Filipponi M., Bauer S., Höfer-Öllinger G. und Jörin U. (2022): Karstnomenklatur für Ingenieurgeologen und Bauingenieure. Buchschmiede, Wien.

Filipponi M. und Hitz O. (2004): Untersuchungen in der Kristallhöhle Kobelwald – Karsthydrologie, Höhlensedimente, Holzfunde. AGS-INFO – Zeitschrift der Arbeitsgemeinschaft für Speläologie Regensdorf, Heft 2, 79.

Filipponi M., Jeannin P. Y. und Tacher L. (2009): Evidence of inception horizons in karst conduit networks. Geomorphology 106/1–2, 86–99.

Fischer M. (1992): R7/039, Altwasser I. 1. Bericht. Höhlenkurier 1992/2, 6–23.

Fischer M. (1997a): Beobachtungen an Windlöchern im Brüeltobel, Raum Rompeli bis Zwergwald. Höhlenkurier 1997/3, 2–29.

Fischer M. (1997b): R5/046 Neuschneehöhle. Höhlenkurier 1997/3, 30–35.

Fischer M. (1999): R7/015 Furgglenhöhle. Höhlenkurier 1999/2, 7–25.

Fischer M. (2002): Von Mondmilch und Tropfsteinen: Aus der Höhlenwelt des Alpsteins. In: Bürgin, T. (Red.): Alpstein An- und Einsichten. Naturmuseum St. Gallen, St. Gallen.

Fischer M. (2003): Holozäne Wirbeltierknochen aus einer Karsthöhle auf 1500 Meter über Meer im südöstlichen Alpstein (Kanton AI, Schweiz). Höhlenkurier 2003/2, 11–44.

Fischer M. (2004): R7/039, Altwasser-I. Schlussbericht. Höhlenkurier 2004/2, 2–39.

Fischer M. (2006): R1/049 Zigerloch (Altenalp). Höhlenkurier 2006/2, 5–25.

Fischer M. (2007): Nasenloch Ost und Nasenloch West, R1/074–075. Höhlenkurier 2007/2, 14–22.

Fischer M. (2008): Zwei Altersbestimmungen an Steinbockknochen aus dem Alpstein. Höhlenkurier 2008/2, 10–11.

Fischer M. (2015): R5/046 Neuschneehöhle – Knochenbericht. Höhlenkurier 2015/1, 10–22.

Fischer M. (2019): R5/023 Eishöhle Chreialpfirst, Teilbericht 1. Höhlenkurier 2019/2, 4–15.

Fischer M., Jagher R. und Morel Ph. (1995): Rüte AI, Höhle Altwasser 1 (R7/039). Jahrbuch Schweizerische Gesellschaft für Ur- und Frühgeschichte 80, 191.

Fischer M., Jagher R. und Morel Ph. (1997): Die Altwasser-Höhle 1 (Rüte AI): eine spätpaläolithische Jagdstation auf 1410 Meter über Meer im südöstlichen Alpstein, Grabungen 1994 und 1995. Innerrhoder Geschichtsfreund 38, 5–19.

Fischer M. und Schönenberger J. (2007): Furgglenhöhle, R7/015, (Neuland 2005). Höhlenkurier 2007/2, 8–13.

Föllmi K. B. (1986): Die Garschella- und Seewer Kalk-Formation (Aptian-Santonian) im Vorarlberger Helvetikum und Ultra-Helvetikum. Mitteilungen aus dem Geologischen Institut der Eidgenössischen Technischen Hochschule und der Universität Zürich, Neue Folge 262, 1–391.

Föllmi K. B. (1989a): Evolution of the Mid-Cretaceous Triad. Plattform Carbonates, Phosphatic Sediments and Pelagic Carbonates Along the Northern Tethys Margin. Lecture Notes in Earth Sciences 23. Springer-Verlag, Berlin, Heidelberg.

Föllmi K. B. (1989b): Mid-Cretaceous Platform Drowning. Current-induced Condensation and Phosphogenesis, and Pelagic Sedimentation along the Eastern Helvetic shelf. In: Wiedmann J.: Cretaceous oft the western Tethys. Proc. 3rd intern. Cretaceous Symposium, Tübingen 1987. E. Schweizerbart'sche Verlagsbuchhandlung, Stuttgart, 585–606.

Föllmi K. B, Bodin S., Godet A., Linder P. und van de Schootbrugge B. (2007): Unlocking paleo-environmental information from Early Cretaceous shelf sediments in the Helvetic Alps: stratigraphy is the key! Swiss Journal of Geosciences 100, 349–369.

Föllmi K. B. und Ouwehand P. J. (1987): Garschella-Formation und Götzis-Schichten (Aptian-Coniacian): Neue stratigraphische Daten aus dem Helvetikum der Ostschweiz und des Vorarlbergs. Eclogae Geologicae Helvetiae 80/1, 141–191.

Fröhlicher H. (1960): Nutzbare Materialien. In: Erläuterungen zum Geologischen Atlas der Schweiz, Blatt St. Gallen – Appenzell (Atlasblatt 23), 77–81.

Funk H. (1969): Typusprofile der helvetischen Kieselkalk-Formation und der Altmann-Schichten. Eclogae Geologicae Helvetiae 62/1, 191–203.

Funk H. (1975): The origin of authigenic quarz in the Helvetic Siliceous Limestone (Helvetischer Kieselkalk). Switzerland. Sedimentology 22, 299–306.

Funk H. (2000): Stratigraphie. In: Erläuterungen zum Geologischen Atlas der Schweiz, Blatt 1115 Säntis (Atlasblatt 78), 7–18.

Glur L. (2013): Holocene flood variability and glacier fluctuations in the Central Alps revealed by lacustrine sediments. Dissertation ETH Zürich Nr. 21027.

Graf G. L., Epprecht B. L., Gastineau R., Kremer K., Szidat S., Büchi M. W. und Anselmetti F. S. (in Vorbereitung): Palaeoclimate-induced lake-level changes of Lake Sämtisersee (Eastern Switzerland) during the Holocene. Swiss Journal of Geoscience.

Graf R. (2016): Zwinglipassgebiet Alpstein/SG: 10 Jahre Forschungslager 2007 bis 2016. Höhlenpost 149, 2–13.

Graf R. (2017): Wasserstandsmessung in der Schneehöhle. Höhlenpost 151, 44.

Grasmück-Pfluger M. (1962): Mikrofazielle Beobachtungen an den Öhrlischichten (Berriasian) der Typuslokalität. Eclogae Geologicae Helvetiae 55/2, 417–442.

Grob R. (2006): Windlöcher und Eishöhlen im Toggenburger Alpstein. Toggenburger Jahrbuch, 167–182.

Grosser H. (1975): Ein Fund von Braunbärenknochen im Alpstein. Innerrhoder Geschichtsfreund 20, 73.

Habicht K. (1945): Geologische Untersuchungen im südlichen sanktgallisch-appenzellischen Molassegebiet. Beiträge zur Geologischen Karte der Schweiz, neue Folge, 83. Lieferung. Kümmerli & Frey AG, Bern.

Haeberli W. (1990): Permafrost. Mitteilungen der Versuchsanstalt für Wasserbau, Hydrologie und Glaziologie der ETH Zürich 108, 71–88.

Haeuselmann P., Granger D. E., Jeannin P. Y. und Lauritzen S. E. (2007): Abrupt glacial valley incision at 0.8 Ma dated from cave deposits in Switzerland. Geology 35/2, 143–146.

Häuselmann A. (2011): Stalclim Schweiz – Resultate des ersten Jahres. Höhlenpost 138, 23–24.

Häuselmann A. D. (2015): Late Quaternary and Holocene paleoclimate and paleoenvironmental reconstruction – a multi-proxy approach on Swiss speleothems. Inauguraldissertation der Philosophisch-naturwissenschaftlichen Fakultät der Universität Bern.

Häuselmann A. D., Fleitmann D., Cheng H., Tabersky D., Günther D. und Edwards R. L. (2015): Timing and nature of the penultimate deglaciation in a high alpine stalagmite from Switzerland. Quaternary Science Reviews, 126, 264–275.

Hantke R. (1966): Altmannschichten. In: Lexique stratigraphique international, Volume I, Fascicule 7c, 47–48.

Hantke R. (2011): Eiszeitalter – Kalt-/Warmzeit-Zyklen und Eistransport im alpinen und voralpinen Raum. Ott Verlag, Bern.

Heierli H. (1972): Der geologische Wanderweg Hoher Kasten–Stauberen–Saxerlücke. Fehr'sche Buchhandlung, St. Gallen.

Heierli H. (1984): Die Ostschweizer Alpen und ihr Vorland. Sammlung geologischer Führer, Band 75. Verlag Gebr. Borntraeger, Berlin und Stuttgart.

Heim Alb. (1905): Das Säntisgebirge. Beiträge zur Geologischen Karte der Schweiz, Neue Folge, 16. Lieferung. A. Francke, Bern.

Heim Arn. (1907) : Sur les zones paléontologiques et lithologiques du Crétacé moyen dans les Alpes suisses. Bulletin de la Société Géologique de France 4, 9.

Heim Arn. und Seitz O. (1934): Die mittlere Kreide in den helvetischen Alpen von Rheintal und Vorarlberg und das Problem der Kondensation. Denkschrift Schweizerische Naturforschende Gesellschaft 64/2, 185–310.

Heuscher S. (ohne Jahr): Zeitzeugnisse – Jubiläum 500 Jahre Mitgliedschaft in der Eidgenossenschaft 1513–2013. Online: https://www.zeitzeugnisse.ch/detail.php?id=50&stype=1&query=Wildkirchli&cat=&year=&loc=&sort=all&page=1&offset=9 (konsultiert am 15.04.2025).

Höneisen M. und Peyer S. (1994): Schweizersbild – ein Jägerlager der Späteiszeit. Beiträge und Dokumente zur Ausgrabung vor 100 Jahren. Schaffhauser Archäologie 2, 1–237.

Hofmann B., Soom M., Kürsteiner P. und Graeser S. (2014): Wenig bekannte Tonmineralien: Neufunde von Dickit, Palygorskit und Rectorit aus der Schweiz. Schweizer Strahler 4, 23–34.

Immenhauser A. (2005): High-rate sea-level changes during the Mesozoic: New approaches to an old problem. Sedimentary Geology 175, 277–296.

Inauen R. (2022): Sagenhaftes, Legendäres und Anekdotisches. In: Büchler Hans: Der Alpstein – Natur und Kultur im Säntisgebiet. Appenzeller Verlag, Herisau.

Ivy-Ochs S., Kerschner H., Reuther A., Preusser F., Heine K., Maisch M., Kubik P. W. und Schlüchter C. (2008): Chronology of the last glacial cycle in the European Alps. Journal of Quaternary Sciences 23, 559–573.

Jagher R., Fischer M. und Morel, Ph. (1997): Altwasser-Höhle 1: eine spätpaläolithische Jagdstation auf 1410 Meter über Meer im südöstlichen Alpstein AI. Archäologie der Schweiz 1/20, 2–8.

Jéquier J.-P. (1975): Le moustérien alpin: révision critique. EBURODUNUM II = Cahiers d'archéologie romande 2. Institut d'archéologie yverdonnoise, Yverdon.

Jouzel J. et al. (2007): Orbital and Millennial Antarctic Climate Variability over the Past 800000 Years. – Science Volume 317, Issue 5839, 793–796. Online: https://www.science.org/doi/10.1126/science.1141038 (konsultiert am 01.04.2025).

Kälin A. (2015): Säntis, Berg mit bewegter Geschichte. Verlag Hier und Jetzt, Baden.

Keller F. (1839): Bemerkungen über die Wetterlöcher und natürlichen Eisgrotten in den Schweizer Alpen. Neujahrsblatt der Naturforschenden Gesellschaft in Zürich 41, 1–10.

Keller O. (1988): Ältere spätwürmzeitliche Gletschervorstösse und Zerfall des Eisstromnetzes in den nördlichen Rhein-Alpen (Weissbach-Stadium/Bühl-Stadium). Physische Geographie Universität Zürich 27.

Keller O. (2004a): Die Geotoplandschaft Luterental-Schwägalp-Wissbachtal. Berichte der St. Gallischen Naturwissenschaftlichen Gesellschaft 90, 57–82.

Keller O. (2004b): Das Schwendital (AI) – eine vielschichtige Geotoplandschaft. Berichte der St. Gallischen Naturwissenschaftlichen Gesellschaft 90, 83–98

Keller O. (2012): Geotope von nationaler Bedeutung – Geotop-Inventar Kanton St. Gallen. St. Gallische Naturwissenschaftliche Gesellschaft und Amt für Natur, Jagd und Fischerei des Kantons St. Gallen (Hrsg).

Keller O., Naef H. und Stürm B. (2007): Geotopinventar Kantone Appenzell Inner- und Ausserrhoden. Inventarbericht der St. Gallischen Naturwissenschaftlichen Gesellschaft, unpubliziert. Online: https://www.geoportal.ch/ktar/map/134?y=2748172.00&x=1246958.00&scale=100000&rotation=0 (konsultiert am 11.08.2025).

Kempf T. (1966): Geologie des westlichen Säntisgebirges. Beiträge zur Geologischen Karte der Schweiz, NF, 128. Lieferung. Kümmerli & Frey AG, Bern.

Kenngott G. A. (1866): Die Minerale der Schweiz. W. Engelmann, Leipzig.

Kneisel C., Rödder T. und Schwindt D. (2014): Frozen ground dynamics resolved by multi-year and year-round electrical resistivity monitoring at three alpine sites in the Swiss Alps. Near Surface Geophysics 12/1, 117–132.

König C. (2013): Im Inneren des Alpsteins. Appenzeller Magazin Oktober 2013. Appenzeller Verlag, Herisau.

Kozák J.-L. (2015): Zwergwüchsige, subalpine Nadelwälder auf Permafrostlinsen unterhalb der Baumgrenze in den Schweizer Alpen. Masterarbeit an der Technischen Universität München.

Kürsteiner P. (2008): Kristallhöhle Kobelwald: Schauhöhle im St. Galler Rheintal. Berichte der St. Gallischen Naturwissenschaftlichen Gesellschaft 91, 11–36.

Kürsteiner P. (2019): Die Erforschung des Alpsteins durch Emil Bächler. Berichte der St. Gallischen Naturwissenschaftlichen Gesellschaft 93, 121–136.

Kürsteiner P. und Klug Ch. (2018): Fossilien im Alpstein. Kreide und Eozän der Nordostschweiz. Appenzeller Verlag, Schwellbrunn.

Kürsteiner P., Pfiffner A. und Soom M. (2022): Mineralien im UNESCO-Weltnaturerbe und Geopark Sardona. FormatOst, Schwellbrunn.

Kürsteiner P., Reynes J., Soom M. und Meisser N. (2024): Dopplerit, aus dem Torfmoor von Gontenbad AI – ein Mineral? Berichte der St. Gallischen Naturwissenschaftlichen Gesellschaft 95, 319–331.

Kürsteiner P. und Soom M. (1986): Chobelwand – Fluoritfundstelle im Alpstein. Schweizer Strahler 7, 205–219.

Kürsteiner P. und Soom M. (2007): Mineralien im Alpstein. Appenzeller Verlag, Herisau.

Kürsteiner P. und Soom M. (2015): Erstnachweis des Minerals Dickit in der Subalpinen Molasse – Fund von Dickit im Ibachtobel bei Steinegg, Appenzell. Berichte der St. Gallischen Naturwissenschaftlichen Gesellschaft 92, 233–242.

Kürsteiner P. und Soom M. (2021): Quarze des Alpsteins. Schweizer Strahler 2/2021, 11–21.

Kürsteiner P., Stünzi H. und Filipponi M. (2004): Die Kristallhöhle Kobelwald. Verkehrsverein Kobelwald, Oberriet.

Läubli R. und Graf R. (1988): Schneehöhle D1. Höhlenpost 77, 18–19.

Landesschulkommission Appenzell Innerrhoden (Hrsg.) (1991): Unser Innerrhoden. Druckerei Appenzeller Volksfreund, Appenzell.

Langer M. R. und Hottinger L. (2000): Biogeography of selected «larger» Foraminifera. Micropaleontology 46, Supplement 1, 105–126.

Leib S., Prim L. und Weber D. (Hrsg.) (2019): Kohle? Feuer? Mensch? VGS Verlagsgenossenschaft, St. Gallen.

Leibundgut Ch. (1995): Zur Hydrologie des Alpsteins. Hydrologische Untersuchungen im Karstgebiet des Alpsteins. Innerrhoder Schriften, Kanton Appenzell I.-Rh. (Hrsg.). Druckerei Appenzeller Volksfreund, Appenzell.

Le Tensorer, J.-M. (2017): Paläolithikum. In: Historisches Lexikon der Schweiz (HLS) (Version vom 22.02.2017), übersetzt aus dem Französischen. Online: https://hls-dhs-dss.ch/de/articles/008010/2017-02-22/ (konsultiert am 23.03.2025).

Le Tensorer J.-M. (1993): Alt- und Mittelpaläolithikum. In: Le Tensorer J.-M. und Niffeler U. (wissenschaftliche Leitung und Redaktion): Paläolithikum und Mesolithikum – Paléolithique et Mésolithique – Paleolitico e Mesolitico. Basel, Verlag Schweizerische Gesellschaft für Ur- und Frühgeschichte, 119–149.

Leuzinger-Picccand C. (2003): Leben unter urtümlichsten Verhältnissen: Wildenmannlisloch und Drachenloch. Sankt Galler Geschichte 2003, Band 1, 87–100.

Leuzinger-Piccand C., Leuzinger-Piccand U. und Schindler M. P. (1999): Die C14-Daten der Feuerstelle im Drachenloch, Pfäfers SG. Jahrbuch Schweizerische Gesellschaft für Ur- und Frühgeschichte 82, 227–229.

Leuzinger U., Affolter J., Beeler P., Haas J., Hajdas I., Imhof W., Jagher R., Müller W., Ruchti E-M., Schoch W. H., Steiner M. und Thew N. (2024): The Steinweidband in Muotathal (Ct. Schwyz / CH): A Mesolithic Hunting Camp in a Subalpine Settlement Landscape. Archäologisches Korrespondenzblatt. 433–459.

Löpfe R. und Landtwing M. (2015): Der neue geologische Wanderweg am Hohen Kasten. Berichte der St. Gallischen Naturwissenschaftlichen Gesellschaft 92, 223–231.

Luetscher M. (2005): Processes in ice caves and their significance for paleoenvironmental reconstructions. Dissertation der Mathematisch-naturwissenschaftlichen Fakultät der Universität Zürich.

Luetscher M. und Jeannin P. Y. (2004a): A process-based classification of alpine ice caves. Theoretical and Applied Karstology 17(5), 5–10.

Luetscher M. und Jeannin P. Y. (2004b): The role of winter air circulations for the presence of subsurface ice accumulations: an example from Monlési ice cave (Switzerland). Theoretical and Applied Karstology 17(6), 19–25.

Lukeneder A. (2015): Ammonoid Habitats and Life History. Kapitel 18 in: Ammonoid Palaeobiology: From anatomy to ecology. Topics in Geobiology 43. New Edition 2015. Springer Verlag, Dordrecht, Heidelberg, New York, London, 689–791.

Madlener R. (1992): Steinbrüche für die Rheinverbauung. In: Der Alpenrhein und seine Regulierung. Internationale Rheinregulierung, Rorschach. Buchs Druck und Verlag, Buchs, 240–246.

Mangenot X., Tarantola A., Mullis J., Girard J.-P., Le Van-Hoan und Eiler J. M. (2021): Geochemistry of clumped isotopologues of CH4 within fluid inclusions in Alpine tectonic quartz fissures. Earth and Planetary Science Letters 561, 1–11.

Marthaler M. und Schlup M. (2023): Zermatt: Safari am Meer. Geologische Wanderung vom Gornergrat zum Riffelberg. Edition Loisirs et Pédagogie S.A., Lausanne.

Maurer F., van Buchem F. S., Eberli G. P., Pierson B. J., Raven M. J., Larsen P. H., Al-Husseini M. I. und Vincent B. (2013): Late Aptian long-lived glacio-eustatic, lowstand recorded on the Arabian Plate. Terra Nova 25, 87–94.

Mindat.org (2025): Strunz-mindat Classification. Based on the Nickel-Strunz 9th Edition (2001), expanded on by Jim Ferraiolo and others, and now extended and maintained by mindat.org. Website. Online: https://www.mindat.org/strunz.php und https://www.mindat.org/min-26760.html (konsultiert am 14.08.2025).

Morard S. (2011): Effets de la circulation d'air par effet de cheminée dans l'évolution du régime thermique des éboulis froids de basse et moyenne altitude. PhD thesis, Fac. Sciences, Université Fribourg, GeoFocus 29.

Morard S. (2020): Geomorphologie des Periglazials. Online: https://geomorphologie-montagne.ch (konsultiert am 13.04.2025).

Mullis J. (1979): The system methane-water as a geologic thermometer and barometer from the external part of the Central Alps. Bulletin de Minéralogie 102, 526–536.

Mullis J. (1982): Sternquarz. Schweizer Strahler 6/4, 125–140.

Mullis J. (1983): Einschlüsse in Quarzkristallen der Schweizer Alpen und ihre mineralogisch-geologische Bedeutung. Bulletin de la Société Fribourgeoise des Sciences Naturelles 72 (1/2), 5–19.

Mullis J., Dubessy J., Poty B. und O'Neil J. (1994): Fluid regimes during late stages of a continental collision: Physical, chemical and stable isotope measurements of fluid inclusions in fissure quartz from a geotraverse through the Central Alps, Switzerland. Geochimica et Cosmochimica Acta 58/10, 2239–2267.

Mullis J., Mählmann R. F. und Wolf M. (2017): Fluid inclusion microthermometry to calibrate vitrinite reflectance (between 50 and 270 °C), illite Kübler-Index data and the diagenesis/anchizone boundary in the external part of the Central Alps. Applied Clay Science 143, 307–319.

Mussi M. (2006): Earliest Italy: An Overview of the Italian Paleolithic and Mesolithic. Springer Science & Business Media, Berlin und Heidelberg.

Napierala H. (2008): Die Tierknochen aus dem Kesslerloch: Neubearbeitung der paläolithischen Fauna. Beiträge zu Schaffhausener Archäologie 2, 1–128.

Ouwehand P. (1987): Die Garschella-Formation («Helvetischer Gault», Aptian-Cenomanian) der Churfirsten – Alvier Region (Ostschweiz). Sedimentologie, Phosphoritgenese, Stratigraphie. Mitteilungen aus dem Geologischen Institut der Eidgenössischen Technischen Hochschule und der Universität Zürich, Neue Folge 275, 1–296.

Pacher M. (1997): Der Höhlenbärenkult aus ethnologischer Sicht. Wissenschaftliche Mitteilungen Niederösterreichisches Landesmuseum 10, 251–375.

Pacher M. und Rabeder G. (2016): The leopard (*Panthera pardus*), the rare hunter of the Alpine area during the Upper Pleistocene. Cranium 33/1, 43–47.

Pacher M. und Stuart A. J. (2009): Extinction chronology and palaeobiology of the cave bear (Ursus spelaeus). Boreas 38/2, 189–206.

Penck A. und Brückner E. (1909): Die Alpen im Eiszeitalter. In 3 Bänden. Verlag Chr. Herm. Tauchnitz, Leipzig.

Pfeffer K. H. (2010): Karst: Entstehung – Phänomene – Nutzung. Studienbücher der Geographie. Boerntraeger, Stuttgart.

Pfiffner O. A. (2015): Geologie der Alpen. 3. Auflage. UTB 8416, Haupt Verlag, Bern.

Pfiffner O. A., Engi M., Schlunegger F., Mezger K. und Diamond L. (2016): Erdwissenschaften. 2. Auflage. UTB, Haupt Verlag Bern.

Pictet A., Kürsteiner P., Tschanz K. und Tajika A. (2022): Record of a dense succession of drowning phases in the Alpstein mountains, north-eastern Switzerland: part I – the Lower Cretaceous Tierwis Formation (latest Hauterivian to latest Barremian). Swiss Journal of Geosciences 115/21, 1–31.

Pictet A., Tschanz K. und Kürsteiner P. (2023): Record of a dense succession of drowning phases in the Alpstein mountains, north-eastern Switzerland: part II – the Lower Cretaceous Schrattenkalk Formation (late Barremian). Swiss Journal of Geosciences 116/1, 1–33.

Posch C. (2022): «Ain't No Mountain High Enough» – Mesolithic Colonisation Processes and Landscape Usage of the Inner-Alpine Region Kleinwalsertal (Prov. Vorarlberg, Western Austria) Open Archaeology, 8/1, 696–738.

Preusser F. (2004): Towards a chronology of the Late Pleistocene in the Northern Alpine Foreland. Boreas 33, 195–201.

Primas M. (1987): Zum Stand der Paläolithforschung in der Schweiz. Geographica Helvetica 1987/2, 153–158.

Rasser M. W. (2018): Kalkrotalgen (Rhodolithe). In: Kürsteiner P. und Klug Ch. (2018): Fossilien im Alpstein. Kreide und Eozän der Nordostschweiz. Appenzeller Verlag, Schwellbrunn.

Rau S. (2009): Eiszeit: Kunst und Kultur; Begleitband zur Großen Landesausstellung Eiszeit – Kunst und Kultur, im Kunstgebäude Stuttgart, 18. September 2009 – 10. Januar 2010. Thorbecke Verlag, Ostfildern.

Reutimann Th. (1987): Hydrologie der Alpsteinseen. Publikation Gewässerkunde 90, Diplomarbeit Universität Bern.

Richards M. P., Pacher M., Stiller M., Quiles J., Hofreiter M., Constantin S., Zilhão J. und Trinkaus E. (2008): Isotopic evidence for omnivory among European cave bears: Late Pleistocene Ursus spelaeus from the Pestera cu Oase, Romania. Proceedings of the National Academy of Sciences of the United States of America 105/2, 600–604.

Rigert E. (2005): Alt- und Mittelsteinzeit, Rüthi SG, Hirschensprung. Jahrbuch der Schweizerischen Gesellschaft für Ur- und Frühgeschichte 88, 316–317.

Rigert E., Fässler A. und Inauen R. (2009): Appenzell AI, Blumenrain. Jahrbuch Archäologie Schweiz 92, 267.

Robu M., Fortin J. K., Richards M. P., Schwartz C. C., Wynn J. G., Robbins T. C. und Trinkaus E. (2013): Isotopic evidence for dietary flexibility among European Late Pleistocene cave bears (*Ursus spelaeus*). Canadian Journal of Zoology 91, 227–234.

Rutishauser W. (1920): Beiträge zur Geologie des Säntisgebirges im Gebiete vom Gräppelental zum Rotsteinpass. Jahrbuch der St. Gallischen Naturwissenschaftlichen Gesellschaft 56, 1–31.

Sala P., Pfiffner O. A. und Frehner M. (2014): The Alpstein in three dimensions: fold-and-thrust belt visualization in the Helvetic zone, eastern Switzerland. Swiss Journal of Geosciences 107, 177–195.

Schefer E. (2013): R1/015 Eishöhle am Öhrli. Höhlenkurier 2013/2, 15–21.

Scherrer R. (1992): OGH-Tätigkeitsbericht 1991. Höhlenpost 88, 18–25.

Schlatter L. (1941): Neue geologische Untersuchungen im Mittleren Säntisgebirge. Bericht über die Tätigkeit der St. Gallischen Naturwissenschaftlichen Gesellschaft 70, 27–103.

Schlunegger F. und Garefalakis Ph. (2023): Einführung in die Sedimentologie. E. Schweizerbart'sche Verlagsbuchhandlung, Stuttgart.

Schmid E. (1958): Höhlenforschung und Sedimentanalyse. Ein Beitrag zur Datierung des Alpinen Paläolithikums. Schriften des Institutes für Ur- und Frühgeschichte der Schweiz 13. Verlag des Institutes für Ur- und Frühgeschichte der Schweiz, Basel.

Schmid E. (1958/59): Ausgrabungen im Wildkirchli (Ebenalp, Kt. Appenzell). Ur-Schweiz 25/1, 4–11.

Schmid E. (1961): Neue Ausgrabungen im Wildkirchli (Ebenalp, Kt. Appenzell), 1958/59. Ur-Schweiz 1/25, 4–11.

Schmid E. (1976): Die Braunbärenknochen aus einer Höhle im Alpstein. Innerrhoder Geschichtsfreund 21, 39–50.

Schmid E. (1977): Zum Besuch der Wildkirchli-Höhlen. Mitteilungsblatt der Schweizerischen Gesellschaft für Ur- und Frühgeschichte 29/8, 2–12.

Schmid E. (2016): R1/027 Loohöhle. «Die Braunbärenknochen». Höhlenkurier 2016/2, 13–22.

Schönenberger J. (2013): Beobachtungen zur Eishöhle am Öhrli. Höhlenkurier 2013/2, 22–23.

Schönenberger J. (2014): R2/006 Säntishöhle 60 Jahre Forschung Teilpublikation. Höhlenkurier 2014/1, 11–16.

Schönenberger J. (2018): Besuch der Eishöhle am Öhrli. Höhlenkurier 2018/2, 5–7.

Scholz H. (1984): Bioherme und Biostrome im Allgäuer Schrattenkalk (Helvetikum, Unterkreide). Jahrbuch Geologische Bundes-Anstalt 127/3, 471–499.

Schudel K. (2002): Hexenwäldli – Dendroökologie von Kümmerfichtenbeständen auf unterkühlten Schutthalden. Unpublizierte Diplomarbeit, Departement für Umweltnaturwissenschaften, ETH Zürich.

Schwindt D. (2013): Permafrost in ventilated talus slopes below the timberline – A multi-methodological study on the ground thermal regime and its impact on the temporal variability and spatial heterogeneity of permafrost at three sites in the Swiss Alps. Dissertation, Universität Würzburg.

Sonderegger S. (2022): Frühe Zeugnisse der Nutzung. In: Büchler Hans: Der Alpstein – Natur und Kultur im Säntisgebiet. Appenzeller Verlag, Herisau.

Sorg R. und Fleury F. (2017): Grosshöhlensystem: Bericht vom Zusammenschluss von Z7 und F10. Höhlenpost 151, 19–21.

Spengler J. und Wueest C. (2015): Am und im Seealpsee. Appenzeller Magazin Juli 2015, 14–27.

Steinhauser-Zimmermann R. (2016): Durchgangs- und Siedlungsland am Alpenrhein: auf den Spuren des Menschen von der spätesten Altsteinzeit bis ins Frühmittelalter. Werdenberger Jahrbuch 29, 27–39.

Strasser A., Heitzmann P., Jordan P., Stapfer A., Stürm B., Vogel A. und Weidmann M. (1995): Geotope und der Schutz erdwissenschaftlicher Objekte in der Schweiz: ein Strategiebericht. Freiburg, Arbeitsgruppe Geotopschutz Schweiz.

Strasser M., Monecke K., Schnellmann M. und Anselmetti F. S. (2013): Lake sediments as natural seismographs: A compiled record of Late Quaternary earthquakes in Central Switzerland and its implications for Alpine deformation. Sedimentology 60, 319–141.

Strunz H. und Nickel E. H. (2001): Mineralogical Tables. Chemical Structural Mineral Classification System. Ninth Edition. E. Schweizerbart'sche Verlagsbuchhandlung, Stuttgart.

Stuart A. J., Kosintsev P. A., Higham, T. F. G. und Lister A. M. (2004): Pleistocene to Holocene extinction dynamics in giant deer and woolly mammoth. Nature 431, 684–689.

Stuart A. J. und Lister A. M. (2011): Extinction chronology of the cave lion *Panthera spelaea*. Quaternary Science Reviews 30, 2329–2340.

Stuart A. J. und Lister A. M. (2012): Extinction chronology of the woolly rhinoceros *Coelodonta antiquitatis* in the context of late Quaternary megafaunal extinctions in northern Eurasia. Quaternary Science Reviews 51, 1–17.

Stuart A. J. und Lister A. M. (2014): New radiocarbon evidence on the extirpation of the spotted hyaena (*Crocuta crocuta* (Erxl.)) in northern Eurasia. Quaternary Science Reviews 96, 108–116.

Stünzi H. (2001): Kristallhöhle Kobelwald – Stand der Untersuchungen. Aktualisierte Version des Vortrags am 11. Nationalen Kongress für Höhlenforschung, 15.–17. Sept. 2001, Kongressakten, 235–240.

Stürm B., Heinz R. und Keller O. (2003): Geotopinventar Kanton St. Gallen. Inventarbericht der St. Gallischen Naturwissenschaftliche Gesellschaft, unpubliziert. Online: https://www.geoportal.ch/ktsg/map/134?y=2743944.00&x=1231900.00&scale=300000&rotation=0 (konsultiert am 11.08.2025).

Stürm B., Heinz R. und Naef H. (2004): Geotopinventar Kanton St. Gallen. Berichte der St. Gallischen Naturwissenschaftlichen Gesellschaft 90, 13–31.

Stürm B. und Keller O. (2008): Geotopinventar Appenzell Inner- und Ausserrhoden. Berichte der St. Gallischen Naturwissenschaftlichen Gesellschaft 91, 271–286.

Tajika A., Kürsteiner P., Pictet A., Lehmann J., Tschanz K., Jattiod R. und Klug Ch. (2017): Cephalopod associations and paleoecology of the Cretaceous (Barremian-Cenomanian) succession of the Alpstein, northeastern Switzerland. Cretaceous Research 70, 15–54.

Tajika A., Tschanz K. und Klug C. (2018): New Albian ammonite faunas from Semelenberg (Alpstein, Switzerland) and their paleoecology. Swiss Journal of Palaeontology 137, 65–76.

Tschudy J. J. (1850): Vorkommen von Dopplerit in den Torflagern beim Bade Gonten nächst Appenzell. Sitzungsberichte der mathematisch-naturwissenschaftlichen Classe der Kaiserlichen Akademie der Wissenschaften, 4. Band, 274. Wien.

Vogt St. (2025): Kaltluftseen in der Schweiz. Website. Online: https://kaltluftseen.ch/ (konsultiert am 01.04.2025).

Von Tschudi F. (1860): Das Thierleben der Alpenwelt. J. J. Weber, Leipzig.

Walser G. (1740): Neue Appenzeller Chronik oder Beschreibung des Cantons Appenzell der Innern und Äussern Rhoden. G. Walser, St Gallen.

Wegmann G. (1995): Permafrostvorkommen auf geringer Meereshöhe – Eine Fallstudie im Brüeltobel (AI). Unpublizierte Diplomarbeit am Geographischen Institut der Universität Zürich.

Wegmüller F. (2022): Der Abri Unterkobel bei Oberriet. Ein interdisziplinärer Blick auf 8000 Jahre Siedlungs- und Umweltgeschichte im Alpenrheintal. Archäologie im Kanton St. Gallen 3. St. Gallen.

Wegmüller F., Schindler M. P. und Steinhauser R. (2022): Begleitbroschüre zur Publikation: Fabio Wegmüller: Der Abri Unterkobel bei Oberriet. Ein interdisziplinärer Blick auf 8000 Jahre Siedlungs- und Umweltgeschichte im Alpenrheintal. Amt für Kultur des Kantons St. Gallen, Kantonsarchäologie St. Gallen.

Weissert H. und Stössel I. (2015): Der Ozean im Gebirge. Eine geologische Zeitreise durch die Schweiz. 3. Auflage. vdf Hochschulverlag AG, Zollikon.

Weissert H., Lini A., Föllmi K. B. und Kuhn O. (1998): Correlation of the Early Cretaceous carbon isotope stratigraphy and platform drowning events: a possible link? Palaeogeography, Palaeoclimatology, Palaeoecology 137, 189–203.

Weissmüller W. (1997): Eine Korrelation der δO18-Ereignisse des grönländischen Festlandeises mit den Interstadialen des atlantischen und des kontinentalen Europas im Zeitraum von 45 bis 14 ka. Quartär 47/48, 89–112.

Wenger R., Perret A. und Lalou J-C. (2024): In den Höhlen der Schweiz. Haupt Verlag, Bern.

Wildi W. und Pfiffner O. A. (2025): Auf den Spuren folgenschwerer Naturereignisse in der Schweiz. Mit 25 geologischen Exkursionen. Haupt Verlag, Bern.

Wissler L., Funk H. und Weissert H. (2003): Response of Early Cretaceous carbonate plattforms to changes in atmospheric carbon dioxide levels. Paleogeography, Paleoclimatology, Paleoecology 200, 187–205.

Wohlwend S. (2022): Geologie rond om de Zwinglipass – Die Entstehung des geologischen Steinmanndlis. SAC Toggenburg.

Wohlwend S. und Graf R. (2024): Neue Erkenntnisse zur Geologie und Hydrogeologie des Zwinglipasses (geologisches Steinmanndli und unterirdischer See). Berichte der St. Gallischen Naturwissenschaftlichen Gesellschaft, 95, 355–368.

Zuberbühler Ch. und Fischer M. (2008): R1/063 Steinbockhöhle Sörenböhl (Wagenlücke). Höhlenkurier 2008/1, 13–16.

Geologische Karten und Erläuterungen

Eugster H., Forrer M., Fröhlicher H., Kempf Th., Schlatter L., Blaser R., Funk Hp., Spörri M. und Habicht K. (1982): Blatt 1115 Säntis. Geologischer Atlas der Schweiz 1:25 000, Karte 78.

Funk Hp., Habicht K., Hantke R. und Pfiffner O. A. (2000): Blatt 1115 Säntis. Geologischer Atlas der Schweiz 1:25 000, Erläuterungen 78.

—

Haering Ch., Jäckli H., Kobel M., Kündig R., Lienert O., Philipp, R., Starck R. und Wyssling L. (1994): Hydrogeologische Karte der Schweiz 1:100 000, No. 5, Blatt Toggenburg, Karte.

Haering Ch., Jäckli H., Kobel M., Kündig R., Lienert O., Starck R. und Wyssling L. (1994): Hydrogeologische Karte Schweiz 1:100 000, No. 5, Blatt Toggenburg, Erläuterungen.

—

Hantke R. (2003): Blatt 1076 St. Margrethen und 1069 Diepoldsau mit NW-Ecke von Blatt 1116 Feldkirch. Geologischer Atlas der Schweiz 1:25 000, Karte 108.

Hantke R. (2004): Blatt 1076 St. Margrethen und 1069 Diepoldsau mit NW-Ecke von Blatt 1116 Feldkirch. Geologischer Atlas der Schweiz 1:25 000, Erläuterungen 108.

—

Herb R. und Franks-Dollfus S. (2003): Blatt 1134 Walensee. Geologischer Atlas Schweiz 1:25 000, Karte 106.

Funk Hp., Pfiffner O. A., Bissig P. und Kempf O. (2020): Blatt 1134 Walensee. Geologischer Atlas Schweiz 1:25 000, Erläuterungen 106.

—

Ibele T., Bissig P. und Allemann F. (2016): Blatt 1135 Buchs. Geologischer Atlas der Schweiz 1:25 000, Karte 149.

Ibele T., Bissig P., Bernasconi R. und Naef H. (2016): Blatt 1135 Buchs. Geologischer Atlas der Schweiz 1:25 000, Erläuterungen 149.

—

Ludwig A., Saxer F., Eugster H. und Fröhlicher H. (1949): St. Gallen – Appenzell. Geologischer Atlas der Schweiz 1:25 000, Karte 23.

Eugster H., Fröhlicher H. und Saxer F. (1960): Blatt St. Gallen – Appenzell. Geologischer Atlas der Schweiz 1:25 000, Erläuterungen 23.

—

Pfiffner O. A., Burkhard M., Hänni R., Kammer A., Kligfield R., Mancktelow N. S., Menkveld J. W., Ramsay J. G., Schmid S. M. und Zurbriggen R. (2010): Structural Map of the Helvetic Zone of the Swiss Alps, including Vorarlberg (Austria) and Haute Savoie (France) 1:100 000, Geologische Spezialkarte/Geological Special Map 128, Map sheet 7 (34 Vorarlberg und Teil 33 Toggenburg), Map sheet 6 (33 Toggenburg und Teil 38 Panixerpass).

Pfiffner, O. A. (2011): Structural Map of the Helvetic Zone of the Swiss Alps, including Vorarlberg (Austria) and Haute Savoie (France) 1:100 000, Geologische Spezialkarte/Geological Special Map 128, Explanatory notes.

—

Zaugg A., Löpfe R., Kriemler M. und Kempf Th. (2011): Blatt 1114 Nesslau. Geologischer Atlas der Schweiz 1:25 000, Karte 141.

Zaugg A. und Löpfe R. (2011): Blatt 1114 Nesslau. Geologischer Atlas der Schweiz 1:25 000, Erläuterungen 141.

Internetlinks

www.appenzellerlinks.ch
Private Website mit vielen Links rund ums Appenzellerland

www.geo-alpstein.ch
Private Website zu den Themen Geologie, Mineralien und Fossilien des Alpsteins

www.geomorphologie-montagne.ch
Website der Schweizerischen Geomorphologischen Gesellschaft zum Thema «Geomorphologie der kalten Bergregionen»

www.geoportal.ch
Publikationsorgan für Geodaten der Firma GEOINFO Applications AG

www.kaltluftseen.ch
Private Website zum Thema «Kaltluftseen der Schweiz»

www.kristallhoehle.ch
Website des Verkehrsvereins Kobelwald

www.map.geo.admin.ch
Geoportal des Bundes

www.mindat.org
Mineralogische Datenbank des Hudson Institute of Mineralogy

www.swisstopo.admin.ch
Website des Bundesamtes für Landestopografie

www.wedir.ch
Private Website mit Daten und Infos rund ums technische Tauchen

Besitzer abgebildeter Mineralien und Fossilien

Naturhistorisches Museum Bern

Naturmuseum St. Gallen

Peter Kürsteiner, Uzwil

Karl Tschanz, Zürich

Glossar

Abri	Von Wind und Wetter geschützte Lokalität
Abscherung	Ein Gesteinspaket wird von seiner Unterlage abgelöst und wegbewegt
Abscherhorizont	Mechanisch weiche Lage, auf welcher ein Gesteinspaket abgelöst und wegbewegt werden kann (z. B. Mergel, Ton)
Abschiebung	Geneigte Bruchfläche, bei welcher der obere Block abgesenkt ist; zeigt horizontale Dehnung an
Abschlag	Archäologie: von einem Ausgangsstück abgeschlagenes Teilstück
Absplisse	Archäologie: Abschläge aus einem grösseren Ausgangsstück, die kleiner als 1 Zentimeter sind
amorphes Mineral	Nicht auskristallisiertes, glasiges Mineral
anstehend	Gesteinsverband in einem Hang, welcher fest mit dem Untergrund verankert ist und sich nicht bewegt hat
Antiklinale	Gewölbeartige Umbiegung (Falte) von Gesteinsschichten
Archäologie	Wissenschaft, welche die kulturelle Entwicklung der Menschheit erforscht
Archäozoologie	Wissenschaft, welche die Entwicklung von Tieren erforscht
Aufschiebung	Geneigte Bruchfläche, bei welcher der obere Block hochgeschoben ist, zeigt horizontale Verkürzung an
Aufschluss (aufgeschlossenes Gestein)	Ort, bei dem ein Gestein oder Gesteinsverband ohne Vegetationsbedeckung an der Oberfläche sichtbar ist
biogen	Durch Lebewesen verursacht (z. B. Skelettteile für Gesteine wie Kalke)
Brekzie	Sediment, bestehend aus eckigen Gesteinstrümmern
Bruch	Fläche, auf der die Gesteinspakete gegeneinander verschoben sind
charriage à sec	Abschleifen von Knochen abgestorbener Tiere am Gestein durch vorbeigehende lebende Höhlentiere
Decke	Kilometergrosses Gesteinspaket, welches über mehrere Kilometer auf andere Gesteinspakete überschoben ist
Deckenbildung	Abscherung und Transport von kilometergrossen Gesteinspaketen
Dehnungskluft	Bruchfläche, die bei sprödem Zerbrechen während der Dehnung entstanden ist und sich anschliessend leicht öffnete
detritisch	Vom Wasser transportierte und abgelagerte Gesteinsfragmente
Diagenese	Prozesse, die bei der Umwandlung von Sediment durch Überlagerung von jüngeren Sedimenten in den Gesteinen ablaufen
Digitales Höhenmodell	Dreidimensionale Darstellung der Geländeoberfläche
Diskontinuität	Abrupter Wechsel in der Zusammensetzung oder in der Ablagerung von Sedimenten
Doline	Senke in der Landschaft, in der das Wasser in die Tiefe verschwindet; hervorgerufen durch Lösung des Felsuntergrundes (meist Kalkstein)
einfallende Gesteinsschichten	Geneigte Schichten
Erosion	Abtrag an der Landoberfläche durch Wasser, Gletscher und Schwerkraft
Festgestein	Gesteine mit festem Verband; Gegensatz ist Lockergestein
Firmground	Festgrund; teilweise verfestigter Meeresboden
Firn	Durch Überlast verfestigter Schnee, der langsam zu Eis wird
Fluide	Oberbegriff für Flüssigkeiten und Gase
Flysch	Abfolge von Sandsteinbänken und Tonsteinlagen, die in einem tiefen Meer im Vorland eines werdenden Gebirges abgelagert wurden
Formation	Gesteinsschicht aus einer typischen Abfolge von Gesteinstypen, die im Gelände leicht erkennbar ist
fossil	Bezieht sich auf geologische und biologische Formen und Prozesse, die in der Vergangenheit entstanden oder abgelaufen sind
Freilandstationen	Archäologie: kurz benutzte Rast- oder Lagerstellen von Jägerinnen und Jägern im offenen Gelände entlang der Flüsse, vor allem an Einmündungen von Nebentälern
Fucoide	Abdrücke von schlecht erhaltenen Pflanzen (Meertangen) im Gestein
Geländemodell	Dreidimensionale Darstellung der Geländeoberfläche
Geologie	Wissenschaft, die sich mit der Entstehung und den Eigenschaften von Gesteinen, der Bildung von Ozeanen und Gebirgen beschäftigt
Glaukonit	Blättriges, grünes Mineral (Zusammensetzung: (K,Na)(Fe3+,Al,Mg)2[(OH)2|(Si,Al)4O10]), ein Schichtsilikat, entstanden aus Exkrementen von Bodenorganismen im flachen Meer
Gleithorizont	Weiche Schicht, auf dem ein Gesteinspaket gleiten kann
Grünsand	Sandstein, der grüne Minerale wie Glaukonit enthält

Habitus	Relatives Grössenverhältnis der Flächen eines Kristalls und die daraus resultierende Gesamtform
Härte	Mechanischer Widerstand, den ein Mineral dem Eindringen eines härteren Körpers entgegensetzt
Hardground	Verfestigter Meeresboden
Helvetikum	Geologische Einheiten aus Sedimenten und kristallinem Untergrund, welche ursprünglich auf dem Südrand des europäischen Kontinents lagen
heteromorphe Ammoniten	Ammoniten mit aufgewundener, entrollter Form der Schale
Hydrogeologie	Wissenschaft, welche das Wasser im Untergrund (Grundwasser) und seine Fliesswege und Interaktion mit der Oberfläche (Quellen) erforscht
Hydrologie	Wissenschaft, welche die Oberflächenwässer und deren Zirkulation und chemische Zusammensetzung untersucht
hydrothermal	Auf heisse Wässer (Fluide) zurückgehend
Ichnotaxon	Spurenfossil (zum Beispiel von einem sich bewegenden Lebewesen hinterlassene Spur im Gestein)
idiomorph	Eigenschaft von Mineralkörnern, die ihre ursprüngliche Form beibehalten haben
Kalksinter	Von zirkulierendem Wasser ausgeschiedenes Calciumkarbonat
Känozoikum	Zeitintervall, das vor 66 Millionen Jahren begann; früher als Tertiär bezeichnet
Kar	Hufeisenförmige Hohlform im Gebirge, die durch einen (Kar-)Gletscher geformt wurde
Karren, Schratten	Von Rillen durchsetzte Felsoberfläche, hervorgerufen durch Kalklösung des abfliessenden Wassers
Kluft	Bruchfläche, die bei sprödem Zerbrechen entstand und sich dann nur wenig öffnete
Kolk	Durch fliessendes Wasser verursachte Vertiefung im Fels
Kompaktion (von Gesteinsschichten)	Verfestigung von Gesteinen durch Überlast
Kondensationshorizont	Dünne Schicht, die sich bei sehr langsamer Ablagerung während sehr langer Zeit (mehrere Millionen Jahre) gebildet hat
Kongelationseis	Durch Wiedergefrieren von Sickerwasser entstandenes Eis
Konglomerat	Sedimentgestein, bestehend aus gerundeten Komponenten von mehr als 2 Millimeter Durchmesser
Kreidezeit	Zeitintervall, das vor 145 Millionen Jahren begann und vor 66 Millionen Jahren endete
Kristallgitter	Anordnung der Atome in einem Kristall
Kristallin	Sammelbegriff für Gesteinskomplex, bestehend aus hochmetamorphen Gesteinen wie Gneisen und Schiefer
letzteiszeitlich	Ablagerungen oder Geländeformen, die im Verlauf der letzten Eiszeit, vor 11 700 bis 30 000 Jahren, entstanden
Levallois-Technik	Archäologie: Aus einem aufwändig präparierten Ausgangsstück wird mit einem einzelnen Schlag ein grösserer Abschlag gewonnen
Lockergestein	Anhäufung von Sedimentpartikeln, die keine oder nur geringe Kohäsion (Zusammenhalt) besitzen; der Gegensatz ist Festgestein
Mélange	Gemisch aus verschiedenartigen, durchmischten Gesteinsfragmenten in einer Grundmasse aus Tonstein; früher als Wildflysch bezeichnet
Member	Gesteinsschicht aus einer typischen Abfolge von Gesteinstypen, die im Gelände gut erkennbar und Teil einer Formation ist
Mergel	Aus Tonmineralen und Calcit bestehendes Sedimentgestein
metamorph	Durch Druck und Temperatur umgewandeltes Gestein
mikrokristallin	Aus kleinsten, von Auge nicht sichtbaren Kristallkörnern bestehendes Gestein
Mineral	Natürlicher Bestandteil der Erde mit einer bestimmten chemischen Zusammensetzung
Mineralien	In ihrer Form auskristallisierte Minerale, die man beispielsweise in Klüften antrifft
Mineralogie	Wissenschaft, welche die Formen, Zusammensetzung und Struktur von Mineralen untersucht
Molasse	Gesteinsschichten, die beim Abtrag von früheren Flüssen aus den werdenden Alpen ins Vorland transportiert und dort abgelagert wurden
Morphologie	Geologie: Geländeform einer Region
Oktaeder	Sechseckiger geometrischer Körper (Polyeder oder Kristall) mit acht Flächen aus gleichseitigen Dreiecken
Oncoide	Etwa 1 Millimeter grosse, vorwiegend aus Calcit bestehende kugelige Gebilde
Ooide	Etwa 1 Millimeter grosse, vorwiegend aus Calcit bestehende kugelige Gebilde mit konzentrischem Aufbau
Ostalpin	geologische Einheiten aus Sedimenten und kristallinem Untergrund, die ursprünglich auf dem Nordrand des Adriatischen Kontinents lagen
Paläogeografie	Rekonstruierte Verteilung geografischer Bereiche in der geologischen Vergangenheit
Paläontologie	Wissenschaft der Lebewesen der geologischen Vergangenheit und deren Entwicklung
Paragenese	Gruppe bestimmter Minerale, die bei einem geologischen Prozess entstehen

Penninikum	Geologische Einheiten aus Sedimenten und kristallinem Untergrund, die ursprünglich in einem Meeresbecken zwischen dem Südrand des Europäischen und dem Nordrand des Adriatischen Kontinents lagen
Phasenveränderung	Übergang von einer Phase in eine andere, zum Beispiel von fest (Eis) zu flüssig (Wasser)
planspiral	Gehäuse von Ammoniten oder Foraminiferen, die in einer Ebene aufgewickelt sind
Ponor	Öffnung in der Geländeoberfläche, durch die Oberflächenwasser in die Tiefe entschwindet
Regression	Meeresrückzug, meerwärtige Verlagerung der Küstenlinie
rezent	Bezieht sich auf geologische und biologische Formen und Prozesse, die heute leben oder ablaufen (→ fossil)
Rhombendodekaeder	Vierzehneckiger geometrischer Körper (Polyeder) mit zwölf rhombenförmigen Flächen (Parallelogrammen)
Rhomboeder	Achteckiger geometrischer Körper (Polyeder) mit sechs rhombenförmigen Flächen (Parallelogrammen)
Riff	Erhebung im Meer, die aus marinen Organismen wie Korallen besteht
rugose Korallen	Korallen mit runzeliger Aussenhülle
Runse	Rinne in einem Berghang
Schrägschichtung	Ablagerung von Sediment auf einer geneigten (schrägen) Unterlage, zum Beispiel auf einem Seedelta
Schwinde	Vertikale Öffnung im Felsuntergrund, durch die Wasser eines Sees oder Bachs in die Tiefe entschwindet; hervorgerufen durch Lösung des Gesteins (meist Kalkstein)
Sediment(gestein)	Durch Ablagerung entstandenes Gestein
Sedimentauflast	Gewicht von Sedimentschichten auf ihre Unterlage
Sedimenteintrag	Zufuhr von Sedimentpartikeln durch Flüsse, Meeresströmungen oder chemische Ausfällung
Seitenverschiebung	Bruch, bei dem zwei Gesteinspakete horizontal in entgegengesetzter Richtung aneinander vorbeigeschoben wurden
Siltstein, Schluff	Sedimentgestein aus feinen (Silt-)Partikeln, mit Durchmessern von 0.002–0.063 Millimetern
Sinter	Gesteinsüberzug, durch chemische Ausfällung entstanden
Skalenoeder	Geometrischer Körper (Polyeder) mit kongruenten (deckungsgleichen) ungleichseitigen Dreiecksflächen
Sortierung	Verteilung der Grösse von Partikeln in einem Sedimentgestein; wenn alle Korngrössen durchmischt sind, spricht man von schlecht sortiert
Speläologie	Höhlenforschung
Speläotheme	In einer Höhle entstandene Mineralbildung
Stalagmit	Tropfstein, der auf dem Höhlenboden durch Ausfällung von Calcit aus herabtropfendem Bergwasser entstanden ist
Stalaktit	Tropfstein, der an der Höhlendecke durch Ausfällung von Calcit aus abfliessendem Bergwasser entstanden ist
Stratigrafie	Geologie: Lehre von der Schichtabfolge und -korrelation
Stromatolith	Kalkkrusten, die durch Mikroorganismen wie Mikroben und Algen aus Calcit gebildet wurden
Subalpine Molasse	Von den alpinen Decken überfahrener Teil des Molassebeckens
Subduktion	Prozess beim Abtauchen einer tektonischen Platte unter eine andere tektonische Platte
subvertikal	Nahezu vertikal/saiger
Synklinale	Muldenförmige Umbiegung (Falte) von Gesteinsschichten
Tektonik	Lehre vom Bau und der Entstehung von Gebirgen und Meeresbecken
Tethys	Urmeer, das sich zwischen dem Adriatischen und dem Europäischen Kontinent öffnete; Adria ist ein von Afrika abgespaltener Teilkontinent
Tonstein	Sedimentgestein aus sehr feinen Partikeln (meist Tonminerale mit Durchmessern kleiner als 0.002 Millimeter)
Tracht	die Gesamtheit der an einem Kristall vorkommenden Kristallflächen
Transgression	Verlagerung der Küstenlinie landeinwärts
Trennfläche im Gestein	Flächen wie Brüche, Klüfte oder Schichtgrenzen, auf denen das Gestein in Blöcke zerlegt ist
Typlokalität	Lokalität, an der die Zusammensetzung und Abfolge samt Unter- und Obergrenze einer Sedimentschicht beobachtet werden kann
Tropfstein	Stalaktit und Stalagmit
Überschiebung	Bruchfläche, bei der das obere Gesteinspaket gegenüber dem unteren weit verschoben ist, meist als eine flache Aufschiebung
Wildflysch	Gesteinspaket mit einer wirren Innenstruktur aus Tonsteinen mit Einschaltungen von Sandsteinen und Kalken; alter Begriff, heute als Mélange bezeichnet

Foto: Andreas Butz

Herausgeber

Dr. Peter Kürsteiner (links)
Naturmuseum St.Gallen
Rorschacherstrasse 263, 9016 St. Gallen
info@geo-alpstein.ch

Prof. Dr. Adrian Pfiffner
Schützenstrasse 17, 3052 Zollikofen

Bottaholds 6, 7013 Domat/Ems
adrian.pfiffner@unibe.ch

Autorinnen und Autoren

Peter Fux (1976), St. Gallen. Dr. phil., Archäologe. Direktor des Kulturmuseums St. Gallen. Studium der Archäologie und Philosophie an der Universität Zürich. Wissenschaftliche und museale Projekte in Peru, Honduras und Bhutan. Mehrjähriger Lehrbeauftragter an der Universität Zürich und zahlreiche internationale museale Ausstellungen sowie Kulturgüter-Konservierungs- und Restaurierungsprojekte.

Christian Klug (1969), Wettingen. Prof. Dr. rer. nat. Paläontologe an der Universität Zürich. Kurator der paläontologischen Sammlung und Ausstellung sowie Forschungsgruppenleiter. Wissenschaftliche Tätigkeit: Forschung und Vermittlung mit den Spezialgebieten Kopffüsser und Fische sowie Devon und Trias.

Peter Kürsteiner (1955), Uzwil. Dr. med. vet. Mineralien- und Fossiliensammler mit Spezialgebiet Alpstein. Besonderes Interesse an der Geologie und verwandten Fachgebieten des Alpsteins. Autor und Mitautor zahlreicher mineralogischer und paläontologischer Publikationen. Stiftungsrat und ehrenamtlicher Mitarbeiter Naturmuseum St. Gallen.

René Löpfe (1975), Appenzell. Dipl. Natw. ETH, Geologe CHGEOL. Senior Projektleiter und Experte Geologie bei der CSD Ingenieure AG. Autor mehrerer Kartenblätter des Geologischen Atlas der Schweiz. Ausgewiesener Kenner der Geologie der Ostschweiz und insbesondere des Alpsteins. Wissenschaftlicher Berater bei der Erneuerung des Geologischen Wanderwegs am Hohen Kasten (2012).

Martina Pacher (1967), St. Kanzian, Österreich. Dr. rer. nat. Wirbeltierpaläontologin und Archäozoologin. Besonderes Interesse an Eiszeitfauna und ihrer Nutzung durch den Menschen. Autorin zahlreicher einschlägiger Publikationen. Derzeit Forschungsmitarbeiterin am Joanneum Graz, Gastforscherin an der Österreichischen Akademie der Wissenschaften und externe Mitarbeiterin am Naturmuseum St. Gallen.

Adrian Pfiffner (1947), Zollikofen. Prof. Dr., Geologe, mit Forschungsgebiet Gebirgsbildung in den Alpen und in den Anden. Besonderes Interesse an Falten und Überschiebungen sowie Bergstürzen. Mitinitiator und Betreuer des UNESCO-Weltnaturerbes Tektonikarena Sardona. Autor des Standardwerks Geologie der Alpen.

Antoine Pictet (1985), Cronay. Dr. der Wissenschaften, regionale Geologie und Wirbellosenpaläontologie. Kurator für Paläontologie am Kantonalen Museum für Naturwissenschaften, Lausanne. Autor zahlreicher stratigrafischer und paläontologischer Veröffentlichungen zur Unterkreide, unter anderem zum Alpstein.

Leandra Reitmaier-Naef (1987), Chur. Dr. phil., Studium der Prähistorischen Archäologie, Humanökologie und Allgemeinen Geschichte an der Universität Zürich, Promotion zur urgeschichtlichen Kupfergewinnung im Oberhalbstein GR. Spezialgebiete Urgeschichte, Alpine Archäologie, Rohstoffe und naturwissenschaftliche Archäologie. Seit 2024 Archäologie-Kuratorin im Kulturmuseum St. Gallen.

Michael Soom (1958), Heimiswil. Dr. phil. nat., Geologe. Gutachtertätigkeit in der Privatwirtschaft. Seit der Jugendzeit passionierter Mineraliensammler; interessiert an Bergbau, Mineralogie und Lokalgeschichte. Vorstandsmitglied Museum Schloss Burgdorf, Vizepräsident Goldkammer Schweiz. Autor verschiedener Berichte zur regionalen Mineralogie der Schweiz und lokalhistorischer Publikationen.

Karl Tschanz (1954), Zürich. Dr. phil. II. Studium der Zoologie und Promotion in Paläontologie an der Universität Zürich. Langjähriger Leiter der Umweltschutzfachstelle der Stadt Zürich. Fossiliensammler mit besonderem Schwerpunkt Alpstein. Autor und Mitautor verschiedener wissenschaftlicher Beiträge zu triassischen Reptilien der Schweiz sowie zur Kreide der Ostschweiz.

Fabio Wegmüller (1979), Basel. Studium der Ur- und Frühgeschichte, Mittelalterarchäologie und Zoologie an der Universität Basel. Wissenschaftlicher Mitarbeiter und Projektleiter bei der Kantonsarchäologie St. Gallen. Projektleiter Ausgrabung, wissenschaftliche Auswertung und Publikation der Abri-Fundstelle Unterkobel bei Oberriet. Lehrbeauftragter an den Universitäten Zürich und Basel.

Stephan Wohlwend (1983), Zürich. Dr. sc. nat. ETH Zürich. Freischaffender Geologe. Die Begeisterung für den Alpstein mit seiner charakteristischen Verfaltung, den Fossilien und Höhlen wurde bereits in der Kindheit geweckt. Tourenleiter im SAC Toggenburg und Mitglied der Schweizerischen Gesellschaft für Höhlenforschung.

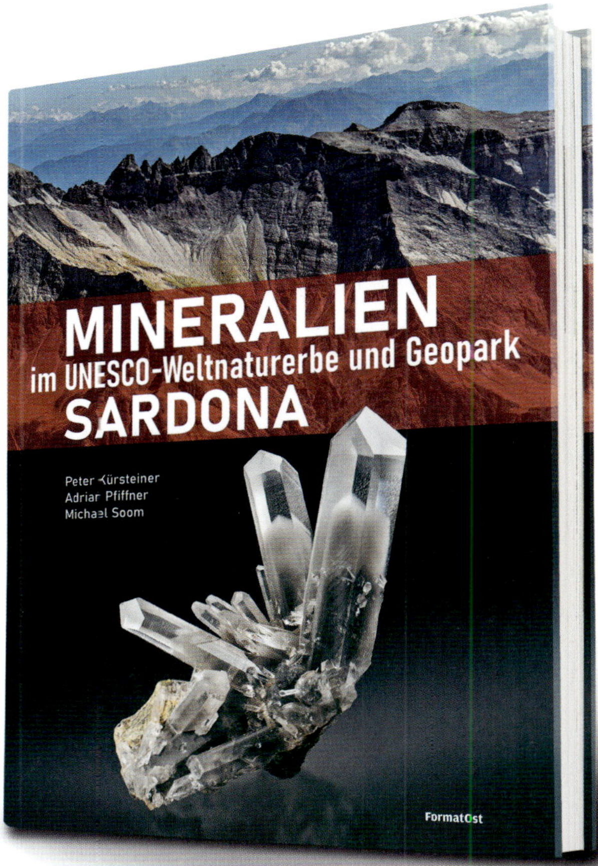

Im Geopark Sardona wird die Erdgeschichte eines zusammenhängenden Gebiets der Kantone St. Gallen, Glarus und Graubünden erlebbar. Kerngebiet ist die Tektonikarena Sardona mit der Glarner Hauptüberschiebung, die 2008 von der UNESCO in die Liste der Weltnaturerbe aufgenommen wurde. Im Geopark Sardona sind weltweit einmalige Phänomene zu beobachten, anhand derer die Prozesse der Gebirgsbildung verständlich werden.

Das Gebiet ist nicht nur wegen seiner Geologie speziell, auch gibt es dort zahlreiche Mineralien- und Erzvorkommen. Im Buch werden diese Mineralien und Erze beschrieben. Weiter bietet die Publikation einen Überblick über die Geologie des Gebiets, einen Einblick in die Mineralogie, in die Themen Suchen und Sammeln und zeigt auf, wie Mineralien- und Erzvorkommen entstehen.

Mineralien im UNESCO-Weltnaturerbe und Geopark Sardona

Peter Kürsteiner, Adrian Pfiffner, Michael Soom
geb., 328 Seiten, Fr. 78.–
ISBN 978-3-03895-019-6

Das Standardwerk «Der Alpstein» wurde verfasst von fünfzehn sachkundigen Autorinnen und Autoren. Das reich illustrierte Werk lässt auch profunde Alpsteinkenner Neues entdecken.

In Meersburg grüsst er über den Bodensee; von Wil aus betrachtet, schiebt er sich wie ein Riegel in die Landschaft. Die Rheintaler, die Toggenburger, die Innerrhoder und die Ausserrhoder beanspruchen ihn als ihren Hausberg: Die Rede ist vom Alpstein mit dem Säntisgipfel. Ein Gebirge, das die Menschen in der Ostschweiz und weit darüber hinaus seit jeher fasziniert. In nur kurzer Distanz zu urbanen Agglomerationen und Zentren liegt eine Landschaft von unerwarteter alpinistischer Wildheit.

Über Natur und Kultur im Säntisgebiet ist schon viel geschrieben, gereimt, skizziert, gezeichnet, gedacht, geschwärmt oder gesungen worden. Es gibt zwar Hunderte von Publikationen zu einzelnen thematischen Bereichen des Alpsteins, aber nur ein Standardwerk, nämlich «Der Alpstein: Natur und Kultur im Säntisgebiet». Alles, was Sie schon immer über den Alpstein wissen wollten, können Sie bequem in diesem reich illustrierten Werk nachlesen.